数学·统计学系列

Algebra Course(Volume V.Algebra Equation Theory)

代数学教程(第五卷·多项式理论)

● 王鸿飞 编

哈尔滨工业大学出版社

HARBIN INSTITUTE OF TECHNOLOGY PRESS

内 容 简 介

本书为《代数学教程》第五卷,主要讨论我们熟悉的那些多项式:一般域上的多项式、有理数域上的多项式、实数域上的多项式、复数域上的多项式以及多个未知量的多项式等.编者从数学结构的角度出发,以新颖的论述方式讲述了每一类多项式的构造及其性质,用代数观点来叙述全部理论.

本书适合高等院校理工科师生及数学爱好者阅读.

图书在版编目(CIP)数据

代数学教程.第五卷,多项式理论/王鸿飞编.——
哈尔滨:哈尔滨工业大学出版社,2024.1(2024.9重印)
ISBN 978-7-5603-9160-1

Ⅰ.①代… Ⅱ.①王…… Ⅲ.①高等数学-高等学校-
教材 Ⅳ.①O15

中国国家版本馆 CIP 数据核字(2023)第 114989 号

DAISHUXUE JIAOCHENG. DIWUJUAN, DUOXIANGSHI LILUN

策划编辑 刘培杰 张永芹
责任编辑 宋 淼
封面设计 孙茵艾
出版发行 哈尔滨工业大学出版社
社 址 哈尔滨市南岗区复华四道街 10 号 邮编 150006
传 真 0451-86414749
网 址 http://hitpress.hit.edu.cn
印 刷 黑龙江艺德印刷有限责任公司
开 本 787 mm×1 092 mm 1/16 印张 23.5 字数 437 千字
版 次 2024 年 1 月第 1 版 2024 年 9 月第 2 次印刷
书 号 ISBN 978-7-5603-9160-1
定 价 58.00 元

数学名家

丢番图(约 246～330)　　花拉子米(约 783～850)　　韦达(1540～1603)

笛卡尔(1596～1650)　　欧拉(1707～1783)　　贝祖(1730～1783)

高斯(1777～1855)　　霍纳(1786～1837)　　斯图姆(1803～1855)

◎ 编者的话

作为代数学分支之一的方程式理论,有着辉煌的历史。20世纪的考古学证明了生活在公元前1 700年的美索不达米亚人就能够解决含有二次方程式的问题了,但整个代数方程式理论体系直到19世纪才得以完满,在这漫长的过程中,人们积累了这方面丰富的材料,但是它们都比较分散。

代数方程式理论和多项式的研究是分不开的。多项式这个概念本身就是由求解含有一个未知量的一次和高于一次代数方程式的问题而产生的。这本教程的各章都将集中讨论它,并且我们准备尽可能的从一般的观点来叙述多项式理论。这本教程的基本内容在19世纪末已形成,编者所做的只是将有关的材料收集起来,以编者认为合理的方式将它们叙述出来。

编写这本教程的一个基本原则是尽量将一些经典的理论都包含进来,其中不乏一些有趣的但不常见于普通文献的内容。特别包括:第一章的剩余除法的显式表示;第二章的有理数域上多项式可约性判定的若干法则;第三章的多项式根的界限与根的定位法、斯图姆—塔斯基定理、多项式的判别系统;第五章的含多个未知量的多项式的可除性理论等。

1

同时,为了避免内容过于庞杂,编者在编写过程中还是放弃了一些内容,例如有理数域上多项式可约性判定的很多方法还是没能在本教程中看到;方程式的数字(近似)解法,我们只是示意性的提到了 3 种方法,因为这已经离我们的主题比较远了,关于这方面,读者可以参阅苏联科学院院士克雷洛夫的专著——《近似计算讲义》(有吕茂烈、季文美的中译本)。

　　编写本教程的另外一个原则是尽量用代数的观点来做出理论的全部叙述,特别是很多原则性的问题。例如,通常在利用代数观点证明代数基本定理的过程中,出现的"非代数"部分是"零点定理",为了避免这种情况的发生,我们在戴德金实数理论的基础上直接证明了零点定理,这就避免了使用分析的一些概念——"连续""极限"等。

　　在编写过程中,一些定理的原始出处也得到了足够的重视,如此,很多定理都有了自己的名称。本教程在写法上,思路清晰、语言流畅,概念及定理解释得合理、自然,非常便于自学,适合大学师生以及数学爱好者阅读.

　　固然,编者有很多美好的设想与希冀,然迫于学识所限,在很多地方心有余而力不足。

王鸿飞

2023 年 10 月 7 日

于浙江遂安

1

一般域上的多项式环

§1 多 项 式 环

1.1 前言·多项式的基本概念

多项式的概念与研究,源于含一个未知量的代数方程式的求解.读者对于多项式(代数分式或有理函数)的概念及其初等性质,在初等代数教程内便很熟悉了,但那时的(分析性的)函数的观点在代数中的许多场合是不适用的.现在就来举出这样的几个实例,这些例子可以使我们比较容易看清那些关于多项式(代数分式)概念的基础性的困难.

我们取 $x^3 + x^2$ 来看.这个多项式可以看作变数 x 的在实数集合或复数集合上下了定义的函数.现在来看整数,以 $\bar{0}$ 表示偶数的全体,以 $\bar{1}$ 表示奇数的全体,并且考虑仅由这两个元素 $\bar{0}$ 与 $\bar{1}$ 所组成的集合 P.我们在 P 中以下面这些等式来建立加法与乘法的运算

$$\begin{cases} \bar{0} + \bar{0} = \bar{0}, \bar{0} + \bar{1} = \bar{1} + \bar{0} = \bar{1}, \bar{1} + \bar{1} = \bar{0} \\ \bar{0} \cdot \bar{0} = \bar{0}, \bar{0} \cdot \bar{1} = \bar{1} \cdot \bar{0} = \bar{0}, \bar{1} \cdot \bar{1} = \bar{1} \end{cases} \qquad (*)$$

在下这种加法与乘法的定义时我们是这样想的:两偶数之和是偶数,偶数与奇数之和是奇数,两奇数之和是偶数,两偶数之积是偶数,等等.

1

我们让读者验证，对上面这种加法与乘法的运算而言，集合 P 形成一个域，并且 $\bar{0}$ 是该域的零，而 $\bar{1}$ 是该域的单位.

我们再来看看，如果把多项式 x^3+x^2 看作变数 x 的定义在集合 P 上的函数，将得到怎样的结果？不难看出，根据等式（＊）函数 x^3+x^2 在整个集合 P 上都等于零. 所以

$$x^3+x^2=0,$$

由此有

$$x^3+x^2+x=x, x^4+x^3+x^2=x^4,$$

等等.

如此，上面这种多项式，如果看作在集合 P 上定义了的函数，则其运算法则与寻常的多项式运算迥然不同.

在代数分式的场合还发生一种复杂的情形. 例如我们看分式

$$f(x)=\frac{x^2-1}{x-1}, g(x)=\frac{(x+1)^2}{x+1},$$

并且把它们看作实数域上的函数. 于是 $f(x)$ 与 $g(x)$ 将有不同的定义域：函数 $f(x)$ 对异于 1 的实数有定义，而函数 $g(x)$ 对异于 -1 的实数有定义. 所以我们不得不把 $f(x)$ 与 $g(x)$ 看作不同的函数

$$\frac{x^2-1}{x-1} \neq \frac{(x+1)^2}{x+1},$$

完全同样的情形

$$\frac{x^2-1}{x-1} \neq x+1.$$

如此，在讲多项式与代数分式的一般理论时我们应拒绝函数的观点而以纯代数的方式来建立相应的概念. 同时我们将指明（见第三节）在什么样的情况下多项式与代数分式的代数观点与函数观点是等价的. 我们从一元多项式讲起，它可以由下面的这种方式来引入.

设 R 是一个交换环，并具有单位元 $e \neq 0$. 环 R 的元素我们将以起首诸拉丁字母 $a, b, c, \cdots$ 来表示.

所谓环 R 上的 x 的多项式就是呈如下形式的式子

$$a_1 x^{k_1}+a_2 x^{k_2}+\cdots+a_s x^{k_s} \quad (s \geqslant 1), \tag{1}$$

这里 $a_0, a_1, \cdots, a_n$ 是 R 中的元素，$k_1 < k_2 < \cdots < k_s$ 是非负整数，而 x^0 当作等于单位 e，并且对于任何非负整数 k 亦认为 $ex^k=x^k e=x^k$.

要注意的是，就目前来说，我们这里 $x, x^2, \cdots, x^k$ 以及式子 $a_1 x^{k_1}, a_2 x^{k_2}, \cdots,$

2

$a_s x^{k_s}$ 与联结这些式子的符号"+"都看作没有赋予一定意义的记号. 因此记号 x 只是一个抽象的符号,通常称为未知元或未知量.

以后,在引入多项式的相等以及多项式的加法与乘法运算以后,我们将得出未知元 x 的完全确定的解释,并且记号 x^k 与 x 的方幂符合,而式(1)本身将理解为这些方幂与环 R 中的元素的乘积之和.

同时,我们注意到,环 R 的元素永远可以看作是 R 上的多项式,即看作是 ax^0 这样形式的多项式. 显然,ax^k(其中 k 是任意非负整数)这个式子,以及未知元 x 本身这一特例,亦都是 R 上的多项式.

式(1) 中 $a_0, a_1, \cdots, a_s$ 诸元素通常称为多项式的系数,而 $a_1 x^{k_1}, a_2 x^{k_2}, \cdots,$ $a_s x^{k_s}$ 是多项式的项. 特别地,$a_s x^{k_s}$ 叫作多项式的最高项,a_s 叫作最高项系数,而 a_0 称为常数项.

为方便计,我们常常以 $f(x), g(x)$ 等来表示 x 的多项式.

1.2　多项式的相等与运算

现在我们引入多项式的相等、加法与乘法等概念.

首先约定,在一个多项式中,系数是 0 的项可以删去;另外,也可以添上一些系数是 0 的项. 例如,$2x^2 + 0x - 1$ 可以写成 $2x^2 - 1, 0x^3 + 2x^2 - 1$,等等. 这个约定是我们定义两个多项式相等的依据.

定义 1.2.1　两个多项式 $f(x)$ 和 $g(x)$ 称为相等的,记作
$$f(x) = g(x),$$
如果可以添上一些系数是 0 的项而使两个多项式完全一样.

也就是说,两个多项式是相等的,当且仅当它们除系数为零的项外(如果有这种项的话)是由同一些项所组成的.

例如,多项式
$$x + x^2 + x^3 \quad \text{与} \quad x + x^2 + x^3 + 0x^4$$
相等. 相反地,多项式
$$f(x) = x + x^2 + x^3 \quad \text{与} \quad g(x) = x + x^2 + x^3 + x^4$$
就不相等,因为 $g(x)$ 有 x^4 这项而 $f(x)$ 则没有.

由多项式相等的定义,我们能把任何在 R 上的多项式 $f(x)$ 化为如下形式:
$$f(x) = a_0 + a_1 x + a_2 x^2 + \cdots + a_n x^n \quad (n \text{ 是一个非负整数}), \qquad (1)$$
必要时添加一些系数等于零的项. 以后,我们常常把多项式写成这个形式.

根据多项式相等的定义,我们有特例:多项式 $f(x)$ 只有在其所有系数 $a_0,$ $a_1, \cdots, a_n$ 都等于零时才等于零(即等于环 R 的零元素). 所以,如果多项式 $f(x)$

不等于零,那么至少有一个系数不等于零.

一个多项式 $f(x)$ 若不等于 0,则总可以删去一些系数是 0 的项而化为式 (1) 的形式,其中 $a_n \neq 0$,这时,a_n 和 n 显然都是唯一确定的.

转而讨论多项式的加法和乘法.设
$$f(x) = a_0 + a_1 x + a_2 x^2 + \cdots + a_n x^n, g(x) = b_0 + b_1 x + b_2 x^2 + \cdots + b_m x^m$$
是 R 上任意两个多项式.

定义 1.2.2　两个多项式 $f(x), g(x)$ 的和 $f(x) + g(x)$ 是一个多项式:
$$d_0 + d_1 x + d_2 x^2 + \cdots + d_k x^k,$$
这里 k 是 m 与 n 中较大的一个正整数,而 $d_i = a_i + b_i$(若 $n > m$,则应假定 $b_{m+1} = \cdots = b_n = 0$;若 $n < m$,则应假定 $a_{n+1} = \cdots = a_m = 0$).

定义 1.2.3　两个多项式 $f(x), g(x)$ 的积 $f(x) \cdot g(x)$ 是一个多项式:
$$a_0 b_0 + (a_0 b_1 + a_1 b_0) x + \cdots + (a_0 b_k + a_1 b_{k-1} + \cdots + a_k b_0) x^k + \cdots + a_n b_m x^{m+n},$$
这里当 $i > n$ 时 $a_i = 0$,而 $j > m$ 时 $b_j = 0$.

与通常一样,$f(x) \cdot g(x)$ 中的"·"可省略:$f(x) g(x)$.

两个多项式的乘法(加法)可按如下的竖式进行.例如 $f(x) = 2x^3 - x^2 - 4x + 1$ 与 $g(x) = x^2 - 3x - 2$.我们来求它们的乘积.

$$
\begin{array}{r}
2x^3 - x^2 - 4x + 1 \\
\times \quad x^2 - 3x - 2 \\
\hline
2x^5 - x^4 - 4x^3 + x^2 \phantom{{}+0x+0} \\
-6x^4 + 3x^3 + 12x^2 - 3x \phantom{{}+0} \\
-4x^3 + 2x^2 + 8x - 2 \\
\hline
2x^5 - 7x^4 - 5x^3 + 15x^2 + 5x - 2
\end{array}
$$

所以
$$f(x) \cdot g(x) = 2x^5 - 7x^4 - 5x^3 + 15x^2 + 5x - 2.$$

现在我们来看一看,由这些 R 上多项式的加法与乘法的定义能推演出什么结果.

我们以 $R[x]$ 表示所有在 R 上的 x 的多项式的集合.我们断言,上面引入的加法与乘法运算服从代数学基本规律.说的明确些,我们有如下定理:

定理 1.2.1　集合 $R[x]$ 对 R 上多项式的加法与乘法而言形成一个环,并且还是可交换的.

证明　显然,任何具有 R 中的系数的未知量 x 的多项式的和或积还是一个确定的 x 的多项式,其系数属于此环 R.所以,R 上 x 的多项式的加法与乘法

4

是在 $R[x]$ 这个集合中的代数运算.

另外,不难验证,$R[x]$ 中多项式的加法与乘法运算服从交换律、结合律及分配律.例如,我们以推证乘法的结合律为例.

我们考虑多项式

$$f(x)g(x) = a_0 b_0 + (a_0 b_1 + a_1 b_0)x + \cdots + (a_0 b_k + a_1 b_{k-1} + \cdots +$$
$$a_k b_0)x^k + \cdots + a_n b_m x^{m+n}$$

与多项式

$$h(x) = c_0 + c_1 x + c_2 x^2 + \cdots + c_p x^p$$

的积,按多项式乘法的定义,我们得

$$(f(x)g(x))h(x) = a_0 b_0 c_0 + (a_0 b_0 c_1 + a_0 b_1 c_0 + a_1 b_0 c_0)x + \cdots + a_n b_m c_p x^{m+n+p}.$$

另一方面

$$g(x)h(x) = b_0 c_0 + (b_0 c_1 + b_1 c_0)x + \cdots + b_m c_p x^{m+p},$$

由此同样根据乘法定义得

$$f(x)(g(x)h(x)) = a_0 b_0 c_0 + (a_0 b_0 c_1 + a_0 b_1 c_0 + a_1 b_0 c_0)x + \cdots + a_n b_m c_p x^{m+n+p}.$$

比较多项式 $(f(x)g(x))h(x)$ 与 $f(x)(g(x)h(x))$ 在同一 x^i 前的系数并注意到多项式相等的定义,我们得出

$$(f(x)g(x))h(x) = f(x)(g(x)h(x)),$$

故 R 上多项式乘法服从结合律.

最后,不难验证,在集合 $R[x]$ 中加法永远是可逆的:对于 $R[x]$ 中任何两个多项式

$$f(x) = a_0 + a_1 x + a_2 x^2 + \cdots + a_n x^n$$

及

$$g(x) = b_0 + b_1 x + b_2 x^2 + \cdots + b_m x^m,$$

方程式 $f(x) + z = g(x)$ 在 $R[x]$ 中总是可解的.

事实上,利用加法的定义容易验证在 $n = m$ 时

$$z = (b_0 - a_0) + (b_1 - a_1)x + \cdots + (b_n - a_n)x^n,$$

在 $n > m$ 时

$$z = (b_0 - a_0) + (b_1 - a_1)x + \cdots + (b_m - a_m)x^m + (-a_{m+1})x^{m+1} + \cdots + (-a_n)x^n,$$

而在 $n < m$ 时

$$z = (b_0 - a_0) + (b_1 - a_1)x + \cdots + (b_n - a_n)x^n + b_{n+1}x^{n+1} + \cdots + b_m x^m,$$

证毕.

刚才证明的这个定理使我们能对 R 上的多项式作一系列的结论.我们举其较重要者.

Ⅰ. 由于对加法运算结合律成立,我们现在能把多项式

$$f(x) = a_0 + a_1 x + a_2 x^2 + \cdots + a_n x^n$$

看作它的各项 $a_i x^i$ 之和.这样多项式 $f(x)$ 的各项可以写成任何次序,因为加法是服从交换律的.例如,我们也可以把多项式 $f(x)$ 写成系数下标递减的次序

$$f(x) = a_n x^n + a_{n-1} x^{n-1} + \cdots + a_1 x + a_0.$$

Ⅱ. 由于乘法运算服从结合律,我们现在能把 $x^2, x^3, \cdots, x^n$ 等记号看作是未知量 x 的方幂,并且 $x^s x^t = x^{s+t}$ 成立.多项式 $f(x)$ 的每项 $a_i x^i$ 可看作是环 R 的元素 a_i 与未知元 x 的方幂 x^i 的乘积.因此由乘法交换律有 $a_i x^i = x^i a_i$.

Ⅲ. 乘积 $(ax^k)(bx^p)$ 等于 abx^{k+p},这里 a, b 是环 R 的元素,k 与 p 是非负整数.此外,对 $R[x]$ 中多项式的加法和乘法运算既然分配律成立,则 $f(x)$ 与 $g(x)$ 可以按寻常初等数学中的法则相乘,即把多项式 $f(x)$ 的每项与多项式 $g(x)$ 的每项乘起来,结果得 $a_i b_j x^{i+j}$ 这样的式子,把所有这样的式子加起来,并且最后进行同类项的归并.

Ⅳ. 方程式 $f(x) + z = g(x)$,其中 $f(x)$ 与 $g(x)$ 是 $R[x]$ 中的任意多项式,根据环的一个已知性质有唯一的解.这唯一的解 z 以 $g(x) - f(x)$ 表示,并且成为多项式 $f(x)$ 与 $g(x)$ 的差.特别地,我们有

$$f(x) - f(x) = 0, 0 - f(x) = -f(x),$$

这里 $-f(x)$ 是一个与 $f(x)$ 对立的多项式,亦即与 $f(x)$ 相加等于零的多项式.

既然 $R[x]$ 对 R 上的多项式的加法与乘法形成一个环,我们将称 $R[x]$ 为 R 上 x 的多项式环.

1.3 未知量 x 的代数解释

直到现在未知量 x 还是看作一个纯粹的记号.现在我们可以来给未知量 x 以某种解释.因此我们来建立子环、扩环及超越元素等概念.

定义 1.3.1 设 $\langle K, +, \cdot \rangle$ 是一个任意的环,可以是可交换的或不可交换的.如果环 K 的元素的某一部分 K' 也对运算 $+$ 与 $\cdot$ 形成一个环,那么我们称这部分为环 K 的一个子环,而 K 本身称为 K' 的扩张环.

例如,偶数环是整数环的子环,而整数环是偶数环的扩张环.另一个例子是多项式环 $R[x]$,它是环 R 的扩张.

同以前一样,我们以 R 表示具有单位 $e \neq 0$ 的可交换环.

定义 1.3.2 设 Ω 是环 R 的某一个可交换的扩张环,并与 R 具有同一单位 $e. \Omega$ 中的一个元素 θ,如果对任何非负整数 n

6

$$a_0 + a_1\theta + \cdots + a_n\theta^n = 0$$

这个等式——其中 $a_0, a_1, \cdots, a_n$ 是 R 的元素——只有在 $a_0 = a_1 = \cdots = a_n = 0$ 时可能,则称 θ 对 R 而言是超越的(或称超越于 R 的).

由定义可以明白,超越元素 θ 对环 R 而言是"外面"的元素,它不能在 R 中. 的确,若其在 R 中,则 $\theta = a$——这里 a 是 R 中的一个元素——我们有 $\theta - a = 0$ 这样一个具有系数 $e \neq 0$ 的等式,这与 θ 的超越性冲突.

历史上第一个超越元素的例子是超越数,是对整数环而言的超越元素. 1844 年刘维尔[1]最先发现了实超越数的存在:数 $\sum_{k=1}^{\infty} 10^{-k!} = 0.110\ 001\ 000\ 000\ 000\ 000\ 000\ 000\ 001\ 000\cdots$, 不是任何一个整系数代数方程的根. 1873 年埃尔米特[2]发现了自然对数的底数 e 的超越性. 1882 年林德曼[3]证明了圆周率 π 是超越的,由此证明了尺规作图中的"化圆为方"的不可实现性.

现在思考一个问题:是否对任何环 R 都有超越元存在? 这个问题由下面这个定理来答复.

定理 1.3.1(超越元素存在定理) 对于任一具有单位 $e \neq 0$ 的可交换环 R,恒有一个具有同样单位 e 的可交换扩张环 Ω,至少含有一个对 R 超越的元素.

这个定理的证明,我们放到第五章的第一节.

我们指出,在定理 1.3.1 中只是说至少含有一个超越元素的扩张环 Ω 的存在,而没说到这种扩张环的性质. 所以假定由定理 1.3.1 可推出超越元素的存在是错误的.

我们以 $R[\theta]$ 表示环 R 的扩张环 Ω 中具有 $a_0 + a_1\theta + a_2\theta^2 + \cdots + a_n\theta^n$($n$ 是任意的非负整数)这种形式的元素的集合,这里 θ 仍旧是 Ω 的元素,是超越于 R 的,而 $a_0, a_1, \cdots, a_n$ 是 R 中的任意元素.

可以证明:

定理 1.3.2 环 Ω 的元素的加法和乘法运算亦是对 $R[\theta]$ 的代数运算.

事实上,设

$$\alpha = a_0 + a_1\theta + \cdots + a_n\theta^n, \beta = b_0 + b_1\theta + \cdots + b_m\theta^m,$$

并且为明确起见假设 $n \geqslant m$.

我们来看 $\alpha + \beta$

---

[1] 约瑟夫·刘维尔(Joseph Liouville;1809—1882),法国数学家.
[2] 埃尔米特(Charles Hermite;1822—1901),法国数学家.
[3] 林德曼(Lindemann;1852—1939),德国数学家.

$$\alpha + \beta = (a_0 + a_1\theta + \cdots + a_n\theta^n) + (b_0 + b_1\theta + \cdots + b_m\theta^m).$$

在 Ω 中,亦如在任何环中一样,加法服从结合律与交换律.所以在上面等式的右边可以打开括号而把 θ 的同一方幂的项归并起来.结果我们得到

$$\alpha + \beta = (a_0 + b_0) + (a_1\theta + b_1\theta) + \cdots + (a_m\theta^m + b_m\theta^m) + a_{m+1}\theta^{m+1} + \cdots + a_n\theta^n.$$

或者根据分配律有

$$\alpha + \beta = (a_0 + b_0) + (a_1 + b_1)\theta + \cdots + (a_m + b_m)\theta^m + a_{m+1}\theta^{m+1} + \cdots + a_n\theta^n.$$

但 $a_0 + b_0, a_1 + b_1, \cdots, a_m + b_m, a_{m+1}, \cdots, a_n$ 是 R 中的元素,所以,$\alpha + \beta$ 是集合 $R[\theta]$ 的元素.

以类似的方式可以证明 $\alpha\beta$ 亦是集合 $R[\theta]$ 的元素(这里除去加法的交换律、结合律及分配律,还需利用环 Ω 的元素的乘法结合律与交换律).

但更为重要的是下面的这种情况.

定理 1.3.3 集合 $R[\theta]$ 与多项式环 $R[x]$ 是同构的.

证明 对 $R[x]$ 中每一多项式 $f(x) = a_0 + a_1x + \cdots + a_nx^n$,我们令 $R[\theta]$ 中的一个与多项式 $f(x)$ 具有相同系数 $a_0, a_1, \cdots, a_n$ 的元素 $\alpha = a_0 + a_1\theta + \cdots + a_n\theta^n$ 与之对应:

$$f(x) = a_0 + a_1x + \cdots + a_nx^n \rightarrow \alpha = a_0 + a_1\theta + \cdots + a_n\theta^n. \qquad (1)$$

现在我们来证明对应关系(1)是 $R[x]$ 与 $R[\theta]$ 之间的同构.

首先来证明,这个对应关系不但是唯一的而且还是相互唯一的.为此,我们从 $R[x]$ 中更换一个多项式

$$g(x) = b_0 + b_1x + \cdots + b_mx^m,$$

于是

$$g(x) = a_0 + a_1x + \cdots + a_nx^n \rightarrow \beta = b_0 + b_1\theta + \cdots + b_m\theta^m.$$

若 $\alpha = \beta$,则 $\alpha - \beta = 0$.但

$$\alpha - \beta = (a_0 + a_1\theta + \cdots + a_n\theta^n) - (b_0 + b_1\theta + \cdots + b_m\theta^m) = 0.$$

由此根据任何可交换环中成立的故在环 Ω 中亦成立的运算的基本代数性质,我们得到在 $n = m$ 时

$$(a_0 - b_0) + (a_1 - b_1)\theta + \cdots + (a_n - b_n)\theta^n = 0,$$

在 $n > m$ 时

$$(a_0 - b_0) + (a_1 - b_1)\theta + \cdots + (a_m - b_m)\theta^m + a_{m+1}\theta^{m+1} + \cdots + a_n\theta^n = 0,$$

并且在 $n < m$ 时:

$$(a_0 - b_0) + (a_1 - b_1)\theta + \cdots + (a_n - b_n)\theta^n - b_{n+1}\theta^{n+1} - \cdots - b_m\theta^m = 0,$$

既然 θ 是超越于 R 的,则可得到在 $n = m$ 时

$$a_0 = b_0, a_1 = b_1, \cdots, a_n = b_n,$$

在 $n > m$ 时

$$a_0 = b_0, a_1 = b_1, \cdots, a_m = b_m, a_{m+1} = 0, \cdots, a_n = 0,$$

并且在 $n < m$ 时

$$a_0 = b_0, a_1 = b_1, \cdots, a_n = b_n, b_{n+1} = 0, \cdots, b_m = 0,$$

由此可见，$f(x) = g(x)$.

为完成这个定理的证明，剩下只要证明 $R[x]$ 中任意两多项式之和与乘积对应于 $R[\theta]$ 中相应元素之和与乘积即可.

例如，设

$$f(x) = a_0 + a_1 x + \cdots + a_n x^n, g(x) = b_0 + b_1 x + \cdots + b_m x^m,$$

而 $n \geqslant m$. 于是按 $R[x]$ 中多项式加法定义有

$$f(x) + g(x) = c_0 + c_1 x + \cdots + c_n x^n,$$

这里 $c_i = a_i + b_i$，并且在 $n > m$ 时后面的数 $b_{m+1}, \cdots, b_n$ 应看作等于零. 所以对此多项式 $f(x) + g(x)$，我们令

$$\gamma = c_0 + c_1 \theta + \cdots + c_n \theta^n$$

与之对应. 但

$$\alpha + \beta = (a_0 + a_1\theta + \cdots + a_n\theta^n) + (b_0 + b_1\theta + \cdots + b_m\theta^m)$$
$$= c_0 + c_1\theta + \cdots + c_n\theta^n = \gamma.$$

所以

$$f(x) + g(x) \to \alpha + \beta.$$

以同样方式可以看出

$$f(x)g(x) \to \alpha\beta.$$

如此定理就证明完毕.

由多项式环 $R[x]$ 与集合 $R[\theta]$ 的同构推知 $R[\theta]$ 亦是一个环. 因此 $R[\theta]$ 是环 R 的扩张，它含有 θ 这个元素，同时 $R[\theta]$ 是环 Ω 的子环. 不仅如此，还可以证明：

定理 1.3.4 $R[\theta]$ 是极小的子环.

意思是说，$R[\theta]$ 的任一与它相异而为 R 的扩张的子环都已不能包含 θ 这个元素.

事实上，设 S 是 $R[\theta]$ 的某一个子环，包含元素 θ 而为 R 的扩张. 显然 S 将不仅包含 θ 而且亦包含 θ 的任何非负整数次方幂 θ^n. 既然 S 是 R 的扩张，则 S 应包含环 R 的任何元素 a，故亦包含 $a\theta^n$. 由此 S 应包含所有可能的像

$$a_0 + a_1\theta + \cdots + a_n\theta^n$$

这种形式的元素，这里 n 是任意非负整数，而 $a_0, a_1, \cdots, a_n$ 是 R 中任意元素. 如

此 S 应与 $R[\theta]$ 重合,而 $R[\theta]$ 为极小子环就成为明显的事情了.

多项式环 $R[x]$ 与环 $R[\theta]$ 的同构使我们由其关于加法与乘法运算的代数性质的观点来看可以把 $R[x]$ 与 $R[\theta]$ 看作没有区别,而 x 本身可以看作超越于 R 的元素. 这就是未知量 x 的解释,并且以后我们将不区分名词"未知量"与"超越元素". 可是这同时产生了一个问题:

若在 Ω 中或在环 R 的另外一个扩环 Ω' 中另取一个超越元 y,那么 y 在 R 上的多项式环和原来的多项式环 $R[x]$ 是否重合呢? 对于这个问题,有下述定理成立.

含超越元的多项式环的唯一性定理 设 x,y 是含于环 R 的相同的或不相同的 Ω 和 Ω' 的两个超越元,则 x 在 R 上的多项式环和 y 在 R 上的多项式环同构.

这个定理的证明,可以和定理 1.3.3 类似地进行.

有时为了简单,我们需要把未知量 x 代以下式

$$y = c_0 x^n + c_1 x^{n-1} + \cdots + c_n \quad (c_0 \neq 0),$$

等式的右端是 $R[x]$ 的某一个次数不小于 $1(n \geq 1)$ 的多项式,等式左端的 y 被看作是新的未知量.

例如,在二次多项式

$$x^2 + 2a_1 x + a_2$$

中,令 $x = y - a_1$,则得出一个更简单的含未知量 y 的多项式

$$y^2 + b,$$

式中 $b = a_2 - a_1^2$. 这个多项式的形式较原多项式简单,因为 y 的一次项的系数是零.

这种置换的合理性,由下面的定理来保证: $R[x]$ 的每一个 $n \geq 1$ 次的多项式都是关于 R 的一个超越元素.

证明 假若不然,设

$$y = c_0 x^n + c_1 x^{n-1} + \cdots + c_n, c_0 \neq 0 \quad (n \geq 1)$$

是关于 R 的一个代数元素. 就是说,我们可以选择一个非负整数 k 和选择环 R 的元素 $a_0 \neq 0, a_1, \cdots, a_k$ 而使 y 满足下述等式

$$a_0 y^k + a_1 y^{k-1} + \cdots + a_k = 0. \tag{2}$$

显然 $k \neq 0$,因为 $k = 0$ 时,等式(2)的左端只剩下一个 a_0,但 a_0 是假设不为零的. 于是可设 $k \geq 1$. 把 y 的值代入等式(2)得

$$a_0 (c_0 x^n + c_1 x^{n-1} + \cdots + c_n)^k + a_1 (c_0 x^n + c_1 x^{n-1} + \cdots + c_n)^{k-1} + \cdots + a_k = 0.$$

10

除去括号后再合并同类项①就有

$$a_0 c_0^k x^{kn} + \cdots + (a_0 c_n^k + a_1 c_n^{k-1} + \cdots + a_k) = 0. \tag{3}$$

因为 x 是关于 R 的超越元素,所以等式(3)所有的系数都必须是零,特别地 $a_0 c_0^k = 0$. 由于环 R 不含有零因子,所以从最后那个等式得 $a_0 = 0$ 或 $c_0 = 0$,可是无论是哪一种情形都和 $a_0 \neq 0, c_0 \neq 0$ 的假设相冲突②.

1.4　多项式的次数和值

现在我们来导入未知元 x 的多项式的次数这个概念.

我们由 $R[x]$ 中任意取一个不等于零的多项式,就是说其中至少有一个系数不等于零. 我们称这多项式中系数异于零的项中最大幂次方数为这个多项式的次数.

例如

$$f(x) = 1 + 2x + 3x^2 + 0x^3 + 2x^4 + 0x^5$$

是整数环上的一个 x 的 4 次多项式.

显然,我们可以把环 R 的每一个不为零的元素 a 看作含未知量 x 的零次多项式,因为 $a = ax^0$. 至于 R 的零元素,我们可以把它看作没有次数的多项式,或者叫它零多项式.

如果多项式 $f(x)$ 的次数等于 n,则显然永远可以把它写成

$$f(x) = a_0 + a_1 x + \cdots + a_n x^n$$

的形式或

$$f(x) = a_n x^n + a_{n-1} x^{n-1} + \cdots + a_0$$

的形式,其最高系数 a_n 不等于零,因为 x 高于 n 次的项都等于零,而我们可予以舍弃.

次数的概念使我们能很简单地表出两 x 的多项式相等的条件. 即:

定理 1.4.1　如果

---

①　至于零次多项式或零多项式,它们已经是关于 R 的代数元素了.事实上,若 $y = c$ 是 R 的某一个元素,我们就可以选择 k 和系数 $a_0 \neq 0, a_1, \cdots, a_k$ 而使 $a_0 c^k + a_1 c^{k-1} + \cdots + a_k = 0$. 因为令 $k = 1, a_0 = e, a_1 = -c$(这里 e 代表 R 的单位元素),就有 $c - c = 0$. 在此,我们有理由令 $a_1 = -c$,因为 $-c$ 是 R 的元素.

②　如果某个多项式的两项中未知量的次数相等,则称它们是同类项. 可以将它们相加,得到单独的一项.这种操作称为合并同类项.经过合并同类项可以将多项式缩减为以最少项之和的形式呈现.这时的项的数量称为多项式的项数. 例如多项式 $x^2 + 3x^2 + 6x^3 + 2x^4$ 的项数是四,故称为四项式.其中的 $x^2, 3x^2, 6x^3, 2x^4$ 都是此多项式的项. 这个多项式可以通过合并同类项而写成三项的和,$4x^2 + 6x^3 + 2x^4$.

$$f(x) = a_0 + a_1 x + \cdots + a_n x^n \quad (a_n \neq 0)$$

与

$$g(x) = b_0 + b_1 x + \cdots + b_m x^m \quad (b_m \neq 0)$$

是 $R[x]$ 中的两个多项式,其次数分别为 n 与 m,则这些多项式相等的必要且充分条件是其次数相等而且未知量同方幂的系数都相等:

$$n = m, a_0 = b_0, a_1 = b_1, \cdots, a_n = b_n.$$

至于一个等于零的多项式,则它的所有系数都应该等于 0.

应当注意,x 虽然可看作 R 的一个扩环的元素,但不是 R 的元素,不但如此,在 $R[x]$ 的多项式 $f(x)$ 中,没有次数大于零的多项式能够等于环 R 的元素. 事实上,如果 $f(x) = a$,而 a 是 R 的一个元素,那么,等式的左端是次数大于零的多项式,等式的右端是零次多项式或零多项式,这是定理 1.4.1 所不允许的.

由 x 的多项式的加法定义容易看出 $f(x) + g(x)$ 这个和的次数不会超过加项 $f(x)$ 与 $g(x)$ 的次数,它可以低于 $f(x)$ 及 $g(x)$ 的次数. 例如,如果

$$f(x) = 2x^3 + x^2 + x - 1, g(x) = -2x^3 - x^2 + 5x + 6,$$

那么

$$f(x) + g(x) = 6x + 5$$

已经是一次的多项式了.

根据多项式乘积的定义,似乎意味着,两个多项式 $f(x)$ 与 $g(x)$ 之积的次数等于各多项式的次数之和. 但这结论在任意环 R 的情形是不对的. 问题在于,存在带有零因子(零除数)的环,它其中两个异于零的元素的乘积可以等于零:在 $a \neq 0, b \neq 0$ 时 $ab = 0$. 这种元素 $a \neq 0$ 与 $b \neq 0$ 我们知道叫作零因子.

具有零因子的环的一个最简单的例子是所有二阶矩阵

$$\begin{bmatrix} a_{11} & a_{12} \\ a_{21} & a_{22} \end{bmatrix}$$

的集合,其元素 $a_{11}, a_{12}, a_{21}, a_{22}$ 都是实数. 不难验证,这个集合对矩阵的加法与乘法而言形成一个环. 同时容易看出,在这个环里的零元是二阶零矩阵,即矩阵

$$\begin{bmatrix} 0 & 0 \\ 0 & 0 \end{bmatrix},$$

其所有元素都等于零. 现在我们取下面这两个矩阵

$$a = \begin{bmatrix} 1 & 0 \\ 0 & 0 \end{bmatrix}, b = \begin{bmatrix} 0 & 0 \\ 0 & 1 \end{bmatrix}.$$

这些矩阵都是异于零的,因为每个矩阵里面都含有 1 这个不等于零的元素. 但是它们的乘积按照矩阵的乘法法则是等于零的,即等于一个零矩阵.

12

如此,倘若环 R 具有零因子,并且

$$f(x) = a_0 + a_1 x + \cdots + a_n x^n \quad (a_n \neq 0)$$

是 R 上一个 n 次的多项式,而

$$g(x) = b_0 + b_1 x + \cdots + b_m x^m \quad (b_m \neq 0)$$

是 R 上一个 m 次的多项式,并且最高项系数 a_n 与 b_m 是零因子:$a_n b_m = 0$,则乘积 $f(x)g(x)$ 的次数已经是小于 $n+m$ 了,因为 $a_n b_m x^{n+m}$ 这项等于零.但如果最高项系数 a_n 与 b_m 之一不是零因子,则乘积 $f(x)g(x)$ 的次数恰好等于各乘式的次数之和 $n+m$.

在 R 没有零因子的情况下,或在特例是域的情形,则 R 上任何多项式 $f(x)$ 与 $g(x)$ 的乘积 $f(x)g(x)$ 的次数恒等于各乘式的次数之和.

我们现在指出无零因子环 R 上的多项式的一种重要性质.

定理 1.4.2 如果环 R 无零因子,则多项式环 $R[x]$ 亦无零因子.

证明 设 $f(x)$ 与 $g(x)$ 是 $R[x]$ 中的两个不等于零的多项式.这些多项式应该有完全确定的次数.设 $f(x)$ 的次数等于 n,而 $g(x)$ 的次数等于 m.于是乘积 $f(x)g(x)$ 的次数将等于 $n+m$,因为 R 按定理的条件是一个无零因子环.我们看出,由于 $f(x)g(x) \neq 0$,乘积 $f(x)g(x)$ 有完全确定的次数.因此,在环 $R[x]$ 中没有零因子存在,所以,环 $R[x]$ 是一个无零因子环.

这里还要附带提一下,不仅可以对超越于 R 的元素建立起多项式的概念,就是对于任意一个元素 α,也可以建立起多项式的概念.但是,在 α 是(R 的)代数元素的时候,$R[\alpha]$ 就可能含有零因子.这是不足为奇的,因为超越元素的多项式环不含零因子,主要是因为它的超越性.现在我们举一个例子来说明.

我们来研究形式如下

$$\begin{bmatrix} a & 0 \\ 0 & b \end{bmatrix}$$

的二阶矩阵的集合 M,式中 a, b 代表任意的整数.读者容易证明,关于矩阵的加法与乘法集合 M 构成一个交换环.M 含有单位元素,因为二阶单位矩阵

$$\begin{bmatrix} 1 & 0 \\ 0 & 1 \end{bmatrix}$$

显然就是 M 的单位元素.我们还要指出,二阶零矩阵

$$\begin{bmatrix} 0 & 0 \\ 0 & 0 \end{bmatrix}$$

就是 M 的零元素.现在我们把 M 当作 Ω 看待.其次不难看出,所有形式如

$$\begin{bmatrix} a & 0 \\ 0 & a \end{bmatrix}$$

的二阶矩阵的集合 N 可以看作 M 的一个子环. N 含有单位元素,但不含零因子.

今由 M 中取出矩阵

$$\boldsymbol{\alpha} = \begin{bmatrix} 1 & 0 \\ 0 & -1 \end{bmatrix}.$$

因为单位元素 e 含于 N 和 $\boldsymbol{\alpha}^2 = e$,所以 $\boldsymbol{\alpha}$ 是关于 N 的一个代数元素.

现在我们证明 $\boldsymbol{\alpha}$ 的多项式环 $N[\boldsymbol{\alpha}]$ 含有零因子. 为了这个目的取 $\boldsymbol{\alpha}$ 在环 N 上的两个多项式:

$$f(\boldsymbol{\alpha}) = \boldsymbol{\alpha} - e, g(\boldsymbol{\alpha}) = \boldsymbol{\alpha} + e,$$

因为

$$\boldsymbol{\alpha} - e = \begin{bmatrix} 1 & 0 \\ 0 & -1 \end{bmatrix} - \begin{bmatrix} 1 & 0 \\ 0 & 1 \end{bmatrix} = \begin{bmatrix} 0 & 0 \\ 0 & -2 \end{bmatrix} \neq 0,$$

$$\boldsymbol{\alpha} + e = \begin{bmatrix} 1 & 0 \\ 0 & -1 \end{bmatrix} + \begin{bmatrix} 1 & 0 \\ 0 & 1 \end{bmatrix} = \begin{bmatrix} 2 & 0 \\ 0 & 0 \end{bmatrix} \neq 0,$$

所以 $f(\boldsymbol{\alpha})$ 和 $g(\boldsymbol{\alpha})$ 都不等于零,但是 $f(\boldsymbol{\alpha})$ 和 $g(\boldsymbol{\alpha})$ 的乘积却等于零:

$$(\boldsymbol{\alpha} - e)(\boldsymbol{\alpha} + e) = \boldsymbol{\alpha}^2 + \boldsymbol{\alpha}e - e\boldsymbol{\alpha} - e^2 = \boldsymbol{\alpha}^2 + \boldsymbol{\alpha} - \boldsymbol{\alpha} - e = e - e = 0$$

最后这个结果,自然还可以直接证明如下

$$(\boldsymbol{\alpha} - e)(\boldsymbol{\alpha} + e) = \begin{bmatrix} 0 & 0 \\ 0 & -2 \end{bmatrix} \cdot \begin{bmatrix} 2 & 0 \\ 0 & 0 \end{bmatrix} = \begin{bmatrix} 0 & 0 \\ 0 & 0 \end{bmatrix} = \boldsymbol{0}.$$

最后,我们来建立 R 上未知量 x 的多项式的值这一概念. 它将占有相当重要的地位.

设

$$f(x) = a_0 + a_1 x + \cdots + a_n x^n$$

是 $R[x]$ 中任意一个多项式. 我们以环 R 的某一个元素 c 来替代其中的未知量 x. 如此我们得到环 R 中下面形式的一个元素:

$$d = a_0 + a_1 c + \cdots + a_n c^n.$$

这个元素 d 叫作在未知量 $x = c$ 这个值时多项式 $f(x)$ 的值. 我们强调指明,所谓未知元 x 的值,我们永远指的是环 R 中的一个元素.

显然,如果 $f(x) = g(x)$,则对 R 中任何值 c 恒有 $f(c) = g(c)$. 反过来说则一般是不对的:我们知道,多项式 $f(x)$ 与 $g(x)$ 在有限环上即便不相等但 $f(c)$ 与 $g(c)$ 仍旧可以对 R 中任何元素 c 都相等(可参阅本节开始那个例子). 但是,

14

在 §4 中我们看到,对 R 是无限整环①这一特殊情形而言,反过来说还是对的,并且我们看到,对这种环而言,以函数观点来看多项式是正确的.这种情况在研究实数域及复数域上的多项式性质时是很重要的.

不难验证,如果

$$f(x) + g(x) = h(x), f(x)g(x) = h(x),$$

则

$$f(c) + g(c) = h(c), f(c)g(c) = h(c).$$

我们来证明上面的第一个等式.

设 $f(x)$ 的次数大于或等于 $g(x)$ 的次数:

$$f(x) = a_0 + a_1 x + \cdots + a_n x^n \quad (a_n \neq 0),$$
$$g(x) = b_0 + b_1 x + \cdots + b_m x^m \quad (b_m \neq 0),$$

并且 $m \leqslant n$. 于是

$$h(x) = c_0 + c_1 x + \cdots + c_n x^n,$$

这里 $c_i = a_i + b_i$,并且在 $n > m$ 的情况下应该认为 $b_{m+1}, \cdots, b_n$ 都等于零.我们来看 $h(c)$ 等于什么:

$$h(c) = c_0 + c_1 c + \cdots + c_n c^n.$$

利用在 R 中成立的交换律、结合律及分配律,我们可以把这个等式变为下面的形式

$$h(c) = (a_0 + a_1 c + \cdots + a_n c^n) + (b_0 + b_1 c + \cdots + b_m c^m),$$

即得到 $h(c) = f(c) + g(c)$.

用同样的方式可证明第二个等式.

§2　一元多项式环内的可除性及其性质

2.1　一元多项式的可除性

域是一个不含零因子和具有单位元素的交换环的特殊情形.现在我们要研究在某一个域 P 上的多项式是否还具有某些其他的性质.所谓在某一个域 P 上的多项式是指系数属于这个域 P 的多项式,在这一节中,我们不对域 P 加以限

① 一个整环是指这样的一个环:它的加法满足交换律(所谓交换环),存在非零的乘法单位元,并且乘法运算不存在零因子.域就是整环的一个特殊情形.

制,也就是说,P 可以是任意的一个域. 因此,我们所得的结论就不因为 P 是实数域,或另外的数域,或不是数域而受到影响. 域 P 的单位我们用 1 表示.

在代数学上,人们对具有某域的系数的多项式环有很大的兴趣,因为常见的一些数的集合关于它们的运算均形成一个域:有理数域、实数域、复数域. 在这种情形可以观察到多项式的可除性性质与整数的可除性性质之间有非常相似的地方.

在多项式环 $P[x]$ 中含有余式的除法定则首先成立,即下述定理成立:

定理 2.1.1(除法剩余定理) 设 $f(x)$ 与 $g(x) \neq 0$ 是 $P[x]$ 中的任意两个多项式,那么在 $P[x]$ 中存在这样的两个多项式 $q(x)$ 与 $r(x)$,使得

$$f(x) = g(x)q(x) + r(x),$$

且在 $r(x) \neq 0$ 时 $r(x)$ 的次数小于 $g(x)$ 的次数. 不仅如此,满足这个等式的 $q(x)$ 与 $r(x)$ 还是唯一的.

通常多项式 $q(x)$ 叫作 $g(x)$ 除 $f(x)$ 时的商,而 $r(x)$ 叫作 $g(x)$ 除 $f(x)$ 所得的余式.

证明 设

$$f(x) = a_0 x^n + a_1 x^{n-1} + \cdots + a_n \quad (a_0 \neq 0),$$

$$g(x) = b_0 x^m + b_1 x^{m-1} + \cdots + b_m \quad (b_0 \neq 0).$$

关于这两个多项式的次数有两种可能性:$n < m$,或 $n \geqslant m$.

在第一种情形下,等式

$$f(x) = g(x)q(x) + r(x),$$

将在 $q(x) = 0, r(x) = f(x)$ 时满足.

对于第二种情形,我们按如下方式来处理. 由多项式 $f(x)$ 减去多项式 $g(x)$ 乘以 $\frac{a_0}{b_0} x^{n-m}$ 得

$$f(x) - \frac{a_0}{b_0} x^{n-m} g(x) = f_1(x).$$

在结果中多项式 $f(x)$ 的最高项 $a_n x^n$ 消减并且 $f(x)$ 的次数降低:

$$f_1(x) = a'_0 x^{n_1} + a'_1 x^{n_1-1} + \cdots + a'_{n_1} \quad (a'_0 \neq 0, n_1 < n).$$

如果 $f_1(x)$ 的次数大于或等于 $g(x)$ 的次数,那么我们再重复这降低次数的步骤

$$f_1(x) - \frac{a'_0}{b_0} x^{n_1-m} g(x) = f_2(x),$$

如此做下去. 既然 $n, n_1, n_2, \cdots$ 不能无止境地减少下去,那么我们最终可以得到

16

一个多项式 $r(x)$，其次数低于 $g(x)$ 的次数. 因此

$$f(x) - \frac{a_0}{b_0}x^{n-m}g(x) = f_1(x),$$

$$f_1(x) - \frac{a'_0}{b_0}x^{n_1-m}g(x) = f_2(x),$$

$$\vdots$$

$$f_k(x) - \frac{a_0^{(k)}}{b_0}x^{n_k-m}g(x) = r(x).$$

把这些等式逐项加起来，再经明显的化简我们得到

$$f(x) - \left(\frac{a_0}{b_0}x^{n-m} + \frac{a'_0}{b_0}x^{n_1-m} + \cdots + \frac{a_0^{(k)}}{b_0}x^{n_k-m}\right)g(x) = r(x),$$

或

$$f(x) = g(x)q(x) + r(x),$$

这里

$$q(x) = \frac{a_0}{b_0}x^{n-m} + \frac{a'_0}{b_0}x^{n_1-m} + \cdots + \frac{a_0^{(k)}}{b_0}x^{n_k-m}.$$

多项式 $q(x)$ 与 $r(x)$ 的系数在此都属于域 P，因为它们是通过加、减、乘、除等不超出域范围的运算得来的.

为完成这个证明，剩下只要证明商与余式都是唯一的.

设除 $q(x)$ 与 $r(x)$ 外还存在另一个 $q'(x)$ 及另一个余式 $r'(x)$. 于是

$$f(x) = g(x)q'(x) + r'(x),$$

注意到等式

$$f(x) = g(x)q(x) + r(x),$$

得

$$g(x)q(x) + r(x) = g(x)q'(x) + r'(x),$$

或

$$g(x)(q(x) - q'(x)) = r'(x) - r(x).$$

如果 $q(x) \neq q'(x)$，则 $q(x) - q'(x) \neq 0$，因此 $r'(x) - r(x) \neq 0$. 但这样我们就有一个荒谬的结果 —— 在等式 $g(x)(q(x) - q'(x)) = r'(x) - r(x)$ 的右边的差 $r'(x) - r(x)$ 的次数小于 m，因为 $r'(x)$ 与 $r(x)$ 的次数都小于 m；在左边的乘积 $g(x)(q(x) - q'(x))$ 的次数则不低于 m. 所以，只有 $q(x) = q'(x)$ 并且 $r'(x) = r(x)$.

在刚才的证明中，那种求商与余式的方法无非就是初等代数中所熟悉的多

项式除法[1]. 如此,证明了定理 2.1.1,我们同时也就顺便给出了这种方法的理由.

在某种限制下,定理 2.1.1 亦可推广到任意具有单位 $e \neq 0$ 的可交换环 R 的情形. 即下面的定理成立:

定理 2.1.2 如果 R 是一个可交换环并具有单位 $e \neq 0$,$f(x)$ 与 $g(x) \neq 0$ 是 $R[x]$ 中的两个多项式,并且 $g(x)$ 的最高系数等于单位,则存在这样的唯一的一对此环中的多项式 $q(x)$ 与 $r(x)$,使得

$$f(x) = g(x)q(x) + r(x),$$

并且在 $r(x) \neq 0$ 时 $r(x)$ 的次数小于 $g(x)$ 的次数.

这个定理的证明与定理 2.1.1 的证明没有本质上的差别,并且找商与余式的步骤本身在此也简单些,因为这时候取来与 $g(x)$ 相乘的是 $a_0 x^{n-m}$,$a'_0 x^{n_1-m}, \cdots$,而不取 $\dfrac{a_0}{b_0} x^{n-m}, \dfrac{a'_0}{b_0} a'_0 x^{n_1-m}$,等等. 在证明商与剩余的唯一性时应顾及环 R 的单位 e 不能是零因子,因此乘积 $g(x)(q(x) - q'(x))$ 的次数应恰好等于 $g(x)$ 与 $q(x) - q'(x)$ 的次数之和.

设想给定了 $P[x]$ 的两个多项式 $f(x)$ 与 $g(x)$,假若在环 $P[x]$ 内存在一个多项式 $h(x)$ 满足 $f(x) = g(x)h(x)$,我们就说多项式 $f(x)$ 可以被 $g(x)$ 整除[2]. 这时多项式 $f(x)$ 叫作 $g(x)$ 的倍式,而 $g(x)$ 叫作 $f(x)$ 的除式或因式.

含有余式的除法定则使我们能发现,究竟 $P[x]$ 中的一个给定的多项式 $f(x)$ 是否能被 $P[x]$ 中的多项式 $g(x)$ 整除. 即:

定理 2.1.3 要使 $f(x)$ 能被 $g(x)$ 整除,则其必要且充分条件是以 $g(x)$

---

[1] 即多项式的竖式除法或长式除法. 以多项式 $x^3 + 4x^2 + 3x + 2$ 除以 $4x^2 + 2x - 1$ 为例来说明.

[2] 或说多项式 $f(x)$ 可以被 $g(x)$ 除尽.

除 $f(x)$ 时的余式 $r(x)$ 等于零.

事实上,如果余式 $r(x)$ 等于零,则等式 $f(x)=g(x)q(x)+r(x)$ 变为

$$f(x)=g(x)q(x),$$

这就表示 $f(x)$ 能被 $g(x)$ 整除.反之,如果 $f(x)$ 能被 $g(x)$ 整除,则有

$$f(x)=g(x)q(x),$$

这里 $q(x)$ 是 $P[x]$ 中的一个多项式.由商与余式的唯一性推知剩余等于零.

由带余式的除法法则,我们还可以得出一个很重要的与扩域有关的结论.

假若 $P[x]$ 的多项式 $f(x)$ 不能被 $P[x]$ 的多项式 $g(x)$ 所整除,那么在环 $P'[x]$ 内,$f(x)$ 也同样不能被 $g(x)$ 所整除,这里 P' 代表 P 的某一扩域.

事实上,因为商与余式的系数和已知多项式 $f(x),g(x)$ 的系数一样,都同属于域 P,而这个性质不随我们由 $P[x]$ 或 $P'[x]$ 讨论 $f(x)$ 和 $g(x)$ 而起变化.例如,设 P 是有理数域,P' 是实数域.在环 $P[x]$ 中取多项式

$$f(x)=x^4+x+1,g(x)=x^2+x-1.$$

由带余式的除法法则得

$$f(x)=g(x)(x^2-x+2)+(-2x+3),$$

即,在环 $P[x]$ 内 $f(x)$ 不能被 $g(x)$ 整除.我们不难证明,在环 $P'[x]$ 内多项式 $f(x)$ 也同样不能被 $g(x)$ 整除,也就是说,我们不可能求出一个不仅具有有理系数而且还具有实数系数的多项式 $h(x)$ 满足等式 $f(x)=g(x)h(x)$.

现在我们讨论 $P[x]$ 内多项式的可除性的一些基本性质,这些性质和整数的可除性是相类似的.

Ⅰ.$P[x]$ 中任何多项式 $f(x)\neq 0$ 恒可被其本身所整除.

事实上,我们能写明显的等式

$$f(x)=f(x)\cdot 1,$$

而域 P 的单位可以看作 $P[x]$ 中的一个零次多项式.

Ⅱ.如果 $f(x)$ 与 $g(x)$ 是 $P[x]$ 中的多项式,并且 $f(x)$ 能被 $g(x)$ 整除,而 $g(x)$ 亦能被 $f(x)$ 整除,则多项式 $f(x)$ 与 $g(x)$ 彼此所差只在一个零次的多项式

$$f(x)=c\cdot g(x) \quad (c\neq 0),$$

这里 c 是域 P 中的一个元素.

证明 既然 $f(x)$ 能被 $g(x)$ 整除,而 $g(x)$ 亦能被 $f(x)$ 整除,则按整除的定义我们可以写出

$$f(x)=g(x)q_1(x),g(x)=f(x)q_2(x),$$

以第二个等式所表出的 $g(x)$ 的式子代入第一个等式,我们得到

19

$$f(x) = f(x)q_1(x)q_2(x),$$

或约去 $f(x)$ 得

$$1 = q_1(x)q_2(x),$$

这个等式的左边是 1,即一个零次的多项式. 所以,要保证这个等式成立,必须乘积 $q_1(x)q_2(x)$ 亦是零次的多项式,而这也只有在乘式 $q_1(x)$ 与 $q_2(x)$ 本身的次数都等于零时才可能. 如此,$q_1(x) = c$,$q_2(x) = d$,这里 c 与 d 都是 P 中的元素,且都异于零. 由此有 $f(x) = cg(x)$,这就是要证明的.

以后两个这样的多项式,如彼此只差一个零次的因子,则说它们除一个零次因子外是重合的.

Ⅲ. 如果两个由 $P[x]$ 中取来的多项式 $f_1(x)$ 与 $f_2(x)$ 能被 $P[x]$ 中的第三个多项式 $g(x)$ 整除,则它们的和 $f_1(x) + f_2(x)$ 与差 $f_1(x) - f_2(x)$ 亦能被 $g(x)$ 整除.

证明 按整除的定义有

$$f_1(x) = g(x)q_1(x),\ f_2(x) = g(x)q_2(x),$$

其中 $q_1(x)$ 与 $q_2(x)$ 亦是 $P[x]$ 中的多项式. 把这两个等式相加或相减,就得到

$$f_1(x) \pm f_2(x) = g(x)q(x),$$

这里 $q(x) = q_1(x) \pm q_2(x)$ 亦是此环 $P[x]$ 中的多项式. 由此我们知道 $f_1(x) \pm f_2(x)$ 能被 $g(x)q(x)$ 整除.

性质 Ⅲ 可推广如下.

Ⅳ. 如果 $P[x]$ 中的多项式 $f_1(x), f_2(x), \cdots, f_k(x)$ 能被 $P[x]$ 中的多项式 $g(x)$ 整除,则 $c_1 f_1(x) + c_2 f_2(x) + \cdots + c_k f_k(x)$ 亦能被 $g(x)$ 整除,这里 c_i 是域 P 中的任意元素.

这个性质的证明与性质 Ⅲ 相似.

Ⅴ. 如果 $f_1(x), f_2(x), \cdots, f_k(x)$ 是 $P[x]$ 中的多项式而 $f_1(x)$ 能被 $P[x]$ 中的一个多项式 $g(x)$ 整除,则乘积 $f_1(x)f_2(x)\cdots f_k(x)$ 亦能被 $g(x)$ 整除.

事实上,如果 $f_1(x)$ 能被 $g(x)$ 整除,则

$$f_1(x) = g(x)q_1(x),$$

这里 $q_1(x)$ 是 $P[x]$ 中的一个多项式.

把这个等式两边以 $f_2(x)f_3(x)\cdots f_k(x)$ 乘之,得

$$f_1(x)f_2(x)\cdots f_k(x) = g(x)q(x),$$

这里 $q(x) = q_1(x)f_2(x)f_3(x)\cdots f_k(x)$ 亦是 $P[x]$ 中的一个多项式. 所以 $f_1(x)f_2(x)\cdots f_k(x)$ 能被 $g(x)$ 整除.

由性质 Ⅲ 和性质 Ⅴ 推得下面的性质.

20

Ⅵ. 如果 $P[x]$ 中的多项式 $f_1(x), f_2(x), \cdots, f_k(x)$ 能被 $P[x]$ 中的多项式 $g(x)$ 整除,则 $g_1(x)f_1(x) + g_2(x)f_2(x) + \cdots + g_k(x)f_k(x)$ 亦能被 $g(x)$ 整除,这里 $g_1(x), g_2(x), \cdots, g_k(x)$ 是域 P 中的任意的多项式.

Ⅶ. 如果 $f(x), g(x)$ 及 $h(x)$ 是 $P[x]$ 中的多项式,并且 $f(x)$ 能被 $g(x)$ 整除,$g(x)$ 能被 $h(x)$ 整除,则 $f(x)$ 能被 $h(x)$ 整除.

要证明这个性质,我们仍旧需要利用多项式可除性的性质. 我们有

$$f(x) = g(x)q_1(x), \quad g(x) = h(x)q_2(x),$$

其中 $q_1(x)$ 与 $q_2(x)$ 是 $P[x]$ 中的多项式. 把 $g(x)$ 用第二个等式表出的式子代入第一个等式,得

$$f(x) = g(x)q(x),$$

这里 $q(x) = q_1(x)q_2(x)$ 是 $P[x]$ 中的一个多项式,即 $f(x)$ 能被 $h(x)$ 整除.

最后再指出一个性质.

Ⅷ. $P[x]$ 中的零次多项式是 $P[x]$ 中任何多项式的除式.

事实上,如果 $c \neq 0$ 是域 P 的一个元素,并且

$$f(x) = a_n x^n + a_{n-1} x^{n-1} + \cdots + a_0$$

是 $P[x]$ 中的任何一个多项式,则显然

$$f(x) = c\left(\frac{a_n}{c}x^n + \frac{a_{n-1}}{c}x^{n-1} + \cdots + \frac{a_0}{c}\right) = cq(x),$$

这里,$q(x) = \frac{a_n}{c}x^n + \frac{a_{n-1}}{c}x^{n-1} + \cdots + \frac{a_0}{c}$ 是 $P[x]$ 中的一个多项式.

在整数的环里有类似的可除性性质. 在那里 1 与 -1 这两个数所占的地位就与零次多项式的地位相似. 即,如果整数 a 能被整数 b 所整除,而 b 能被 a 所整除,则 a 与 b 两数彼此只差一个乘数 ± 1. 此外,任何整数 a 总能被 ± 1 所整除.

2.2 剩余除法的显式表示

定理 2.1.2 的证明过程中所指出的 $g(x)$ 除 $f(x)$ 的剩余除法的算法,还可以用解线性方程组的观点来考虑,并且由此还能得到剩余除法的显式表示. 这次假定 $g(x)$ 的次数 m 不超过 $f(x)$ 的次数 n.

我们从下面这个明显的恒等式开始

$$\begin{pmatrix} b_0 & b_1 & \cdots & b_m & & & & \\ & b_0 & b_1 & \cdots & b_m & & & \\ & & \ddots & \ddots & & \ddots & & \\ & & & b_0 & b_1 & \cdots & b_m \\ a_0 & a_1 & a_2 & \cdots & \cdots & a_{n-1} & a_n \end{pmatrix}_{(n-m+2)\times(n+1)} \begin{pmatrix} x^n \\ x^{n-1} \\ \vdots \\ x \\ x^0 \end{pmatrix}_{(n+1)\times 1}$$

$$= \begin{bmatrix} x^{n-m}g(x) \\ x^{n-m-1}g(x) \\ \vdots \\ x^0 g(x) \\ f(x) \end{bmatrix}_{(n-m+2)\times 1}, \tag{1}$$

若把 $x^n, x^{n-1}, \cdots, x, x^0$ 看作 $n+1$ 个未知量,则式(1)就是关于 $x^n, x^{n-1}, \cdots, x, x^0$ 的 $n-m+2$ 个联立方程组,用高斯消去法容易将式(1)转化为如下的三角形方程组

$$\begin{pmatrix} b_0 & b_1 & \cdots & b_m & & & \\ & b_0 & b_1 & \cdots & b_m & & \\ & & \ddots & \ddots & & \ddots & \\ & & & b_0 & b_1 & \cdots & b_m \\ & & & & c_0 & \cdots & c_{m-1} \end{pmatrix}_{(n-m+2)\times(n+1)} \begin{pmatrix} x^n \\ x^{n-1} \\ \vdots \\ x \\ x^0 \end{pmatrix}_{(n+1)\times 1}$$

$$= \begin{bmatrix} x^{n-m}g(x) \\ x^{n-m-1}g(x) \\ \vdots \\ x^0 g(x) \\ r(x) \end{bmatrix}.$$

由除法剩余定理(定理 2.1.1)的证明可以知道,这里最后一个方程式即为 $f(x)$ 除 $g(x)$ 所得的余式

$$r(x) = c_0 x^{m-1} + c_1 x^{m-2} + \cdots + c_{m-1}. \tag{2}$$

从方程组的角度看,等式(2)的得出是从式(1)的 $n-m+2$ 个联立方程组中消去 $n-m+1$ 个未知量 $x^n, x^{n-1}, \cdots, x^m$ 而得到的关于 $x^{m-1}, x^{m-2}, \cdots, x, x^0$ 的线性方程式.

也可以用另一种方法 —— 克莱姆法则 —— 来消去式(1)的未知量 x^n, $x^{n-1}, \cdots, x^m$,为此将式(1)化为等价的方程组

$$\begin{pmatrix} b_0 & b_1 & \cdots & \cdots & b_{n-m} & b_{n-m+1} \\ & b_0 & b_1 & \cdots & b_{n-m-1} & b_{n-m} \\ & & \ddots & \ddots & \vdots & \vdots \\ & & & b_0 & b_1 & b_2 \\ & & & & b_0 & b_1 \\ a_0 & a_1 & \cdots & \cdots & a_{n-m} & a_{n-m+1} \end{pmatrix} \begin{pmatrix} x^n \\ x^{n-1} \\ \vdots \\ x^m \\ x^{m-1} \end{pmatrix}$$

$$= \begin{bmatrix} -(b_{n-m+2}x^{m-2} + \cdots + b_m x^{n-m}) + x^{n-m}g(x) \\ -(b_{n-m+1}x^{m-2} + \cdots + b_m x^{n-m-1}) + x^{n-m-1}g(x) \\ \vdots \\ -(b_2 x^{m-2} + \cdots + b_m x^0) + x^0 g(x) \\ f(x) \end{bmatrix},$$

依克莱姆法则，我们得到

$$x^{m-1} = \frac{\begin{vmatrix} b_0 & b_1 & \cdots & \cdots & b_{n-m} & -(b_{n-m+2}x^{m-2} + \cdots + b_m x^{n-m}) + x^{n-m}g(x) \\ & b_0 & b_1 & \cdots & b_{n-m-1} & -(b_{n-m+1}x^{m-2} + \cdots + b_m x^{n-m-1}) + x^{n-m-1}g(x) \\ & & \ddots & \ddots & \vdots & \vdots \\ & & & b_0 & b_1 & -(b_3 x^{m-2} + \cdots + b_m x) + xg(x) \\ & & & & b_0 & -(b_2 x^{m-2} + \cdots + b_m x^0) + x^0 g(x) \\ a_0 & a_1 & \cdots & \cdots & a_{n-m} & f(x) \end{vmatrix}}{\begin{vmatrix} b_0 & b_1 & \cdots & \cdots & b_{n-m} & b_{n-m+1} \\ & b_0 & b_1 & \cdots & b_{n-m-1} & b_{n-m} \\ & & \ddots & \ddots & \vdots & \vdots \\ & & & b_0 & b_1 & b_2 \\ & & & & b_0 & b_1 \\ a_0 & a_1 & \cdots & \cdots & a_{n-m} & a_{n-m+1} \end{vmatrix}}$$

或

$$\begin{vmatrix} b_0 & b_1 & \cdots & \cdots & b_{n-m} & b_{n-m+1} \\ & b_0 & b_1 & \cdots & b_{n-m-1} & b_{n-m} \\ & & \ddots & \ddots & \vdots & \vdots \\ & & & b_0 & b_1 & b_2 \\ & & & & b_0 & b_1 \\ a_0 & a_1 & \cdots & \cdots & a_{n-m} & a_{n-m+1} \end{vmatrix} x^{m-1}$$

$$= \begin{vmatrix} b_0 & b_1 & \cdots & \cdots & b_{n-m} & -(b_{n-m+2}x^{m-2} + \cdots + b_m x^{n-m}) + x^{n-m}g(x) \\ & b_0 & b_1 & \cdots & b_{n-m} & -(b_{n-m+1}x^{m-2} + \cdots + b_m x^{n-m-1}) + x^{n-m-1}g(x) \\ & & \ddots & \ddots & \vdots & \vdots \\ & & & b_0 & b_1 & -(b_3 x^{m-2} + \cdots + b_m x) + xg(x) \\ & & & & b_0 & -(b_2 x^{m-2} + \cdots + b_m x^0) + x^0 g(x) \\ a_0 & a_1 & \cdots & \cdots & a_{n-m} & f(x) \end{vmatrix}.$$

由行列式的计算法则，右边这个行列式等于

23

$$\begin{vmatrix} b_0 & b_1 & \cdots & \cdots & b_{n-m} & x^{n-m}g(x) \\ & b_0 & b_1 & \cdots & b_{n-m-1} & x^{n-m-1}g(x) \\ & & \ddots & \ddots & \vdots & \vdots \\ & & & b_0 & b_1 & xg(x) \\ & & & & b_0 & x^0 g(x) \\ a_0 & a_1 & \cdots & \cdots & a_{n-m} & f(x) \end{vmatrix} - \sum_{k=1}^{m-1} x^{m-1-k} \begin{vmatrix} b_0 & b_1 & \cdots & \cdots & b_{n-m} & b_{n-m+1+k} \\ & b_0 & b_1 & \cdots & b_{n-m-1} & b_{n-m+k} \\ & & \ddots & \ddots & \vdots & \vdots \\ & & & b_0 & b_1 & b_{2+k} \\ & & & & b_0 & b_{1+k} \\ a_0 & a_1 & \cdots & \cdots & a_{n-m} & a_{n-m+1+k} \end{vmatrix}$$

注意到等式(3),得到

$$\begin{vmatrix} b_0 & b_1 & \cdots & \cdots & b_{n-m} & x^{n-m}g(x) \\ & b_0 & b_1 & \cdots & b_{n-m-1} & x^{n-m-1}g(x) \\ & & \ddots & \ddots & \vdots & \vdots \\ & & & b_0 & b_1 & xg(x) \\ & & & & b_0 & x^0 g(x) \\ a_0 & a_1 & \cdots & \cdots & a_{n-m} & f(x) \end{vmatrix} = \sum_{k=0}^{m-1} x^{m-1-k} \begin{vmatrix} b_0 & b_1 & \cdots & \cdots & b_{n-m} & b_{n-m+1+k} \\ & b_0 & b_1 & \cdots & b_{n-m-1} & b_{n-m+k} \\ & & \ddots & \ddots & \vdots & \vdots \\ & & & b_0 & b_1 & b_{2+k} \\ & & & & b_0 & b_{1+k} \\ a_0 & a_1 & \cdots & \cdots & a_{n-m} & a_{n-m+1+k} \end{vmatrix}$$

这个等式左边的那个行列式,我们把它依照最后一列展开

$$\sum_{k=1}^{n-m+1} (-1)^{n-m+2+k} \cdot \begin{vmatrix} b_0 & b_1 & \cdots & b_{k-1} & b_k & b_{k+1} & b_{k+2} & \cdots & b_{n-m} \\ & b_0 & \cdots & b_{k-2} & b_{k-1} & b_k & b_{k+1} & \cdots & b_{n-m-1} \\ & & \ddots & \ddots & \vdots & \vdots & \vdots & \cdots & \vdots \\ & & & b_0 & b_1 & b_2 & b_3 & \cdots & b_{n-m-k+2} \\ & & & 0 & b_0 & b_1 & \cdots & b_{n-m-k} \\ & & & & b_0 & \cdots & b_{n-m-k-1} \\ & & & & & \ddots & \vdots \\ & & & & & & b_0 \\ a_0 & a_1 & \cdots & a_{k-1} & a_k & a_{k+1} & a_{k+2} & \cdots & a_{n-m} \end{vmatrix} \cdot x^{m-1-k} \cdot$$

$$g(x) + \begin{vmatrix} b_0 & b_1 & \cdots & b_{n-m} \\ & b_0 & \cdots & b_{n-m-1} \\ & & \ddots & \vdots \\ & & & b_0 \end{vmatrix} \cdot f(x),$$

或

$$\sum_{k=1}^{n-m+1} (-1)^{n-m+2+k} \cdot \begin{vmatrix} b_0 & b_1 & \cdots & b_{k-1} & b_k & b_{k+1} & b_{k+2} & \cdots & b_{n-m} \\ & b_0 & \cdots & b_{k-2} & b_{k-1} & b_k & b_{k+1} & \cdots & b_{n-m-1} \\ & & \ddots & \ddots & \vdots & \vdots & \vdots & \cdots & \vdots \\ & & & b_0 & b_1 & b_2 & b_3 & \cdots & b_{n-m-k+2} & 第\ k-1\ 行 \\ & & & & 0 & b_0 & b_1 & \cdots & b_{n-m-k} & 第\ k\ 行 \\ & & & & & b_0 & \cdots & b_{n-m-k-1} & 第\ k+1\ 行 \\ & & & & & & \ddots & \vdots \\ & & & & & & & b_0 \\ a_0 & a_1 & \cdots & a_{k-1} & a_k & a_{k+1} & a_{k+2} & \cdots & a_{n-m} \end{vmatrix} \cdot x^{m-1-k} \cdot$$

$g(x) + b_0^{n-m+1} \cdot f(x),$

整理以后最终得出 $f(x)$ 除以 $g(x)$ 所得的等式：

$$f(x) = -\frac{Q(x)}{b_0^{n-m+1}} \cdot g(x) + (d_0 x^{m-1} + d_1 x^{m-2} + \cdots + d_{m-2} x + d_{m-1}),$$

其中

$$Q(x) = \sum_{k=1}^{n-m+1} (-1)^{n-m+2+k} \cdot$$

$$\begin{vmatrix} b_0 & b_1 & \cdots & b_{k-1} & b_k & b_{k+1} & b_{k+2} & \cdots & b_{n-m} \\ & b_0 & \cdots & b_{k-2} & b_{k-1} & b_k & b_{k+1} & \cdots & b_{n-m-1} \\ & & \ddots & \ddots & \vdots & \vdots & \vdots & \cdots & \vdots \\ & & & b_0 & b_1 & b_2 & b_3 & \cdots & b_{n-m-k+2} & 第\ k-1\ 行 \\ & & & & 0 & b_0 & b_1 & \cdots & b_{n-m-k} & 第\ k\ 行 \\ & & & & & b_0 & \cdots & b_{n-m-k-1} & 第\ k+1\ 行 \\ & & & & & & \ddots & \vdots \\ & & & & & & & b_0 \\ a_0 & a_1 & \cdots & a_{k-1} & a_k & a_{k+1} & a_{k+2} & \cdots & a_{n-m} \end{vmatrix} \cdot x^{m-1-k},$$

$$d_k = \begin{vmatrix} b_0 & b_1 & b_2 & \cdots & b_{n-m} & b_{n-m+1+k} \\ & b_0 & b_1 & \cdots & b_{n-m-1} & b_{n-m+k} \\ & & \ddots & \ddots & \vdots & \vdots \\ & & & b_0 & b_1 & b_{2+k} \\ & & & & b_0 & b_{1+k} \\ a_0 & a_1 & a_2 & \cdots & a_{n-m} & a_{n-m+1+k} \end{vmatrix}_{(n-m+2)\times(n-m+2)} \cdot$$

既然多项式

$$d_0 x^{m-1} + d_1 x^{m-2} + \cdots + d_{m-2} x + d_{m-1}$$

的次数小于除式 $g(x)$ 的次数,根据定理 2.1.2,它就是 $g(x)$ 除 $f(x)$ 的余式

$$r(x) = d_0 x^{m-1} + d_1 x^{m-2} + \cdots + d_{m-2} x + d_{m-1},$$

而商即为

$$q(x) = -\frac{Q(x)}{b_0^{n-m+1}}.$$

如此就达到本节开始的目的了.

2.3　多项式的最大公因式

根据带余式的除法法则还可推出多项式可除性理论与整数可除性理论间还有许多并行的性质.

设 $f(x)$ 与 $g(x)$ 是 $P[x]$ 中任意两个多项式. 环 $P[x]$ 中的第三个多项式 $d(x)$,如果同时能整除 $f(x)$ 与 $g(x)$,则我们称 $d(x)$ 为 $f(x)$ 与 $g(x)$ 的公因式.

现在我们要引进两个多项式的最大公因式的概念.

要说明的是,用多项式 $f(x)$ 与 $g(x)$ 的公因式的次数最大者作它们的最大公因式的定义是不太适宜的. 一方面,到现在为止我们还不知道 $f(x)$ 与 $g(x)$ 是否会有许多不同的次数最大的公因式,彼此之间不仅是只有零次因子的差别,这是说这一定义含有过多的不确定性. 另一方面,整数 12 和 18 的最大公因数不仅是这两个数的公因数中的最大数,而且能被其他任何一个公约数所整除;事实上 12 和 18 的其他公因数是 $1,2,3,-1,-2,-3,-6$. 故对多项式这一情形我们给出这样的定义.

定义 2.3.1　一个公因式 $D(x)$,如果它能整除多项式 $f(x)$ 与 $g(x)$ 的任何公因式,则称为是最大公因式.

亦如在整数的情形一样,我们为写起来简便,用 $(f(x), g(x))$ 表示多项式 $f(x)$ 与 $g(x)$ 的最大公因式.

现在要来证明,$P[x]$ 中任何两个多项式 $f(x)$ 与 $g(x)$ 都必定有最大公因式,并且指示完全确定的方法来找 $P[x]$ 中随便什么多项式 $f(x), g(x) \neq 0$ 的最大公因式.

多项式和整数之间有很多相类似的地方. 特别是辗转相除法(或称为欧几里得除法)以及由此所得出的一切推论可以毫不变化地引入到多项式环 $P[x]$.

设 $f(x)$ 的次数不低于 $g(x)$ 的次数. 于是我们把 $f(x)$ 以 $g(x)$ 除之;除得的余式与商各以 $r_1(x)$ 与 $q_1(x)$ 表示. 然后再把 $g(x)$ 以余式 $r_1(x)$ 除之;结果

得到第二个余式 $r_2(x)$ 与商 $q_2(x)$,如此进行下去.一般说来,每次都是把前一余式以其下一余式来除.在这个过程中所得的余式 $r_1(x)$,$r_2(x)$,… 其次数总是递减的.但非负整数不能无止境地递减下去.所以这种除法过程不能是无穷的——我们最后总会达到一个余式 $r_k(x)$,它恰好整除了前一余式 $r_{k-1}(x)$.我们来证明,这最后一个余式 $r_k(x)$ 就是多项式 $f(x)$ 与 $g(x)$ 的最大公因式.

把所有的除法用等式书写出来,就可以得到以下诸式

$$\begin{cases} f(x)=g(x)q_1(x)+r_1(x), \\ g(x)=r_1(x)q_2(x)+r_2(x), \\ \vdots \\ r_{k-2}(x)=r_{k-1}(x)q_k(x)+r_k(x), \\ r_{k-1}(x)=r_k(x)q_{k+1}(x). \end{cases} \tag{1}$$

首先我们来证明,$r_k(x)$ 是多项式 $f(x)$ 与 $g(x)$ 的公因式.试看(1)中的倒数第二式

$$r_{k-2}(x)=r_{k-1}(x)q_k(x)+r_k(x).$$

它的右边能用 $r_k(x)$ 除尽,因为 $r_{k-1}(x)$ 能被 $r_k(x)$ 除尽,而 $r_k(x)$ 能被其本身除尽.所以,左边亦能被 $r_k(x)$ 除尽,即 $r_{k-2}(x)$ 能被 $r_k(x)$ 除尽.再来看更前一个等式

$$r_{k-3}(x)=r_{k-2}(x)q_{k-1}(x)+r_{k-1}(x).$$

这里 $r_{k-2}(x)$ 与 $r_{k-1}(x)$ 能被 $r_k(x)$ 除尽,由此可以明白整个右边都能被 $r_k(x)$ 除尽.所以,亦能用 $r_k(x)$ 除尽左边,即 $r_{k-3}(x)$ 能被 $r_k(x)$ 除尽.如此逐步上移,我们最后到达多项式 $g(x)$ 与 $f(x)$ 并且证明 $g(x)$ 与 $f(x)$ 能被 $r_k(x)$ 除尽.

现在只要证明,$r_k(x)$ 是最大公因式.为此我们转到第一个等式

$$f(x)=g(x)q_1(x)+r_1(x),$$

并且看看对某一个公因式 $d(x)$ 能得到什么结论.既然 $f(x)$ 与 $g(x)$ 能被 $d(x)$ 除尽,则 $f(x)-g(x)q_1(x)=r_1(x)$ 亦应能被 $d(x)$ 除尽.同样,考虑式(1)中的第二式

$$g(x)=r_1(x)q_2(x)+r_2(x),$$

我们推知 $r_2(x)$ 能被 $d(x)$ 除尽,如此进行下去.这样逐步往下推,我们最后达到 $r_k(x)$ 并且知道 $r_k(x)$ 能被 $d(x)$ 除尽.换句话说,我们判明了 $d(x)$ 是多项式 $f(x)$ 与 $g(x)$ 的最大公因式.

但是我们出现了一个问题:由辗转相除法所求出的 $f(x)$ 与 $g(x)$ 的最大公因式是不是唯一的,除此之外是否还有另外的最大公因式存在? 假若我们把两

个只差一个零次多项式因子的多项式看作一样的,那么最大公因式是唯一决定的. 即如下定理成立:

定理 2.3.1 多项式 $f(x)$ 与 $g(x)$ 的最大公因式除一零次多项式不计外是唯一确定的.

要证明这个结果,不妨设 $D_1(x)$ 与 $D_2(x)$ 是多项式 $f(x)$ 与 $g(x)$ 的两个最大公因式. 根据最大公因式的定义,$D_1(x)$ 应能被 $D_2(x)$ 除尽,并且 $D_2(x)$ 亦应能被 $D_1(x)$ 除尽,由此按可除性性质 Ⅱ 有 $D_1(x)=cD_2(x)$,这就是所要证明的.

例 1 在有理数域上求多项式
$$f(x)=2x^5-3x^4-5x^3+x^2+6x+3, g(x)=3x^4+2x^3-3x^2-5x-2,$$
的最大公因式.

为避免分数系数我们预先以 3 乘 $f(x)$

$$
\begin{array}{r|l}
6x^5-9x^4-15x^3+3x^2+18x+9 & 3x^4+2x^3-3x^2-5x-2 \\
\underline{6x^5+4x^4-6x^3-10x^2-4x} & 2x \\
-13x^4-9x^3+13x^2+22x+9 &
\end{array}
$$

现在为避免分数系数我们把所得的差以 3 乘之. 虽然这样将影响商,但如此所定出的余式精确到只差一个零次的因子. 所以,我们继续计算下去:

$$
\begin{array}{r|l}
-39x^4-27x^3+39x^2+66x+27 & 3x^4+2x^3-3x^2-5x-2 \\
\underline{-39x^4-26x^3+39x^2+65x+26} & -13 \\
-x^3 \quad + \quad x \quad +1 &
\end{array}
$$

如此,我们找到以 $g(x)$ 除 $f(x)$ 的余式
$$r_1(x)=x^3-x-1,$$
至多只差一个零次的因子.

现在应该以 $r_1(x)$ 来除 $g(x)$. 读者不难证实 $g(x)$ 能被 $r_1(x)$ 除尽. 所以
$$x^3-x-1$$
就是多项式 $f(x)$ 与 $g(x)$ 的最大公因式.

读者还要注意下面的重要情形:在某一个已知域上的多项式,有时为了需要,可以看作一个扩域上的多项式. 例如,具有有理系数的多项式 $x^3+\frac{1}{3}x^2-\frac{2}{3}x-1$ 就可以看作实数域上的多项式. 重要的是:两个已知多项式的最大公因

28

式不随它们以 P 为基域或以 P 的扩域 P' 为基域而起变化.事实上,辗转相除法无非是累次施用带有余式的除法法则而得来的,在这种除法中所得的商和余式仅由已知多项式的系数而确定,所以这些多项式的系数和已知多项式的系数一样,都同属于域 P.

如此,在刚才所研究的例子中我们求得多项式

$$f(x)=2x^5-3x^4-5x^3+x^2+6x+3,$$
$$g(x)=3x^4+2x^3-3x^2-5x-2,$$

在有理数域上的最大公因式等于 x^3-x-1,但这些多项式在实数域上也仍有 x^3-x-1 为最大公因式.

由辗转相除法可得到一系列的推论.我们来指出其中比较重要的.

定理 2.3.2　如果 $D(x)$ 是 $P[x]$ 中多项式 $f(x)$ 与 $g(x)$ 的最大公因式,则在此环 $P[x]$ 中可选出这样一对多项式 $u(x)$ 和 $v(x)$,使得

$$f(x)u(x)+g(x)v(x)=D(x)^{①}.$$

证明　我们取式(1)中倒数第二式并且把 $r_{k-1}(x)q_k(x)$ 移到左边去.于是,注意到 $r_k(x)=D(x)$,我们得

$$r_{k-2}(x)-r_{k-1}(x)q_k(x)=D(x).$$

然后由等式

$$r_{k-3}(x)=r_{k-2}(x)q_{k-1}(x)+r_{k-1}(x)$$

得出

---

① 一般来说,满足这个等式的 $u(x),v(x)$ 并不唯一.事实上,若 $f(x)u(x)+g(x)v(x)=D(x)$,则对于 $P[x]$ 中的任意多项式 $h(x)$,有

$$f(x)[u(x)+g(x)h(x)]+g(x)[u(x)-f(x)h(x)]=f(x)u(x)+g(x)v(x)=D(x).$$

但我们可以证明,对于这等式,满足 $\partial(u(x))<\partial(g(x)),\partial(v(x))<\partial(f(x))$ 的 $u(x),v(x)$ 是存在的,并且还是唯一的.

证明　设 $u(x),v(x)$ 满足

$$f(x)u(x)+g(x)v(x)=D(x),\qquad(*)$$

作带余除法:

$$u(x)=g(x)q_1(x)+r_1(x),v(x)=f(x)q_2(x)+r_2(x),\qquad(**)$$

并且 $\partial(r_1(x))<\partial(g(x)),\partial(r_2(x))<\partial(f(x))$,将式(**)代入式(*)得到

$$D(x)=f(x)(g(x)q_1(x)+r_1(x))+g(x)(f(x)q_2(x)+r_2(x)),$$

或

$$D(x)=f(x)r_1(x)+g(x)r_2(x)+f(x)g(x)(q_1(x)+q_2(x)),$$

这里必有 $q_1(x)+q_2(x)=0$,否则上面最后那个等式的右端多项式的次数将不小于 $\partial(f(x)g(x))$,而左端 $D(x)$ 的次数小于 $\partial(f(x)g(x))$,遂生矛盾.于是可取 $u'(x)=r_1(x)$,而 $v'(x)=r_2(x)$,并且由除法剩余定理,$u'(x),v'(x)$ 是唯一的.

这里符号 $\partial(u(x))$ 表示多项式 $u(x)$ 的次数.

$$r_{k-1}(x) = r_{k-3}(x) - r_{k-2}(x)q_{k-1}(x),$$

并且把这 $r_{k-1}(x)$ 的值代入 $r_{k-2}(x) - r_{k-1}(x)q_k(x) = D(x)$,得到

$$r_{k-2}(x)(1 + q_k(x)q_{k-1}(x)) - r_{k-3}(x)q_k(x) = D(x),$$

或

$$r_{k-2}(x)u_1(x) + r_{k-3}(x)v_1(x) = D(x),$$

这里

$$u_1(x) = 1 + q_k(x)q_{k-1}(x), v_1(x) = -q_k(x).$$

再由等式

$$r_{k-4}(x) = r_{k-3}(x)q_{k-2}(x) + r_{k-2}(x)$$

得出 $r_{k-2}(x)$ 并代入 $r_{k-2}(x)u_1(x) + r_{k-3}(x)v_1(x) = D(x)$. 如此得到

$$r_{k-3}(x)u_2(x) + r_{k-4}(x)v_2(x) = D(x).$$

如此进行下去,最后得到等式

$$f(x)u_{k-2}(x) + g(x)v_{k-2}(x) = D(x),$$

这就得到了定理中的等式,其中 $u(x) = u_{k-2}(x)$ 而 $v(x) = v_{k-2}(x)$.

例 2　对有理数域上的多项式

$$f(x) = 2x^5 - 3x^4 - 5x^3 + x^2 + 6x + 3, g(x) = 3x^4 + 2x^3 - 3x^2 - 5x - 2,$$

选取此域上的这样一对多项式 $u(x)$ 与 $v(x)$,使

$$f(x)u(x) + g(x)v(x) = D(x).$$

这里具有重要意义的不只是余式,累次除法过程中所得的商亦是重要的;所以对每次的约去一数或乘上一数都要顾及. 现在所给这两个多项式 $f(x)$ 与 $g(x)$ 我们在例 1 中已经处理过. 顾及 $f(x)$ 的以 3 乘以及多项式 $-13x^4 - 9x^3 + 13x^2 + 22x + 9$ 的以 3 乘,我们可以把例 1 中所得相应结果简写成如下等式的形式

$$3f(x) = g(x) \cdot 2x + (-13x^4 - 9x^3 + 13x^2 + 22x + 9), \tag{2}$$

$$3(-13x^4 - 9x^3 + 13x^2 + 22x + 9) = g(x) \cdot (-13) - r_1(x), \tag{3}$$

这里

$$r_1(x) = x^3 - x - 1.$$

我们由例 1 知道,$r_1(x)$ 是多项式 $f(x)$ 与 $g(x)$ 的最大公因式,即 $r_1(x) = D(x)$.

把等式(2)两边同时乘以 3,然后将等式(3)中

$$3(-13x^4 - 9x^3 + 13x^2 + 22x + 9)$$

的值代入,如此我们得到

$$9f(x) = g(x) \cdot 6x + g(x) \cdot (-13) - r_1(x),$$

30

或

$$9f(x) = g(x) \cdot (6x - 13) - D(x),$$

由此

$$f(x) \cdot (-9) + g(x) \cdot (6x - 13) = D(x),$$

即我们找到了

$$u(x) = -9, v(x) = 6x - 13.$$

我们指出,定理 2.3.2 的逆是不成立的.例如,令

$$f(x) = x, g(x) = x + 1,$$

那么以下等式成立

$$x(x + 1) + (x + 1)(x - 1) = 2x^2 + x - 1.$$

但 $2x^2 + x - 1$ 显然不是 $f(x)$ 与 $g(x)$ 的最大公因式.但是当等式

$$f(x)u(x) + g(x)v(x) = D(x)$$

成立,且 $D(x)$ 是 $f(x)$ 与 $g(x)$ 的一个公因式时,$D(x)$ 就一定是 $f(x)$ 与 $g(x)$ 的一个最大公因式.这个事实的证明是简单的,请读者自己来完成.

除辗转相除法,还可以提出更简洁的方法 —— 矩阵的初等变换来求两个多项式的最大公因式.首先我们指出两个多项式的最大公因式的一些性质.设 $f(x), g(x), k(x)$ 是环 $P[x]$ 的多项式,则:

Ⅰ. $(f(x), g(x)) = (g(x), f(x))$;

Ⅱ. $(f(x), g(x)) = (kf(x), g(x))$,$k$ 是域 P 的非零元素;

Ⅲ. $(f(x), g(x)) = (f(x) + k(x)g(x), g(x))$.

这里 Ⅰ,Ⅱ 比较明显,我们对 Ⅲ 来做证明:明显地,$f(x), g(x)$ 的任一公因式都是 $f(x) + k(x)g(x), g(x)$ 的公因式;反之,设 $d(x)$ 是 $f(x) + k(x)g(x), g(x)$ 的任一公因式,我们来证明,$d(x)$ 亦是 $f(x)$ 与 $g(x)$ 的公因式.既然 $f(x) + k(x)g(x), g(x)$ 能被 $d(x)$ 除尽,根据多项式可除性的基本性质 Ⅵ(§2),组合 $(f(x) + k(x)g(x)) + (-k(x))g(x) = f(x)$ 亦能被 $d(x)$ 除尽,从而 $f(x) + k(x)g(x), g(x)$ 的任一公因式都是 $f(x), g(x)$ 的公因式.这样 $f(x), g(x)$ 与 $f(x) + k(x)g(x), g(x)$ 的公因式完全相同,故有 $(f(x), g(x)) = (f(x) + k(x)g(x), g(x))$.

现在写出一个由多项式 $f(x), g(x)$ 组成的矩阵

$$\begin{bmatrix} f(x) \\ g(x) \end{bmatrix},$$

则容易想象,上面的性质 Ⅰ,Ⅱ,Ⅲ 相当于对矩阵 $\begin{bmatrix} f(x) \\ g(x) \end{bmatrix}$ 施行矩阵的第一、第

二、第三种初等行变换.

Ⅰ.对换矩阵两行的位置;

Ⅱ.用一非零元素乘以矩阵的某一行;

Ⅲ.将矩阵的某一行乘以多项式 $k(x)$ 加到另一行上去.

此外,对于矩阵 $\begin{bmatrix} f(x) \\ g(x) \end{bmatrix}$,经若干初等行变换必可变成如下形式

$$\begin{bmatrix} D(x) \\ 0 \end{bmatrix},$$

并且由于最大公因式的上述性质以及 $(D(x),0) = D(x)$ 保证了 $D(x)$ 就是 $f(x),g(x)$ 的最大公因式.

事实上,设 $f(x),g(x)$ 不全为零且 $f(x)$ 的次数不超过 $g(x)$ 的次数,则通过对 $f(x)$ 乘以一个适当的多项式 $k(x)$ 再加到另一行上去,消掉 $g(x)$ 的最高项. 这时矩阵变为

$$\begin{bmatrix} f(x) \\ r_1(x) \end{bmatrix}$$

其中 $g(x) = f(x)k(x) + r_1(x)$.

若 $r_1(x) = 0$,则结论得证;若 $r_1(x)$ 不为零,则重复上述的过程. 因为 $f(x),g(x)$ 的次数是有限的,所以,经过有限次的上述过程,矩阵中必然出现一个元素 $D(x)$ 非零,而另一个元素为 0.

于是,两个多项式 $f(x),g(x)$ 的最大公因式可按如下方式进行:

$$\begin{bmatrix} f(x) \\ g(x) \end{bmatrix} \xrightarrow{\text{施行初等行变换}} \begin{bmatrix} D(x) \\ 0 \end{bmatrix}.$$

进一步,我们还可以指出下面的定理.

定理 2.3.3　设 $f(x)$ 与 $g(x)$ 是 $P[x]$ 中的两个多项式,则矩阵

$$\begin{bmatrix} f(x) & 1 & 0 \\ g(x) & 0 & 1 \end{bmatrix}$$

经初等行变换必可变为

$$\begin{bmatrix} D(x) & u(x) & v(x) \\ 0 & s(x) & t(x) \end{bmatrix},$$

且 $D(x)$ 是 $f(x),g(x)$ 的最大公因式,满足 $D(x) = u(x)f(x) + v(x)g(x)$.

证明　定理的前半部分,我们已经知道它是成立的,至于定理的后半部分,我们来证明一个更为一般的结论:设矩阵

32

$$\begin{bmatrix} f(x) & 1 & 0 \\ g(x) & 0 & 1 \end{bmatrix}$$

经 n 次初等行变换变成了矩阵

$$\boldsymbol{B}_n(x) = \begin{bmatrix} f_n(x) & u_n(x) & v_n(x) \\ g_n(x) & s_n(x) & t_n(x) \end{bmatrix},$$

则 $f_n(x) = u_n(x)f(x) + v_n(x)g(x), g_n(x) = s_n(x)f(x) + t_n(x)g(x)$.

今分别就三种初等行变换对 $n = 1$ 这一情况来证明.

（1）若 $\boldsymbol{B}_1(x)$ 是 $\begin{bmatrix} f(x) & 1 & 0 \\ g(x) & 0 & 1 \end{bmatrix}$ 通过互换两行得到的,则 $f_1(x) = f(x)$,

$g_1(x) = g(x), u_1(x) = t_1(x) = 0, v_1(x) = s_1(x) = 1$,结论成立;

（2）不失一般性,设 $\boldsymbol{B}_1(x)$ 是以非零元素 c 乘以 $\begin{bmatrix} f(x) & 1 & 0 \\ g(x) & 0 & 1 \end{bmatrix}$ 的第一行得

到的,则 $f_1(x) = cf(x), g_1(x) = g(x), u_1(x) = c, t_1(x) = 1, v_1(x) = s_1(x) = 0$,结论成立;

（3）不妨设 $\boldsymbol{B}_1(x)$ 是通过 $\begin{bmatrix} f(x) & 1 & 0 \\ g(x) & 0 & 1 \end{bmatrix}$ 的第二行乘以多项式 $k(x)$ 加到第

一行上去得到的,那么, $f_1(x) = f(x) + k(x)g(x), g_1(x) = g(x), u_1(x) = t_1(x) = 1, v_1(x) = k(x), s_1(x) = 0$,结论成立.

今设结论在 $n = k$ 的时候成立:矩阵

$$\begin{bmatrix} f(x) & 1 & 0 \\ g(x) & 0 & 1 \end{bmatrix}$$

经 k 次初等行变换变成了矩阵

$$\boldsymbol{B}_k(x) = \begin{bmatrix} f_k(x) & u_k(x) & v_k(x) \\ g_k(x) & s_k(x) & t_k(x) \end{bmatrix},$$

则 $f_k(x) = u_k(x)f(x) + v_k(x)g(x), g_k(x) = s_k(x)f(x) + t_k(x)g(x)$.

我们来证明在 $n = k + 1$ 时结论也成立:对矩阵 $\boldsymbol{B}_k(x)$ 再施行一次初等变换,得到矩阵

$$\boldsymbol{B}_{k+1}(x) = \begin{bmatrix} f_{k+1}(x) & u_{k+1}(x) & v_{k+1}(x) \\ g_{k+1}(x) & s_{k+1}(x) & t_{k+1}(x) \end{bmatrix},$$

则

$$f_{k+1}(x) = u_{k+1}(x)f(x) + v_{k+1}(x)g(x),$$
$$g_{k+1}(x) = s_{k+1}(x)f(x) + t_{k+1}(x)g(x).$$

33

类似于 $n=1$，我们分三种变换来证明.

($1'$) 若 $\boldsymbol{B}_{k+1}(x)$ 是经过 $\boldsymbol{B}_k(x)$ 互换两行得到的

$$\begin{bmatrix} f_{k+1}(x) & u_{k+1}(x) & v_{k+1}(x) \\ g_{k+1}(x) & s_{k+1}(x) & t_{k+1}(x) \end{bmatrix} = \begin{bmatrix} g_k(x) & s_k(x) & t_k(x) \\ f_k(x) & u_k(x) & v_k(x) \end{bmatrix}.$$

因为 $f_k(x) = u_k(x)f(x) + v_k(x)g(x)$，$g_k(x) = s_k(x)f(x) + t_k(x)g(x)$，于是

$$\begin{bmatrix} g_k(x) & s_k(x) & t_k(x) \\ f_k(x) & u_k(x) & v_k(x) \end{bmatrix} = \begin{bmatrix} s_k(x)f(x)+t_k(x)g(x) & s_k(x) & t_k(x) \\ u_k(x)f(x)+v_k(x)g(x) & u_k(x) & v_k(x) \end{bmatrix},$$

所以

$$\begin{bmatrix} f_{k+1}(x) & u_{k+1}(x) & v_{k+1}(x) \\ g_{k+1}(x) & s_{k+1}(x) & t_{k+1}(x) \end{bmatrix} = \begin{bmatrix} s_k(x)f(x)+t_k(x)g(x) & s_k(x) & t_k(x) \\ u_k(x)f(x)+v_k(x)g(x) & u_k(x) & v_k(x) \end{bmatrix}.$$

由矩阵的相等，我们得到，$f_{k+1}(x) = s_k(x)f(x) + t_k(x)g(x) = u_{k+1}(x)f(x) + v_{k+1}(x)g(x)$，$g_{k+1}(x) = u_k(x)f(x) + v_k(x)g(x) = s_{k+1}(x)f(x) + t_{k+1}(x)g(x)$.

($2'$) 设 $\boldsymbol{B}_{k+1}(x)$ 是以非零元素 c 乘以 $B_k(x)$ 的第一行得到的：

$$\begin{bmatrix} f_{k+1}(x) & u_{k+1}(x) & v_{k+1}(x) \\ g_{k+1}(x) & s_{k+1}(x) & t_{k+1}(x) \end{bmatrix} = \begin{bmatrix} cf_k(x) & cu_k(x) & cv_k(x) \\ g_k(x) & s_k(x) & t_k(x) \end{bmatrix},$$

同样由于 $f_k(x) = u_k(x)f(x) + v_k(x)g(x)$，$g_k(x) = s_k(x)f(x) + t_k(x)g(x)$，我们得到

$$\begin{bmatrix} f_{k+1}(x) & u_{k+1}(x) & v_{k+1}(x) \\ g_{k+1}(x) & s_{k+1}(x) & t_{k+1}(x) \end{bmatrix} = \begin{bmatrix} c(u_k(x)f(x)+v_k(x)g(x)) & cu_k(x) & cv_k(x) \\ s_k(x)f(x)+t_k(x)g(x) & s_k(x) & t_k(x) \end{bmatrix},$$

于是得到我们想要的结论：$f_{k+1}(x) = cu_k(x)f(x) + cv_k(x)g(x) = u_{k+1}(x)f(x) + v_{k+1}(x)g(x)$，$g_{k+1}(x) = s_k(x)f(x) + t_k(x)g(x) = s_{k+1}(x)f(x) + t_{k+1}(x)g(x)$.

($3'$) 若 $\boldsymbol{B}_{k+1}(x)$ 是经过 $\boldsymbol{B}_k(x)$ 的第二行乘以多项式 $k(x)$ 加到第一行上去得到的

$$\begin{bmatrix} f_{k+1}(x) & u_{k+1}(x) & v_{k+1}(x) \\ g_{k+1}(x) & s_{k+1}(x) & t_{k+1}(x) \end{bmatrix}$$

$$= \begin{bmatrix} f_k(x)+k(x)g_k(x) & u_k(x)+k(x)s_k(x) & v_k(x)+k(x)t_k(x) \\ g_k(x) & s_k(x) & t_k(x) \end{bmatrix},$$

那么，我们可写

$$f_{k+1}(x) = f_k(x) + k(x)g_k(x),$$

将 $f_k(x) = u_k(x)f(x) + v_k(x)g(x)$，$g_k(x) = s_k(x)f(x) + t_k(x)g(x)$ 代入上

34

式右边

$$f_{k+1}(x) = u_k(x)f(x) + v_k(x)g(x) + k(x)(s_k(x)f(x) + t_k(x)g(x)),$$

将等式右边的括号展开并合并关于 $f(x), g(x)$ 的同类项得

$$f_{k+1}(x) = (u_k(x) + k(x)s_k(x))f(x) + (v_k(x) + k(x)t_k(x))g(x),$$

注意到 $u_{k+1}(x) = u_k(x) + k(x)s_k(x), v_{k+1}(x) = v_k(x) + k(x)t_k(x)$,我们就得到所要证明结论的第一个:

$$f_{k+1}(x) = u_{k+1}(x)f(x) + v_{k+1}(x)g(x).$$

至于第二个等式

$$g_{k+1}(x) = s_{k+1}(x)f(x) + t_{k+1}(x)g(x),$$

由于

$$g_{k+1}(x) = g_k(x), s_{k+1}(x) = s_k(x), t_{k+1}(x) = t_k(x),$$

结论就成为显然的了.

如此,定理的第二部分成立.

现在让我们来指出一个例子:在有理数域上求多项式

$$f(x) = x^4 + 2x^3 - x^2 - 4x - 2, g(x) = x^4 + x^3 - x^2 - 2x - 2$$

的最大公因式 $D(x)$ 以及满足 $D(x) = u(x)f(x) + v(x)g(x)$ 的多项式 $u(x)$, $v(x)$.

作矩阵

$$\begin{pmatrix} x^4 + 2x^3 - x^2 - 4x - 2 & 1 & 0 \\ x^4 + x^3 - x^2 - 2x - 2 & 0 & 1 \end{pmatrix},$$

然后对它进行初等变换如下:

$$\begin{pmatrix} x^4 + 2x^3 - x^2 - 4x - 2 & 1 & 0 \\ x^4 + x^3 - x^2 - 2x - 2 & 0 & 1 \end{pmatrix} \xrightarrow{\text{第1行-第2行}}$$

$$\begin{pmatrix} x^3 - 2x & 1 & -1 \\ x^4 + x^3 - x^2 - 2x - 2 & 0 & 1 \end{pmatrix} \xrightarrow{\text{第2行+第1行}\times(-x)}$$

$$\begin{pmatrix} x^3 - 2x & 1 & -1 \\ x^3 + x^2 - 2x - 2 & -x & x+1 \end{pmatrix} \xrightarrow{\text{第2行+第1行}}$$

$$\begin{pmatrix} x^3 - 2x & 1 & -1 \\ x^2 - 2 & -x-1 & x+2 \end{pmatrix} \xrightarrow{\text{第1行-第2行}\times(-x)}$$

$$\begin{pmatrix} 0 & x^2+x+1 & -(x+1)^2 \\ x^2 - 2 & -x-1 & x+2 \end{pmatrix} \xrightarrow{\text{第1行与第2行互相交换}}$$

$$\begin{pmatrix} x^2 - 2 & -x-1 & x+2 \\ 0 & x^2+x+1 & -(x+1)^2 \end{pmatrix}$$

于是按照定理 2.3.3,$D(x)=x^2-2$,$u(x)=-(x+1)$,$v(x)=x+2$,并且容易验证,像预期的那样:$D(x)=u(x)f(x)+v(x)g(x)$.

如果联系到矩阵初等行变换的代数意义,则还可以给出定理 2.3.3 第二部分的另外一个证明.首先让读者去验证,多项式矩阵的第一、第二、第三种初等行变换相当于分别左乘下面的二阶方阵

$$\begin{bmatrix} 0 & 1 \\ 1 & 0 \end{bmatrix}, \begin{bmatrix} k & 0 \\ 0 & 1 \end{bmatrix}(或\begin{bmatrix} 1 & 0 \\ 0 & k \end{bmatrix}), \begin{bmatrix} k(x) & 0 \\ 0 & 1 \end{bmatrix}(或\begin{bmatrix} 1 & 0 \\ 0 & k(x) \end{bmatrix}).$$

如此,设与初等变换对应的那些矩阵的乘积为

$$\begin{bmatrix} u(x) & v(x) \\ s(x) & t(x) \end{bmatrix},$$

于是可以写出矩阵等式:

$$\begin{bmatrix} u(x) & v(x) \\ s(x) & t(x) \end{bmatrix} \begin{bmatrix} f(x) & 1 & 0 \\ g(x) & 0 & 1 \end{bmatrix} = \begin{bmatrix} D(x) & u'(x) & v'(x) \\ 0 & s'(x) & t'(x) \end{bmatrix},$$

根据矩阵的乘法规则以及矩阵的相等,首先得出

$$u'(x)=u(x),v'(x)=v(x),$$

进而得出定理 2.3.3 的第二部分:

$$D(x)=u(x)f(x)+v(x)g(x).$$

多项式 $f(x)$ 与 $g(x)$ 的最大公因式亦可以是零次的多项式.在这种情形 $f(x)$ 与 $g(x)$ 叫作互不可通约的多项式[①].

当 $f(x)$ 与 $g(x)$ 互不可通约时,定理 2.3.2 中的等式 $f(x)u(x)+g(x)v(x)=D(x)$,可取

$$f(x)u(x)+g(x)v(x)=c(c\neq 0)$$

这种形式.我们可令 $c=1$,因为这个式子两边可以 c 除之而把

$$\frac{u(x)}{c} 与 \frac{v(x)}{c}$$

各看作是 $u(x)$ 与 $v(x)$.

利用等式 $f(x)u(x)+g(x)v(x)=1$ 不难得到互不可通约多项式的一系列与互素整数相似的性质.

Ⅰ.要 $P[x]$ 中两个多项式 $f(x)$ 与 $g(x)$ 互不可通约,则其必要且充分的条件是要能找到 $P[x]$ 中两个多项式 $u(x)$ 与 $v(x)$,使

$$f(x)u(x)+g(x)v(x)=1.$$

————————————

① "互不可通约"亦称"互素"或"互质".

36

证明　如果 $f(x)$ 与 $g(x)$ 是互不可通约的,由定理 2.1.2,我们已经知道在 $P[x]$ 中可找到两个多项式 $u(x)$ 与 $v(x)$,使这等式成立.

反之,设这等式对 $P[x]$ 中两个多项式 $u(x)$ 与 $v(x)$ 成立.我们以 $d(x)$ 表示 $f(x)$ 与 $g(x)$ 的任一公因式.于是显然这等式的左边将能被 $d(x)$ 所整除,因此右边的 1 亦应能以 $d(x)$ 来除.但 $d(x)$ 只有在它是零次多项式时才能除尽 1.如此 $f(x)$ 与 $g(x)$ 只能有零次多项式为其公因式,由此知道 $f(x)$ 与 $g(x)$ 互不可通约.

Ⅱ. 如果 $D(x)$ 是 $P[x]$ 中多项式 $f(x)$ 与 $g(x)$ 的最大公因式,则以 $D(x)$ 除 $f(x)$ 与 $g(x)$ 所得到的多项式 $f_1(x)$ 与 $g_1(x)$ 互不可通约.

证明　按条件有
$$f(x) = f_1(x)D(x), g(x) = g_1(x)D(x),$$
则等式
$$f(x)u(x) + g(x)v(x) = D(x)$$
可改写成形式
$$f_1(x)u(x)D(x) + g_1(x)v(x)D(x) = D(x).$$
以 $D(x)$ 约之,得
$$f_1(x)u(x) + g_1(x)v(x) = 1.$$
由此根据前面的性质 Ⅰ 知道,$f_1(x)$ 与 $g_1(x)$ 互不可通约.

Ⅲ. 如果 $P[x]$ 中多项式 $f(x)$ 及 $g(x)$ 与 $P[x]$ 中第三个多项式 $h(x)$ 互不可通约,则乘积 $f(x)g(x)$ 亦与 $h(x)$ 互不可通约.

证明　按条件 $f(x)$ 与 $h(x)$ 互不可通约,则
$$f(x)u(x) + h(x)v(x) = 1.$$
这个关系对 $P[x]$ 中某两个多项式 $u(x)$ 与 $v(x)$ 成立.我们以 $g(x)$ 乘这等式的两边:
$$f(x)g(x)u(x) + h(x)g(x)v(x) = g(x).$$
现在设 $d(x)$ 是 $f(x)g(x)$ 与 $h(x)$ 的一个公因式.于是这等式的左边能以 $d(x)$ 除尽,所以右边的 $g(x)$ 亦能以 $d(x)$ 除尽.如此,$d(x)$ 成为 $g(x)$ 与 $h(x)$ 的公因式,但 $g(x)$ 与 $h(x)$ 是互不可通约的.所以,$d(x)$ 是一个零次的多项式.因此我们证明了乘积 $f(x)g(x)$ 与 $h(x)$ 是互不可通约的.

利用数学归纳法,性质 Ⅲ 可以推广到 $P[x]$ 中多个多项式的场合:如果多项式 $f_1(x), f_2(x), \cdots, f_k(x)$ 都与 $h(x)$ 互不可通约,则乘积 $f_1(x)f_2(x)\cdots f_k(x)$ 亦为与 $h(x)$ 互不可通约.

Ⅳ. 如果 $f(x), g(x), h(x)$ 是 $P[x]$ 中这样的三个多项式,其中 $f(x)$ 与

$h(x)$ 互不可通约而 $f(x)g(x)$ 能以 $h(x)$ 来整除,则 $g(x)$ 必能以 $h(x)$ 来整除.

证明 既然 $f(x)$ 与 $h(x)$ 互不可通约,则 $P[x]$ 中有某 $u(x)$ 与 $v(x)$,使

$$f(x)u(x) + h(x)v(x) = 1.$$

现在以 $g(x)$ 乘这等式的两边,如此得到

$$f(x)g(x)u(x) + h(x)g(x)v(x) = g(x).$$

等式左边能被 $h(x)$ 整除,所以,右边的 $g(x)$ 亦能被 $h(x)$ 整除.

对两个以上属于 $P[x]$ 的多项式 $f_1(x), f_2(x), \cdots, f_k(x)$ 的最大公因式也可用同样方式来下定义. 即,如果多项式 $f_1(x), f_2(x), \cdots, f_k(x)$ 每个都能以 $P[x]$ 中的一个多项式 $d(x)$ 所整除,则 $d(x)$ 就叫作 $f_1(x), f_2(x), \cdots, f_k(x)$ 的公因式. 如果多项式 $f_1(x), f_2(x), \cdots, f_k(x)$ 的一个公因式 $D(x)$ 能被这些多项式的任何公因式来除尽,则 $D(x)$ 叫作它们的最大公因式.

从下面的定理可以推知任何一组不全为零的有限个多项式的最大公因式是存在的,同时亦得出了它的计算方法.

定理 2.3.4 多项式 $f_1(x), f_2(x), \cdots, f_k(x)$ 的最大公因式,等于多项式 $f_k(x)$ 和多项式 $f_1(x), f_2(x), \cdots, f_{k-1}(x)$ 的最大公因式的最大公因式.

事实上,当 $k=2$ 时定理很明显是成立的. 我们假定它对于 $k-1$ 个多项式是正确的,也就是,假定已经证明了多项式 $f_1(x), f_2(x), \cdots, f_{k-1}(x)$ 的最大公因式 $D(x)$ 是存在的. 用 $D'(x)$ 来记多项式 $D(x)$ 和 $f_k(x)$ 的最大公因式. 很明显的它是所有已经给出的这些多项式的公因式. 此外,这些多项式的其他任何一个公因式都除尽 $D(x)$,故亦除尽 $D'(x)$.

逐字重复上面同样的论证,我们可以证明若干多项式的最大公因式的唯一性(至多差一个零次的因子).

现在还可以指出一个计算 k 个多项式 $f_1(x), f_2(x), \cdots, f_k(x)$ 的最大公因式的一个实际方法,它是推广定理 2.3.3 得到的. 我们把它叙述如下:

定理 2.3.5 设 $f_1(x), f_2(x), \cdots, f_n(x)$ 是域 P 中任意 k 个多项式,则矩阵

$$\begin{pmatrix} f_1(x) & 1 & 0 & 0 & \cdots & 0 \\ f_2(x) & 0 & 1 & 0 & \cdots & 0 \\ \vdots & \vdots & \vdots & \vdots & & \vdots \\ f_k(x) & 0 & 0 & 0 & \cdots & 1 \end{pmatrix} \tag{4}$$

经初等行变换必可变为

$$\begin{bmatrix} D(x) & u_1(x) & u_2(x) & u_3(x) & \cdots & u_k(x) \\ 0 & & & & & \\ \vdots & & & A(x) & & \\ 0 & & & & & \end{bmatrix} \quad (5)$$

这里 $A(x)$ 是 $(k-1)\times(k-1)$ 阶多项式矩阵;且 $D(x)$ 是 $f_1(x),f_2(x),\cdots,$ $f_k(x)$ 的最大公因式,满足 $D(x)=u_1(x)f_1(x)+u_2(x)f_2(x)+\cdots+$ $u_k(x)f_k(x)$.

证明　在简单情形: $f_1(x)=f_2(x)=\cdots=f_k(x)=0$,定理显然是成立的. 因此我们来考虑一般情形: $f_1(x),f_2(x),\cdots,f_n(x)$ 不全为零.

首先证明矩阵经适当初等行变换必可变为第一列只有一个元素非零,而其他元素均为零的形式. 不失普遍性设 $f_1(x)$ 为 k 个多项式中次数最低的一个,通过对 $f_1(x)$ 分别乘以一个适当的多项式,消去 $f_2(x),\cdots,f_n(x)$ 的各最高项. 这时矩阵第一列变为: $f_1(x),r_2(x),\cdots,r_n(x)$;其中 $f_i(x)=f_1(x)q_i(x)+$ $r_i(x)(i=2,3,\cdots,n)$. 若 $r_2(x)=\cdots=r_n(x)=0$,则我们的目的达到;否则仍重复这样的过程. 因为 $f_1(x),f_2(x),\cdots,f_n(x)$ 的次数是有限的,所以经过有限次的上述过程,必然出现我们所要的结果.

现在利用后面附注的定理 2.3.6 来证明第二部分,既然,对式(4)施行一次初等行变换,相当于在它的左边乘一个初等矩阵. 今设与那些初等变换对应的矩阵的乘积为

$$\begin{bmatrix} u'_1(x) & u'_2(x) & \cdots & u'_k(x) \\ s_{21}(x) & s_{22}(x) & \cdots & s_{2k}(x) \\ \vdots & \vdots & & \vdots \\ s_{k1}(x) & s_{k2}(x) & \cdots & s_{kk}(x) \end{bmatrix},$$

于是

$$\begin{bmatrix} u'_1(x) & u'_2(x) & \cdots & u'_k(x) \\ s_{21}(x) & s_{22}(x) & \cdots & s_{2k}(x) \\ \vdots & \vdots & & \vdots \\ s_{k1}(x) & s_{k2}(x) & \cdots & s_{kk}(x) \end{bmatrix} \begin{bmatrix} f_1(x) & 1 & 0 & 0 & \cdots & 0 \\ f_2(x) & 0 & 1 & 0 & \cdots & 0 \\ \vdots & \vdots & \vdots & \vdots & & \vdots \\ f_k(x) & 0 & 0 & 0 & \cdots & 1 \end{bmatrix}$$

$$= \begin{bmatrix} D(x) & u_1(x) & u_2(x) & u_3(x) & \cdots & u_k(x) \\ 0 & & & & & \\ \vdots & & & A(x) & & \\ 0 & & & & & \end{bmatrix},$$

39

根据矩阵的乘法规则以及矩阵的相等,可以得出

$$u'_1(x) = u_1(x), u'_2(x) = u_2(x), \cdots, u'_k(x) = u_k(x),$$

而

$$D(x) = u_1(x)f_1(x) + u_2(x)f_2(x) + \cdots + u_k(x)f_k(x).$$

剩下的只是证明 $D(x)$ 就是 $f_1(x), f_2(x), \cdots, f_k(x)$ 的最大公因式. 设想对矩阵(5)施行这样的一系列变换,它们刚好逆着将矩阵(4)变换成矩阵(5)的那些初等变换,并且变换的次序也刚好相反,于是,经历过这些变换,矩阵(5)变换成了矩阵(4). 设这些变换相应的矩阵的乘积为

$$\begin{pmatrix} v'_1(x) & v'_2(x) & \cdots & v'_k(x) \\ t_{21}(x) & t_{22}(x) & \cdots & t_{2k}(x) \\ \vdots & \vdots & & \vdots \\ t_{k1}(x) & t_{k2}(x) & \cdots & t_{kk}(x) \end{pmatrix} \textcircled{1},$$

于是有

$$\begin{pmatrix} v_1(x) & v_2(x) & \cdots & v_k(x) \\ t_{21}(x) & t_{22}(x) & \cdots & t_{2k}(x) \\ \vdots & \vdots & & \vdots \\ t_{k1}(x) & t_{k2}(x) & \cdots & t_{kk}(x) \end{pmatrix} \begin{pmatrix} D(x) & u_1(x) & u_2(x) & u_3(x) & \cdots & u_k(x) \\ 0 & & & & \\ \vdots & & & A(x) & \\ 0 & & & & \end{pmatrix}$$

$$= \begin{pmatrix} f_1(x) & 1 & 0 & 0 & \cdots & 0 \\ f_2(x) & 0 & 1 & 0 & \cdots & 0 \\ \vdots & \vdots & \vdots & \vdots & & \vdots \\ f_k(x) & 0 & 0 & 0 & \cdots & 1 \end{pmatrix},$$

这样我们得出

$$D(x) = v_1(x)f_1(x), D(x) = v_2(x)f_2(x), \cdots, D(x) = v_k(x)f_k(x),$$

即 $d(x)$ 是 $f_1(x), f_2(x), \cdots, f_k(x)$ 的公因式. 下面证明它的最大性.

设 $d(x)$ 是 $f_1(x), f_2(x), \cdots, f_k(x)$ 的任一公因式. 于是 $d(x)$ 一定整除它们的组合 $u_1(x)f_1(x) + u_2(x)f_2(x) + \cdots + u_k(x)f_k(x)$, 即 $D(x), D(x)$ 是 $f_1(x), f_2(x), \cdots, f_k(x)$ 的最大公因式.

例 3　在有理数域上求三个多项式

---

①　事实上,这矩阵是矩阵 $\begin{pmatrix} u'_1(x) & u'_2(x) & \cdots & u'_k(x) \\ s_{21}(x) & s_{22}(x) & \cdots & s_{2k}(x) \\ \vdots & \vdots & & \vdots \\ s_{k1}(x) & s_{k2}(x) & \cdots & s_{kk}(x) \end{pmatrix}$ 的逆矩阵.

$$x^3 + x^2, x^2 + 2x + 1, x^4$$

的最大公因式.

作矩阵

$$\begin{pmatrix} x^3 + x^2 & 1 & 0 & 0 \\ x^2 + 2x + 1 & 0 & 1 & 0 \\ x^4 & 0 & 0 & 1 \end{pmatrix}$$

并对其进行初等变换如下

$$\begin{pmatrix} x^3 + x^2 & 1 & 0 & 0 \\ x^2 + 2x + 1 & 0 & 1 & 0 \\ x^4 & 0 & 0 & 1 \end{pmatrix} \xrightarrow{\text{互换第1行和第2行}}$$

$$\begin{pmatrix} x^2 + 2x + 1 & 0 & 1 & 0 \\ x^3 + x^2 & 1 & 0 & 0 \\ x^4 & 0 & 0 & 1 \end{pmatrix} \xrightarrow{\text{第2行+第1行}\times(-x),\text{第3行+第1行}\times(-x^2)}$$

$$\begin{pmatrix} x^2 + 2x + 1 & 0 & 1 & 0 \\ -x^2 - x & 1 & -x & 0 \\ -2x^3 - x^2 & 0 & -x^2 & 1 \end{pmatrix} \xrightarrow{\text{第3行}-\text{第2行}\times(2x),\text{第2行}+\text{第1行}}$$

$$\begin{pmatrix} x^2 + 2x + 1 & 0 & 1 & 0 \\ x + 1 & 1 & 1 - x & 0 \\ x^2 & -2x & x^2 & 1 \end{pmatrix} \xrightarrow{\text{第1行与第2行互相交换}}$$

$$\begin{pmatrix} x + 1 & 0 & 1 - x & 0 \\ x^2 + 2x + 1 & 0 & 1 & 0 \\ x^2 & -2x & x^2 & 1 \end{pmatrix} \xrightarrow{\text{第2行}-\text{第1行}\times(x+1),\text{第3行}-\text{第1行}\times(x)}$$

$$\begin{pmatrix} x + 1 & 1 & 1 - x & 0 \\ 0 & -x - 1 & x^2 - 1 & 0 \\ -x & -3x & 2x^2 - x & 1 \end{pmatrix} \xrightarrow{\text{第1行}+\text{第3行}}$$

$$\begin{pmatrix} 1 & -3x + 1 & 2x^2 - 2x + 1 & 1 \\ 0 & -x - 1 & x^2 - 1 & 0 \\ -x & -3x & 2x^2 - x & 1 \end{pmatrix} \xrightarrow{\text{第3行}+\text{第1行}\times x}$$

$$\begin{pmatrix} 1 & -3x + 1 & 2x^2 - 2x + 1 & 1 \\ 0 & -x - 1 & x^2 - 1 & 0 \\ 0 & -3x^2 - 2x & 2x^3 & x + 1 \end{pmatrix}$$

于是它们的最大公因式为 $D(x) = 1, u_1(x) = -3x + 1, u_2(x) = 2x^2 - 2x + 1,$

$u_3(x) = 1.$

自然将矩阵(4)变换为矩阵(5)的方法不是唯一的. 例如,就刚才的例子而言,还可以作如下变换

$$\begin{pmatrix} x^3 + x^2 & 1 & 0 & 0 \\ x^2 + 2x + 1 & 0 & 1 & 0 \\ x^4 & 0 & 0 & 1 \end{pmatrix} \xrightarrow{\text{第3行}-\text{第1行}\times(x)}$$

$$\begin{pmatrix} x^3 + x^2 & 1 & 0 & 0 \\ x^2 + 2x + 1 & 0 & 1 & 0 \\ -x^3 & -x & 0 & 1 \end{pmatrix} \xrightarrow{\text{第1行}+\text{第3行}}$$

$$\begin{pmatrix} x^2 & 1-x & 0 & 1 \\ x^2 + 2x + 1 & 0 & 1 & 0 \\ -x^3 & -x & 0 & 1 \end{pmatrix} \xrightarrow{\text{第2行}-\text{第1行},\text{第3行}+\text{第1行}\times(x)}$$

$$\begin{pmatrix} x^2 & 1-x & 0 & 1 \\ 2x+1 & x-1 & 1 & -1 \\ 0 & -x^2 & 0 & x+1 \end{pmatrix} \xrightarrow{\text{第1行}\times 2}$$

$$\begin{pmatrix} 2x^2 & 2(1-x) & 0 & 2 \\ 2x+1 & x-1 & 1 & -1 \\ 0 & -x^2 & 0 & x+1 \end{pmatrix} \xrightarrow{\text{第1行}-\text{第2行}\times(x)}$$

$$\begin{pmatrix} -x & -x^2-x+2 & -x & x+2 \\ 2x+1 & x-1 & 1 & -1 \\ 0 & -x^2 & 0 & x+1 \end{pmatrix} \xrightarrow{\text{第2行}+\text{第1行}\times 2}$$

$$\begin{pmatrix} -x & -x^2-x+2 & -x & x+2 \\ 1 & -2x^2-x+3 & -2x+1 & 2x+3 \\ 0 & -x^2 & 0 & x+1 \end{pmatrix} \xrightarrow{\text{第1行}+\text{第2行}\times x}$$

$$\begin{pmatrix} 0 & -2x^3-2x^2+2x+2 & -2x^2 & 2x^2+4x+2 \\ 1 & -2x^2-x+3 & -2x+1 & 2x+3 \\ 0 & -x^2 & 0 & x+1 \end{pmatrix} \xrightarrow{\text{交换第1行和第2行}}$$

$$\begin{pmatrix} 1 & -2x^2-x+3 & -2x+1 & 2x+3 \\ 0 & -2x^3-2x^2+2x+2 & -2x^2 & 2x^2+4x+2 \\ 0 & -x^2 & 0 & x+1 \end{pmatrix}$$

于是,我们同样得到 $D(x)=1.$ 可是在这次,$u_1(x) = -2x^3 - 2x + 3, u_2(x) = -2x + 1, u_3(x) = 2x + 3.$ 这表明,在定理 2.3.5 中,一般来说 $u_1(x), u_2(x), \cdots,$

42

$u_k(x)$ 是不唯一的. 那么如何求出适合 $D(x) = u_1(x)f_1(x) + u_2(x)f_2(x) + \cdots + u_k(x)f_k(x)$ 的所有 $u_1(x), u_2(x), \cdots, u_k(x)$ 呢? 对此问题我们做如下一般性的讨论.

令 $\boldsymbol{F}(x) = \begin{bmatrix} f_1(x) \\ f_2(x) \\ \vdots \\ f_k(x) \end{bmatrix}$, $\boldsymbol{U}(x) = (u_1(x) \quad u_2(x) \quad \cdots \quad u_k(x))$, 于是 $D(x) = u_1(x)f_1(x) + u_2(x)f_2(x) + \cdots + u_k(x)f_k(x)$ 可以写成

$$D(x) = \boldsymbol{U}(x)\boldsymbol{F}(x),$$

依定理 2.3.5 以及后面的附注, 对于 $\boldsymbol{F}(x)$, 存在可逆矩阵

$$\boldsymbol{P}(x) = \begin{bmatrix} u_1(x) & u_2(x) & \cdots & u_k(x) \\ s_{21}(x) & s_{22}(x) & \cdots & s_{2k}(x) \\ \vdots & \vdots & & \vdots \\ s_{k1}(x) & s_{k2}(x) & \cdots & s_{kk}(x) \end{bmatrix}$$

使得 $\boldsymbol{P}(x)\boldsymbol{F}(x) = \begin{bmatrix} D(x) \\ 0 \\ \vdots \\ 0 \end{bmatrix}_{k \times 1}$. 于是

$$D(x) = \boldsymbol{U}(x)\boldsymbol{F}(x) = \boldsymbol{U}(x)\boldsymbol{P}^{-1}(x)\boldsymbol{P}(x)\boldsymbol{F}(x),$$

令 $\boldsymbol{U}(x)\boldsymbol{P}^{-1}(x) = (v_1(x) \quad v_2(x) \quad \cdots \quad v_k(x)) = \boldsymbol{V}(x)$, 则有

$$D(x) = \boldsymbol{U}(x)\boldsymbol{F}(x) = \boldsymbol{V}(x)\boldsymbol{P}(x)\boldsymbol{F}(x) = \boldsymbol{V}(x)D(x),$$

或

$$D(x) = (v_1(x) \quad v_2(x) \quad \cdots \quad v_k(x)) \begin{bmatrix} D(x) \\ 0 \\ \vdots \\ 0 \end{bmatrix}_{k \times 1},$$

因为 $D(x)$ 不能为零, 所以 $u_1(x) = 1$. 从而

$$\boldsymbol{U}(x) = (u_1(x) \quad u_2(x) \quad \cdots \quad u_k(x)) = (1 \quad v_2(x) \quad \cdots \quad v_k(x))\boldsymbol{P}(x),$$

其中 $v_2(x), \cdots, v_k(x)$ 是 $P[x]$ 中任意多项式, 特别地, 取 $v_2(x) = \cdots = v_k(x) = 0$, 则

$$\boldsymbol{U}(x) = (u_1(x) \quad u_2(x) \quad \cdots \quad u_k(x)) = (1 \quad v_2(x) \quad \cdots \quad v_k(x))\,\boldsymbol{P}(x),$$

即为矩阵 $\boldsymbol{P}(x)$ 的第一行. 可见, $\boldsymbol{P}(x)$ 的第一行一定是满足 $D(x) =$

$u_1(x)f_1(x) + u_2(x)f_2(x) + \cdots + u_k(x)f_k(x)$ 的一组 $u_1(x), u_2(x), \cdots,$ $u_k(x)$.

我们来求出前面那个例子中的所有 $u_1(x), u_2(x), u_3(x)$. 首先让读者自己去验证,变

$$\begin{pmatrix} x^3 + x^2 & 1 & 0 & 0 \\ x^2 + 2x + 1 & 0 & 1 & 0 \\ x^4 & 0 & 0 & 1 \end{pmatrix}$$

为矩阵

$$\begin{pmatrix} 1 & -3x+1 & 2x^2 - 2x + 1 & 1 \\ 0 & -x-1 & x^2 & 0 \\ 0 & -3x^2 - 2x & 2x^2 & x+1 \end{pmatrix}$$

的那个可逆矩阵为

$$\mathbf{P}(x) = \begin{pmatrix} -2x^2 - x + 3 & -2x+1 & 2x^2 - 2x + 1 \\ -2x^3 - 2x^2 + 2x + 2 & -2x^2 & 2x^2 + 4x + 2 \\ -x^2 & 0 & x+1 \end{pmatrix}.$$

于是,满足 $D(x) = u_1(x)f_1(x) + u_2(x)f_2(x) + u_3(x)f_3(x)$ 的一切 $u_1(x),$ $u_2(x), u_3(x)$ 为

$$(1 \quad v_2(x) \quad v_3(x))\mathbf{P}(x),$$

即

$$\begin{cases} u_1(x) = 2x^2 - 2x + 1 + (-2x^3 - 2x^2 + 2x + 2)v_2(x) - x^2 v_3(x), \\ u_2(x) = -2x + 1 - 2x^2 v_2(x), \\ u_3(x) = 2x + 3(2x^2 + 4x + 2)v_2(x) - (x+1)v_3(x). \end{cases}$$

其中 $v_1(x), v_2(x), v_3(x)$ 取遍 $\mathbf{Q}[x]$ 中的所有多项式.

最后,我们来指出一组多项式的最大公因式的一个特别情形,即

多项式 $f_1(x), f_2(x), \cdots, f_k(x)$ 叫作互不可通约的,如果这些多项式的公因式只有零次多项式,亦就是如果它们的最大公因式等于 1.

如果 $k > 2$,那么这些多项式不一定两两互不可通约. 例如多项式

$$f(x) = x^3 - 7x^2 + 7x + 15, g(x) = x^2 - x - 20, h(x) = x^3 + x^2 - 12x,$$

是互不可通约,虽然有

$$(f(x), g(x)) = x - 5, (f(x), h(x)) = x - 3, (g(x), h(x)) = x + 4.$$

读者不难推广上面所说的性质 Ⅱ ~ Ⅳ 到任意有限多个互不可通约多项式的情形,而后加以证明.

代数学教程

(第五卷·多项式理论)

附注　一个由环 $P[x]$ 的元素构成的矩阵称为多项式矩阵,并且把下面三种运算分别称为它的第一、第二、第三种初等行变换:

1. 互换任意两行,例如第 i 行与第 j 行的位置;

2. 以域 P 的非零元素 c 乘以任何一行,例如第 i 行;

3. 加到任何一行,例如第 i 行,以其任何一行,例如第 j 行,与任何多项式 $k(x)$ 的乘积.

特别地,我们把对 n 阶单位矩阵 E_n 经过一次初等变换后所得的矩阵称为初等矩阵.

显然,初等矩阵都是方阵,每个初等变换都有一个与之相应的初等矩阵. 互换单位矩阵 E_n 的 i 行与 j 行的位置,得

$$E(i,j) = \begin{pmatrix} 1 & & & & & & & & & & \\ & \ddots & & & & & & & & & \\ & & 1 & & & & & & & & \\ & & & 0 & \cdots & 1 & & & & & \\ & & & & 1 & & & & & & \\ & & & \vdots & & \ddots & & & & & \\ & & & & & & 1 & & & & \\ & & & 1 & \cdots & 0 & & & & & \\ & & & & & & & 1 & & & \\ & & & & & & & & \ddots & & \\ & & & & & & & & & 1 \end{pmatrix} \begin{matrix} \\ \\ \\ i \text{ 行} \\ \\ \\ \\ \\ j \text{ 行} \\ \\ \\ \end{matrix}$$

用域 P 中非零元 c 乘 E_n 的 i 行,有

$$E(i(c)) = \begin{pmatrix} 1 & & & & & & & \\ & \ddots & & & & & & \\ & & 1 & & & & & \\ & & & \ddots & & & & \\ & & & & c & & & \\ & & & & & \ddots & & \\ & & & & & & 1 & \\ & & & & & & & \ddots \\ & & & & & & & & 1 \end{pmatrix} \quad i \text{ 行}$$

把矩阵 E_n 的 j 行的 $k(x)$ 倍加到 i 行,有

$$\begin{array}{c} i\ 列\qquad j\ 列 \end{array}$$

$$E(i,j(k(x))) = \begin{pmatrix} 1 & & & & & & \\ & \ddots & & & & & \\ & & 1 & \cdots & k(x) & & \\ & & & \ddots & \vdots & & \\ & & & & 1 & & \\ & & & & & \ddots & \\ & & & & & & 1 \end{pmatrix} \begin{array}{c} \\ \\ i\ 行 \\ \\ \\ j\ 行 \\ \end{array}$$

同样可以得到与列变换相应的初等矩阵. 应该指出, 对单位矩阵作一次初等列变换所得到的矩阵也包括在上面所说的三类矩阵之中. 例如, 把 E_n 的 j 列的 k 倍加到 j 列, 我们仍然得到 $E(i,j(k))$. 因此, 这三类矩阵就包括了全部的初等矩阵. 此外, 三类初等矩阵均为非奇异矩阵, 事实上, 它们的行列式的值分别为

$$\mid E(i,j) \mid = -1, \quad \mid E(i(c)) \mid = c, \quad \mid i,j(k(x)) \mid = 1.$$

利用矩阵乘法的定义, 立刻可以得到:

定理 2.3.6 设 A 是一个 $s \times t$ 多项式矩阵, 对 A 施行一次初等行变换, 相当于在 A 的左边乘 s 阶初等矩阵; 对 A 施行一次初等列变换, 相当于在 A 的右边乘以相应的 t 阶初等矩阵.

例如, 用 s 阶初等矩阵 $E_s(i,j)$ 左乘 $A = (a_{ij})_{s \times t}$, 恰好相当于对矩阵 A 施行第一种初等行变换 —— 对调 A 的第 i,j 两行

$$E_s(i,j)A = \begin{pmatrix} a_{11}(x) & a_{12}(x) & \cdots & a_{1t}(x) \\ \vdots & \vdots & & \vdots \\ a_{j1}(x) & a_{j2}(x) & \cdots & a_{jt}(x) \\ \vdots & \vdots & & \vdots \\ a_{i1}(x) & a_{i2}(x) & \cdots & a_{it}(x) \\ \vdots & \vdots & & \vdots \\ a_{s1}(x) & a_{s2}(x) & \cdots & a_{st}(x) \end{pmatrix} \begin{array}{l} \\ \\ 第\ i\ 行 \\ \\ \\ 第\ j\ 行 \\ \\ \\ \end{array} .$$

2.4 分解多项式为不可约因式

在整数环内, 素数的概念占着重要的位置. 现在我们指出, 不可约多项式[①]

———————————

① 亦称既约多项式.

在多项式环内的作用相当于素数在整数环内的作用.

定义 2.4.1 $P[x]$ 中一个多项式 $f(x)$,如果它能分解为此环 $P[x]$ 中两个较低次的多项式的乘积,则称为是在 P 中可约的.

反之,$P[x]$ 中一个次数高于零的多项式 $p(x)$,如果它不能分解为此环 $P[x]$ 中两个较低次的多项式的乘积,则称为是在 P 中不可约的.

按照定义,零次的多项式不能算是可约的,也不能算是不可约的.这种情形与整数 1 相同.大家知道,整数 1 不能算是素数也不能算是合数.

要特别注意这一情形,关于多项式的可约性和不可约性,只是对于已经给出的域 P 来说的,因为一个多项式在这一个域中不可约,而在它的某一个扩域 P' 中就可能是可约的.例如,整系数多项式 x^2-2 在有理数域中不可约 —— 它不可能分解为两个有理系数一次因式的乘积.但等式

$$x^2-2=(x+\sqrt{2})(x-\sqrt{2})$$

证明在实数域中,这一个多项式是可约的.多项式 x^2+1 不仅在有理数域中,就是在实数域中亦不可约;但在复数域中,它是可约的,因为

$$x^2+1=(x+\mathrm{i})(x-\mathrm{i}).$$

例1 我们来考虑有理数域上的多项式

$$f(x)=x^4-5x^2+6,$$

它在有理数域上能分解为两个次数较低的多项式(二次的)的乘积:

$$f(x)=(x^2-2)(x^2-3),$$

所以,所考虑的这个多项式 $f(x)$ 在有理数域上是可约的.

例2 任何域 P 上的一次多项式

$$p(x)=x+1,$$

在 P 中是不可约的.

的确,假如 $f(x)$ 与 $g(x)$ 是任意两个次数高于零的多项式,则其乘积至少是二次的,而不能是一次的.

例3 多项式

$$p(x)=x^3-2,$$

在有理数域中不可约.

事实上,假若不然,则 $p(x)$ 可分解为两个多项式的乘积,而其中一个是一次的,另一个是二次的

$$p(x)=x^3-2=(ax+b)(cx^2+dx+e),$$

这里 a,b,c,d,e 都是有理数.令 $x=-\dfrac{b}{a}$,我们得

$$-\frac{b^2}{a^3}-2=0,$$

或
$$\sqrt[3]{2}=-\frac{b}{a}.$$

这样我们得到一个矛盾: $\sqrt[3]{2}$ 成了有理数 $-\dfrac{b}{a}$. 所以,这多项式在有理数域中是不可约的.

但是这个多项式在实数域中是可约的,因为在实数域中我们允许分解为带无理数的因子,于是我们能得出

$$p(x)=(x-\sqrt[3]{2})(x^2+\sqrt[3]{2}\,x+\sqrt[3]{4}).$$

不可约多项式具有下述性质.

Ⅰ. 如果 $p_1(x)$ 与 $p_2(x)$ 是域 P 中不可约的多项式,而 $p_1(x)$ 能被 $p_2(x)$ 整除,则 $p_1(x)$ 与 $p_2(x)$ 除零次因子外是重合的.

事实上,由等式 $p_1(x)=p_2(x)q(x)$——这里 $q(x)$ 是以 $p_2(x)$ 除 $p_1(x)$ 所得的商——可由 $p_1(x)$ 的不可约性推知 $q(x)$ 是一零次的多项式: $p_1(x)=c\neq 0$. 由此有 $p_1(x)=cp_2(x)$,这就是所要证明的.

Ⅱ. $P[x]$ 中的一个多项式 $f(x)$ 不能以一个在 P 中不可约的多项式 $p(x)$ 整除,则其必要而充分条件是 $f(x)$ 与 $p(x)$ 互不可通约.

证明 设 $f(x)$ 不能以 $p(x)$ 除尽. 我们以 $D(x)$ 表示 $f(x)$ 与 $p(x)$ 的最大公因式. 既然 $p(x)$ 是不可约多项式,则由 $p(x)$ 能以 $D(x)$ 除尽这条件推知这二者只居其一: (1)$D(x)$ 是零次多项式,(2)$D(x)$ 除零次因子外与 $p(x)$ 重合. 但第二种可能性是没有的,因为这时多项式 $f(x)$ 能以 $p(x)$ 除尽,与题设矛盾. 所以只剩下一种可能性——$D(x)$ 是一个零次多项式. 但这意思就是说, $f(x)$ 与 $p(x)$ 互不可通约.

反之,设 $f(x)$ 与 $p(x)$ 互不可通约. 于是 $f(x)$ 不能以 $p(x)$ 除尽: 如果 $f(x)$ 能以 $p(x)$ 除尽,则 $f(x)$ 与 $p(x)$ 的最大公因式将等于 $p(x)$,而不是零次多项式.

Ⅲ. 如果 $P[x]$ 中两个多项式的乘积 $f(x)g(x)$ 能以一个在 P 中不可约的多项式 $p(x)$ 除尽,则 $f(x)$ 与 $g(x)$ 中至少一个能以 $p(x)$ 除尽[①].

---

① 性质Ⅲ的逆命题也是成立的:设 $p(x)$ 是次数大于零的多项式,如果对于任意两个多项式 $f(x)$ 与 $g(x)$,由 $p(x)$ 整除乘积 $f(x)g(x)$,就能推出 $p(x)$ 或整除 $f(x)$ 或整除 $g(x)$,那么 $p(x)$ 一定是不可约多项式.

事实上,若不然,则 $p(x)$ 可约: $p(x)=p_1(x)p_2(x)$,并且 $p_1(x)$ 与 $p_2(x)$ 次数均小于 $p(x)$ 的次数,同时 $p(x)$ 整除乘积 $p_1(x)p_2(x)$,于是由题设(取 $f(x)=p_1(x),g(x)=p_1(x)$) $p(x)$ 将整除 $p_1(x)$ 或整除 $p_2(x)$,矛盾.

证明 我们假设其反面——设 $f(x)$ 与 $g(x)$ 没有一个能以 $p(x)$ 除尽. 于是按前面的性质 Ⅱ 多项式 $f(x)$ 与 $g(x)$ 将与 $p(x)$ 互不可通约. 由此根据互不可通约多项式的性质 Ⅲ 乘积 $f(x)g(x)$ 将亦与 $p(x)$ 互不可通约,所以不能以 $p(x)$ 除尽,这与所设条件矛盾.

显然,性质 Ⅲ 能推广到任意多个因子的乘积的场合,只要利用数学归纳法就行了.

Ⅳ. 设多项式 $f_1(x), f_2(x), \cdots, f_k(x)$ 不能被不可约的多项式 $p(x)$ 整除,则这些多项式的乘积 $f_1(x)f_2(x)\cdots f_k(x)$ 也不能被 $p(x)$ 整除.

因为多项式 $f_1(x), f_2(x), \cdots, f_k(x)$ 的每一个都不能被 $p(x)$ 整除,所以根据性质 Ⅱ,每一个多项式和 $p(x)$ 互不可通约. 再由互不可通约多项式的性质 Ⅲ, 乘积 $f_1(x)f_2(x)\cdots f_k(x)$ 也必须和 $p(x)$ 互不可通约, 即 $f_1(x)f_2(x)\cdots f_k(x)$ 不能被 $p(x)$ 整除.

对于环 $P[x]$ 中的多项式成立一个与整数分解为素因数的定理相似的定理.

定理 2.4.1 $P[x]$ 任一次数高于零的多项式都能分解为不可约多项式的乘积:
$$f(x) = p_1(x)p_2(x)\cdots p_r(x),$$
其中 $p_i(x)$ 是 $P[x]$ 中的不可约多项式,并且这个分解法除因子的次序及零次的因子外是唯一的.

证明 我们先来证明 $P[x]$ 中任意次数高于零的多项式的乘积 $f(x)$ 都能分解为不可约因子的乘积.

对不可约多项式 $f(x)$ 这个定理显然是成立的——在这个场合得到一个由一个不可约因子组成的分解式: $f(x) = f(x)$. 所以设 $f(x)$ 可约. 于是
$$f(x) = f_1(x)f_2(x),$$
这里 $f_1(x)$ 与 $f_2(x)$ 是 $P[x]$ 中次数低于 $f(x)$ 的多项式. 如果因子 $f_1(x)$ 与 $f_2(x)$ 中有一个或两个可约,则一个或两个这些因子 $f_1(x)$ 与 $f_2(x)$ 可进一步分解为更低次的因子,如此进行下去. 这样分解下去的过程不能是无止境的,因为多项式的次数不能无止境地降低下去. 所以,我们终于得到 $f(x)$ 的一个分解为不可约因子的分解式.

现在只要证明这个定理的第二部分——分解为不可约因子的分解法的唯一性.

设 $f(x)$ 有两种方程式分解不可约因子
$$f(x) = p_1(x)p_2(x)\cdots p_k(x), \tag{1}$$

其中 $p_i(x)$ 是在 P 中不可约的多项式,及

$$f(x) = q_1(x)q_2(x)\cdots q_h(x), \qquad (2)$$

其中 $q_i(x)$ 亦是在 P 中不可约的多项式.我们可假设 $k \leqslant h$ 而不失其一般性.

由等式(1)与(2)有

$$p_1(x)p_2(x)\cdots p_k(x) = q_1(x)q_2(x)\cdots q_h(x), \qquad (3)$$

等式的左边显然能以 $p_1(x)$ 除尽,所以右边亦能以 $p_1(x)$ 除尽.由此根据不可约多项式的性质 Ⅲ,右边诸因子至少有一个能以 $p_1(x)$ 除尽.不失一般性设 $q_1(x)$ 能以 $p_1(x)$ 除尽,否则对式(3)右端的因子的书写次序作适当的变更,就可以达到这个目的.于是按不可约多项式的性质 Ⅰ,$q_1(x)$ 与 $p_1(x)$ 除零次的乘积外彼此重合:$q_1(x) = c_1 p_1(x)$.把这 $q_1(x)$ 的值替代到等式(3)的右边得

$$p_1(x)p_2(x)\cdots p_k(x) = c p_1(x)q_2(x)\cdots q_h(x). \qquad (4)$$

因为 $P[x]$ 是一个不含零因子的环,所以只要这个公因子不是零,由等式两端消去公因子是合法的①.于是对等式(4)重复这同样的论证.如此我们得到 $q_2(x) = c_2 p_2(x)$ 并且约简后得

$$p_3(x)\cdots p_k(x) = c_1 c_2 q_3(x)\cdots q_h(x),$$

如此进行下去.我们现在断言 $k = h$.事实上,若 $k < h$,则经过所有这样的约简后我们将得到等式

$$1 = c_1 c_2 \cdots c_k q_{k+1}(x)\cdots q_h(x),$$

但这等式是矛盾的,因为 1 不能以次数高于零的多项式 $q_{k+1}(x), \cdots, q_h(x)$ 除尽.所以,$k = h$,并且 $q_1(x) = c_1 p_1(x), q_2(x) = c_2 p_2(x), \cdots, q_h(x) = c_h p_h(x)$,这样这个定理就完全证明了.

在多项式 $f(x)$ 分解为不可约因子的分解式中我们可以遇到除一个零次乘数外互相重合的多项式.例如,多项式

$$f(x) = 6(x^3 - 1)^2$$

在有理数域中可分解为四个不可约多项式的乘积:

$$f(x) = (2x^2 + 2x + 2)(x^2 + x + 1)(3x - 3)(x - 1),$$

并且我们看到多项式

$$2x^2 + 2x + 2 \text{ 与 } x^2 + x + 1$$

---

① 我们不难证明,假若在不含零因子的环 R 内,在 $c \neq 0$ 的情况下有等式 $ca = cb$ 或 $ac = bc$ 成立,就可以得出 $a = b$.事实上,由所给的假设我们就可以写出等式 $ca - cb = 0$ 和 $ac - bc = 0$,或 $c(a - b) = 0$ 和 $(a - b)c = 0$.R 既不含零因子,所以由 $c \neq 0$ 得

$$a - b = 0, \text{ 或 } a = b.$$

除一个乘数 2 外彼此重合,而多项式

$$3x - 3 \text{ 与 } x - 1$$

除一个乘数 3 外彼此重合.

我们常常还讨论下面的特殊形状的分解式,这对于每一个多项式都是唯一确定的:取多项式 $f(x)$ 对不可约因式的任何一个分解式,且在它的每一个因式中把首项系数提到括号外面去. 我们得出分解式

$$f(x) = a_0 p_1(x) p_2(x) \cdots p_k(x) \tag{5}$$

其中所有 $p_i(x), i = 1, 2, \cdots, k$,都是首项系数等于单位元素的不可约多项式. 乘出等式(5)的右边,就能证明,因式 a_0 是多项式 $f(x)$ 的首项系数.

在分解式(5)中的不可约因式,不一定都不相同. 设 $p_1(x), p_2(x)$ 等各重复 α_1 次,α_2 次等. 于是,把重复的因子归并起来,我们得到所谓 $f(x)$ 分解为不可约多项式的标准分解式

$$f(x) = a_0 p_1^{\alpha_1}(x) p_2^{\alpha_2}(x) \cdots p_r^{\alpha_r}(x) \quad (r \leqslant k)$$

这里不可约多项式 $p_i(x)$ 是彼此本质上相异的(即不是除零次因子外彼此重合的).

现在我们介绍下述定义.

定义 2.4.2 设 $f(x)$ 可被 $g(x)$ 的方幂 $g^\alpha(x)$ 整除而不能以 $g^{\alpha+1}(x)$ 所整除,则我们就说 $g(x)$ 在 $f(x)$ 中出现的重复度是 α.

这时我们也说,$g(x)$ 是 $f(x)$ 的 α 重因式. 特别地,若 $\alpha = 1$,则称 $g(x)$ 是 $f(x)$ 的单因式.

根据这个定义,在标准分解式中,$p_1(x), p_2(x), \cdots, p_r(x)$ 在 $f(x)$ 内出现的重复度就依次是 $\alpha_1, \alpha_2, \cdots, \alpha_r$. 由于这个定义的重要性,我们举几个例子来说明.

例如上面所考虑的多项式:

$$f(x) = 6(x^3 - 1)^2$$

有下面这标准分解式

$$f(x) = 6(x^2 + x + 1)^2 (x - 1)^2,$$

这里各不可约因子的重复度都等于 2.

例 4 求多项式 $g(x) = x^2 - 4$ 在多项式 $f(x) = x^5 + x^4 - 8x^3 - 8x^2 + 16x + 16$ 中重复度.

应用带剩余的除法演算,不难证实 $f(x)$ 能以 $g^2(x)$ 来除尽,但不能以 $g^3(x)$ 所整除,所以,$g(x)$ 在 $f(x)$ 中重复度是 2.

例 5 多项式 $g(x) = x^2 - 2x - 2$ 在多项式 $f(x) = x^5 - 3x - 3$ 中重复几

次?

容易证明, $f(x)$ 不能以 $g(x)$ 所整除. 这就是说, $g(x)$ 在 $f(x)$ 中的重复度是零.

在 $f(x)$ 的不可约多项式分解法中, 自然可能所有的 α_i 都等于一. 这个时候, 我们就说 $f(x)$ 可以分解为单因式的乘积.

对于示性数等于零的域 P 分解, 我们可以找出方法判断 $f(x)$ 究竟分解为单因式或分解为多重因式. 这种方法我们将在 §3 讲述.

现在可以证明下面的定理.

定理 2.4.2　如果给出了多项式 $f(x)$ 和 $g(x)$ 对不可约因式的分解式, 那么这两个多项式的最大公因式 $D(x)$, 等于在这两个分解式中同时出现的不可约因式的乘积, 而且每一个不可约因式所取的方次, 等于它在所给出的两个多项式中重复度的较小的一个.

证明　所说的乘积是每一个多项式 $f(x)$, $g(x)$ 的因式, 故亦为 $D(x)$ 的因式. 如果这一乘积不同于 $D(x)$, 那么在 $D(x)$ 对不可约因式的分解式中, 或者含有这样的因式, 至少不在多项式 $f(x)$ 和 $g(x)$ 的某一个分解式里面, 这是不可能的; 或者有一个因式的方次, 比它在多项式 $f(x)$ 与 $g(x)$ 某一分解式中的方次大, 这仍然是不可能的.

这一定理和平常找整数的最大公约数的规则相类似. 但在多项式这一情形, 它不能替代欧几里得演算. 事实上, 因为小于一个已经给出的正整数的素数, 只有有限个, 所以整数对于素因子的分解式, 可以从有限次试除来得出. 这对于无限域上的多项式环不再成立, 在一般的情形下不可能给出实际分解多项式为不可约多项式的方法. 还有, 即使解决了这一个问题, 决定多项式 $f(x)$ 在已经给出的域 P 中是否是不可约, 在一般的情形都是很困难的. 如在复数域和实数域中, 所有不可约多项式的描述, 将在第四章 §3 中作为一个很深奥的定理的一个推论来得出. 至于有理数域, 那么关于这一个域上的不可约多项式, 在第二章的最后一部分中将得出只有某些特殊性状的考查方法.

我们已经证明, 和整数环相类似的, 在多项式环中有对"质"(不可约) 因式的分解式, 而且在某种意义上这种分解式是唯一的. 这就引起这样的问题, 是否可以把这个结果转移到更大的一类环中去. 我们在这里只限于讨论有单位元素而不含真零因子的可交换环.

对于环中的这种元素 a, 在这个环里面有对应的逆元素 a^{-1} 存在使得

$$aa^{-1} = 1$$

时, 我们把它叫作单位元素的因子. 在整数环中, 这种数是 1 和 -1; 在多项式环

$P[x]$ 中,所有零次多项式,也就是域 P 中所有不为零的数都是这种样子的元素.如果 c 是一个不为零的元素,也不是单位元素的因子,而且把它分解为两个因子的乘积的任何一个分解式 $c=ab$ 中,至少有一个因子一定是单位元素的因子,那么我们把它叫作质元素.整数环中的质元素就是质数,而在多项式环中是不可约多项式.

是否在所讨论的环中,没一个不为零的也不是单位元素的因子的这种元素都可以分解为质因子的乘积? 是否这种分解式是唯一的? 对于后面的这个问题我们理解为这样的意义:如果

$$a = p_1 p_2 \cdots p_k = q_1 q_2 \cdots q_s$$

是 a 对质因子的两种分解式,那么 $k=s$ 而且(可能在变动序数后)有

$$q_i = p_i c_i \quad (i=1,2,\cdots,k)$$

其中 c_i 是单位元素的因子.

实际上在一般的情形,对两个问题都可以给出否定的答案.我们只是举出一个例子来说明,就是举出一个环来,在它里面对质因子的分解式是可能的,但不是唯一的.

讨论有下面这种形式的复数

$$z = a + b\sqrt{-3}, \tag{6}$$

其中 a 和 b 都是整数.所有这种数构成一个有单位元素而不含真零因子的环.事实上,

$$(a+b\sqrt{-3})(a-b\sqrt{-3}) = (ac-3bd)+(bc+ad)\sqrt{-3}. \tag{7}$$

把正整数

$$N(z) = a^2 + 3b^2$$

叫作数 $z=a+b\sqrt{-3}$ 的范数.从式(7)知道乘积的范数等于它的因子的范数的乘积

$$N(z_1 z_2) = N(z_1)N(z_2). \tag{8}$$

事实上,

$$(ac-3bd)^2 + 3(bc+ad)^2 = a^2 c^2 + 9b^2 d^2 + 3b^2 c^2 + 3a^2 d^2$$
$$= (a^2+3b^2)(c^2+3d^2).$$

在我们的环中,如果数 z 是单位元素的因子,也就是有式(6)形的数 z^{-1} 存在,那么从式(8)知有

$$N(z)N(z^{-1}) = N(zz^{-1}) = N(1) = 1,$$

所以 $N(z)=1$,因为数 $N(z)$ 和 $N(z^{-1})$ 都是正整数.如果 $z=a+b\sqrt{-3}$,那么

从 $N(z)=1$ 得出
$$N(z)=a^2+3b^2=1;$$
但是这只有在 $b=0,a=\pm1$ 时才能成立. 这样一来, 在我们的这个环里面, 和整数环一样, 只有 1 和 -1 是单位元素的因子, 而且只有这两个数的范数才能等于 1.

很明显, 关于范数乘积的等式 (8) 可以推广到任意有限个数的乘积. 所以很容易的推知, 在我们的这个环中每一个数 z 都可分解为有限个质因子的乘积, 我们让读者自己详细地证明它.

但是我们断定, 对质因子的唯一分解性是不存在的. 例如, 比较等式
$$4=2 \cdot 2=(1+\sqrt{-3})(1-\sqrt{-3}).$$
在我们这个环中, 除数 1 和 -1 外, 没有其他的单位元素的因子, 所以数 $1+\sqrt{-3}$ (或是数 $1-\sqrt{-3}$) 和数 2 不可能只差一个单位元素的因子.

现在我们只要证明, 每一个数 $2,1+\sqrt{-3},1-\sqrt{-3}$ 都是所讨论的环中的质元素. 事实上, 这三个数的每一个数的范数都等于 4. 设 z 是这些数中的任何一个而且设
$$z=z_1 z_2.$$
那么从式 (8), 可能只有下面的三种情形出现

$(1)N(z_1)=4,N(z_2)=1$; $(2)N(z_1)=1,N(z_2)=4$; $(3)N(z_1)=2$, $N(z_2)=2$;

我们知道, 在第一种情形, 数 z_2 是一个单位元素的因子; 在第二种情形, 数 z_1 为单位元素的因子. 至于第三种情形是不可能的, 因为在等式
$$a^2+3b^2=2$$
中要求 a 和 b 都是整数是不可能的.

§3　多重因式的判定与分离

3.1　多项式的导数

设 P 是一个域. 今在 $P[x]$ 内任取一个多项式:
$$f(x)=a_0 x^n+a_1 x^{n-1}+\cdots+a_n \tag{1}$$
并用新的未知量 h 代替式 (1) 中的 x. 设 $x=x_0+h(x_0$ 代表域 P 的某一个元

素),则得

$$f(x_0 + h) = a_0(x_0 + h)^n + a_1(x_0 + h)^{n-1} + \cdots + a_n.$$

把括号内的式子根据牛顿[①]的二项式定理展开后,再合并含有 h 的同次幂的项,最后,再将公因子提到括号外面,则有:

$$f(x_0 + h) = (a_0 x_0^n + a_1 x_0^{n-1} + \cdots + a_n) + h(na_0 x_0^{n-1} +$$
$$(n-1)a_1 x_{0n-2} + \cdots + a_{n-1}) + \cdots + a_0 h^n. \tag{2}$$

我们不难看出在第一个括号内的式子正是多项式 $f(x)$ 在 $x = x_0$ 时的值. 第二个括号内的式子是多项式

$$na_0 x^{n-1} + (n-1)a_1 x^{n-2} + \cdots + a_{n-1} \tag{3}$$

在 $x = x_0$ 时的值.

多项式(3)叫作 $f(x)$ 的导数或 $f(x)$ 的第一次导数,并用记号 $f'(x)$ 代表它.

显然,导数 $f'(x)$ 也是 $P[x]$ 内的多项式. 零次多项式和零(零多项式)的导数,我们可以把它看作零.

由上述定义,有

$$f'(x) = na_0 x^{n-1} + (n-1)a_1 x^{n-2} + \cdots + a_{n-1}.$$

导数的这个定义,对于我们来说是非常重要的,因为在连续和极限概念都不能应用的域内,它仍然保持有它的意义.

$f'(x)$ 的导数依次叫作 $f(x)$ 的第二次导数,并用记号 $f''(x)$ 代表它;$f''(x)$ 的导数叫作 $f(x)$ 的第三次导数,并用 $f'''(x)$ 代表,依此类推;$f^{(k-1)}(x)$ 的导数叫作 $f(x)$ 的第 k 次导数,并用记号 $f^{(k)}(x)$ 代表它[②].

根据上述的定义,微分学上的关于和与乘积的导数的公式对于任意域上的多项式仍然成立,换句话说,下述定理成立:

定理 3.1.1　设 $f(x)$ 和 $g(x)$ 是 $P[x]$ 内的任意两个多项式,则 $f(x) + g(x)$ 的导数就等于 $f'(x) + g'(x)$,$f(x)g(x)$ 的导数就等于 $f'(x)g(x) + f(x)g'(x)$,即

$$(f(x) + g(x))' = f'(x) + g'(x), (f(x)g(x))' = f'(x)g(x) + f(x)g'(x). \tag{4}$$

证明　我们只需证明第一个公式,因为第二个公式的证明方法与第一个公式一样.

---

① 牛顿(Isaac Newton;1643—1727),英国数学家.

② 我们把 k 写在括号内,是指明它代表导数的次数,而不是代表乘幂的指数.

设
$$f(x)=a_0+a_1x+\cdots+a_nx^n, g(x)=b_0+b_1x+\cdots+b_mx^m.$$
为了意义更明确不妨设 $m\leqslant n$. 由于
$$f(x)+g(x)=c_0+c_1x+\cdots+c_nx^n,$$
$c_i=a_i+b_i(i=0,1,\cdots,n)$, 且 $m<n$ 时 $b_{m+1}=0,\cdots,b_n=0$, 我们得到
$$(f(x)+g(x))'=c_1+2c_2x+\cdots+nc_nx^{n-1},$$
把 c_i 的值再代入上式后则有
$$(f(x)+g(x))'=(a_1+2a_2x+\cdots+na_nx^{n-1})+$$
$$(b_1+2b_2x+\cdots+mb_mx^{m-1})$$
$$=f'(x)+g'(x).$$

推论 1 定理 3.1.1 对于任意多个多项式仍成立, 即
$$(f_1(x)+f_2(x)+\cdots+f_k(x))'=f'_1(x)+f'_2(x)+\cdots+f'_k(x),$$
$$(f_1(x)f_2(x)\cdots f_k(x))'=f'_1(x)f_2(x)\cdots f_k(x)+$$
$$f_1(x)f'_2(x)\cdots f_k(x)+\cdots+$$
$$f_1(x)f_2(x)\cdots f'_k(x).$$

推论 2 $(cf(x))'=cf'(x)$, 这里 c 是域 P 中的元素.

因为要求 $cf(x)$ 的导数, 我们可以利用公式(4):
$$(cf(x))'=(c')f(x)+cf'(x),$$
但是 $(c')=0$, 所以
$$(cf(x))'=cf'(x).$$

推论 3 多项式 $f(x)$ 的乘幂 $f^s(x)$ 的导数可由下式求得:
$$(f^s(x))'=sf^{s-1}(x)f'(x).$$

事实上, 由于 $f(x)$ 的 s 次乘幂就是 s 个相同因子的乘积, 所以根据推论1就可以证明所要的结果:
$$(f^s(x))'=(\underbrace{f(x)f(x)\cdots f(x)}_{s\uparrow})'$$
$$=f'(x)f(x)\cdots f(x)+f(x)f'(x)\cdots f(x)+\cdots+f(x)f(x)\cdots f'(x)$$
$$=sf^{s-1}(x)f'(x).$$

多项式的导数的另外性质不一定对于每一个域都成立. 因为这个缘故, 我们限制域 P 的示性数是零, 每一个这样的域都是一个无限域. 事实上, 若考察示性数等于零的域 P 的单位元素 e 的所有倍数 me(m 表示任意整数), 我们就可以证明所有这些倍数 me 都彼此互异. 假若不然, 设 $m_1e=m_2e, m_1>m_2$. 令 $k=m_1-m_2>0$, 则得 $ke=0$. P 的示性数既然是零, 最后这个等式显然是一个矛盾.

56

根据上述,示性数等于零的域内既含有无限多互不相等的倍数 me,所以这个域也必然是一个无限域.

在本节和以后的各节中,所谓域都是示性数等于零的域.这样一个域的单位元素 e 我们通常用 1 表示,由此我们也就把倍数 me 写成 $m \cdot 1$.因为 $m \neq 0$ 时 $m \cdot 1 \neq 0$[①],所以 $m \neq 0$ 时,在 P 内 $m \cdot 1$ 的逆元素 $\dfrac{1}{m \cdot 1}$ 存在,这个元素我们用 $\dfrac{1}{m}$ 表示,由此 $\dfrac{a}{m \cdot 1}$ 也可以简单的写成 $\dfrac{a}{m}$.

附注 我们现在对示性数做一个说明.我们知道有两种类型的域存在:一种是除了单位元素 e 的零数倍外,其余的倍数不为零;一种是除了单位元素 e 的零数倍外,还有单位元素的某一个正整数倍 ne 等于零.在第二种类型的域内显然有一个正整数 p 存在满足下述条件:$pe=0$,若 n 小于 p,ne 不为零.满足这个条件的正整数 p 叫作这个域的示性数或称为这个域的特征,同时第二类型的域叫作有限示性数域,或叫作示性数等于 p 的域.第一类型的域叫作零示性数域.

有限示性数的域具有下述性质:

1° 设 p 有限示性数域 P 的示性数,则 p 必然是一个质数.

事实上,假若不然,设

$$p = mn,$$

式中的 m 和 n 代表小于 p 的正整数(p 显然不能等于 1,否则有 $e=0$,e 既然是域的单位元素不能等于零).根据分配律

$$(me)(ne) = \underbrace{(e+e+\cdots+e)}_{m\uparrow}\underbrace{(e+e+\cdots+e)}_{n\uparrow} = \underbrace{e^2+e^2+\cdots+e^2}_{mn\uparrow} = (mn)e,$$

由此

$$pe = (mn)e = (me)(ne) = 0.$$

我们已经知道,在域内零因子不存在,所以有 $me=0$ 或 $ne=0$.这和示性数的定义矛盾.

2° 设 p 是有限示性数域 P 的示性数,则对于 P 的任意元素 a 必有 $pa=0$.

根据正数倍数的定义有

$$pa = \underbrace{a+a+\cdots+a}_{p\uparrow} = ae+ae+\cdots+ae = a(e+e+\cdots+e) = ape = 0.$$

3° 设 P 是一个零示性数域,a 是 P 的一个元素,k 是一个整数,则 $ka=0$ 当且仅当 $a=0$ 或 $k=0$.

[①] 在示性数等于 p 的域内,这个结果不成立(参考附注).

若 $a=0$ 或 $k=0$，ka 显然等于零. 反之，若 k 为非负，则有

$$ka=a(ke)=0,$$

P 不含零因子，所以 $a=0$ 或 $ke=0$. 又 P 为零示性数域，所以由后面这个等式得出 $k=0$.

若 k 为负或零，可设 $k=-n$，由此

$$ka=-na=n(-a)=(-a)(ne)=0,$$

根据前面证明的结果，由最后这个等式得 $-a=0$ 或 $n=0$，换句话说 $a=0$ 或 $k=0$.

现在我们再回到式(2)，利用上面的记号，式(2)就可以写成：

$$f(x_0+h)=f(x_0)+h\,f'(x_0)+\frac{h^2}{2!}\big[n(n-1)a_0x^{n-2}+$$

$$(n-1)(n-2)a_1x^{n-3}+\cdots+a_{n-2}\big]+$$

$$\frac{h^3}{3!}\big[n(n-1)(n-2)a_0x^{n-3}+$$

$$(n-1)(n-2)(n-3)a_1x^{n-4}+\cdots+a_{n-3}\big]+\cdots+\frac{h^n}{n!}na_0.$$

由这个等式我们不难看出 $\dfrac{h^2}{2!}$ 的系数是 $f''(x_0)$，$\dfrac{h^3}{3!}$ 的系数是 $f'''(x_0)$，最后，$\dfrac{h^n}{n!}$ 的系数是 $f^{(n)}(x_0)$，换句话说

$$f(x_0+h)=f(x_0)+h\,f'(x_0)+\frac{h^2}{2!}f''(x_0)+\frac{h^3}{3!}f'''(x_0)+\cdots+\frac{h^n}{n!}f^{(n)}(x_0).$$

这个公式就是所谓的 $f(x_0+h)$ 按照 h 的幂的展开式或泰勒[①]公式. 由这个公式我们就可以用 $f(x_0),f'(x_0),\cdots,f^{(n)}(x_0)$ 求 $f(x_0+h)$.

有时为了方便，我们可以把泰勒公式写成另外的形式. 假若以 a 代 x_0，$x-a$ 代 h，泰勒公式就可以写成

$$f(x)=f(a)+(x-a)f'(a)+\frac{(x-a)^2}{2!}f''(a)+\cdots+\frac{(x-a)^n}{n!}f^{(n)}(a).$$

$$(5)$$

例 1 设 $f(x)$ 是有理数域上的四次多项式，已知所有导数在 $x=0$ 的值：

$$f(0)=1,\ f'(0)=-1,\ f'''(0)=3,\ f^{(4)}(0)=2,$$

试求 $f(x)$.

[①] 泰勒(Brook Taylor；1685—1731)英国数学家.

为了写出 $f(x)$,我们可以利用公式(5).在此 $a=0$,所以

$$f(x)=f(0)+0xf'(0)+\frac{x^2}{2!}f''(a)+\frac{x^3}{3!}f'''(0)+\frac{x^4}{4!}f^{(4)}(0),$$

代入 $f(0),f'(0),f'''(0),f^{(4)}(0)$ 的值,得

$$f(x)=1-x+x^2+\frac{1}{2}x^3+\frac{1}{12}x^4.$$

例 2 把有理数域上的多项式

$$f(x)=x^5-3x^2+x-1$$

按 $x-1$ 的幂展开.为了这个目的,我们先求 $f(x)$ 的导数:

$$f'(x)=5x^4-6x+1,f''(x)=20x^3-6,f'''(x)=60x^2,$$
$$f^{(4)}(0)=120x,f^{(5)}(0)=120,$$

由此得出

$$f(1)=-2,f'(1)=0,f''(1)=14,f'''(1)=60,f^{(4)}(1)=120,f^{(5)}(1)=120.$$

利用公式(5)就可以把 $f(x)$ 展开成 $(x-1)$ 的幂如下:

$$f(x)=-2+7(x-1)^2+10(x-1)^3+5(x-1)^4+(x-1)^5.$$

我们还可以证明,用泰勒公式把 $f(x_0+h)$ 按照 h 的幂展开式是唯一的.更精确地说,假若对于任意的 x_0,

$$f(x_0+h)=\varphi(x_0)+h\varphi_1(x_0)+\frac{h^2}{2!}\varphi_2(x_0)+\frac{h^3}{3!}\varphi_3(x_0)+\cdots+\frac{h^n}{n!}\varphi_n(x_0),$$

则有

$$\varphi(x)=f(x),\varphi_1(x)=f'(x),\varphi_2(x)=f''(x),\cdots,\varphi_n(x)=f^{(n)}(x).$$

式中的 $\varphi(x)$ 和 $\varphi_i(x)$ 都代表 $P[x]$ 的多项式.

为了证明这个结果,我们先证明下述定理.

定理 3.1.2 设 R 是一个不含零因子和具有单位元素的交换环,并设 $f(x)$ 是含于 $R[x]$ 的一个 n 次多项式,则未知量 x 不能取 n 个以上不同的值而使 $f(x)$ 的值等于零.

证明 设

$$f(x)=a_0x^n+a_1x^{n-1}+\cdots+a_{n-1}x+a_n,a_0\neq0 \qquad (6)$$

假若 $f(x)$ 是零次多项式,定理显然成立,因为在这种情形下 $f(x)=a\neq0$,所以绝无 x 的值能使 $f(x)$ 的值是零.既然这样,我们就可以利用数学归纳法来证明这个定理:假设定理 $(n-1)$ 次多项式成立,由此证明定理对于 n 次多项式也成立.

假若不然,设 n 次多项式 $f(x)$ 的值对于 $n+1$ 个不同的值 $x=c_1,\cdots,c_{n+1}$ 都等于零.令

$$a_1 = a'_1 - c_1 a_0, a_2 = a'_2 - c_1 a'_1, \cdots, a_n = a'_n - c_1 a_{n-1}'.$$

我们就可以把多项式(6)写成下式：

$$f(x) = a_0 x^{n-1}(x-c_1) + a'_1 x^{n-2}(x-c_1) + \cdots + a'_n.$$

由此 $f(c_1) = a'_n$. 再由 $f(c_1) = 0$ 得 $a'_n = 0$. 所以

$$f(x) = a_0 x^{n-1}(x-c_1) + a'_1 x^{n-2}(x-c_1) + \cdots + a_{n-1}'(x-c_1).$$

或

$$f(x) = (x-c_1)f_1(x),$$

式中

$$f_1(x) = a_0 x^{n-1} + a'_1 x^{n-2} + \cdots + a_{n-1}'.$$

次设 $x = c_i (i = 1, 2, \cdots, n+1)$，得

$$f(c_i) = (c_i - c_1)f_1(c_i) = 0.$$

因为 R 为不含零因子，所以由 $c_i - c_1 \neq 0, i = 2, 3, \cdots, n+1$ 得 $f_1(c_i) = 0$，换句话说，未知量 x 可以取多于 $n-1$ 个值(即 $c_2, c_3, \cdots, c_{n+1}$ 这 n 个值)而使 $n-1$ 多项式 $f_1(x)$ 的值等于零. 这个结果显然和假设相矛盾，由此未知量 x 不能取 n 个以上不同的值而使 n 次多项式的值为零.

推论 设 R 是一个含有无限多元素和具有单位元素且不含零因子的交换环，则 $R[x]$ 的两个多项式 $f(x)$ 和 $g(x)$ 相等的充分必要条件是：对于未知量任意的值 $x = c$，它们对应的值都一致.

假若，$f(x)$ 等于 $g(x)$. 由于 x 的同次幂的系数相等，所以显然有 $f(c) = g(c)$.

反之，设对于环内的任意元素 c 常有 $f(c) = g(c)$. 假如 $f(x) \neq g(x)$，则 $h(x) = f(x) - g(x)$ 是一个异于零的多项式，由此对于环内的任意元素 c 有 $h(c) = f(c) - g(c) = 0$. 这个结果显然是一个矛盾，因为根据定理 3.1.2，未知量 x 只能取有限个值而使多项式 $h(x) \neq 0$ 的值是零.

注意，由上面这个推论，我们知道在任意一个不含零因子和具有单位元素的无限交换环内(特别地，在一个无限域内)，由函数论的观点去看多项式仍然是有效的 —— 它并不和同次幂的系数相等而定义多项式相等的意义相冲突.

现在我们再回来研究泰勒公式的唯一性的问题. 假若

$$f(x_0 + h) = f(x_0) + hf'(x_0) + \frac{h^2}{2!}f''(x_0) + \frac{h^3}{3!}f'''(x_0) + \cdots + \frac{h^n}{n!}f^{(n)}(x_0)$$

和

$$f(x_0 + h) = \varphi(x_0) + h\varphi_1(x_0) + \frac{h^2}{2!}\varphi_2(x_0) + \frac{h^3}{3!}\varphi_3(x_0) + \cdots + \frac{h^n}{n!}\varphi_n(x_0)$$

是同一多项式 $f(x_0+h)$ 关于未知量 h 的展开式，由多项式相等的条件，h 的同次幂的系数必须相等：

$$\varphi(x_0)=f(x_0),\varphi_1(x_0)=f'(x_0),\varphi_2(x_0)=f''(x_0),\cdots,\varphi_n(x_0)=f^{(n)}(x_0).$$

x_0 既然代表域 P 的任意一个元素，所以根据定理 3.1.2 的推论得：

$$\varphi(x)=f(x),\varphi_1(x)=f'(x),\varphi_2(x)=f''(x),\cdots,\varphi_n(x)=f^{(n)}(x),$$

换句话说，泰勒公式是 $f(x_0+h)$ 按照 h 的幂唯一展开式.

泰勒公式(5)表明多项式 $f(x)$ 能按照一次多项式 x_0+h 的方幂展开. 现在我们可以把它推广到下面的一般情形.

定理 3.1.3　设 $f(x)$ 与 $g(x)$ 是 R 上的任意两个多项式且 $g(x)$ 的次数大于 0，则 $f(x)$ 能按照 $g(x)$ 的方幂展开：

$$f(x)=r_m(x)g^m(x)+r_{m-1}(x)g^{m-1}(x)+\cdots+r_1(x)g(x)+r_0(x),\quad(7)$$

其中 $r_0(x),r_1(x),\cdots,r_m(x)$ 或者是零，或者是次数小于 $g(x)$ 的多项式，但 $r_m(x)\neq0$.并且这种表示法还是唯一的.

证明　我们来求出等式(7).先用 $g(x)$ 除 $f(x)$，设商为 $q_0(x)$，余式为 $r'_0(x)$

$$f(x)=q_0(x)g(x)+r'_0(x),\quad(8)$$

这里 $r'_0(x)$ 或为零或者其次数小于 $g(x)$ 的次数.

如果 $q_0(x)$ 的次数小于 $g(x)$ 的次数，则等式(7)已经得出；如果 $q_0(x)$ 的次数大于等于 $g(x)$ 的次数，则再用 $g(x)$ 去除 $q_0(x)$

$$q_0(x)=q_1(x)g(x)+r'_1(x),\quad(9)$$

其中 $r'_1(x)=0$ 或者其次数小于 $g(x)$ 的次数.

将式(9)代入式(8)，得到

$$f(x)=q_1(x)g^2(x)+r'_1(x)g(x)+r'_0(x),$$

和前面一样，若 $q_1(x)$ 的次数不比 $g(x)$ 的次数低，则再用 $g(x)$ 去除 $q_1(x)$.由于 $f(x),q_0(x),q_1(x),\cdots$ 的次数是逐渐降低的，因此经过有限次上述过程，必能得到等式(7).

现在来证明等式(7)的唯一性.设存在另一个满足条件的等式

$$f(x)=s_n(x)g^n(x)+s_{n-1}(x)g^{n-1}(x)+\cdots+s_1(x)g(x)+s_0(x),$$

把这个等式两端分别减去式(7)的两端，移项后

$$[r_m(x)g^{m-1}(x)-s_n(x)g^{n-1}(x)+\cdots+$$
$$r_2(x)g(x)-s_2(x)g(x)+r_1(x)-s_1(x)]g(x)=s_0(x)-r_0(x).$$

这个等式左端中括号内必须为零多项式，因不然的话，左端是次数大于 $g(x)$ 次数的多项式，而右端是次数小于 $g(x)$ 次数的多项式.于是

61

$$s_0(x) = r_0(x).$$

同时又有

$$[r_m(x)g^{m-2}(x) - s_n(x)g^{n-2}(x) + \cdots + r_2(x) - s_2(x)]g(x) = s_1(x) - r_1(x),$$

于是

$$s_1(x) = r_1(x).$$

如此下去，最后可得到

$$m = n, \text{且 } s_i(x) = r_i(x), i = 0, 1, \cdots, n.$$

3.2 多重因式的判定与分离

虽然前文已经指出，我们不知道如何分解多项式为不可约因式. 可是现在我们可以指出一个方法，由它就可以判断 $P[x]$ 内的某一个已知多项式是分解为单因式或分解为多重因式. 在这一小节中，假设域 P 的示性数等于零，因为我们所述的方法不是对于任意的域都成立.

首先我们证明下述定理.

定理 3.2.1 假若既约（在域 P 内）多项式 $p(x)$ 在 $f(x)$ 内出现的重复度是 α，则 $p(x)$ 在导数 $f'(x)$ 内出现的重复度等于 $\alpha - 1$.

证明 根据多重因式的定义（参考 §2），我们可以把 $f(x)$ 写成下式

$$f(x) = p^\alpha(x)f_1(x), \qquad\qquad (1)$$

式中的 $f_1(x)$ 代表一个不能被 $p(x)$ 整除的多项式. 求式(1)右端的导数得

$$f'(x) = \alpha p^{\alpha-1}(x)p'(x)f_1(x) + p^\alpha(x)f_1'(x)$$

$$= p^{\alpha-1}(x)[\alpha p'(x)f_1(x) + p(x)f_1'(x)].$$

括号内的第二项虽然可以被 $p(x)$ 整除，但括号内的第一项却不能被 $p(x)$ 整除，因为 $f_1(x)$ 和 $p'(x)$ 都不能被 $p(x)$ 整除[①]. 综合起来，我们就证明了括号内的和不能被 $p(x)$ 整除，换句话说，$p(x)$ 在 $f'(x)$ 内出现的重复度等于 $\alpha - 1$[②].

[①] 我们容易证明 $p'(x)$ 不能被 $p(x)$ 整除. 事实上，假若令 $p(x) = p_0 x^k + p_1 x^{k-1} + \cdots + p_k$，$p_0 \neq 0, k \geqslant 1$，则有 $p'(x) = kp_0 x^{k-1} + (k-1)p_1 x^{k-2} + \cdots + p_{k-1}$. 在示性数等于零的域内，由 $p_0 \neq 0$，$k \neq 0$，得 $kp_0 \neq 0$. 由此 $p'(x)$ 的次数是 $k-1$，因而 $p'(x)$ 也就不能被 $p(x)$ 整除.

[②] 在有限示性数 p 的域内，这个定理不能成立. 例如，设 P 是一个示性数等于 p 的域，并设 $f(x) = (x-c)^p(x-d), c \neq d. x-c$ 显然是 $f(x)$ 的 p 次重因式. 求 $f(x)$ 的导数得

$$f'(x) = p(x-c)^{p-1}(x-d) + (x-c)^p.$$

在示性数等于 p 的域内有 $pa = 0$，所以 $p(x-c)^{p-1}(x-d) = 0$，由此 $f'(x) = (x-c)^p$，换言之 $p(x)$ 在 $f(x)$ 内出现的重复度不变.

62

由这个定理我们就知道 $f(x)$ 的单因式不能在导数 $f'(x)$ 中出现.

重复应用这一定理,我们得到下面的推论.

推论 多项式 $f(x)$ 的重复度等于 α 的不可约因式在这一多项式的 s 阶导数中出现的重复度是 $\alpha-s,\alpha\geqslant s$;而且在 $f(x)$ 的 α 阶导数的分解式中不再出现.

从我们的定理以及上节末尾所给出的求出两个多项式的最大公因式的方法(定理 2.3.2)得知,如果给出了多项式的不可约因式的分解式

$$f(x)=a_0 p_1^{\alpha_1}(x)p_2^{\alpha_2}(x)\cdots p_r^{\alpha_r}(x) \tag{2}$$

那么多项式 $f(x)$ 和它的导数的最大公因式对不可约因式有下面的分解式:

$$(f(x),f'(x))=p_1^{\alpha_1-1}(x)p_2^{\alpha_2-1}(x)\cdots p_r^{\alpha_r-1}(x) \tag{3}$$

自然,当 $\alpha_i=1$ 时,它的因式 $p_i^{\alpha_i-1}$ 要换做 1.特别地,多项式 $f(x)$ 当且仅当它和它的导数互不可通约时,才不含重因式.

这样,我们已经知道关于给出的多项式的重因式存在问题的解答.此外还有,因为多项式的导数,两个多项式的最大公因式,都在讨论的域为 P 或为任何一个扩域 P' 无关,所以刚才所证明的结果的推论,我们得出:

如果系数在域 P 中的多项式 $f(x)$ 在这一域上没有重因式,那么它在域 P 的任何一个扩域 P' 上,也不会有重因式.

特别地,假若 $f(x)$ 在域 P 上不可约,而 P' 为域 P 的某一扩域,那么即使 $f(x)$ 在 P' 上可约,但是很明显的(在 P' 上)也不可能被不可约多项式的平方所除尽.

定理 3.2.1 的逆命题是不成立的.例如设 $f(x)=\dfrac{1}{k}x^k+2(k\geqslant 2)$,则 $f'(x)=kx^{k-1}$,此时既约多项式 $p(x)=x$ 在导数 $f'(x)$ 中的重复度等于 $k-1$,但 $p(x)$ 却不是 $f(x)$ 的因式.

事实上,我们有下面的定理.

定理 3.2.2 设 $f(x),p(x)$ 均为 $P[x]$ 中的多项式,并且 $p(x)$ 不可约,如果 $p(x)$ 在导数 $f'(x)$ 内出现的重复度等于 $\alpha-1$,则 $p(x)$ 在 $f(x)$ 内出现的重复度是 α 的充分必要条件是 $p(x)$ 必须是 $f(x)$ 的因式.

证明 既然 $p(x)$ 在 $f(x)$ 内出现的重复度等于 α,由定义 $f(x)$ 可被 $p^\alpha(x)$ 整除而 α 为一大于 1 的整数,如此 $p(x)$ 必定是 $f(x)$ 的因式,这样就得到了条件的必要性.

现在来证明条件的充分性.因 $p(x)$ 是 $f(x)$ 的因式,今设 $p(x)$ 在 $f(x)$ 内出现的重复度是 m,由定理 3.2.1,$p(x)$ 在 $f'(x)$ 内出现的重复度应该等于 $m-$

63

1，由题设我们得到

$$m-1=\alpha-1,$$

因此 $m=\alpha$，即 $p(x)$ 在 $f(x)$ 内出现的重复度是 α.

现在来讨论另一个问题，所谓多重因式的分离.

设给出了多项式 $f(x)$ 的分解式(2)，又如果用 $d_1(x)$ 来记 $f(x)$ 和它导数的最大公因式，那么 $d_1(x)$ 的分解式就是式(3).用式(3)来除式(2)，我们得出

$$q_1(x)=\frac{f(x)}{d_1(x)}=a_0 p_1(x) p_2(x)\cdots p_r(x),$$

也就是得出一个不含重因式的多项式，而且 $q_1(x)$ 的每一个不可约因式都是 $f(x)$ 的因式.这样就把对于 $f(x)$ 的不可约因式的考查换为对多项式 $q_1(x)$ 的考查，一般来说，它的次数较小，且在每一场合都只含有单因式.如果已经解决了 $q_1(x)$ 的问题，那么只要求出 $f(x)$ 中不可约因式的重复度即可，这只需应用带余式的除法就能求出.

刚才所说的复杂方法，可以立刻转移到一些没有重因式的多项式的讨论，而且只要求出这些多项式的不可约因式，我们就不仅求出了 $f(x)$ 的所有不可约因式，也知道了它们的重复度.

设式(2)为 $f(x)$ 对不可约因式的分解式.为了书写简单，我们用 X_1 代表所有既约单因式的乘积，X_2 代表所有既约二重因式每次取一个的乘积，X_3 代表所有既约三重因式每次取一个的乘积，其余类推.假若 $f(x)$ 不含既约 k 重因式，可令 $X_k=1$.设 s 是 $f(x)$ 既约因式的最大重复度，我们利用上述的记号就可以把 $f(x)$ 写成下式

$$f(x)=a_0 X_1 X_2^2 \cdots X_s^s. \quad ①$$

而对于 $d_1(x)=(f(x),f'(x))$ 的分解式(3)可写作下面的形式

$$d_1(x)=X_2 X_3^2 \cdots X_s^{s-1}.$$

用 $d_2(x)$ 来记 $d_1(x)$ 和它的导数的最大公因式，一般地，用 $d_k(x)$ 来记 $d_{k-1}(x)$ 和 $d_{k-1}'(x)$ 的最大公因式，我们用同样的方法得出

---

① 例如，设 $f(x)$ 在有理数域内可以分解成既约因式的乘积如下(我们已经在 §2 证明一次多项式和二项式 x^2-2 在有理数域内不可约)：

$$f(x)=(x^2-2)^3(x-1)(x+1)(x-2),$$

由此显然有

$$X_1=(x-1)(x+1)(x-2),X_2=1,X_3=(x^2-2)$$

和

$$f(x)=X_1 X_2^2 X_3^3.$$

64

$$d_2(x) = X_3 X_4^2 \cdots X_s^{s-2}.$$

$$d_3(x) = X_4 X_5^2 \cdots X_s^{s-3}.$$

$$\vdots$$

$$d_{s-1}(x) = X_s,$$

$$d_s(x) = 1.$$

现在我们定义

$$E_1 = \frac{f(x)}{d_1(x)} = a_0 X_1 X_2 X_3 \cdots X_{s-1} X_s,$$

$$E_2 = \frac{d_1(x)}{d_2(x)} = X_2 X_3 \cdots X_{s-1} X_s,$$

$$E_3 = \frac{d_2(x)}{d_3(x)} = X_3 \cdots X_{s-1} X_s,$$

$$\vdots$$

$$E_{s-1} = \frac{d_{s-2}(x)}{d_{s-1}(x)} = X_{s-1} X_s,$$

$$E_s = \frac{d_{s-1}(x)}{d_s(x)} = X_s,$$

因此最后有

$$X_1 = \frac{E_1}{E_2}, \ X_2 = \frac{E_2}{E_3}, \cdots, X_{s-1} = \frac{E_{s-1}}{E_s}, \ X_s = E_s.$$

这样一来,我们的方法不需要知道 $f(x)$ 的不可约因式,而只是求导数,用辗转相除法和带余除法,就可以求出没有重因式的多项式 $X_1, X_2, \cdots, X_s$,而且多项式 $X_k(k=1,2,\cdots,s)$ 的每一个不可约因式都是 $f(x)$ 的 k 重因式.

与此同时,假若 $f(x)$ 的系数属于域 P,则 $d_1(x), \cdots, d_s(x), E_1, \cdots, E_s,$ $X_1, \cdots, X_s$ 的系数也同样属于域 P,换句话说,下述结论成立:

无论把 $f(x)$ 看作域 P 上或 P 的扩域 P' 上的多项式,我们总是得同一的因式 X_i.特别地,假若多项式 $f(x)$ 在域 P 上只有单因式,在扩域 P' 上也只有单因式.

例 求有理数域上的多项式

$$f(x) = x^4 - \frac{1}{2}x + \frac{3}{16}$$

的多重因式.

为了这个目的先求 $f(x)$ 的导数

$$f'(x) = 4x^3 - \frac{1}{2},$$

其次求 $f(x)$ 与 $f'(x)$ 的最大公因式. 要求最大公因式, 我们仍利用欧几里得定理. 为了避免分数的出现, 先以 16 乘 $f(x)$, 2 乘 $f'(x)$, 然后再以 $f'(x)$ 除 $f(x)$:

$$
\begin{array}{r|l}
16x^4 - 8x + 3 & 8x^3 - 1 \\
\underline{16x^4 - 2x} & 2x \\
\end{array}
$$

$$-6x + 3$$

$$2x - 1\,(除以 -3).$$

以 $2x - 1$ 除 $8x^3 - 1$ 得:

$$
\begin{array}{r|l}
8x^3 \quad\;\; -1 & 2x - 1 \\
\underline{8x^3 - 4x^2} & 4x^2 + 2x + 1 \\
4x^2 \quad\;\; -1 & \\
\underline{4x^2 - 2x} & \\
2x \quad\;\; -1 & \\
\underline{2x \quad\;\; -1} & \\
0 & \\
\end{array}
$$

$8x^3 - 1$ 既然可以被 $2x - 1$ 整除, 所以 $f(x)$ 和 $f'(x)$ 的最大公因式就是

$$d_1(x) = 2x - 1.$$

再根据一般的理论求 $d'_1(x)$:

$$d'_1(x) = 2,$$

由此 $d_2(x) = 1$.

由定义

$$E_1 = \frac{x^4 - \dfrac{1}{2}x + \dfrac{3}{16}}{2x - 1} = \frac{1}{2}x^3 + \frac{1}{4}x^2 + \frac{1}{8}x - \frac{3}{16}$$

$$E_2 = \frac{2x - 1}{1} = 2x - 1.$$

最后再以 E_2 除 E_1 得

$$\frac{E_1}{E_2} = \frac{\dfrac{1}{2}x^3 + \dfrac{1}{4}x^2 + \dfrac{1}{8}x - \dfrac{3}{16}}{2x - 1} = \frac{1}{4}x^2 + \frac{1}{4}x + \frac{3}{16},$$

于是,

$$X_1 = \frac{1}{4}x^2 + \frac{1}{4}x + \frac{3}{16}, \quad X_2 = 2x - 1.$$

66

由上面运算的结果,我们证明了 $f(x)$ 有一个单因式和一个二重因式:

$$f(x) = \left(\frac{1}{4}x^2 + \frac{1}{4}x + \frac{3}{16} \right)(2x-1)^2.$$

最后我们指出,前面所说的方法,自然不能化为分解多项式为不可约因式的方法,因为对于 $k=1$ 的这一情形,亦就是对于没有重因式的多项式,我们只能得出 $E_1 = f(x)$.

§4　以线性二项式为除式的除法·多项式的根

4.1　多项式的根

为了使结论更一般化起见,在这一节,我们将在一个任意的具有单位 $e \neq 0$ 的可交换环上来考虑多项式. 显然,域就是这种环的特例.

现在来研究一个代数中常常遇见的问题 —— 以线性二项式 $x-a$ 来除 $R[x]$ 中多项式 $f(x)$ 的问题,这里 a 与 $f(x)$ 的系数同属于环 R.

既然二项式 $x-a$ 的最高系数等于单位,则按定理 2.1.2 我们能写:

$$f(x) = (x-a)q(x) + r \tag{1}$$

显然,剩余 r 应该是环 R 中的一个元素,因为如果 $r \neq 0$,则 r 的次数应该低于 $x-a$ 的次数.

等式(1) 在 x 的任何数值之下都能成立. 我们取 x 的值等于 a,于是

$$f(a) = (a-a)q(a) + r,$$

或,既然 $a-a=0$,

$$f(a) = r.$$

由这个等式就得出所谓的贝祖[①]定理如下.

定理 4.1.1　环 R 上的一个多项式 $f(x)$ 以同环上的线性二项式 $x-a$ 来除,所得的剩余就等于该多项式在 $x=a$ 时的值.

利用这个定理就可以不必施行以 $x-a$ 来除多项式 $f(x)$ 而能找到剩余.

例 1　不施行除法,试找出整数环上多项式

$$f(x) = 3x^4 - x^3 - 2x^2 - x + 1$$

以 $x+2$ 来除时的剩余.

---

① 贝祖(Bezout Etienne;1730—1783) 法国数学家.

这里 $x+2=x-(-2)$，即 $a=-2$. 如此，按定理 4.1.1 得下面的剩余：

$$r=f(-2)=3 \cdot (-2)^4-(-2)^3-2 \cdot (-2)^2-(-2)+1$$
$$=48+8-8+2+1=51.$$

以线性二项式 $x-a$ 除多项式 $f(x)$，用霍纳[①]法来做特别简洁，方法如下.

既然以 $x-a$ 除多项式 $f(x)$ 所得的商的次数应该减低一次，则我们可以设

$$q(x)=b_0x^{n-1}+b_1x^{n-2}+\cdots+b_{n-1}.$$

把 $f(x)$ 与 $g(x)$ 的表达式代入等式(1)中，得

$$a_0x^n+a_1x^{n-1}+\cdots+a_n=(x-a)(b_0x^{n-1}+b_1x^{n-2}+\cdots+b_{n-1})+r$$

或者把右边乘起来并且按 x 的方幂合并起来

$$a_0x^n+a_1x^{n-1}+\cdots+a_n=b_0x^n+(b_1-ab_0)x^{n-1}+\cdots+(r-ab_{n-1}).$$

由此按两多项式相等的定义推知，

$$a_0=b_0, a_1=b_1-ab_0, a_2=b_2-ab_1, \cdots, a_k=b_k-ab_{k-1}, \cdots,$$
$$a_{n-1}=b_{n-1}-ab_{n-2}, a_n=r-ab_{n-1},$$

由此得

$$b_0=a_0, b_1=a_1+ab_0, b_2=a_2+ab_1, \cdots,$$
$$b_k=a_k+ab_{k-1}, \cdots, b_{n-1}=a_{n-1}+ab_{n-2}, r=a_n+b_{n-1}. \tag{2}$$

公式(2)使我们能陆续找出商与剩余的系数，公式(2)所指示的计算最方便是按表 1 这种格式来作，叫作霍纳表.

表 1

	a_0	a_1	a_2	a_3	$\cdots$	a_{n-1}	a_n
a	a_0	ab_0+a_1	ab_1+a_2	ab_2+a_3	$\cdots$	$ab_{n-2}+a_{n-1}$	$ab_{n-1}+a_n$

在霍纳表的上一列中写的是多项式的系数，按 x 的降幂排列，而在下一列中写的是商的系数 b_i 及剩余 r.

现在举几个例子来说明霍纳法.

例 2 试采用霍纳法，在整数环上以 $x-3$ 来除多项式

$$f(x)=2x^5-5x^3-8x+1.$$

我们来作出霍纳布算格式. 在此应写出多项式 $f(x)$ 的全部系数而无缺漏. 但在所给的多项式中无 x^4 和 x^2 两项，这应看作是 $a_1=0, a_3=0$. 所以，我们写出表 2.

表 2

---

① 霍纳(Willian George Horner；1786－1837)英国数学家.

2	0	−5	0	−8	1
3	2	3·2+0＝6	3·6−5＝13	3·13+0＝39	3·39−8＝109	3·109+1＝328

这样,所求的商等于

$$q(x)=2x^4+6x^3+13x^2+39x+109,$$

而剩余等于 328.

例 3 试采用霍纳法,在整数环上以 $x+3$ 来除多项式

$$f(x)=3x^4+2x^3-x+10.$$

我们来作出霍纳算式.在此 $a=-3$,因为 $x+3=x+(-3)$.这里的计算我们将在旁边来作,在表 3 中只写出最后的结果:

表 3

	3	2	0	−1	10
−3	3	−7	21	−64	202

如此,商等于

$$q(x)=3x^3-7x^2+21x-64,$$

而剩余等于 202.

霍纳法的利用不只在计算以 $x-a$ 来除多项式 $f(x)$.它还很便于计算多项式在 $x=a$ 的值.即以 $x-a$ 除 $f(x)$ 所得剩余我们可用霍纳法找到,而按定理 4.1.1 这个剩余无非就是该多项式在 $x=a$ 时的值.

这样,在例 3 中我们用霍纳法找到了以 $x+3$ 来除多项式

$$f(x)=3x^4+2x^3-x+10$$

时的剩余是 202.由此我们可知道 $f(-3)=202$.

再举一例.

例 4 用霍纳法在整数环上计算多项式

$$f(x)=x^4-8x^3+24x^2-50x+90$$

的值 $f(-2)$.

我们按霍纳法来作计算,如表 4:

表 4

	1	−8	24	−50	90
−2	1	−10	44	−138	366

由此我们知道 $f(-2)=366$.

现在我们来处理 $f(x)$ 能被 $x-a$ 除尽的场合,这场合与根的概念有密切联

69

系.

定义 4.1.1 设 a 是环 R 的元素,假若环 $R[x]$ 的多项式 $f(x)$ 在 $x=a$ 的值 $f(a)$ 等于零,我们就说 a 是多项式 $f(x)$ 的根.

现在可以证明:

定理 4.1.2 要环 R 中的元素 a 成多项式 $f(x)$ 的根,则其充分而必要的条件是要 $f(x)$ 能以 $x-a$ 除尽.

证明 如果 $f(x)$ 能以 $x-a$ 除尽,则按可除性定义应该成立这个等式
$$f(x)=(x-a)q(x).$$
设 $x=a$,我们由这个等式得到 $f(a)=0$,即 a 是多项式 $f(x)$ 的根.

反之,设 a 是多项式 $f(x)$ 的根,于是按定理 4.1.1 以 $x-a$ 除 $f(x)$ 时的剩余 r 应等于 $f(a)=0$,即 $f(x)$ 能以 $x-a$ 来除尽.

多项式的根我们也常常说是在环 R 上的 n 次代数方程式的根,即
$$a_0x^n+a_1x^{n-1}+\cdots+a_n=0 \quad (a_0\neq0) \tag{3}$$
这形状的方程式的根,这里 $a_0,a_1,\cdots,a_n$ 都是环 R 中的元素,叫作该方程式的系数.在此方程式(3)的根即指多项式 $f(x)=a_0x^n+a_1x^{n-1}+\cdots+a_n$ 的根.

等式(3)当然不能看作两个多项式的相等(即多项式 $f(x)=a_0x^n+a_1x^{n-1}+\cdots+a_n$ 与零次多项式的相等). x 在此有另一种定义,与在多项式中的意义不同: x 在此必须理解为所考虑的这方程式的任何一个根.

有时候 n 次多项式 $f(x)$ 不仅能以 $x-a$ 来除尽,亦能以 $x-a$ 的某一次方幂来除尽.在这场合,如果 $f(x)$ 能以 $(x-a)^k$ 来除尽而不能以 $(x-a)^{k+1}$ 来除尽,则我们称 a 为多项式 $f(x)$ 的 k 次重根(或 k 重根).例如,若 $f(x)$ 能以 $(x-a)^2$ 来除尽而不能以 $(x-a)^3$ 来除尽,则 a 是 $f(x)$ 的二重根.

例 5 1 这数是整数环上多项式
$$f(x)=x^5-2x^4+x^3+x^2-2x+1$$
的根.试求这根的重复次数.

我们用霍纳法来以 $x-1$ 除 $f(x)$,如表 5.

表 5

	1	-2	1	1	-2	1
1	1	-1	0	1	-1	0

由此我们知道商等于
$$q(x)=x^4-x^3+x-1,$$
而剩余,则正如所期望的等于零.又以 $x-1$ 除所得的商,如表 6:

70

表6

1	−1	0	1	−1
1	1	0	0	1	0

我们看出这里剩余亦等于零而商等于

$$q_1(x) = x^3 + 1.$$

如果现在以 $x-1$ 除 $q_1(x)$，则得到的剩余已经不是零了. 如此，所给这多项式能以 $(x-1)^2$ 除尽，而不能以 $(x-1)^3$ 除尽，因此 1 是 $f(x)$ 的二重根.

现在自然发生一个问题：在环 R 上一个 n 次的多项式能有多少个根？我们来看几个具体的例子. 它们可引向正确的答案.

例 6　多项式 x^3-2 在有理数域上没有根. 但 x^3-2 如果看作是实数域上的多项式，则它有一个根 $\sqrt[3]{2}$，我们看到在有理数域上及实数域上多项式 x^3-2 的根的个数都小于 3，即小于多项式的次数.

例 7　多项式 x^2-2 在整数环有两个根：1 和 −1. 这个多项式根的个数等于多项式的次数.

这两个例子使我们倾向于这样的想法：在环 R 上一个 n 次多项式的根的个数应该不超过该多项式的次数. 但下面这个例子告诉我们情况并不这样简单.

例 8　我们把

$$\begin{bmatrix} a & 0 \\ 0 & b \end{bmatrix}$$

这样的方阵的集合 —— 其中 a,b 是实数 —— 看作是环 R. 我们让读者自己去验证，这个集合对于矩阵的加法及乘法而言形成一个可交换环. 显然，这里单位就是矩阵

$$\begin{bmatrix} 1 & 0 \\ 0 & 1 \end{bmatrix}.$$

我们来阐明多项式 $f(x) = x^3 - e$ 在这环 R 上能有些什么根. 按照多项式根的定义我们应该找这样的矩阵

$$\xi = \begin{bmatrix} u & 0 \\ 0 & v \end{bmatrix},$$

使 $\xi^2 - e = 0$，或 $\xi^2 = e$，或写的详细些，使

$$\begin{bmatrix} u & 0 \\ 0 & v \end{bmatrix}^2 = \begin{bmatrix} 1 & 0 \\ 0 & 1 \end{bmatrix}.$$

把该矩阵平方，得

$$\begin{pmatrix} u^2 & 0 \\ 0 & v^2 \end{pmatrix} = \begin{pmatrix} 1 & 0 \\ 0 & 1 \end{pmatrix},$$

由此有 $u^2 = 1, v^2 = 1$. 如此 $u = \pm 1, v = \pm 1$, 而得到四个根如下:

$$\boldsymbol{\xi}_1 = \begin{pmatrix} 1 & 0 \\ 0 & -1 \end{pmatrix}, \boldsymbol{\xi}_2 = \begin{pmatrix} -1 & 0 \\ 0 & 1 \end{pmatrix}, \boldsymbol{\xi}_3 = \begin{pmatrix} -1 & 0 \\ 0 & -1 \end{pmatrix}, \boldsymbol{\xi}_4 = \begin{pmatrix} 1 & 0 \\ 0 & 1 \end{pmatrix} = e.$$

在这里我们看到,根的个数超过了多项式 $f(x) = x^2 - e$ 的次数. 同时所考虑的这个环 R 含有零因子. 例如

$$\alpha = \begin{pmatrix} 1 & 0 \\ 0 & 0 \end{pmatrix} \neq 0, \beta = \begin{pmatrix} 0 & 0 \\ 0 & 1 \end{pmatrix} \neq 0$$

而 $\alpha\beta = 0$.

于是我们来做一个总结. 在前两个例子中根的个数不超过多项式的次数, 并且我们取来作环的是有理数域及整数环, 这些环都不含零因子. 但在第三个例子中我们处理的是含有零因子的环, 而所考虑这个多项式的根数则超过了它的次数. 下面这个定理告诉我们, 这种与零因子的联系不是偶然的.

定理 4.1.3 设可交换环 R 具有单位 $e \neq 0$ 而没有零因子(是一个整环). 于是 R 上任意一个 n 次多项式在 R 中所有的根的个数不大于 n, 在此每个重根按其重复次数计算个数.

这个定理在 §3 已经证明, 因为 §3 的定理 3.1.2 若是关于一个整环 R 而言, 正是现在所讲的这个定理. 虽然如此, 但是我们还可以给出另外一个证明, 这个证明是和多项式在整环 R 内的因式分解相联系的.

证明 我们以 $f(x)$ 表示 R 上任一个次数高于零的多项式, 并且设它有根 $a_1, a_2, \cdots, a_s$, 其重复次数各为 $k_1, k_2, \cdots, k_s$. 既然 a_1 的重复次数是 k_1, 则我们可以写

$$f(x) = (x - a_1)^{k_1} f_1(x),$$

这里 $f_1(x)$ 是 R 上的一个多项式, 它不能以 $x - a_1$ 来除尽, 即没有 a_1 这个根: $f_1(a_1) \neq 0$.

在这个等式中令 $x = a_2$, 我们得

$$(a_2 - a_1)^{k_1} f_1(a_2) = 0.$$

但 $a_2 - a_1 \neq 0$. 所以, 既然 R 没有零因子, 则应该 $f_1(a_2) = 0$. 如此 a_2 是多项式 $f_1(x)$ 的一个根.

我们以 s 表示根 a_2 对 $f_1(x)$ 的重复次数, 于是

$$f_1(x) = (x - a_2)^s f_2(x),$$

72

其中 $f_2(a_2) \neq 0$.

容易明白，$s \leqslant k_2$. 事实上，若 s 大于 k_2，则由等式

$$f(x) = (x - a_1)^{k_1}(x - a_2)^s f_2(x)$$

就能推出 a_2 是多项式 $f(x)$ 的高于 k_2 次的重根这一结论了，这与原假设矛盾.

此外，既然 a_2 是 $f(x)$ 的 k_2 次的重根，则

$$f(x) = (x - a_2)^{k_2} \varphi(x),$$

而 $\varphi(a_2) \neq 0$. 由此有

$$(x - a_1)^{k_1}(x - a_2)^s f_2(x) = (x - a_2)^{k_2} \varphi(x). \tag{3$'$}$$

多项式环 $R[x]$ 不包含零因子，因为 R 是整环. 所以等式($3'$)两边可约去$(x - a_2)^s$. 这样我们得

$$(x - a_1)^{k_1} f_2(x) = (x - a_2)^{k_2 - s} \varphi(x).$$

另若假定 $k_2 > s$，此时令 $x = a_2$，我们就有：

$$(a_2 - a_1)^{k_1} f_2(a_2) = 0,$$

由此有 $f_2(a_2) = 0$，这是不可能的. 故 $k_2 = s$.

如此

$$f_1(x) = (x - a_2)^{k_2} f_2(x),$$

所以

$$f(x) = (x - a_1)^{k_1}(x - a_2)^{k_2} f_2(x).$$

然后用同样的方式可以证明

$$f_2(x) = (x - a_3)^{k_3} f_3(x),$$

其中 $f_3(a_3) \neq 0$，并且

$$f(x) = (x - a_1)^{k_1}(x - a_2)^{k_2}(x - a_3)^{k_3} f_3(x).$$

如此等等，最后我们得到分解式：

$$f(x) = (x - a_1)^{k_1}(x - a_2)^{k_2} \cdots (x - a_s)^{k_s} f_s(x).$$

这等式左边的次数等于 n，而右边的次数不小于 $k_1 + k_2 + \cdots + k_s$，由此推知 $k_1 + k_2 + \cdots + k_s \leqslant n$，而这定理对次数 $n \geqslant 1$ 的多项式就被证明了.

其次设 $f(x)$ 的次数等于零. 在这种情形下，$f(x)$ 显然没有根，也就是说，定理仍然成立.

注意，就零多项式而言，上述的定理不成立，因为不论未知量 x 取什么值，这个多项式的值永远等于零. 因为这个原故，我们在证明定理的时候，只讨论有次数的多项式. 由于零多项式没有次数，所以除去不计.

由上面证明的定理，还可得出一个重要推论如下.

推论　如果一个具有单位 $e \neq 0$ 的可交换环 R 是一个整环,并且 R 的两个次数不超过 n 的多项式 $f(x)$ 与 $g(x)$ 在 x 的 n 个以上数值有等值,则这两个多项式相等:

$$f(x) = g(x).$$

事实上,多项式 $h(x) = f(x) - g(x)$ 由一方面来看次数不超过 n,由另一方面看,$h(x)$ 在 n 个以上不同 x 值等于零,即有 n 个以上的根.由此按刚才证明的定理得 $h(x) = f(x) - g(x) = 0$,即 $f(x) = g(x)$.

在无限整域 R 的场合,由这推论可推知两个多项式 $f(x)$ 与 $g(x)$,如在 x 的任何值都有相等值,则两个多项式相等.

我们在 $R[x]$ 的任意一个多项式 $f(x)$ 中以环 R 的某一个元素替代其未知量 x 而得到 R 中的一个完全确定的元素 $f(c)$.如此,$R[x]$ 中每个多项式 $f(x)$ 就与在 R 上定义的一个一元函数成对应

$$f(x) \to f(\xi). \tag{4}$$

这里我们以 ξ 表示自变量,而以 $f(\xi)$ 表示与多项式 $f(x)$ 对应的函数.

我们要证明,在无限整域 R 的场合对多项式的函数的与代数的观点是等价的,即下面的定理成立.

定理 4.1.4　如果具有单位 $e \neq 0$ 的可交换环 R 是无限整环,则与 $R[x]$ 中多项式 $f(x)$ 成对应的函数 $f(\xi)$ 的集合形成一个环,与多项式环 $R[x]$ 同构.

证明　设对 $R[x]$ 中某多项式 $g(x)$ 与多项式 $f(x)$ 一样有同一个函数 $f(\xi)$ 与之对应

$$f(x) \to f(\xi), g(x) \to f(\xi).$$

于是对于 R 中任何元素 c 有 $f(c) = g(c)$.但我们已经知道,在无限整域 R 的场合,两个在 x 任何恒有等值的多项式应该相等.所以 $f(x) = g(x)$.这样,对应关系(4)不但是唯一的,并且是相互唯一的(两面都唯一的).

设 $f(x)$ 与 $g(x)$ 是 $R[x]$ 中两个任意的多项式.我们以 $h(x)$ 来表示 $f(x) + g(x)$,并且以 $k(x)$ 来表示 $f(x)g(x)$.于是 $f(x) + g(x)$ 将与 $h(\xi)$ 对应,而 $f(x)g(x)$ 将与 $k(\xi)$ 对应

$$f(x) + g(x) \to h(\xi), f(x)g(x) \to k(\xi).$$

但我们知道,对 R 中任何元素 c 有

$$f(c) + g(c) \to h(c), f(c)g(c) \to k(c)$$

74

(参阅 §1,1.4 小节). 所以,按函数的和与乘积的定义[1]

$$h(\xi)=f(\xi)+g(\xi),h(\xi)=f(\xi)g(\xi),$$

由此有

$$f(x)+g(x)\rightarrow f(\xi)+g(\xi),f(x)g(x)\rightarrow f(\xi)g(\xi).$$

这样我们就证明了对应关系(4)的确是环 $R[x]$ 与函数 $f(\xi)$ 的集合之间的同构的关系. 因此函数 $f(\xi)$ 的集合形成一环,与 $R[x]$ 同构,而这定理完全证明了.

以后我们将用与未知量同一字母 x 来表示函数 $f(\xi)$ 的自变量.

4.2 韦达公式

当代数还被当作"解方程式"时,由韦达[2]和笛卡儿[3]完善的代数符号已经进入到多项式和代数方程的理论. 他们摆脱掩盖了一般规律的数字系数方程,果断地转移到字母系数方程. 新的写法往往引出了新的结果,笛卡儿完成了代数对几何的革命性的应用. 在本段中,我们将给出他的前辈韦达的一些更朴素的成果.

设 n 次多项式 $f(x)$ 在域 P 中没有根或者它的根的个数小于 n. 以后我们将证明,存在域 P 的扩域 P',使得在 P' 中 $f(x)$ 有 n 个根(重根按重数算). 故域 P' 上多项式 $f(x)$ 可分解为线性因式的乘积,而且不能在扩域 P' 使得 $f(x)$ 有新的根出现. 每一个这样的扩域叫作多项式 $f(x)$ 的分解域.

设在环 $P[x]$ 中给出首项系数为 1 的 n 次多项式

$$f(x)=x^n+a_1x^{n-1}+\cdots+a_n \quad (a_0\neq 0) \tag{1}$$

且设 $\alpha_1,\alpha_2,\cdots,\alpha_n$ 为其根,都在某一分解域 P' 中. 那么 P' 上多项式 $f(x)$ 有下面的分解式

$$f(x)=(x-\alpha_1)(x-\alpha_2)\cdots(x-\alpha_n).$$

展开右边的括号,而后合并同类项,得到

$$f(x)=x^n+[-(\alpha_1+\alpha_2+\cdots+\alpha_n)]x^{n-1}+$$
$$(\alpha_1\alpha_2+\alpha_1\alpha_3+\cdots+\alpha_1\alpha_n+\alpha_2\alpha_3+\cdots+$$

---

[1] 设 M 是一个集合,其中有两个下了定义的代数运算 $+$ 与 $\cdot$. 所谓两个给定在集合 M 上的函数 $f(\xi)$ 与 $g(\xi)$ 的和 $f(\xi)+g(\xi)$ 是指一个这样的函数:它使 M 中每个元素 c 与所给函数在 $\xi=c$ 时的值的和成对应. 同样,所谓函数 $f(\xi)$ 与 $g(\xi)$ 的乘积是指 $f(\xi)g(\xi)$ 一个这样的函数:它使 M 中每个元素 c 与所给函数在 $\xi=c$ 时的值的乘积 $f(c)g(c)$ 成对应.

[2] 韦达(François Viète;1540—1603) 法国数学家.

[3] 笛卡儿(Rene Descartes,1596—1650) 法国哲学家、科学家和数学家.

$$\alpha_{n-1}\alpha_n)x^{n-2} + \cdots + (-1)^n(\alpha_1\alpha_2\cdots\alpha_{n-1} + \alpha_1\alpha_2\cdots\alpha_{n-2}\alpha_n + \cdots +$$
$$\alpha_2\alpha_3\cdots\alpha_n)x + (-1)^n\alpha_1\alpha_2\cdots\alpha_n.$$

比较上式的系数和式(1)的系数,我们得出下面这些等式,叫作韦达公式[①],它把多项式的系数经由它的根来表示出来

$$a_1 = -(\alpha_1 + \alpha_2 + \cdots + \alpha_n),$$
$$a_2 = \alpha_1\alpha_2 + \alpha_1\alpha_3 + \cdots + \alpha_1\alpha_n + \alpha_2\alpha_3 + \cdots + \alpha_{n-1}\alpha_n,$$
$$a_3 = -(\alpha_1\alpha_2\alpha_3 + \alpha_1\alpha_2\alpha_4 + \cdots + \alpha_{n-2}\alpha_{n-1}\alpha_n),$$
$$\vdots$$
$$a_{n-1} = (-1)^n(\alpha_1\alpha_2\cdots\alpha_{n-1} + \alpha_1\alpha_2\cdots\alpha_{n-2}\alpha_n + \cdots + \alpha_2\alpha_3\cdots\alpha_n),$$
$$a_n = (-1)^n\alpha_1\alpha_2\cdots\alpha_n.$$

这样一来,第 k 个等式的右边, $k=1,2,\cdots,n$,是所有可能的 k 个根的乘积的和,取加号或减号由 k 是偶数或奇数来决定.

已经给出多项式的根时,用韦达公式很容易写出这一个多项式.例如求一个有单根 5, -2 和二重根 3 的四次多项式 $f(x)$.我们有

$$a_1 = -(5 - 2 + 3 + 3) = -9,$$
$$a_2 = 5 \cdot (-2) + 5 \cdot 3 + 5 \cdot 3 + (-2) \cdot 3 + (-2) \cdot 3 + 3 \cdot 3 = 17,$$
$$a_3 = -(5 \cdot (-2) \cdot 3 + 5 \cdot (-2) \cdot 3 + 5 \cdot 3 \cdot 3 + (-2) \cdot 3 \cdot 3) = 33,$$
$$a_4 = (-1)^4 \cdot 5 \cdot (-2) \cdot 3 \cdot 3 = -90,$$

故

$$f(x) = x^4 - 9x^3 + 17x^2 + 33x - 90.$$

如果多项式 $f(x)$ 的首项系数系数 a_0 不为 1,那么应用韦达公式时要首先用 a_0 来除所有的系数,这并不改变多项式的根.这样一来,在这一情形下韦达公式给出了所有系数对首项系数的比值 $\dfrac{a_i}{a_0}$ 的表达式.

我们应该指出,在韦达公式中,无论把根的下标怎样交换,这些公式都是保持不变的.例如在韦达公式的第一个公式中,以 α_1 代 α_2, α_2 代 α_1,就是说,令 α_1 与 α_2 相互交换位置,则得

$$a_1 = -(\alpha_2 + \alpha_1 + \cdots + \alpha_n),$$

经过这样的代换显然不变.事实上,韦达公式所具有的这个性质是可以预料的,因为最初用 α_1 代表什么根, α_2 又代表什么根,……,是完全没有区别的.

[①] 韦达只是就五次以及五次以下的方程式指出这些等式.

4.3 推值法

我们到现在为止所讨论的问题中,一般假定被考察的多项式是已知的,而所研究的却是它的某些性质,其中包括它的值. 在这一段中我们要讨论的问题,按其提法,在某种意义下将是一个相反的问题. 给予我们的将是一些具体的值 —— 作为某一未知多项式之值 —— 而它们是对应于未知量的某些已知值的(所有指定的值,当然是在某一域里面的). 问题是要找出这个未知多项式,说得确切些,这些未知多项式,若没有补充的限制,这个问题有不止一个解答. 这种问题叫作推值法问题.

定理 4.3.1 设给定了 n 对属于域 P 的元素
$$(a_1,b_1),(a_2,b_2),\cdots,(a_n,b_n)$$
同时所有的元素 $a_1,a_2,\cdots,a_n$ 都不相等. 那么在次数低于 n 的一切多项式中(包括零多项式)中,可以找到唯一的一个多项式 $f(x)$ 适合下列条件
$$f(a_1)=b_1,f(a_2)=b_2,\cdots,f(a_n)=b_n.$$
这个多项式 $f(x)$ 是域 P 上的多项式.

证明 (1)首先对 n 按归纳法来证明在定理中所说的多项式的存在.

在 $n=1$ 时,即在只有一个元素对 (a_1,b_1) 时,可取下面的多项式作为所求多项式
$$f(x)=b_1.$$
这种多项式 $f(x)$ 的次数等于零,或者,若 $b_1=0$,则 $f(x)$ 是零多项式;因此它的次数是小于 $n=1$ 的. 这个多项式正是给定域 P 上的多项. 条件
$$f(a_1)=b_1,$$
是被满足的.

现在假定对于 $n-1$ 个元素对
$$(a_1,b_1),(a_2,b_2),\cdots,(a_{n-1},b_{n-1})$$
可找到一个多项式 $\varphi(x)$ 具有所要求的性质. 我们要来建立适合 n 个元素对的多项式. 这多项式可用下面的形式来求
$$f(x)=\varphi(x)+A(x-a_1)(x-a_2)\cdots(x-a_{n-1}).$$
其中 $\varphi(x)$ 即前面所说的多项式,而 A 属于域 P. 所示多项式的次数不超过 $n-1$(因为 $\varphi(x)$ 的次数低于 $n-1$). 在 $x=a_i(i=1,2,\cdots,n-1)$ 时,$f(x)$ 的表达式中第二项变成零. 故无论 A 为何值,我们得
$$f(a_1)=\varphi(a_1)=b_1,f(a_2)=\varphi(a_2)=b_2,\cdots,f(a_{n-1})=\varphi(a_{n-1})=b_{n-1}.$$
现在我们来挑选 A,使适合条件 $f(a_n)=b_n$

$$b_n = \varphi(a_n) + A(a_n - a_1)(a_n - a_2)\cdots(a_n - a_{n-1}),$$

于是

$$A = \frac{b_n - \varphi(a_n)}{(a_n - a_1)(a_n - a_2)\cdots(a_n - a_{n-1})}.$$

（分母是异于零的，因为所有 a_i 按假设是互不相等的）.

因为多项式 $\varphi(x)$ 是 P 上的多项式，而 $a_1, a_2, \cdots, a_n, b_1, b_2, \cdots, b_n$ 按假设都是属于 P 的，所以找到的多项式 $f(x)$ 是域 P 上的多项式，即它具有所有要求的性质.

（2）现在来证明取值

$$f(a_1) = b_1, f(a_2) = b_2, \cdots, f(a_n) = b_n.$$

而次数低于 n 的多项式 $f(x)$ 的唯一性.

设多项式 $f_1(x)$ 与 $f_2(x)$ 的次数低于 n，且有

$$f_1(a_1) = b_1, f_1(a_2) = b_2, \cdots, f_1(a_n) = b_n;$$
$$f_2(a_1) = b_1, f_2(a_2) = b_2, \cdots, f_2(a_n) = b_n;$$

按照定理 4.1.3 的推论，$f_1(x)$ 和 $f_2(x)$ 应该是两个相等多项式.

刚才定理中所引入的证明，实际上指出了为任何给定的值 $a_1, a_2, \cdots, a_n$，$b_1, b_2, \cdots, b_n$（其中 $a_1, a_2, \cdots, a_n$ 互不相等）来建立多项式的方法，这个多项式要有低于 n 的次数而取相应值：

$$f(a_1) = b_1, f(a_2) = b_2, \cdots, f(a_n) = b_n.$$

依次建立出各多项式，首先是适合一个元素对 (a_1, b_1) 的（例如取 $f(x) = b_1$），然后是适合两个元素对 (a_1, b_1)，(a_2, b_2) 的，以此类推，直到得出适合所有元素对的所要求的多项式. 每次从前一个多项式建立出后一个是用定理 4.3.1 中所引入的办法，经过适当的 A 的挑选，不难得出所得多项式的形式

$$f(x) = A_0 + A_1(x - a_1) + A_2(x - a_1)(x - a_2) + \cdots +$$
$$A_{n-1}(x - a_1)(x - a_2)\cdots(x - a_{n-1}).$$

A_i 是依次选定的，只要先假定 $x = a_1$，然后 $x = a_2, x = a_3$，等等.

同时，直接可见最初 k 项之和

$$A_0 + A_1(x - a_1) + A_2(x - a_1)(x - a_2) + \cdots +$$
$$A_{k-1}(x - a_1)(x - a_2)\cdots(x - a_{k-1}).$$

就是解答元素对 (a_1, b_1)，(a_2, b_2)，$\cdots$，(a_k, b_k) 的问题的一个多项式. 事实上，这个和的次数是低于 k 的，且通过上述挑选 $A_0, A_1, \cdots, A_{k-1}$ 的方法，这个和的对应于 $a_1, a_2, \cdots, a_k$ 的值是相应地等于 $b_1, b_2, \cdots, b_k$ 的.

所示这种情形是我们所引入的建立多项式的方法的优点（也存在着其他方

78

法,具有另外的优点与缺点).其优点如下.设我们已建立好一多项式,它对应于 $a_1,a_2,\cdots,a_n$ 取指定的值 $b_1,b_2,\cdots,b_n$,又设在这以后需要建立一个多项式,它除这些以外还需在 $x=a_{n+1}$ 时取指定值 b_{n+1}.那么,利用已得到的对应于元素对 $(a_1,b_1),(a_2,b_2),\cdots,(a_n,b_n)$ 的多项式,就不难建立出新的多项式.若外加的不是一个,而是几个"补充"元素对 $(a_{n+1},b_{n+1}),(a_{n+2},b_{n+2}),\cdots,(a_{n+r},b_{n+r})$,建立方法也是同样的.在用别的方法来建立所要求的多项式时,新元素对在原先条件上的补充,就有了重新把全部计算从头做起的必要.

例 我们来找一多项式,它的次数不超过 3,对于未知量的值 $-1,0,1,3$ 它取相应值 $2,1,-4,-2$.顺便指出,这些条件通常是列成表 1 的形式

表 1

x	-1	0	1	3
$f(x)$	2	1	-4	-2

所求的多项式可以依次的建立出来:首先用一个数对 $(-1,2)$(得到的是一常数,等于 2),然后用两个数对 $(-1,2),(0,1)$(得多项式 $2+A(x+1)$,其中 A 显然必须等于 -1),依此类推.同样可以立刻写出所求多项式的表达式:
$$f(x)=A_0+A_1(x+1)+A_2(x+1)(x-0)+A_3(x+1)(x-0)(x-1).$$
经过显然的变换,写成
$$f(x)=A_0+A_1(x+1)+A_2x(x+1)+A_3x(x^2-1).$$
现在利用 $f(x)$ 的给定值来找常数 A_0,A_1,A_2,A_3.取 $x=-1$,得
$$2=A_0.$$
取 $x=0$,得
$$1=2+A_1(0+1),即 A_1=-1.$$
取 $x=1$,得
$$-4=2-(1+1)+A_2\cdot1\cdot(1+1),即 A_2=-2.$$
最后,取 $x=3$,得
$$-2=2-(3+1)-2\cdot3(3+1)+A_3\cdot3\cdot(3^2-1),即 A_3=1.$$
这样,所求的多项式就有形式
$$f(x)=2-(x+1)-2x(x+1)+x(x^2-1).$$
整理得
$$f(x)=x^3-2x^2-4x+1.$$

可以直接把定理 4.3.1 中的次数不大于 $n-1$ 的多项式写出来.这个多项式就是

$$f(x) = \sum_{i=1}^{n} \frac{b_i(x-a_1)\cdots(x-a_{i-1})(x-a_{i+1})\cdots(x-a_n)}{(a_i-a_1)\cdots(a_i-a_{i-1})(a_i-a_{i+1})\cdots(a_i-a_n)}.$$

事实上,容易验证它的次数不大于 $n-1$,而且有 $f(a_i)=b_i(i=1,2,\cdots,n)$.

这个公式叫作拉格朗日[①]内插公式."内插"这个名词有这样的关系,是说利用这个公式,知道($n-1$ 次)多项式在 n 个点上的值,就可以计算它在其他所有的点的值.

上面所讨论的,在寻找取给定值的多项式时,我们局限于次数低于给定值的个数的多项式.但显然还有较高次的多项式,也取同样的那些值.对它们的建立我们加以阐明如下.

定理 4.3.2 设给定了 n 对属于域 P 的元素:
$$(a_1,b_1),(a_2,b_2),\cdots,(a_n,b_n)$$
其中所有的 $a_1,a_2,\cdots,a_n$ 都是互不相等的. $f(x)$ 是次数低于 n 的多项式(或 $f(x)$ 是零多项式)适合条件
$$f(a_1)=b_1,f(a_2)=b_2,\cdots,f(a_n)=b_n$$
(这样的多项式由定理 4.3.1 可知是存在的,且是唯一的).那么所有如下形式的多项式
$$F(x)=f(x)+\varphi(x)(x-a_1)(x-a_2)\cdots(x-a_n),$$
其中 $\varphi(x)$ 为任意多项式,并且只有这样的多项式适合条件
$$F(a_1)=b_1,F(a_2)=b_2,\cdots,F(a_n)=b_n.$$
同时 $F(x)$ 是域 P 上的多项式当且仅当 $\varphi(x)$ 是这个域上的多项式.

证明 首先不难确信,任何如定理 4.3.2 所示形式的多项式适合所要求的条件
$$F(a_i)=f(a_i)+\varphi(a_i)(a_i-a_1)(a_i-a_2)\cdots(a_i-a_i)\cdots(x-a_n)$$
$$=f(a_i)=b_i \quad (i=1,2,\cdots,n)$$

现在设 $G(x)$ 为任意多项式,它有这样的性质
$$G(a_1)=b_1,G(a_2)=b_2,\cdots,G(a_n)=b_n.$$
我们来考察一个多项式 $H(x)$,它是 $G(x)$ 与另一多项式 $f(x)$ 的差
$$H(x)=G(x)-f(x),$$
这里 $f(x)$ 适合同样的条件并且次数低于 n.

不难明白,$a_1,a_2,\cdots,a_n$ 是多项式 $H(x)$ 的根
$$H(a_i)=G(a_i)-f(a_i)=b_i-b_i=0 \quad (i=1,2,\cdots,n)$$

---

① 拉格朗日(Joseph Louis Lagrange;1735—1813)法国数学家.

因此 $H(x)$ 可表成下面形式

$$H(x) = \varphi(x)(x - a_1)(x - a_2) \cdots (x - a_n).$$

由此得知,原来的多项式 $G(x)$ 具有如定理中所示的形式:

$$G(x) = f(x) + H(x) = f(x) + \varphi(x)(x - a_1)(x - a_2) \cdots (x - a_n),$$

我们要弄清楚在什么时候多项式

$$F(x) = f(x) + \varphi(x)(x - a_1)(x - a_2) \cdots (x - a_n)$$

将是域 P 上的多项式.因为 $a_1, a_2, \cdots, a_n$ 是属于域 P 的,故多项式

$$(x - a_1)(x - a_2) \cdots (x - a_n)$$

显然是域 P 上的多项式.由于定理 4.3.1,$f(x)$ 是 P 上的多项式.这样,若 $\varphi(x)$ 也是 P 上的多项式,则 $F(x)$ 就同样是 P 上的多项式.

现在设 $F(x)$ 是 P 上的多项式.因此 $\varphi(x)$ 是两多项式

$$F(x) - f(x),(x - a_1)(x - a_2) \cdots (x - a_n)$$

相除的商,而这两个多项式都是 P 上的多项式.因此 $\varphi(x)$ 在这情形下也将是 P 上的多项式.

推值法的问题,我们认为是一个按照对应于某些未知量的指定值来找这多项式的问题.当然,这样的问题不但对多项式,也可以对一般的函数提出来.无论从数学本身的需要,或由于实际问题领域的要求,都发生着同样的问题.常常一个反映某种物理学上规律性的函数的普遍式子(在图形表示中是一条曲线)可由一般性的理论上的设想出发而被决定.但同时在这个函数的表达式中含有某些成为参数的常数,它们的值是未知的(例如已知所求函数是一定次数的多项式,而系数的值是未知的).这些参变数可以用实验的方法来求.在进行相应的物理实验中,由实际的测定找出所研究的函数对应于自变量的某几个值的值(例如,自实验开始时算起的时间常是合乎这种情形的).从所得函数的值出发,就可决定它的精确形式(例如,找出参变数的数值).若所求函数是多项式而问题是找寻它的系数,那么我们的问题就是上面已经讨论过的;若这函数属于任何其他种类(例如,我们常遇到对数的与指数的函数),那么就得到新的,相近于所讨论过的问题.

必须提到,有时不能不估计到实验的条件,可能保证不了测算的充分准确性或防止不了某些错误.这样立刻使问题的解决复杂化.它的精确解答成为不可能,而问题的提出已是只关于所求函数的最大可能的表达式了.在此我们是处于完全不同的问题与方法的领域中了.

有理数域上的多项式环

第 二 章

§1 整系数多项式的性质·有理根的计算

1.1 整系数多项式的性质·整系数多项式在有理数域上可约性与在整数环上可约性的一致性

我们特别有兴趣的第一个数域是有理数域 Q. 它是数域中最小的一个:域 Q 含于每一个数域里面. 在这一章,我们主要研究有理数域上多项式的两个内容:有理根的计算以及在有理数域内的可约性判定.

设

$$f(x) = a_0 x^n + a_1 x^{n-1} + \cdots + a_n \quad (a_0 \neq 0)$$

是一个带有理数系数的 n 次($n \geqslant 1$)多项式. 我们可以假设这多项式的所有系数都是整数,这样并不损害结论的一般性. 因为,如果多项式 $f(x)$ 有分数系数,则把 $f(x)$ 以其系数的公分母乘之,这样就得到一个带整系数的多项式并且它的根或者可约性与 $f(x)$ 完全相同.

首先指出整系数多项式的两个性质,其中的第二个我们将来要用到.

定理 1.1.1 整系数多项式 $f(x)$ 与 $g(x)$ 相等的充分必要条件是存在大于它们的每一个系数绝对值的 2 倍的整数 t 使得:

$$f(t) = g(t).$$

证明 条件的必要性是显然的. 我们来证明它的充分性. 设

$$f(x) = a_0 x^n + a_1 x^{n-1} + \cdots + a_{n-1} x + a_n,$$
$$g(x) = b_0 x^m + b_1 x^{m-1} + \cdots + b_{m-1} x + b_m.$$

既然 $f(t) = g(t)$, 于是

$$a_0 t^n + a_1 t^{n-1} + \cdots + a_{n-1} t + a_n = b_0 t^m + b_1 t^{m-1} + \cdots + b_{m-1} t + b_m, \quad (1)$$

或

$$(a_0 t^n + a_1 t^{n-1} + \cdots + a_{n-1} t) - (b_0 t^m + b_1 t^{m-1} + \cdots + b_{m-1} t) = b_m - a_n.$$

左边的数含有因数 t, 因此右边的数也应含有因子 t, 即 t 整除差 $(b_m - a_n)$. 但是

$$|b_m - a_n| \leqslant |b_m| + |a_n| < \frac{t}{2} + \frac{t}{2} = t,$$

由此, 数 $b_m - a_n$ 只能是零, 从而 $b_m = a_n$. 今从式(1)两端分别去掉 a_n 与 b_m, 再约去 t, 得到

$$a_0 t^{n-1} + a_1 t^{n-2} + \cdots + a_{n-1} = b_0 t^{m-1} + b_1 t^{m-2} + \cdots + b_{m-1},$$

由于同样的理由, $b_{m-1} = a_{n-1}$.

如此继续下去, 我们将得到 $n = m$, 且

$$b_i = a_i \quad (i = 1, 2, \cdots, n)$$

即 $f(x) = g(x)$.

定理 1.1.2 设 p 是一个质数, 而

$$f(x) = a_0 x^n + a_1 x^{n-1} + \cdots + a_n, g(x) = b_0 x^m + b_1 x^{m-1} + \cdots + b_m$$

是两个整系数多项式. 若 p 整除乘积 $f(x)g(x)$ 的所有系数, 那么 p 或整除 $f(x)$ 的所有系数或整除 $g(x)$ 的所有系数.

证明 假定 p 不整除 $f(x)$ 的所有系数也不整除 $g(x)$ 的所有系数. 现在在 $f(x)$ 和 $g(x)$ 的表达式中, 从后往前看, 设 a_i, b_j 是 $f(x), g(x)$ 的系数中第一个不为 p 整除者. 于是, 我们有

$$p \text{ 不整除 } a_i, p \mid a_{i+1}, \cdots, p \mid a_n \quad (2)$$
$$p \text{ 不整除 } b_j, p \mid b_{j+1}, \cdots, p \mid b_m \quad (3)$$

而根据多项式的乘法规则, 乘积 $f(x)g(x)$ 中 $x^{n-i+m-j}$ 的系数是

$$a_i b_j + a_{i+1} b_{j-1} + a_{i+2} b_{j-2} + \cdots + a_{i-1} b_{j+1} + a_{i-2} b_{j+2} + \cdots$$

这个表达式中, 除 $a_i b_j$ 外, 其余各项由于式(2)及式(3)均能为 p 所整除, 但 p 不能整除 a_i 及 b_j, 故 p 不能整除 $a_i b_j$, 于是 p 不整除 $x^{n-i+m-j}$ 的系数, 这与题设 p 整除 $f(x)g(x)$ 的所有系数矛盾. 于是假定不成立而定理得到证明.

前面已经指出, 讨论有理数域上多项式的可约性只需讨论整系数多项式在有理数域上的可约性即可. 那么能否进一步转化为讨论整系数多项式在整数环

83

上的可约性呢？这个问题的一面是成立的，即整系数多项式在整数环上可约，则其在有理数域上也一定可约. 关键是问题的另一面：整系数多项式在有理数域上可约，则其在整数环上是否也一定可约呢？

为此，我们来建立关于本原多项式的两个预备定理，在文献中常称为高斯[①]预备定理. 设 d 是多项式 $f(x)$ 的系数 $a_0, a_1, \cdots, a_n$ 的最高公因子，由这些系数中提出 d 后得

$$f(x) = dg(x),$$

式中的 $g(x)$ 的系数的最高公因子是 1.

假若一个多项式的系数的最高公因子等于 1，我们就叫这个多项式为一个本原多项式.

有了这个定义后，就可以证明高斯的预备定理了.

预备定理 I 两个本原多项式的乘积仍然是一个本原多项式.

证明 设

$$g(x) = b_0 + b_1 x + \cdots + b_{s-1} x^{s-1} + b_s x^s, \quad h(x) = c_0 + c_1 x + \cdots + c_{t-1} x^{t-1} + c_t x^t$$

是两个本原多项式. 由多项式乘法的规则得

$$\begin{aligned}
g(x)h(x) = b_0 c_0 + \cdots + (b_0 c_{i+j} + b_1 c_{i+j-1} + \cdots + \\
b_{i-1} c_{j+1} + b_i c_j + b_{i+1} c_{j-1} + \cdots + b_{i+j} c_0) x^{i+j} + \cdots + \\
b_s c_t x^{s+t},
\end{aligned}$$

假若乘积 $g(x)h(x)$ 不是本原多项式，它的系数的公因子 d 就不等于 1. 设 p 是 d 的一个质数因子，p 必然能够整除 $g(x)h(x)$ 所有的系数. 我们不妨假设 $b_0, b_1, \cdots, b_{i-1}$ 可以被 p 整除，但 b_i 不能被 p 整除（这样的 b_i 一定存在，否则 $g(x)$ 就不是本原多项式了）. 同理，我们又可以假设 $c_0, c_1, \cdots, c_{j-1}$ 可被 p 整除，但 c_j 不能被 p 整除. 根据假设，乘积 $g(x)h(x)$ 的系数

$$b_0 c_{i+j} + b_1 c_{i+j-1} + \cdots + b_{i-1} c_{j+1} + b_i c_j + b_{i+1} c_{j-1} + \cdots + b_{i+j} c_0 \qquad (4)$$

可以被 p 整除. 不仅如此，除去 $b_i c_j$ 外，式（4）的每一项都可以被 p 整除，结果 $b_i c_j$ 也必须被 p 整除，实因否则式（4）就不会被 p 所整除了. 但是 c_j 和 b_i 都不能被 p 整除，于是 $b_i c_j$ 不可能被 p 整除. 由这个矛盾就证明了上述的预备定理.

借助于预备定理 I，我们来证明第二个预备定理.

预备定理 II 如果整系数多项式 $f(x)$ 在有理数域内可约，那么它就能分解成为两个较低次的整系数多项式的乘积.

---

① 高斯(C. F. Gauss；1777—1855) 德国数学家.

证明 因为 $f(x)$ 在有理数域内可约,所以可以把 $f(x)$ 写成下式:
$$f(x) = \varphi(x)\psi(x),$$
式中的 $\varphi(x)$ 和 $\psi(x)$ 都是以有理数为系数的多项式,并且次数低于 $f(x)$.

如果多项式 $\varphi(x)$ 和 $\psi(x)$ 的所有系数都是整数,则定理已经成立.因此设 $\varphi(x)$ 和 $\psi(x)$ 有分数系数.我们以 m_1 表示多项式 $\varphi(x)$ 的系数的公分母而以 m_2 表示 $\psi(x)$ 的系数的公分母.于是有
$$\varphi(x) = \frac{1}{m_1}\varphi_1(x), \psi(x) = \frac{1}{m_2}\psi_1(x),$$
这里 $\varphi_1(x)$ 与 $\psi_1(x)$ 已经是整数系数多项式了.再以 d_1 表示 $\varphi_1(x)$ 的系数的最大公因子并且以 d_2 表示 $\psi_1(x)$ 的系数的最大公因子,提出这些最高公因子后可以写
$$\varphi(x) = \frac{1}{m_1}\varphi_1(x) = \frac{d_1}{m_1}g(x), \psi(x) = \frac{1}{m_2}\psi_1(x) = \frac{d_2}{m_2}h(x),$$
式中的 $g(x)$ 和 $h(x)$ 都代表本原多项式.由上式,$f(x)$ 就可以写成
$$f(x) = \frac{d_1 d_2}{m_1 m_2}g(x)h(x).$$

现在我们证明 $\frac{d_1 d_2}{m_1 m_2}$ 是整数.首先,可令 $\frac{d_1 d_2}{m_1 m_2} = \frac{q}{r}$,$r$ 和 q 代表互质的整数.因为 $f(x)$ 的系数是整数,所以对于乘积 $g(x)h(x)$ 的任意一个系数 e_i,$e_i q$ 必须被 r 整除.r 和 q 既然互质,e_i 必须被 r 整除,这就是说 r 是 $g(x)h(x)$ 的系数的公因子.根据预备定理 I,$g(x)h(x)$ 是本原多项式,于是 $r = \pm 1$,换句话说,我们证明了 $\frac{d_1 d_2}{m_1 m_2}$ 等于整数 $\pm q$.

综上所述,就证明了预备定理 II:$f(x)$ 可以分解成具有整数系数的多项式 $g_1(x) = \pm q g(x)$ 和 $h(x)$ 的乘积.

由于预备定理 II,关于有理数域上多项式的可约性问题,可以限制于讨论整系数多项式对整系数因式的分解式.

注 对于有理数域上的任意多项式 $f(x)$,均存在一个有理数 a,使得 $af(x)$ 是整数环上的本原多项式,同时,如果 $bf(x)$ 也是本原多项式,则,$b = \pm a$.

事实上,设 $f(x) = a_0 x^n + a_1 x^{n-1} + \cdots + a_n (a_0 \neq 0)$,取整数 $c, ca_0, ca_1, \cdots, ca_n$ 整数,令 $d = (ca_0, ca_1, \cdots, ca_n)$,则
$$\frac{c}{d}f(x) = \frac{c}{d}a_0 x^n + \frac{c}{d}a_1 x^{n-1} + \cdots + \frac{c}{d}a_n$$

就是本原多项式.

此外,如果 $bf(x)$ 也是本原多项式,则由等式

$$bf(x) = \frac{b}{a}\big[af(x)\big]$$

知道 $\frac{b}{a}$ 是整数,这是因为 $af(x), bf(x)$ 均为整系数多项式. 又, $bf(x)$ 是本原的,所以 $\frac{b}{a}$ 只能是 ± 1,即 $b = \pm a$.

这个注表明, $Q[x]$ 的中的非零多项式本质上唯一地对应一个本原多项式.

在定理 1.1.2 的基础上,还可以证明本原多项式的一个性质如下:

定理 1.1.3 设 $f(x)$ 是本原多项式, $g(x)$ 是整系数多项式,若 $f(x)$ 能整除 $g(x)$,则以 $f(x)$ 除 $g(x)$ 所得之商式必是整系数多项式.

证明 由于 $f(x)$ 能整除 $g(x)$,有

$$g(x) = f(x)h(x) \tag{5}$$

不论 $h(x)$ 是否为整系数多项式,我们总可以取一个正整数 c 使 $k(x) = ch(x)$ 是整系数多项式,由式(5)有

$$cg(x) = f(x)k(x) \tag{6}$$

此式表示以 c 乘 $g(x)$ 的所有系数就是 $f(x)k(x)$ 的所有系数,从而 c 整除 $f(x)k(x)$ 的所有系数. 设

$$c = p_1 p_2 \cdots p_r$$

是 c 的质因数分解式. 因为 $p_1 \mid c$,故 p_1 整除 $f(x)k(x)$ 的所有系数,但 $f(x)$ 是本原多项式,故由定理 1.1.2, p_1 整除 $k(x)$ 的所有系数,从而 $k(x) = p_1 k_1(x)$,其中 $k_1(x)$ 是整系数多项式. 由式(6)有

$$c_1 g(x) = f(x)k_1(x) \tag{7}$$

其中 $c_1 = p_2 \cdots p_r$,仿上有 $k_1(x) = p_2 k_2(x)$,其中 $k_2(x)$ 是整系数多项式. 由式(6)有

$$c_2 g(x) = f(x)k_2(x)$$

其中 $c_2 = p_3 \cdots p_r$. 这样,式(6)左边 c 的质因数可以一一消去,最后得

$$g(x) = f(x)k_r(x) \tag{8}$$

其中 $k_r(x)$ 是整系数多项式. 但由式(5)及式(8)有 $h(x) = k_r(x)$,故 $h(x)$ 是整系数多项式.

在定理 1.1.3 中若取 $f(x) = sx - r$,其中 s, r 是互素的整数,则 $f(x)$ 是本原多项式,由此得到下面的推论:

推论 设 $f(x) = sx - r$,其中 s, r 是互素的整数,而 $g(x)$ 是整系数多项

86

式. 若 $f(x)$ 能整除 $g(x)$

$$g(x) = (sx - r)q(x),$$

则 $q(x)$ 是整系数多项式.

1.2 整系数多项式有理根的特征·有理根的计算

现在把我们所关心的重心转移到有理系数多项式的有理根问题上来,而在下节将集中讨论有理数域上多项式可约性问题. 还需注意,这是两个不同的问题:多项式

$$x^4 + 2x^2 + 1 = (x^2 + 1)^2$$

在有理数域上可约,但没有一个有理根.

设有理数域上的多项式

$$f(x) = a_0 x^n + a_1 x^{n-1} + \cdots + a_n \quad (a_0 \neq 0) \tag{1}$$

具有整数的系数,我们知道这并不会损害理论的一般性.

我们首先指出整系数多项式有理根的一些特征,它们在计算整系数多项式的有理根时是很有用的.

Ⅰ. 如果不可约分数 $\dfrac{r}{s}$ $(r, s$ 都是整数) 是整系数多项式(1)的有理根,则 r 是常数项 a_n 的除数,而 s 是最高项系数 a_0 的除数.

证明　按多项式根的定义,我们可以写

$$a_0 \frac{r^n}{s^n} + a_1 \frac{r^{n-1}}{s^{n-1}} + \cdots + a_{n-1} \frac{r}{s} + a_n = 0,$$

或两边以 s^n 乘之

$$a_0 r^n + a_1 r^{n-1} s + \cdots + a_{n-1} r s^{n-1} + a_n s^n = 0.$$

由此有

$$a_0 r^n = -s(a_1 r^{n-1} + \cdots + a_n s^{n-1}) \tag{2}$$

以及

$$a_n s^n = -r(a_0 r^{n-1} + \cdots + a_{n-1} s^{n-1}). \tag{3}$$

等式(2)的右边显然能被 s 除尽. 所以,等式(2)的左边 $a_0 r^m$ 亦应能被 s 除尽. 但由于分数 $\dfrac{r}{s}$ 的不可约,r^m 与 s 互为素数. 所以 a_0 能被 s 除尽.

同样的论证可施于等式(3). 它的右边能被 r 除尽. 所以,$a_n s^n$ 亦能被 r 除尽. 但 s^n 与 r 互为素数,所以 a_n 能被 r 除尽.

例如 $f(x) = 3x^4 + 5x^3 + x^2 + 5x - 2$ 的首项系数 3 有四个因子:$\pm 1, \pm 3$;

常数项 -2 的因子有：$\pm 1, \pm 2$. 于是 $f(x)$ 的有理根只可能是

$$\pm 1, \pm 2, \pm \frac{1}{3}, \pm \frac{2}{3};$$

用综合除法或其他方法逐个地检验可知，$f(x)$ 的有理根为 -2 与 $\frac{1}{3}$. 笛卡儿和牛顿建立、应用了这一方法，因此亦称牛顿试除法.

现在指出上面这定理的一个推理.

推论　设多项式

$$f(x) = x^n + a_1 x^{n-1} + \cdots + a_n$$

的最高系数等于 1 而系数 $a_1, \cdots, a_n$ 都是整数，则它只能有整数为其有理根.

事实上，按特征 I，有理根 $x_0 = \frac{r}{s}$ 的分母 $s > 0$ 应该是最高系数的除数，即应该是 1 的除数. 所以 $x_0 = r$，并且因此根 x_0 是整数.

这样，把分子 r 能除尽 a_n 并且分母能除尽最高系数 a_0 的所有可能分数 $\frac{r}{s}\ (s > 0)$ ——取来试验，我们将找出多项式(1)的有理根或证实多项式(1)根本没有有理根.

在继续给出整系数多项式有理根的特征之前，我们先证明下面的预备定理.

预备定理　如果不可约分数 $\frac{r}{s}$（其中 s, r 互素）是整系数多项式(1)的有理根

$$f(x) = \left(x - \frac{r}{s}\right) q(x),$$

那么 $q(x)$ 为整系数多项式.

证明　在等式

$$f(x) = \left(x - \frac{r}{s}\right) q(x),$$

两端同乘以整数 s

$$s f(x) = (sx - r) q(x)$$

那么根据定理 1.1.3 的推论，$q(x)$ 是整系数多项式就成为明显的事情了.

由这个预备定理，马上可以得到整系数多项式有理根的另一个特征：

II. 如果不可约分数 $\frac{r}{s}$ 是整系数多项式(1)的有理根，则无论 k 是什么整

88

数,$f(k)$ 这数在 $r-ks \neq 0$ 的条件下恒能被 $k-\dfrac{r}{s}$ 除尽,即 $\dfrac{f(k)}{k-\dfrac{r}{s}}$ 是整数.

证明 既然 $\dfrac{r}{s}$ 是多项式(1)的有理根,有

$$f(x) = \left(x - \frac{r}{s}\right)q(x),$$

并且因为预备定理,$q(x)$ 是一个整系数的多项式.

现在令 $x = k$,得到

$$f(k) = \left(k - \frac{r}{s}\right)q(k),$$

既然 $r-ks \neq 0$,则可写

$$\frac{f(k)}{k-\dfrac{r}{s}} = q(k),$$

于是由于 $q(x)$ 是整系数多项式,定理的结论就成为显然的了.

推论 如果不可约分数 $\dfrac{r}{s}$ 是整系数多项式(1)的有理根,那么 $\dfrac{f(1)}{s-r}$ 和 $\dfrac{f(-1)}{s+r}$ 都是整数,并且当 s 与 r 的奇偶性相反时,$\dfrac{f(1)}{s-r}$ 和 $\dfrac{f(-1)}{s+r}$ 奇偶性必相同.

特别地,如果多项式(1)存在整数根 a 则 $1-a$ 为 $f(1)$ 的因数,$1+a$ 为 $f(-1)$ 的因数.

证明 定理的第一部分可由 Ⅱ 直接得到:$\dfrac{f(1)}{s-r} = s \cdot \dfrac{f(1)}{1-\dfrac{r}{s}}$ 和 $\dfrac{f(-1)}{s+r} = s \cdot \dfrac{f(-1)}{1+\dfrac{r}{s}}$.

现在来证明定理的第二部分.用 s_{2n} 和 s_{2n+1} 分别表示 $f(x)$ 的偶数项系数与奇数项系数之和

$$s_{2n} = a_0 + a_2 + a_4 + \cdots, s_{2n+1} = a_1 + a_3 + a_5 + \cdots,$$

如此

$$f(1) = s_{2n} + s_{2n+1}, f(-1) = s_{2n} - s_{2n+1}. \tag{4}$$

因 $\dfrac{f(1)}{s-r}$ 和 $\dfrac{f(-1)}{s+r}$ 都是整数,今设

$$\frac{f(1)}{s-r} = p, \frac{f(-1)}{s+r} = q,$$

由于式(4),我们可写
$$s_{2n} + s_{2n+1} = (s-r)p, \quad s_{2n} - s_{2n+1} = (s+r)q.$$
现将这两个等式分别相加和相减:
$$2s_{2n} = (s-r)p + (s+r)q, \quad 2s_{2n+1} = (s-r)p - (s+r)q.$$
于是这两个等式的右边 $(s-r)p + (s+r)q, (s+r)q - (s+r)q$ 均应是偶数.此外,依假定 s 与 r 有相反的奇偶性,如此 $s-r$ 与 $s+r$ 均为奇数,于是 p 和 q 奇偶性必相同.

这个推论进一步将多项式(1)的有理根限制在集合
$$\left\{ \frac{r}{s} \,\middle|\, \frac{f(1)}{s-r} \in Z, \frac{f(-1)}{s+r} \in Z \right\}$$
中.

我们来指出首项系数为一的整系数多项式有理根的一个特征.

Ⅲ. 若 $a_0 = 1, \alpha$ 是整系数多项式(1)的有理根充分必要条件是满足以下诸等式
$$q_0 = -1 = \frac{a_1 + q_1}{\alpha}, q_1 = \frac{a_2 + q_2}{\alpha}, \cdots, q_{n-2} = \frac{a_{n-1} + q_{n-1}}{\alpha}, q_{n-1} = \frac{a_n}{\alpha} \quad (5)$$
的 $q_1, \cdots, q_{n-2}, q_{n-1}$ 是整数.

证明 设 α 是多项式(1)的有理根整数根.以 $x - \alpha$ 除 $f(x)$,由霍纳表得出商式的系数和余式(等于0)如下
$b_0 = 1, b_1 = a_1 + \alpha, b_2 = a_2 + \alpha b_1, \cdots, b_{n-1} = a_{n-1} + \alpha b_{n-2}, r(x) = 0 = a_n + \alpha b_{n-1}$,
由这一组等式,可得
$$-b_0 = -1 = \frac{a_1 + q_1}{\alpha}, -b_1 = \frac{a_2 + q_2}{\alpha}, \cdots, -b_{n-2} = \frac{a_{n-1} + q_{n-1}}{\alpha}, -b_{n-1} = \frac{a_n}{\alpha}$$
令 $q_0 = -b_0, q_1 = -b_1, \cdots, q_{n-1} = -b_{n-1}$,我们便得出等式(5),再根据预备定理,$q_1, \cdots, q_{n-2}, q_{n-1}$ 都必须是整数.

根据前面所讲,我们可以按照如下步骤来计算一个有理系数的多项式的有理根:

首先把已知的方程式变换成另一方程式而使最高项系数等于1、其余的系数仍是整数,这可以如下操作:如果所给的方程式具有分数系数,则以系数的公分母乘方程式的两端而得到具有整系数的方程式
$$a_0 x^n + a_1 x^{n-1} + \cdots + a_n = 0 \quad (a_0 \neq 0)$$
令 $x = \dfrac{y}{a_0}$,代入上面的方程式后得

$$\frac{y^n}{a_0^n}+\frac{a_1}{a_0^{n-1}}y^{n-1}+\frac{a_2}{a_0^{n-2}}y^{n-2}+\cdots+a_n=0,$$

除去分母以后就得到所要的结果

$$y^n+a_1x^{n-1}+a_0a_2x^{n-1}+\cdots+a_{0n-1}a_n=0.$$

然后再试验变换后所得方程式的常数项的所有因子(特征 Ⅰ 推论),假若在这些因子中没有一个是方程式的根,所给的方程式就没有有理根.

要试验常数项的所有因子 a,可以先试验 $f(1)$ 是否可被 $a-1$ 整除和 $f(-1)$ 是否可被 $a+1$ 整除.假若 $f(1)$ 不能被 $a-1$ 整除或者 $f(-1)$ 不能被 $a+1$ 整除,a 就不是方程式的根(参考特征 Ⅱ 推论).其次我们再看 a 是否满足特征 Ⅲ,换句话说,我们可构造表 1.

表 1

	a_n	a_{n-1}	a_{n-2}	$\cdots$	a_1	1
a	q_{n-1}	q_{n-2}	q_{n-3}	$\cdots$	$q_0=-1$	

表的第一行是把所给方程式的系数按照反的顺序排列,第二行是由关系式(5)得来的.整数 a 只有在所有的 q_i 是整数而且 $q_0=-1$ 的时候才是方程式的根(参考特征 Ⅲ).

除此之外,要求出一个多项式的有理根,先知道它们分布在怎样的一个界限内常常是很有用处的,这些内容我们将在第三章讨论.

例 试讨论方程式

$$x^5-\frac{7}{10}x^4+\frac{11}{10}x^3-\frac{17}{10}x^2+\frac{8}{10}x-\frac{1}{10}=0.$$

首先,我们除去方程式每个系数的分母

$$10x^5-7x^4+11x^3-17x^2+8x-1=0.$$

其次令 $x=\frac{y}{10}$,把这个方程式变成

$$f(x)=y^5-7y^4+110y^3-1\,700y^2+8\,000y-10\,000-0. \tag{6}$$

常数项 10 000 自然含有不少的因子,为了缩减这个计算,我们先求根的界限.利用第三章§2的第四个方法,不难求出正根的上下界 0 和 16.不仅如此,我们还可以证明方程式(6)没有负根,因为令 $y=-z$ 后得

$$z^5+7z^4+110z^3+1\,700z^2+8\,000z+10\,000=0.$$

这个方程式的左端在 $z\geqslant0$ 的时候不会是零,即,方程式(6)没有负根.

综合上述,我们只需考察 10 000 的因子 1,2,4,5,8,10,16 即可.先求 $f(1)$ 和 $f(-1)$ 得

$$f(1) = -3\,696, f(-1) = -19\,818.$$

因为 $f(1)$ 不能被 $4+1=5$ 整除,所以 4 不是方程式的根.同理 10 和 16 也不是方程式的根.又因为 $f(1)$ 不能被 $8-1=7$ 整除,所以 8 也不是方程式的根.结果只剩下了两个因子:2 和 5.

要试验 2 是否就是方程式的根,可先作表 2.

表 2

	$-10\,000$	$8\,000$	$-1\,700$	110	-7	1
2	$-5\,000$	$1\,500$	-100	5	-1	

由这个表就知道 2 是方程式的根.同理,由表 3

表 3

	$-10\,000$	$8\,000$	$-1\,700$	110	-7	1
5	$-2\,000$	$1\,200$	-100	2	-1	

就知道 5 也是方程式的根.

综合起来,我们证明了方程式(6)只有两个整数根:$y_1=2, y_1=5$;由此所给的方程式也只有两个有理根

$$x_1 = \frac{y_1}{10} = \frac{1}{5}, x_2 = \frac{y_2}{10} = \frac{1}{2}.$$

1.3 整系数多项式不存在有理根的判定

在很多场合,只需知道所给的整系数多项式有没有有理根,这时候常常不用上面所说的方法,而利用其他的一些判定方法.

首先由上目预备定理,我们可以得到下面的判别法则:

定理 1.3.1 若 $f(1)$ 或 $f(-1)$ 为奇数,则 $f(x)=0$ 没有奇数根,又若 $f(0)$ 为奇数,则 $f(x)=0$ 没有偶数根.

事实上,设 a 为 $f(x)=0$ 的整数根.由整系数多项式有理根的特征 Ⅱ 的推论,$1-a$ 为 $f(1)$ 的因数.若 $f(1)$ 为奇数,则 $1-a$ 亦为奇数,因此 a 为偶数,$f(x)=0$ 不能有奇数根.由同样的推证,当 $f(-1)$ 为奇数时 $f(x)=0$ 不能有偶数根.又若 a 为 $f(x)=0$ 的整数根,则依预备定理,

$$f(x) = (x-a)q(x)$$

而 $q(x)$ 为整系数多项式.

令 $x=0$,得到 a 为 $f(0)$ 的因数,既然 $f(0)$ 为奇数,故其因数 a 必为奇数,因而 $f(x)=0$ 没有偶数根.

92

其次,还有一系列较为宽泛的判别法则.

定理 1.3.2 整系数多项式 $f(x)$,如果对某整数 s 及 t,$f(2s)$ 及 $f(2t+1)$ 是奇数,则它没有整数根.

证明 我们假设其反面——设 $f(x)$ 有整数根 x_0. 于是

$$f(x) = f(x_0)q(x).$$

由此有

$$f(2s) = f(2s-x_0)q(2s). \tag{1}$$

及

$$f(2t+1) = f(2t+1-x_0)q(2t+1). \tag{2}$$

因为 $f(2s)$ 是奇数,由等式(1)推知 $2s-x_0$ 应该是奇数. 既然 $2s$ 是偶数,则因此 x_0 应该是奇数. 从另一方面来看,由等式(2)推知 $2t+1-x_0$ 应该是奇数,但 $2t+1$ 是奇数,故 x_0 应该是偶数. 如此,x_0 同时是偶数又是奇数,这是不可能的.

推论 1 设 $f(x)$ 是整系数多项式,且有一个整数根,若存在奇数 k 使得 $f(k)$ 为奇数,则对任意偶数 m,$f(m)$ 必为偶数.

推论 2 设 $f(x)$ 是整系数多项式,且有一个整数根,若存在偶数 m 使得 $f(m)$ 为偶数,则对任意奇数 k,$f(k)$ 必为偶数.

推论 3 若 $f(0)$ 为奇数,而且 $f(1)$ 或 $f(-1)$ 亦为奇数,则 $f(x)=0$ 没有整数根.

定理 1.3.3 一个整系数多项式 $f(x)$,如果能指出未知元 x 的这样两个整数值 k_1 与 k_2,使得 $k_1-k_2>2$ 而 $f(k_1)=\pm1$ 并且 $f(k_2)=\pm1$,则它没有有理根.

证明 假设多项式 $f(x)$ 在所指示条件下有一个有理根 $x_0=\dfrac{h}{m}$. 于是,按定理 1.1.2,$f(k_1)=\pm1$ 应该能被 $h-k_1m$ 整除,并且 $f(k_2)=\pm1$ 应该能被 $h-k_2m$ 整除. 由此得

$$h-k_1m=\pm1 \text{ 及 } h-k_2m=\pm1.$$

由第二等式减去第一等式,我们有

$$(k_1-k_2)m=\pm2 \text{ 或 } (k_1-k_2)m=0.$$

但等式 $(k_1-k_2)m=0$ 应该舍弃,因为 $k_1\neq k_2$ 并且 $m>0$. 这样,只有第一个等式成立. 由这等式,2 应该能被 k_1-k_2 整除,这是不可能的,因为按所设条件 $k_1-k_2>2$.

例 1 求多项式

$$f(x) = x^6 + x^5 - x^4 - 2x^3 - 6x^2 + 7x + 105$$

的有理根.

按上一小节有理根的特征 I 的推论这个多项式只能以整数为有理根. 容易看出, $f(0)$ 与 $f(1)$ 在此是奇数: $f(0) = f(1) = 105$. 所以按定理 1.3.1 这个多项式没有整数根所以也就没有有理根.

例 2 求多项式

$$f(x) = 2x^4 - 7x^3 - x^2 - 18x + 25$$

的有理根.

令 $x = 1$ 及 $x = 4$, 我们得: $f(1) = 1$ 及 $f(4) = 1$. 我们看出, 这个多项式符合定理 1.3.3 的条件, 所以这个多项式没有有理根.

定理 1.3.4 整系数多项式 $f(x)$, 如果它的最高系数 a_0 和常数项系数 a_n 为奇数且 $f(1), f(-1)$ 中至少有一个是奇数, 或者如果 a_0, a_n 和 $f(1)$ 及 $f(-1)$ 都不能被 3 整除, 那么多项式 $f(x)$ 没有整数根.

证明 设 $f(x)$ 有有理根 $\dfrac{s}{t}$, 其中 s 与 t 互素. 那么有

$$f(x) = (x - \frac{s}{t})\varphi(x),$$

这里可用霍纳方法来求出 $\varphi(x)$, 知道多项式 $\varphi(x)$ 的系数的分母都是数 t^{n-1} 的因子. 因此, 商

$$\frac{t^n f(x)}{tx - s}$$

是一个整系数多项式, 所以当 $x = a$ 为一整数时, 这个商有整数值, 又因 t 和 $ta - s$ 互素, 故 $\dfrac{f(a)}{ta - s}$ 亦必定是一个整数. 取 $a = 0, 1$ 和 -1, 我们得出

$$\frac{a_n}{s}, \frac{f(1)}{t - s}, \frac{f(-1)}{t + s}$$

都是整数. 应用同样的推理到有根 $\dfrac{t}{s}$ 的多项式

$$g(x) = a_n x^n + a_{n-1} x^{n-1} + \cdots + a_0.$$

我们知道, 由于 $f(1) = g(1), f(-1) = \pm g(-1)$, 数

$$\frac{a_0}{t}, \frac{f(1)}{t - s}, \frac{f(-1)}{t + s}$$

一定亦都是整数.

现在设 a_0 和 a_n 为奇数. 故 s 和 t 亦必为奇数, 因而数 $t - s$ 和 $t + s$ 都是偶数. 因此, $f(1)$ 和 $f(-1)$ 都是偶数, 这就是所要证明的第一个结果. 如果 a_0 和 a_n 都

不能被 3 所除尽,那么对于 s 和 t 亦是如此,因此易知数 $t+s$ 和 $t-s$ 中至少有一个要被 3 所除尽.那么 3 亦必至少除尽 $f(1)$ 和 $f(-1)$ 中的某一个.

例如,多项式

$$f(x) = 3x^4 - x^3 + 7x^2 + x - 15$$

不能有有理数根,因为它的首项系数和常数项都是奇数,而数 $f(1) = -5$ 亦是一个奇数.

1.4   有理系数方程式的非有理根

前面我们讨论的都是有理系数方程式的有理根.在这一目,我们将提及有理系数方程式的其他形式的根 —— 无理根以及虚根.首先有下面的定理

定理 1.4.1(无理根成对定理)   设 a,b 为正有理数且 $\sqrt{a}$,$\sqrt{b}$,$\sqrt{ab}$ 都是无理数,c 为有理数.如果 $\alpha_1 = c + \sqrt{a} + \sqrt{b}$,$\alpha_2 = c + \sqrt{a} - \sqrt{b}$,$\alpha_3 = c - \sqrt{a} + \sqrt{b}$,$\alpha_4 = c - \sqrt{a} - \sqrt{b}$ 中有一个是有理系数多项式 $f(x)$ 的根,那么其余 3 个也是它的根.

我们来证明 2 个引理作为准备.

引理 1   设 a,b 为正有理数且 $\sqrt{a}$,$\sqrt{b}$,$\sqrt{ab}$ 都是无理数,那么四次多项式

$$\varphi(x) = [x - (\sqrt{a} + \sqrt{b})][x - (\sqrt{a} - \sqrt{b})][x - (-\sqrt{a} + \sqrt{b})][x - (-\sqrt{a} - \sqrt{b})]$$
(1)

是一个有理数域上的不可约多项式.

证明   将式(1)右端乘开并合并同类项,我们得到

$$\varphi(x) = x^4 - 2(a+b)x^2 + (a-b)^2,$$

而 $a+b$,$(a-b)^2$ 均为有理数,于是 $\varphi(x)$ 是有理数域上的多项式.

既然 $g(x)$ 的次数为 4,那么它的根不能多于 4(第一章定理 4.1.3).现在 $\varphi(x)$ 已经有 4 个无理根,如此将不能再有有理数作为它的根,这就是说 $\varphi(x)$ 不能有有理数域上的一次因式.因此我们只要证明 $\varphi(x)$ 在有理数域上不含二次因式即可.

事实上,式(1)右端任何两个互异一次因式的乘积均不是有理数域上的多项式,例如第一个和第二个因式的乘积为:

$$[x - (\sqrt{a} + \sqrt{b})][x - (\sqrt{a} - \sqrt{b})] = x^2 - 2\sqrt{a}x + (a-b),$$

这里 $-2\sqrt{a}$ 不是有理数.

如此,$\varphi(x)$ 在有理数域上没有二次因式.

综上所述,$\varphi(x)$ 是有理数域上多项式并且在有理数域上不可约.

引理 2 设 a,b 为正有理数且 $\sqrt{a}$，$\sqrt{b}$，$\sqrt{ab}$ 都是无理数，c 为有理数. 如果 $\alpha_1 = c + \sqrt{a} + \sqrt{b}$，$\alpha_2 = c + \sqrt{a} - \sqrt{b}$，$\alpha_3 = c - \sqrt{a} + \sqrt{b}$，$\alpha_4 = c - \sqrt{a} - \sqrt{b}$ 中有一个是有理系数多项式 $f(x)$ 的根并且 $f(x)$ 的次数大于零，那么 $f(x)$ 的次数至少等于 4.

证明 令

$$p(x) = (x - \alpha_1)(x - \alpha_2)(x - \alpha_3)(x - \alpha_4), \tag{2}$$

直接验证，我们可以知道

$$p(x) = \varphi(x - c)$$

这里 $\varphi(x) = [x - (\sqrt{a} + \sqrt{b})][x - (\sqrt{a} - \sqrt{b})][x - (-\sqrt{a} + \sqrt{b})][x - (-\sqrt{a} - \sqrt{b})]$.
由引理 1，$\varphi(x)$ 在有理数上不可约，于是 $p(x)$ 亦是有理数域上的不可约多项式.

现在设 $g(x)$ 是有理数域上以某个 $\alpha_i (i = 1,2,3,4)$ 为根的非零多项式中次数最低的一个. 根据带剩余的除法，存在有理数上的多项式 $q(x)$，$r(x)$ 使得

$$p(x) = g(x)q(x) + r(x),$$

并且要么 $r(x) = 0$ 要么 $r(x)$ 的次数小于 $g(x)$ 的次数.

我们来证明 $r(x) = 0$. 既然 $p(\alpha_i) = 0$，于是

$$g(\alpha_i)q(\alpha_i) + r(\alpha_i) = 0,$$

但，$g(\alpha_i) = 0$，于是

$$r(\alpha_i) = 0,$$

若 $r(x) \neq 0$，则 $r(x)$ 以 α_i 为根并且次数低于 $g(x)$ 的次数，这与我们的假定矛盾.

于是

$$p(x) = g(x)q(x),$$

但我们已经知道 $p(x)$ 不可约，于是 $q(x)$ 应该是零次多项式，而 $g(x)$ 的次数应该等于 4.

现在来证明定理 1.4.1.

证明 作四次多项式 $p(x) = (x - \alpha_1)(x - \alpha_2)(x - \alpha_3)(x - \alpha_4)$，由引理 2，

$$p(x) = \varphi(x - c) = (x - c)^4 - 2(a + b)(x - c)^2 + (a - b)^2.$$

设 $p(x)$ 除 $f(x)$ 商式为 $q(x)$，剩余为 $r(x)$：

$$f(x) = p(x)q(x) + r(x),$$

这里 $r(x) = 0$ 或者 $r(x)$ 是次数小于 4 的多项式.

假设某个 $\alpha_i (i = 1,2,3,4)$ 是 $f(x)$ 的根：

96

$$f(\alpha_i) = p(\alpha_i)q(\alpha_i) + r(\alpha_i) = 0,$$

注意到 $p(\alpha_i) = 0$,于是

$$r(\alpha_i) = f(\alpha_i) - p(\alpha_i)q(\alpha_i) = 0,$$

但由引理 2,以 α_i 为根的多项式次数至少为 4,于是 $r(x) = 0$.

上面的结论表明,$p(x)$ 是 $f(x)$ 的一个因式,从而 $p(x)$ 的每一个根 $\alpha_j(j = 1,2,3,4)$ 都是 $f(x)$ 的根.

例子 设 p,q 为有理数,而 $f(x) = x^3 + px + q$ 有一个无理根 $a + \sqrt{b}(a,b$ 为有理数),试证明方程式 $x^3 + px + q$ 必有一个有理根 $2a$.

事实上,由于 $a + \sqrt{b}$ 为 $f(x)$ 的根,根据无理根成对定理,$a - \sqrt{b}$ 亦为 $f(x)$ 的根.今设 $f(x)$ 的第三个根为 α,则因三根之和为零(韦达定理):

$$a + \sqrt{b} + a - \sqrt{b} + \alpha = 0$$

由此 $\alpha = -2a$.

又,$-\alpha$ 为 $f(-x) = x^3 - px + q$ 的根,即 $x^3 - px + q$ 有根 $2a$.

类似于无理根,对于虚根,有

定理 1.4.2(虚根成对定理) 有理系数方程 $f(x)$ 若有一个形状为 $a + bi(a,b$ 为实数且 $b \neq 0)$ 的虚根,则它必有虚根 $a - bi$.

证明 作二次多项式 $g(x) = [x - (a + bi)][x - (a - bi)]$,这是一个实系数的多项式,因为展开后

$$g(x) = x^2 - 2ax + (a^2 + b^2),$$

而 a,b 是实数.

现在以多项式 $g(x)$ 除 $f(x)$,既然 $g(x)$ 是二次的,我们可写:

$$f(x) = g(x) \cdot q(x) + rx + s, \tag{3}$$

这里 $q(x)$ 是实系数多项式,而 r,s 均为实数.

以 $a + bi$ 代替等式(3)中的未知量 x,得

$$f(a + bi) = g(a + bi) \cdot q(a + bi) + r(a + bi) + s,$$

注意到 $f(a + bi) = g(a + bi) = 0$,于是

$$r(a + bi) + s = (ra + s) + rbi = 0,$$

这只有在这个数的实数部分 $ra + s$ 以及虚数部分 rb 均为零时才有可能:

$$ra + s = 0,且 rb = 0,$$

又,$b \neq 0$,因而

$$r = 0,且 s = 0.$$

于是等式(3)成为

$$f(x) = g(x) \cdot q(x),$$

容易看到, $g(a-bi) = 0$, 于此

$$f(a-bi) = g(a-bi) \cdot q(a-bi) = 0,$$

即 $a-bi$ 也是 $f(x)$ 的根.

§2　有理数域上多项式的分解为不可约因子· 不可约性判定

2.1　二、三、四次多项式的分解为不可约因子的判定

根据前一节所讲的我们现在来指出分解低次有理系数多项式 $f(x)$ 为在有理域中不可约因子的各种方法.

对二次及三次的多项式这分解因子的问题解起来很简单. 即, 如果有理系数二次多项式

$$f(x) = ax^2 + bx + c \tag{1}$$

在有理域中可约, 则显然可分解为两个线性因子的乘积:

$$f(x) = a(x - x_1)(x - x_2)$$

(x_1 与 x_2 是有理数), 因此 $f(x)$ 将有两个有理根 x_1 及 x_2. 反之, 如果多项式(1)至少有一个有理根 x_1, 那么该多项式在有理数域中可分解为两个线性因子的乘积.

对有理系数三次多项式

$$f(x) = ax^3 + bx^2 + cx + d \tag{2}$$

而言, 有理根也起差不多同样的作用: 多项式(2)在它至少有一个有理根的时候, 并且也只有在这样的时候, 才能在有理数域中可约.

事实上, 如果多项式(2)在有理数域中可约, 则它应该在其分解式中至少有一个线性因子 $px + q$ 而其系数 p, q 为有理数. 这个因子具有有理根 $x_0 = -\dfrac{p}{q}$. 显然, $x_0 = -\dfrac{p}{q}$ 亦是多项式(2)的根.

反之, 如果多项式(2)有一个有理根 x_0, 则

$$f(x) = (x - x_0)q(x),$$

由此知道 $f(x)$ 在有理数域中可约.

例 1　分解多项式

$$f(x) = 2x^3 - x^2 - x - 1$$

为有理数域中的因子.

利用前节的方法我们发现所给多项式没有有理根. 所以,这个多项式在有理数域中不可约.

例2 分解多项式

$$f(x) = 6x^3 - 7x^2 - 2x + 2$$

为有理数域中的因子.

我们找出这个多项式仅有的一个有理根 $\frac{1}{2}$. 所以,所给多项式在有理数域中可约,即,可分解为一次及二次因子. 用霍纳法不难找出所求的因子分解式:

$$f(x) = \left(x - \frac{1}{2}\right)(6x^2 - 4x - 4),$$

或

$$f(x) = (2x - 1)(3x^2 - 2x - 2).$$

例3 分解多项式

$$f(x) = 6x^3 + 7x^2 - 9x + 2$$

为有理数域中的因子.

我们找到这多项式 $f(x)$ 的3个有理根 $\frac{1}{2}$, $\frac{1}{3}$ 及 -2. 所以, $f(x)$ 应该分解为3个线性因子 $\left(x - \frac{1}{2}\right)$, $\left(x - \frac{1}{3}\right)$ 及 $(x + 2)$

$$f(x) = 6\left(x - \frac{1}{2}\right)\left(x - \frac{1}{3}\right)(x + 2).$$

在前面有6这个数,因为 $f(x)$ 的最高系数等于6. 消除分母,最后得到

$$f(x) = (2x - 1)(3x - 1)(x + 2).$$

对于三次多项式的不可约性,还有下面简便的判别法.

定理2.1.1 设 $f(x) = x^3 + ax^2 + bx + c$ 是整系数多项式,若 $ac + bc$ 为奇数,则 $f(x)$ 在有理数域上不可约.

证明 我们采用反证法:设 $f(x)$ 在有理数域上可约,则它必可分解为一个一次因式 $x + \alpha$ 和一个二次因式 $x^2 + \beta x + \gamma$ 的乘积

$$f(x) = (x + \alpha)(x^2 + \beta x + \gamma), \tag{2}$$

将等式右边乘开并与多项式

$$x^3 + ax^2 + bx + c$$

比较,我们得出

$$c = \alpha\gamma,$$

又 $ac + bc$ 为奇数,这只在 $a + b$ 与 c 均为奇数才有可能,于是 α 与 γ 亦均为奇数.

今令 $x = 1$,由 $f(x) = (x + \alpha)(x^2 + \beta x + \gamma)$ 知:

$$f(1) = (1 + \alpha)(1 + \beta + \gamma),$$

于此 $f(1)$ 为偶数. 但 $f(x) = x^3 + ax^2 + bx + c$,故

$$f(1) = 1 + a + b + c$$

$f(1)$ 为奇,产生矛盾.

因此假设不成立而定理得证.

由于这个定理,如果整系数多项式 $f(x) = x^3 + ax^2 + bx + c$ 在有理数域上可约,则 $ac + bc$ 必为偶数.

较高次多项式的情形比较复杂——如果一个带有理系数的 n 次($n \geqslant 4$)多项式有一个有理根 x_0,则这个多项式将在有理数域中可约,因为它能被 $x - x_0$ 除尽. 但反过来不正确. 例如,多项式

$$f(x) = x^5 - x^4 - 3x^3 + x^2 + 3x + 1$$

没有有理根但它仍然在有理数域中可约

$$f(x) = (x^2 - x - 1)(x^3 - 2x - 1).$$

对四次多项式可以指出很方便的方法来分解因子,这个方法联系着三次预解式的概念.

设

$$f(x) = x^4 + ax^3 + bx^2 + cx + d \tag{3}$$

是一个带有理系数的四次多项式. 我们把它变化一下,使它成为两平方之差的形状.

$$f(x) = \left[(x^2)^2 + 2x^2\left(\frac{ax}{2}\right) \right] + (bx^2 + cx + d).$$

为了把方括号里的式子完全平方,因此加上而又减去 $\left(\frac{ax}{2}\right)^2$

$$f(x) = \left[(x^2)^2 + 2x^2\left(\frac{ax}{2}\right) + \left(\frac{ax}{2}\right)^2 \right] + \left[\left(b - \frac{a^2}{4}\right)x^2 + cx + d \right],$$

或 $f(x) = \left(x^2 + \frac{ax}{2}\right)^2 + \left[\left(b - \frac{a^2}{4}\right)x^2 + cx + d \right].$

我们引入一个辅助量 y,而在最后这式子上加上而又减去下面这个多项式

$$2\left(x^2 + \frac{ax}{2}\right)y + y^2.$$

这样我们得到:

$$f(x) = (x^2 + \frac{ax}{2} + y)^2 + [(b - \frac{a^2}{4})x^2 + cx + d - 2(x^2 + \frac{ax}{2})y - y^2],$$

或

$$f(x) = (x^2 + \frac{ax}{2} + y)^2 - (Ax^2 + Bx + C), \tag{4}$$

这里，$A = 2y + \frac{a^2}{4} - b, B = ay - c, C = y^2 - d.$

现在我们选择 y，使二次三项式 $Ax^2 + Bx + C$ 成完全平方. 这依赖于下面的命题.

带复系数 A, B, C 的二次三项式 $Ax^2 + Bx + C$ 当且仅当 $B^2 = 4AC$ 时，是某复系数线性多项式 $\alpha x + \beta$ 的完全平方.

证明 设

$$Ax^2 + Bx + C = (\alpha x + \beta)^2.$$

则

$$Ax^2 + Bx + C = \alpha^2 x^2 + 2\alpha\beta x + \beta^2.$$

我们知道，如果两个多项式相等，则 x 的同方幂的系数应该相同. 所以

$$A = \alpha^2, B = 2\alpha\beta, C = \beta^2.$$

而 $(2\alpha\beta)^2 = 4\alpha^2\beta^2$，故 $B^2 = 4AC.$

反之，设 $B^2 = 4AC.$ 则二次三项式可予以如下变形

$$Ax^2 + Bx + C = (\sqrt{A}x)^2 + 2(\sqrt{A}x)\sqrt{C} + (\sqrt{C})^2 = (\sqrt{A}x + \sqrt{C})^2,$$

即 $Ax^2 + Bx + C$ 能表示成线性二项式的平方的形状.

现在我们回到多项式 $f(x)$ 的表示式(4). 根据刚才所证明的命题我们试着选取 y，使得 $B^2 = 4AC$ 或

$$(ay - c)^2 = 4(2y + \frac{a^3}{4} - b)(y^2 - d). \tag{5}$$

如此我们得到了一个 y 的三次方程式. 这方程式(5)就叫作多项式(3)的预解式.

这样，若 y 是三次预解式(5)的一个根，则多项式(3)可表为两个平方之差的形式

$$f(x) = (x^2 + \frac{ax}{2} + y)^2 - (\alpha x + \beta)^2.$$

请读者注意，在有理数域中分解四次多项式(3)为因子的方法建立在下面的定理上.

定理 2.1.2 要一个带有有理系数而没有有理根的四次多项式

$$f(x) = x^4 + ax^3 + bx^2 + cx + d \qquad (3')$$

在有理数域中可约,则其充分且必要条件是要它的预解式具有这样的有理根 y_0 ,使

$$\sqrt{2y_0 + \frac{a^2}{4} - b} \text{ 与 } \sqrt{y_0^2 - d}$$

为有理数.

证明 设预解式(5)有一有理根 y_0 并且 $\sqrt{2y_0 + \frac{a^2}{4} - b}$, $\sqrt{y_0^2 - d}$ 是有理数. 于是根据上面所讲的我们有:

$$f(x) = (x^2 + \frac{ax}{2} + y_0)^2 - (\alpha x + \beta)^2,$$

其中 $\alpha = \pm\sqrt{2y_0 + \frac{a^2}{4} - b}$, $\beta = \pm\sqrt{y_0^2 - d}$ 是有理数. 但我们知道,两平方之差能表示成和与差之乘积的形状. 所以,

$$f(x) = \left[x^2 + (\frac{a}{2} + \alpha)x + (y_0 + \beta)\right] \cdot \left[x^2 + (\frac{a}{2} - \alpha)x + (y_0 - \beta)\right],$$

即多项式 $f(x)$ 在有理数域中可约.

反之,设 $f(x)$ 在有理数域中可约,则多项式 $f(x)$ 将可分解为两个带有理系数的二次三项式的乘积

$$f(x) = x^4 + ax^3 + bx^2 + cx + d = (x^2 + p_1 x + q_1)(x^2 + p_2 x + q_2)$$

或

$$x^4 + ax^3 + bx^2 + cx + d = x^4 + (p_1 + p_2)x^3 + (p_1 p_2 + q_1 + q_2)x^2 +$$
$$(p_1 q_2 + p_2 q_1)x + q_1 q_2.$$

比较左边及右边 x 同方幂的系数,我们得

$$p_1 + p_2 = a, \, p_1 p_2 + q_1 + q_2 = b, \, p_1 q_2 + p_2 q_1 = c, \, q_1 q_2 = d. \qquad (6)$$

从诸等式(6)出发,不难证明预解式(5)有一个有理根

$$y_0 = (q_1 + q_2)$$

并且 $\sqrt{2y_0 + \frac{a^2}{4} - b}$ 与 $\sqrt{y_0^2 - d}$ 是有理数.

事实上,

$$A = 2y_0 + \frac{a^2}{4} - b = (q_1 + q_2) + \frac{(p_1 + p_2)^2}{4} - (p_1 p_2 + q_1 + q_2)$$

$$= \frac{p_1^2 - 2p_1 p_2 + p_2^2}{4} = \left(\frac{p_1 - p_2}{2}\right)^2,$$

$$C = y_0^2 - d = \left(\frac{q_1 + q_2}{2}\right)^2 - q_1 q_2 = \frac{q_1^2 - 2q_1 q_2 + q_2^2}{4} = \left(\frac{q_1 - q_2}{2}\right)^2,$$

$$B = ay_0 - c = (p_1 + p_2) \cdot \frac{q_1 + q_2}{2} - (p_1 q_2 + p_2 q_1)$$

$$= \frac{p_1 q_1 + p_2 q_2 - p_1 q_2 - p_2 q_1}{2}$$

$$= \frac{(p_1 - p_2)(q_1 - q_2)}{2},$$

由此方程式(5)在 $y = y_0 = \dfrac{q_1 + q_2}{2}$ 时变成如下明显的恒等式

$$\left[\frac{(p_1 - p_2)(q_1 - q_2)}{2}\right]^2 = 4\left(\frac{p_1 - p_2}{2}\right)^2 \left(\frac{q_1 - q_2}{2}\right)^2.$$

这样,如果多项式(3)在有理数域中可约,则其预解式(5)有一个有理根

$$y_0 = \frac{q_1 + q_2}{2}$$

并且

$$\sqrt{2y_0 + \frac{a^2}{4} - b} = \sqrt{A} = \frac{p_1 - p_2}{2}, \sqrt{y_0^2 - d} = \sqrt{C} = \frac{q_1 - q_2}{2}$$

是有理数,因为 $\dfrac{p_1 - p_2}{2}, \dfrac{q_1 - q_2}{2}$ 是有理数.

现在我们以实例来说明如何根据上面所讲的来进行四次多项式的因子分解.

例 4 分解多项式
$$f(x) = 2x^4 + x^3 - 3x^2 + 3x - 1$$
为有理数域中的因子.

首先我们来看看所给的多项式有没有有理根. 由通常计算有理根的方法可以证明这多项式只有一个有理根 $x = \dfrac{1}{2}$. 用霍纳法,我们得到

$$f(x) = (x - \frac{1}{2})(2x^3 + 2x^2 - 2x + 2)$$

或

$$f(x) = (2x - 1)(x^3 + x^2 - x + 1).$$

多项式 $x^3 + x^2 - x + 1$ 在有理数域中已经是不可约的,因为它没有有理根(此多项式的根亦是多项式 $f(x)$ 的根).

例 5 在有理数域中分解多项式
$$f(x) = x^4 + 3x^3 - 2x^2 + 2x - 2$$

为因子.

这个多项式没有有理根. 所以利用定理 2.1.2. 我们来做出多项式 $f(x)$ 的预解式

$$(3y-2)^2 = 4(2y + \frac{9}{4} + 2)(y^2 + 2),$$

或经明显的简化后

$$8y^3 + 8y^2 + 28y + 30 = 0$$

最后

$$z^3 + 2z^2 + 14z + 30 = 0$$

其中 $z = 2y$. 但是最后这方程式没有有理根. 所以, 预解式亦没有有理根. 由此所考虑这个多项式在有理数域中不可约.

例 6 分解多项式

$$f(x) = x^4 + 3x^3 - 2x^2 + 2x + 1$$

为在有理数域中的因子.

不难证明, 这个多项式没有有理根. 所以根据定理 2.1.2 我们来做出这多项式的预解式

$$(2y-2)^2 = 4(2y+3)(y^2-1),$$

或

$$(y-1)(y^2+2y+2) = 0.$$

由此容易看出, 这个预解式只有一个有理根 $y_0 = 1$. 对这个根有

$$\sqrt{y_0^2 - d} = \sqrt{1-1} = 0, \sqrt{2y_0 + \frac{a^2}{4} - b} = \sqrt{5}.$$

这样, 所考虑的多项式在有理数域中不可约, 因为 $\sqrt{5}$ 是无理数.

例 7 分解多项式

$$f(x) = 6x^4 - 7x^3 + x^2 - 2$$

为在有理数域中的因子.

这个多项式没有有理根. 为了能利用定理 2.1.2, 我们把 $f(x)$ 变成最高系数等于 1 的多项式, 为此以 6 除之, 得

$$f_1(x) = x^4 - \frac{7}{6}x^3 + \frac{1}{6}x^2 - \frac{1}{3}.$$

我们做出这个多项式的预解式

$$(-\frac{7}{6}y)^2 = 4(2y + \frac{49}{144} - \frac{1}{6})(y^2 + \frac{1}{3}),$$

或

$$108z^3 - 18z^2 + 144z + 25 = 0,$$

其中 $z = 2y$.

这个方程式有一个有理根 $z_0 = -\frac{1}{6}$. 因此预解式亦有一个有理根,即 $y_0 = -\frac{1}{12}$. 对这根 y_0 有

$$\sqrt{2y_0 + \frac{a^2}{4} - b} = \sqrt{-\frac{1}{4} + \frac{49}{144} - \frac{1}{6}} = \sqrt{\frac{1}{144}} = \frac{1}{12},$$

$$\sqrt{y_0^2 - d} = \sqrt{\frac{1}{144} + \frac{1}{3}} = \sqrt{\frac{49}{144}} = \frac{7}{12}.$$

所以,多项式 $f_1(x)$ 以及多项式 $f(x)$ 同时在有理数域中可约. 我们来找 $f(x)$ 能分解为什么因子. 因此我们来计算 B

$$B = ay_0 - c = -\frac{7}{6}\left(-\frac{1}{12}\right) = \frac{7}{72}.$$

B 是正的. 因此 α 与 β 应该有同一符号,因为 $2\alpha\beta = B > 0$,我们取 α 与 β 带正号(取负号一样可行)

$$\alpha = +\sqrt{2y_0 + \frac{a^2}{4} - b} = \frac{1}{12}, \beta = +\sqrt{y_0^2 - d} = \frac{7}{12}.$$

于是,由定理 2.1.2 前半部分的证明我们得

$$f_1(x) = \left[x^2 + \left(\frac{a}{2} + \alpha\right)x + (y_0 + \beta)\right] \cdot \left[x^2 + \left(\frac{a}{2} - \alpha\right)x + (y_0 - \beta)\right]$$

$$= \left[x^2 + \left(-\frac{7}{12} + \frac{1}{12}\right)x + \left(-\frac{1}{12} + \frac{7}{12}\right)\right] \cdot$$

$$\left[x^2 + \left(-\frac{7}{12} - \frac{1}{12}\right)x + \left(-\frac{1}{12} - \frac{7}{12}\right)\right]$$

$$= \left(x^2 - \frac{1}{2}x + \frac{1}{2}\right)\left(x^2 - \frac{2}{3}x - \frac{2}{3}\right),$$

由此

$$f(x) = 6f_1(x) = (2x^2 - x + 1)(3x^2 - 2x - 2).$$

2.2　一般多项式分解为不可约因子的判定・克罗内克法则

现在来讨论四次以上的多项式 $f(x)$ 的可约性. 我们首先要指出,这个问题总可以由计算有理根开始. 如果 $f(x)$ 至少有一个有理根 x_0,则 $f(x) = (x - x_0)f_1(x)$ 并且这时候问题就转化为要把多项式 $f_1(x)$ 分解为次数较低的因子. 如果 $f(x)$ 没有有理根,则需用特殊的方法.

现在我们指出一个属于克罗内克^①的方法,它可以对于任何一个整系数多项式,决定它在有理数域上可约或不可约.

定理 2.2.1   有理系数的多项式,经过有限次有理运算(四则及乘方、开方运算)总可以将它分解成有理系数的不可约多项式的乘积.

简单地说,在有理数范围内,任何多项式都可以分解成不可约多项式的乘积.

证明   我们来证明这个论断:用数学归纳法.设 $f(x)$ 是一次多项式,一次多项式是不可约的,因此论断成立.

假设定理对于次数小于 n 的整系数多项式已经成立.现在讨论 $f(x)$ 次数为 n 的情形.

若 $f(x)$ 可分解,设其为 $f(x)=f_1(x)f_2(x)$,则必有一个次数小于或等于 $\dfrac{n}{2}$ 的整系数因式.所以我们只要考虑在有限步下作出 $f(x)$ 的次数 $\leqslant \dfrac{n}{2}$ 的因式.

设 s 为 $\dfrac{n}{2}$ 的整数部分,任取 $s+1$ 个不同的整数 $a_0,a_1,\cdots,a_s$,并计算当 $x=a_i$ 时 $f(x)$ 的值:$f(a_0),f(a_1),\cdots,f(a_s)$.显然 $f(a_i)$ 都是整数,而其因数个数有限,并且可以通过有限次四则运算求出.对每一个 $f(a_i)$,取其一个因数 b_i.这样,就得到了 $s+1$ 个数对 (a_i,b_i),根据拉格朗日插值公式,它们唯一地确定了一个次数不超过 s 的多项式 $g(x)$:

$$g(x)=\sum_{i=1}^{s+1}\frac{b_i(x-a_1)\cdots(x-a_{i-1})(x-a_{i+1})\cdots(x-a_{s+1})}{(a_i-a_1)\cdots(a_i-a_{i-1})(a_i-a_{i+1})\cdots(a_i-a_{s+1})}$$

其中 $g(a_i)=b_i$.显然,$g(x)$ 可以是整系数的.

作出这样的 $g(x)$ 后,用它来除 $f(x)$(因为 b_i 不全为零,故 $g(x)\neq 0$).

由于 $f(a_i)$ 的因数的个数是有限的,设它为 k_i,那么这样的 $g(x)$ 至多是 $\prod\limits_{n=1}^{s+1}k_i$ 个,因此上述构造的 $g(x)$ 以及用 $g(x)$ 来除 $f(x)$ 的步骤是有限的(并且是有理运算).

如果对于所有的这样的 $g(x)$,都有 $g(x)$ 不整除 $f(x)$,则可断言 $f(x)$ 是不可约的.因为若不然,则有 $f(x)=h(x)q(x)$,其中不妨设 $h(x)$ 的次数 $\leqslant \dfrac{n}{2}$.这时,$h(a_i)$ 不整除 $f(a_i)$,$i=0,1,\cdots,s$.因而 $h(x)$ 是由 $a_0,a_1,\cdots,a_s$ 及 $f(a_i)$ 的

---

① 克罗内克(KroneckerLeopold;1823—1891)德国数学家.

$s+1$ 个因数 $h(a_i)(i=0,1,\cdots,s)$ 唯一确定,可这与我们的假设相矛盾.

如果存在某个 $g(x)$ 整除 $f(x)$,则有 $f(x)=g(x)q_1(x)$,其中 $g(x),q_1(x)$ 的次数都在 1 与 $n-1$ 之间,因而根据归纳假定,也存在着一种方法(在一般情况下就是前面所述的求 $g(x)$ 的方法),在有限步骤之下把它们分解为不可约多项式的乘积,所以 $f(x)$ 也能如此.即这时定理成立.

因此,根据归纳原理,克罗内克定理成立.

作为例子,我们来证明多项式 $f(x)=x^5+1$ 在有理数域上不可约.

这里 $s=\left[\dfrac{5}{2}\right]=2$,取 $a_0=-1,a_1=0,a_2=1$.则 $f(-1)=0,f(0)=1$, $f(1)=2$,从而 $f(-1)$ 的因数是 0,$f(0)$ 的因数是 0,$f(1)$ 的因数是 1,2.取第一组 b_i 为 $b_0=0,b_1=1,b_0=1$;第二组 b_i 为 $b_0=0,b_1=1,b_0=2$.

应用拉格朗日插值公式,我们得出 $g(x)$:

$$g_1(x)=0+\frac{(x+1)(x-1)}{(0+1)(0-1)}+\frac{(x+1)(x-0)}{(1+1)(1-0)}=\frac{1}{2}(x^2-x-1),$$

$$g_2(x)=0+\frac{(x+1)(x-1)}{(0+1)(0-1)}+\frac{2(x+1)(x-0)}{(1+1)(1-0)}=x+1,$$

容易验证,$g_1(x)$ 与 $g_2(x)$ 均不能除尽 $f(x)$,从而 $f(x)$ 在有理数域上不可约.

克罗内克的方法的缺点是操作起来比较麻烦.

2.3 艾森斯坦判别法则

现在我们要证明一个比较简单的判别法则,在许多情形下,由这个法则立刻就可以判断一个多项式在有理数域上的既约性.设 $f(x)$ 是有理数域上的多项式

$$f(x)=a_0+a_1x+\cdots+a_{n-1}x^{n-1}+a_nx^n.$$

我们可以假设 $f(x)$ 的系数是整数,因为在相反的情形下,以适当的数乘 $f(x)$ 就能达到这个目的.在这个条件下,关于在有理数域上的多项式有下述既约性判别法则成立:

定理 2.3.1 假设除 a_n 外,多项式

$$f(x)=a_0+a_1x+\cdots+a_{n-1}x^{n-1}+a_nx^n \quad (a_n\neq 0,n\geqslant 1)$$

的每一个系数都可以被某一个质数 p 整除,a_0 能被 p 整除但不能被 p^2 整除,那么这个多项式在有理数域上就是既约的.

这个法则通常称为艾森斯坦判别法则[①]. 它的证明可由前一节本原多项式的两个预备定理而得出.

证明 假若定理不成立, 设

$$f(x) = g(x)h(x),$$

式中的

$$g(x) = b_0 + b_1 x + b_2 x^2 + \cdots + b_r x^r,$$
$$h(x) = c_0 + c_1 + c_2 x^2 + \cdots + c_s x^s \quad (r > 0; s > 0, r + s = n)$$

都是代表具有整数系数的多项式(参考预备定理 Ⅱ). 由多项式乘法的规则得

$$g(x)h(x) = b_0 c_0 + (b_1 c_0 + b_0 c_1)x + \cdots +$$
$$(b_k c_0 + b_{k-1} c_1 + \cdots + b_0 c_k)x^k + \cdots + b_r c_s x^n,$$

由此

$$a_0 = b_0 c_0, a_1 = b_1 c_0 + b_0 c_1, a_k = b_k c_0 + b_{k-1} c_1 + \cdots + b_0 c_k, \cdots, a_n = b_r c_s.$$

系数 $a_0 = b_0 c_0$ 既然可被 p 整除, 所以 b_0 或 c_0 可被 p 整除. 若 b_0 可被 p 整除, c_0 就不能再被 p 整除, 否则 $a_0 = b_0 c_0$ 就可被 p^2 整除.

其次, 我们证明: 不是 $g(x)$ 的每一个系数都可以被 p 整除. 假若不然, $a_n = b_r c_s$ 就可以被 p 整除, 这显然和 a_n 的假设矛盾. 我们不妨设 b_k 是 $g(x)$ 的第一个不能被 p 整除的系数. 因为 $a_k, b_{k-1}, b_{k-2}, \cdots, b_0$ 可以被 p 整除, 由

$$a_k = b_k c_0 + b_{k-1} c_1 + \cdots + b_0 c_k.$$

所以 $b_k c_0$ 也必须被 p 整除(因为 $a_k, b_{k-1} c_1, b_{k-2} c_2, \cdots, b_0 c_k$ 都可以被 p 整除), 这显然是一个矛盾: b_k 和 c_0 都不能被 p 整除, 所以它们的乘积 $b_k c_0$ 也不能被 p 整除.

综上所述, 我们就证明了 $f(x)$ 在有理数域内假设为可约是不可能的.

但要注意, 这个判别法则只是有理数域上多项式不可约性的充分条件, 而不是必要的: 如果对于多项式 $f(x)$ 不能选出这样的 p, 能适合判别法则的判定条件, 那么它可能是可约的, 例如多项式 $x^2 - 5x + 6$, 但亦可能是不可约的, 例如 $x^2 + 1$.

例 1 多项式

$$f(x) = x^5 - 8x^4 + 2x^3 - 2x + 2$$

在有理数域内为既约. 因为 $a_n = 1$ 不能被 $p = 2$ 整除, $a_0 = 2$ 可被 $p = 2$ 整除但不能被 $2^2 = 4$ 整除, 其余的系数都可以被 2 整除.

---

① 艾森斯坦(Eisenstein; 1823—1852) 德国数学家. 定理 2.3.1 又被称为舍列曼(Theodor Schönemann; 1812—1868; 德国数学家)定理, 因为在爱森斯坦之前, 舍列曼就发现了它.

在某些情况下,艾森斯坦判别法则不能直接应用时,则可以令 $x=ay+b$(a 与 b 是以适当的方式选择出来的有理数),而得到未知元 y 的多项式

$$f_1(y)=f(ay+b)=f(x),$$

它满足艾森斯坦判别法则的条件.在这个场合,由多项式 $f_1(y)$ 的不可约性可立刻推出 $f(x)$ 的不可约性.事实上,若 $f(x)$ 是可约的而 $f_1(y)$ 是不可约的,则

$$f(x)=g(x)h(x),$$

或

$$f(ay+b)=f_1(y)=g(ay+b)h(ay+b)=g_1(y)h_1(y),$$

即 $f_1(y)$ 亦成为可约的,这与所设条件矛盾.

我们来指出一个重要的多项式

$$f_p(x)=\frac{x^{p-1}}{x-1}=x^{p-1}+a_1x^{p-2}+\cdots+x+1$$

其中 p 为素数——作为例子.这一多项式的根是 1 的 p 次方根,但不等于1;因在复平面上,这些根都在单位圆的圆周上,连 1 在内分圆周为 p 等分,所以多项式 $f_p(x)$ 叫作分圆多项式.

对于分圆多项式,不可约性的判别法则就不能直接应用,因为 1 不能被任何素数整除.为了应用这个法则,我们引入新的未知量 y:$x=y+1$,由此

$$f_1(y)=f_p(y+1)=\frac{(y+1)^{p-1}}{(y+1)-1}$$

$$=\frac{1}{y}\left[y^p+py^{p-1}+\frac{p(p-1)}{2!}y^{p-2}+\cdots+py\right]$$

$$=y^{p-1}+py^{p-2}+\frac{p(p-1)}{2!}y^{p-3}+\cdots+p.$$

多项式 $f_1(y)$ 的系数是二项展开式的系数,故除首项系数外,都被 p 所整除,而且它的常数项不能被 p^2 所整除.这样我们就证明了 $f_1(y)$ 同时也就是 $f(x)$ 的不可约性.

利用艾森斯坦判别法还可以判断一些数的无理性.例如我们来证明 $1+\sqrt[3]{2}+\sqrt[3]{4}$ 是无理数.为此设 $x=1+\sqrt[3]{2}+\sqrt[3]{4}$,而

$$x-1=\sqrt[3]{2}+\sqrt[3]{4},$$

两边立方

$$(x-1)^3=6+6(\sqrt[3]{2}+\sqrt[3]{4})=6+6(x-1).$$

由此 $1+\sqrt[3]{2}+\sqrt[3]{4}$ 是整系数多项式

$$f(x)=(x-1)^3+6(x-1)-6$$

的一个根.令 $x-1=y$,则 $f(x)$ 化为未知量 y 的多项式

$$g(y)=y^3+6y-6$$

取素数 $p=2$,则除 $a_3=1$ 外,p 能整除其他所有系数:$a_2=0$,$a_1=6$,$a_0=-6$,并且 $p^2=4$ 不能整除常数项 a_0,根据艾森斯坦判别法 $g(y)$ 在有理数域上不可约,从而 $f(x)$ 在有理数域上不可约,因此 $f(x)$ 没有有理根,于是 $f(x)$ 的根 $1+\sqrt[3]{2}+\sqrt[3]{4}$ 不能是有理数,但它是实数,最后 $1+\sqrt[3]{2}+\sqrt[3]{4}$ 只能是无理数.

下面的这个方法是由艾森斯坦判别法派生出来的.我们把它叫作艾森斯坦第二判别法.

定理 2.3.2 假设除去 a_0 外,多项式

$$f(x)=a_0+a_1x+\cdots+a_{n-1}x^{n-1}+a_nx^n \quad (a_n\neq0,n\geqslant1)$$

的每一个系数都可以被某一个质数 p 整除,a_n 能被 p 整除但不能被 p^2 整除,这个多项式在有理数域上就是既约的.

证明   如果注意到多项式

$$f(x)=a_0+a_1x+\cdots+a_{n-1}x^{n-1}+a_nx^n \quad (a_n\neq0,n\geqslant1)$$

与

$$f_1(x)=a_0x^n+a_1x^{n-1}+\cdots+a_{n-1}x+a_n$$

有相同的可约性,那么根据艾森斯坦判别法就不难得到这个判别法.

事实上,如果 $f(x)$ 可约:

$$f(x)=(b_0+b_1x+\cdots+b_{r-1}x^{r-1}+b_rx^r)(c_0+c_1x+\cdots+c_{s-1}x^{s-1}+c_sx^s)$$

其中 $r>0$,$s>0$,$r+s=n$,根据多项式乘法的规则可知

$$f(x)=b_0c_0+(b_1c_0+b_0c_1)x+\cdots+(b_kc_0+b_{k-1}c_1+\cdots+b_0c_k)x^k+\cdots+b_rc_sx^n,$$

由此

$$a_0=b_0c_0,a_1=b_1c_0+b_0c_1,a_k=b_kc_0+b_{k-1}c_1+\cdots+b_0c_k,\cdots,a_n=b_rc_s.$$

如此 $f_1(x)$ 亦可分解

$$f_1(x)=(b_0x^r+b_1x^{r-1}+\cdots+b_{r-1}x+b_r)(c_0x^s+c_1x^{s-1}+\cdots+c_{s-1}x+c_s),$$

反之亦然.

如果 $f(x)$ 不可约,则 $f_1(x)$ 亦必不可约.否则将得到 $f(x)$ 可约的矛盾.

由于 $f_1(x)$ 满足艾森斯坦判别法的条件,故为不可约.由此得到 $f(x)$ 在有理数域内亦为不可约.

容易看出,艾森斯坦第二判别法与艾森斯坦判别法在形式上关于多项式 $f(x)$ 的常数项和最高次项系数是对称的,但二者是不可互相替代的,因为存在这样的多项式,它的不可约性不能用艾森斯坦判别法,但可用定理 2.3.2 中所

说的判别法,多项式 $2x^3 + 2x^2 + 2x + 1$ 就是这样.

现在我们再注意一个重要的性质:就是说在有理数域上任意高次的既约多项式都存在. 例如

$$f(x) = x^n + px + p \quad (p \text{ 是素数})$$

就是一个既约多项式.

以后我们就会看出,在实数域或复数域内这个结果不成立. 在实数域内只有不超过二次的多项式才可能是既约的,而在复数域内只有一次的多项式才是既约的.

2.4 佩龙判别法则

还有一个著名的判别有理系数多项式不可约的方法是佩龙[①]于 1907 年给出的,他首次通过比较多项式系数的大小,来判别多项式的不可约性.

定理 2.4.1(佩龙判别法) 设

$$f(x) = x^n + a_1 x^{n-1} + \cdots + a_n \quad (a_n \neq 0) \tag{1}$$

是一个整系数多项式,如果

$$|a_1| > 1 + |a_2| + |a_3| + \cdots + |a_{n-1}| + |a_n|, \tag{2}$$

则 $f(x)$ 在有理数域上不可约.

证明这个判别法之前先证明一个引理.

引理 如果式(1)中的多项式 $f(x)$ 在复数域上仅有一个根 α 满足 $|\alpha| \geqslant 1$,则 $f(x)$ 在有理数域上不可约.

证明 假若 $f(x)$ 在 Q 上可约,则

$$f(x) = g(x)h(x),$$

其中 $g(x)$ 和 $h(x)$ 均为次数低于 n 的整系数多项式,如果 $g(\alpha) = 0$,不妨设 $h(x) = x^s + b_1 x^{s-1} + \cdots + b_{s-1}x + b_s, b_s \neq 0$. 设 $h(x)$ 的全部根为 $\beta_1, \beta_2, \cdots, \beta_s$,它们的模均小于 1,故有

$$|b_s| = |h(0)| = |\beta_1| |\beta_2| \cdots |\beta_1| < 1,$$

这与 b_s 是非零整数相矛盾.

现在来证明定理 2.4.1. 由第四章的鲁歇[②]定理知,条件(2)给出 $f(x)$ 在单位圆 $|x| < 1$ 内的根恰有 $n-1$ 个,故 $f(x)$ 在复数域上仅有一个根 α,其模 $|\alpha| \geqslant 1$,由引理知,$f(x)$ 在有理数域上不可约.

[①] 佩龙(Oskar Perron;1880－1975)德国数学家.

[②] 欧仁・鲁歇(Eugène Rouché;1832－1910)法国数学家.

由佩龙判别法立刻推出以下的推论：

推论 设整数 k 满足 $|k| \geqslant 3$，则多项式 $f(x) = x^n + kx \pm 1$ 在有理数域上不可约.

由此我们又一次得到有理数域上任意高次的既约多项式.

例子 $f(x) = x^5 + 4x^4 + x^2 + 1$ 在有理数域上不可约.

对于这个多项式，找不到素数 p，使得 $f(x)$ 满足艾森斯坦判别法的四个条件，但是 $f(x)$ 满足佩龙判别法的条件. 故由佩龙判别法可知，$f(x)$ 在有理数域上不可约.

最后，利用艾森斯坦判别法和佩龙判别法来建立一个有趣的命题：任意一个 $n(\geqslant 1)$ 次整系数多项式都能表示成两个 n 次不可约的整系数多项式的和.

这个命题让人想起数论中的哥德巴赫猜想[①]，我们称之为整系数多项式的哥德巴赫定理.

我们现在就来证明它.

设
$$f(x) = a_0 x^n + a_1 x^{n-1} + \cdots + a_n \quad (a_0 \neq 0)$$
是一个 $n(\geqslant 1)$ 次整系数多项式. 如果对于 $f(x)$ 来说定理成立，显然对于 $-f(x)$ 来说定理亦成立. 因此不妨设 $a_0 > 0$. 若 $a_n \neq 0$ 我们选取一个素数 p 使它不能整除 $a_0 + 1$ 和 a_n[②]；若 $a_n = 0$，则只要求选取一素数 p 它不能整除 $a_0 + 1$. 由带余除法，有

$$a_1 = q_1 p + r_1,$$
$$a_2 = q_2 p + r_2,$$
$$\vdots$$
$$a_{n-1} = q_{n-1} p + r_{n-1},$$
$$a_n = q_n p + r_n,$$

这里 q_i 是整数，而 $0 \leqslant r_i < p, i = 1, 2, \cdots, n.$ 令

$$f_1(x) = (a_0 + 1) x^n + (q_1 - 1 - r_2 - \cdots - r_n - |q_n - 1| p) p x^{n-1} +$$

---

① 这个问题是德国数学家哥德巴赫(C. Goldbach；1690−1764) 于 1742 年 6 月 7 日在给瑞士数学家欧拉(Leonhard Euler, 1707−1783) 的信中提出的，所以被称作哥德巴赫猜想. 他在信中提出了以下猜想：任一大于 2 的整数都可写成三个质数之和. 因现今数学界已经不使用"1 也是素数"这个约定，原初猜想的现代陈述为：任一大于 5 的整数都可写成三个质数之和. 欧拉在回信中也提出另一等价版本，即任一大于 2 的偶数都可写成两个质数之和.

② 这样的素数 p 是存在的，事实上可取 $a_0 + 1$ 和 a_n 的所有素因子之外的素数，因为我们有无穷个素数.

$$q_2 p x^{n-2} + \cdots + q_{n-1} p x + p,$$
$$f_2(x) = -x^n + (r_1 + p + r_2 p + \cdots + r_{n-1} p + r_n p - \mid q_n - 1 \mid p^2) x^{n-1} +$$
$$q_2 x^{n-2} + \cdots + q_{n-1} x + r_n + (q_n - 1) p,$$

显然,$f_1(x),f_2(x)$ 都是 n 次整系数多项式并且

$$f(x) = f_1(x) + f_2(x).$$

由于素数 p 的因子只能是 ± 1 与 $\pm p$,根据假定 p 不能整除 $a_0 + 1$,故 $f_1(x)$ 的系数互素,$f_2(x)$ 的首项系数为 -1 因而它的系数也互素,这就是说,$f_1(x)$ 与 $f_2(x)$ 均是本原多项式.

其次,容易发现素数 p 对多项式 $f_1(x)$ 而言满足艾森斯坦判别法的条件,因此 $f_1(x)$ 在有理数域上不可约.

现在我们来证明 $f_2(x)$ 在有理数域上也不可约.为此,令

$$g(x) = -f_2(x) = x^n - (r_1 + p + r_2 p + \cdots + r_{n-1} p + r_n p - \mid q_n - 1 \mid p^2) x^{n-1} -$$
$$q_2 x^{n-2} - \cdots - q_{n-1} x - [r_n + (q_n - 1) p],$$

如果 $a_n = 0$,那么 $r_n = q_n = 0$,这时 $[r_n + (q_n - 1) p] = -p \neq 0$,因而 $g(x)$ 是一个首项系数为 1 且常数项不等于零的多项式.

由于 $p > 1, 0 \leqslant r_i < p$,故成立以下诸不等式

$$r_1 + p > 1,$$
$$r_2 + p \geqslant r_2 = \mid -r_2 \mid,$$
$$\vdots$$
$$r_{n-1} + p \geqslant r_{n-1} = \mid -r_{n-1} \mid,$$
$$r_n p + \mid q_n - 1 \mid p^2 > r_n + \mid q_n - 1 \mid p \geqslant \mid -[r_n + (q_n - 1) p] \mid,$$

将这些不等式左端和右端分别相加,我们得到不等式:

$$r_1 + p + r_2 p + \cdots + r_{n-1} p + r_n p - \mid q_n - 1 \mid p^2$$
$$> 1 + \mid -r_2 \mid + \cdots + \mid -r_{n-1} \mid + \mid -[r_n + (q_n - 1) p] \mid,$$

这不等式的左边显然就是多项式 $g(x)$ 第二项系数的绝对值 $\mid -(r_1 + p + r_2 p + \cdots + r_{n-1} p + r_n p - \mid q_n - 1 \mid p^2) \mid$,

于是根据佩龙判别法,$g(x)$ 因而 $-f_2(x)$ 在有理数域上不可约.

由于这个命题,任何一个本原多项式必定能表示成两个本原多项式之和的形式.

2.5 Brown－Graham 判别法则

在判定整系数多项式是否在有理数域上不可约时,一般用系数的性质来判

定. 实际上多项式的值与不可约性有着密切的联系. 例如下面 Brown 和 Graham 找出的判别法就属于这种类型(1969 年).

设 $f(x)$ 是整数环上的多项式,让 x 取遍所有的整数,我们得到数列

$$\cdots, f(-1), f(0), f(1), \cdots \tag{1}$$

对式(1)的每个数取绝对值,于是得到数列

$$\cdots, |f(-1)|, |f(0)|, |f(1)|, \cdots \tag{2}$$

由于整数集合对整数的加、减、乘这三种运算封闭,故而数列(2)中的数均为非负整数.

现在可将 Brown $-$ Graham 判别法表述如下.

定理 2.5.1 设 $f(x)$ 是 n 次整系数多项式,N_1 表示数列(2)中的 1 的个数,N_p 表示数列(2)中素数的个数,如果 $2N_1 + N_p - 4 > n$,则 $f(x)$ 在有理数域上不可约.

在证明这个判别法之前,我们首先注意到下面的引理:

引理 设 $v(x)$ 是整系数多项式,若存在两个整数 x_0, x_1 使得 $v(x_0) = 1$,$v(x_1) = -1$,则

(1)最多还存在另外两个不相等的整数满足 $|v(x)| = 1$;

(2)当 $v(x)$ 的次数等于 1 时,不存在其他整数满足 $|v(x)| = 1$.

证明 (1)假设另外还存在三个互异的整数 x_2, x_3, x_4 满足 $|v(x)| = 1$,则 $v(x_2), v(x_3), v(x_4)$ 三者不能同号. 如若不然,例如,三者均取正号:

$$v(x_2) = 1, v(x_3) = 1, v(x_4) = 1,$$

这就表示方程式 $v(x) - 1 = 0$ 有 x_0, x_2, x_3, x_4 四个根,于是我们可写

$$v(x) - 1 = (x - x_0)(x - x_2)(x - x_3)(x - x_4)v_1(x),$$

其中 $v_1(x)$ 是整系数多项式.

今令 $x = x_1$,由于 $v(x_1) = -1$,故 $v(x_1) - 1 = -2$,即

$$(x_1 - x_0)(x_1 - x_2)(x_1 - x_3)(x_1 - x_4)v_1(x_1) = -2, \tag{3}$$

由于 $(x_1 - x_0), (x_1 - x_2), (x_1 - x_3), (x_1 - x_4)$ 以及 $v_1(x_1)$ 均是整数,故在 $|x_1 - x_0|, |x_1 - x_2|, |x_1 - x_3|, |x_1 - x_4|, |v_1(x_1)|$ 中必有 4 个为 1,一个为 2. 可是这是不可能的,因为例如 $|x_1 - x_0| = |x_1 - x_2| = |x_1 - x_3| = 1$,则 $(x_1 - x_0), (x_1 - x_2), (x_1 - x_3)$ 就有两个是相等的,也就有 x_0, x_2, x_3 中有两个相等,这与假设矛盾.

于是 x_2, x_3, x_4 中必有两个满足 $v(x) = 1$ 或必有两个满足 $v(x) = -1$. 现在我们就来考虑第一种情况. 不妨设 $v(x_2) = v(x_3) = 1$,则

$$v(x) - 1 = (x - x_0)(x - x_2)(x - x_3)v_2(x),$$

114

其中 $v_2(x)$ 是整系数多项式.

既然 $v(x_4) = -1$,则 $v(x_4) - 1 = -2$,即

$$(x_1 - x_0)(x_1 - x_2)(x_1 - x_3)v_2(x_1) = -2. \tag{4}$$

在(4)中必有 $|v_2(x_1)| = 1$,不然的话就有 $|x_1 - x_0| = |x_1 - x_2| = |x_1 - x_3| = 1$,因而 x_0, x_2, x_3 中有两个相等而与假设矛盾.

同样令 $x = x_4$ 而得到

$$(x_4 - x_0)(x_4 - x_2)(x_4 - x_3)v_2(x_4) = -2, \tag{5}$$

并且有 $|v_2(x_4)| = 1$.

既然 $|x_1 - x_0|$,$|x_1 - x_2|$,$|x_1 - x_3|$ 中有两个为1,一个为2.不失一般性,设

$$|x_1 - x_0| = |x_1 - x_2| = 1, |x_1 - x_3| = 2.$$

当 $x_1 - x_0 = 1$ 的时候,不能有 $x_1 - x_2 = 1$ 因 $x_0 \neq x_2$,故 $x_1 - x_2 = -1$,此时对等式(5)分情况讨论:

（ⅰ）如果 $|x_4 - x_0| = 2$,因 $x_4 \neq x_1$,有 $x_4 - x_3 = 1$,进而 $x_4 - x_2 = -1$,

（ⅱ）如果 $|x_4 - x_2| = 2$,因 $x_4 \neq x_1$,有 $x_4 - x_3 = 1$,$x_4 - x_0 = -1$,进而 $x_4 - x_2 = -1$,

（ⅲ）如果 $|x_4 - x_3| = 2$,则 $x_4 - x_0 = -1$,$x_4 - x_2 = 1$.

情况（ⅰ）成立时,由 $x_4 - x_2 = -1$ 和 $|x_1 - x_4| = 1$ 或 3,而由 $x_1 - x_3 = -1$ 和 $x_4 - x_3 = -1$ 得 $|x_4 - x_2| = 2$,矛盾.同理,情况（ⅱ）和（ⅲ）均不能成立.

当 $x_1 - x_0 = -1$ 的时候,我们也能得出类似的矛盾.

(2) 如果有3个不相等的整数满足 $|v(x)| = 1$,则 $v(x) - 1$ 或 $v(x) + 1$ 有两个根,与 $v(x)$ 的次数 = 1 矛盾.

现在回到 Brown − Graham 判别法的证明上来.

证明 如果 $f(x)$ 在有理数域上不可约,那么我们可以写

$$f(x) = u(x)v(x),$$

而 $\partial(u(x)) < \partial(f(x))$,$\partial(v(x)) < \partial(f(x))$,并且按照高斯的第二个预备定理我们可以假定 $u(x)$,$v(x)$ 亦为整系数多项式.

我们指出数 N_1 或 N_p 不能为无限.否则满足 $|u(x)| = 1$ 或满足 $|v(x)| = 1$ 的 x 的个数为无限多个,就会出现 $u(x) - 1$ 或 $u(x) + 1$ 或 $v(x) - 1$ 或 $v(x) + 1$ 有无限多个根,而这是不可能的.于是 N_1,N_p 均是有限数.

设 N_1 个整数 $a_i(i = 1, \cdots, N_1)$ 使得 $|f(x)| = 1$,N_p 个整数 $b_j(j = 1, \cdots, N_p)$ 使得 $|f(x)|$ 的值为素数.按假设 $f(x) = u(x)v(x)$,于是

$$|f(a_i)| = |u(a_i)| \, |v(a_i)| \quad (i=1,\cdots,N_1)$$

既然多项式 $u(x),v(x)$ 的系数为整数,于是 $|u(a_i)|,|v(a_i)|$ 只能是非负整数,而 $|f(a_i)|=1$,故只能

$$|u(a_i)| = 1, \quad |v(a_i)| = 1 \quad (i=1,\cdots,N_1)$$

这样,使得 $f(x)$ 的绝对值取得值 1 的那些整数,$|u(x)|$ 和 $|v(x)|$ 也取得了值 1.

类似地,我们考察等式

$$|f(b_j)| = |u(b_j)| \, |v(b_j)|, j=1,\cdots,N_p,$$

因为 $|f(a_i)|$ 是素数,故

$$|u(b_j)| = 1,$$

或

$$|v(b_j)| = 1.$$

我们设在 N_p 个整数 b_j 中有 r 个使得

$$|u(b_j)| = 1,$$

如此我们前面所考虑的 $N_1 + N_p$ 个整数中有 $N_1 + r$ 个满足 $|u(a_i')|=1(i=1,\cdots,N_1+r)$,有 $N_1 + N_p - r$ 个满足 $|v(b_j')|=1(j=1,\cdots,N_1+N_p-r)$.

依照 $u(a_i')$ 和 $v(b_j')$ 的符号,我们分成三种情况讨论:

1° 如果所有的 $u(a_i')$ 同号,所有的 $v(b_j')$ 同号. 此时例如设 $u(a_i')$ 同时为正,于是

$$u(a_i') = 1 \quad (i=1,\cdots,N_1+r)$$

或

$$u(a_i') - 1 = 0 \quad (i=1,\cdots,N_1+r)$$

这表示每个 a_i' 均是多项式 $u(a_i')-1$ 的根,于是 $u(x)$ 的次数 $\partial(u(x)) \geqslant N_1 + r$,同样有 $\partial(v(x)) \geqslant N_1 + N_p - r$. 于是我们得到,

$$\partial(f(x)) = \partial(u(x)) + \partial(v(x)) \geqslant (N_1+r) + (N_1+N_p-r) > n+3,$$

这与我们假定 ——$f(x)$ 的次数是 n—— 矛盾.

2° 如果 $u(a_i')$ 不同号而 $v(b_j')$ 同号. 这时按引理满足 $|u(x)|=1$ 的整数 x 不能多于 4 个

$$N_1 + r \leqslant 4,$$

另一方面,按 1°,$\partial(v(x)) \geqslant N_1 + N_p - r$. 同时注意到

$$N_1 + N_p - r = 2N_1 + N_p - (N_1 + r)$$

以及定理条件

$$2N_1 + N_p > n+4,$$

于是我们得出 $\partial(v(x)) > n+4-4$，即 $\partial(v(x)) > n$，这和 $v(x)$ 的次数不能超过 n 矛盾.同样可以证明 $u(a_i)$ 同号而 $v(b_j)$ 异号也是不可能的.

3° 如果 $u(a_i{}')$ 不同号而 $v(b_j)$ 不同号，则 $N_1+r \leqslant 4, N_1+N_p-r \leqslant 4$，于是 $8 > n+4, n \leqslant 3$.这时有两种可能性

$$\partial(u(x))=1, \partial(v(x)) \leqslant 2,$$

或

$$\partial(u(x)) \leqslant 2, \partial(v(x))=1,$$

例如我们让来考虑第一种情形.既然 $\partial(u(x))=1$，按引理有 $N_1+r \leqslant 2$，又 $N_1+N_p-r \leqslant 4$，于是

$$2N_1+N_p \leqslant 6,$$

再，由条件 $2N_1+N_p > n+4$，

得出 $n < 2$，于是 $\partial(v(x))=1$，这时，按引理又有 $N_1+N_p-r \leqslant 2$.再，$2N_1+N_p > n+4$，我们得出：

$$4 \geqslant 2N_1+N_p > n+4,$$

即 $n < 0$，这是不可能的.

例 判断多项式 $f(x)=2x^3-x^2+x-1$ 在有理数域上是否可约.显然我们找不到素数 p，使得 $f(x)$ 满足艾森斯坦判别法的条件，也不满足佩龙判别法的条件，但 $f(x)$ 满足 Brown－Graham 判别法的条件.

事实上，由于 $f(0)=-1, f(1)=1, f(2)=13, f(-2)=-23, f(3)=47$，$f(-1)=-5, N_p \geqslant 1, N_1 \geqslant 2$，由此 $2N_1+N_p-4 \geqslant 4 > 3$，故 $f(x)$ 在 Q 上不可约.

实数域上的多项式环

第 三 章

§1　实数域上的多项式

1.1　零点定理与罗尔定理

有理数范围的扩张是和高于一次的方程式密切关联着的.

设 $f(x)$ 是有理数域上的一个多项式. 假若 $f(x)$ 的次数高于一且在有理数域内为既约, 问方程式 $f(x)=0$ 在有理数域内是否有解. 我们不难证明只就有理数领域来解这个方程式是不够的, 因为 $f(x)$ 的有理根不存在. 事实上, 假若有某一个有理数 a 是多项式 $f(x)$ 的根, $f(x)$ 就可以被 $x-a$ 整除, 这显然和 $f(x)$ 在有理数域为既约的假定相矛盾.

为了使任意一个代数方程式可解, 我们就不得不把有理数的范围加以扩张. 这就使我们必需引入无理数和虚数. 关于无理数和虚数的理论, 我们已经在《数论原理》卷建立起来了.

我们应当指出, 并不是每一个实数都是一个具有有理系数的方程式的根. 事实上, 实数有两种类型存在: 代数数和超越数. 代数数是具有有理系数的方程式的根, 但超越数不满足任何一个具有有理系数的方程式. 如此, 从代数的观点来看, 我们只需讨论仅含代数数的有理数域的扩张即可了. 这样的一个扩域是存在的(见本教程《代数学教程》第三卷《数论原理》卷).

118

现在我们要讨论的多项式不仅是以有理数为系数,而且也以任意的实数为系数.因为实数域含有无限多的元素,所以我们可以把未知量 x 看作变量,在实数域上的多项式 $f(x)$ 可以看作这个变量在实数域内的函数.

和有理数域上的多项式相比较,实数域上的多项式就具有整套的补充性质,这些性质都和连续性的概念密切相关.现在我们只讨论这些性质当中一些最主要的.以下多项式都是指以实数为系数的多项式.

定理1.1.1(零点定理)　假若数值 $f(a)$ 和 $f(b)$ 符号相反,则多项式 $f(x)$ 就至少有一个根 c 位于区间 (a,b) 内①.

证明　下面我们将依波尔查诺②的方法进行 —— 即用逐次等分区间的方法.为确定起见,令 $f(a)<0,f(b)>0$.我们用点 $\dfrac{b-a}{2}$ 把区间 $[a,b]$ 分成两半.可能偶然地遇到多项式 $f(x)$ 恰在这点处等于零,那么 $c=\dfrac{b-a}{2}$,定理就得到证明.其次设 $f(\dfrac{b-a}{2})\neq 0$;则两区间 $[a,\dfrac{b-a}{2}]$,$[\dfrac{b-a}{2},b]$ 中必有一个,在它的两端点处函数值取得异号的数值(且这时在左端为负值,在右端为正值).用 $[a_1,b_1]$ 表示这个区间,就有

$$f(a_1)<0,f(b_1)>0.$$

再把区间 $[a_1,b_1]$ 分成两半,且仍不考虑当 $f(x)$ 在这区间的中点 $\dfrac{b_1-a_1}{2}$ 处等于零的情形,因为那时定理已得证明.再用 $[a_2,b_2]$ 表示那半个区间,它使

$$f(a_2)<0,f(b_2)>0.$$

继续进行这种构成区间的步骤.这时,或者在有限次步骤以后,我们碰到作为分点的某一点,在该处多项式等于零 —— 定理的证明就完成了,或者我们得到内含区间的(依次地一个包含一个)的无穷序列.我们就来讨论这最后的情形.对于第 n 个区间 $[a_n,b_n](n=1,2,3,\cdots)$ 必有

$$f(a_n)<0,f(b_n)>0,$$

并且它的长度显然等于

$$b_n-a_n=\frac{b-a}{2^n}.$$

易见构成这些区间的左端点 $a_1,a_2,\cdots,a_m,\cdots$ 及右端点 $b_1,b_2,\cdots,b_m,\cdots$ 分

---

① 在本章所谓的"根"均指实根.
② 波尔查诺(Bernard Bolzano;1781—1848)捷克数学家.

别构成实数的一个无限集合,并且满足上确界原理(参阅《数论原理》卷相关内容)所列的条件:例如,任何一个数 $b_m(m=1,2,\cdots)$ 便是数集 $\{a_1,a_2,\cdots,a_m,\cdots\}$ 的一个上界(数 a_m 便是数集 $\{b_1,b_2,\cdots,b_m,\cdots\}$ 的一个下界);实数域是一个连续域.因此,数集 $\{a_1,a_2,\cdots,a_m,\cdots\}$ 必有上确界 c_1,而数集 $\{b_1,b_2,\cdots,b_m,\cdots\}$ 必有下确界 c_2.

另一方面根据上下确界的定义有:对任一 m,均有 $a_m\leqslant c_1\leqslant b_m,a_m\leqslant c_2\leqslant b_m$,由此二数的差满足

$$|c_2-c_1|\leqslant b_m-a_m=\frac{b-a}{2^m}\quad(m=1,2,\cdots)$$

这不等式预示着 $c_2=c_1$:若 $c_2\neq c_1$,即 $|c_2-c_1|\neq 0$,则容易验证当 $m>\log_2\dfrac{b-a}{|c_2-c_1|}$ 时将有 $|c_2-c_1|>b_m-a_m=\dfrac{b-a}{2^m}$,这与前面的那个不等式矛盾.

这样我们就证明了存在唯一的数 $c\in[a,b]$,而它是所有一切区间的公共点.兹证明这点恰好能满足定理的要求.

对于每一个 m,均可将 $f(c)$ 依 $(c-a_m)$ 的幂(依照泰勒公式)展开

$$f(c)=f(a_m)+\sum_{i=1}^{n}\frac{f^{(i)}(a_m)}{i!}(c-a_m)^i,$$

即

$$f(a_m)=f(c)-\sum_{i=1}^{n}\frac{f^{(i)}(a_m)}{i!}(c-a_m)^i.\tag{1}$$

现在我们将这等式右边连加号中的项 $(c-a_m)^i$ 替换为 $(b_m-a_m)^i$,由于 $a\leqslant a_m\leqslant c\leqslant b_m\leqslant b$,故替换后值将增大

$$\sum_{i=1}^{n}\frac{f^{(i)}(a_m)}{i!}\cdot(c-a_m)^i\leqslant\sum_{i=1}^{n}\frac{f^{(i)}(a_m)}{i!}(b_m-a_m)^i,$$

又 $b_m-a_m=\dfrac{b-a}{2^m}$,这个不等式我们可以写作:

$$\sum_{i=1}^{n}\frac{f^{(i)}(a_m)}{i!}\cdot(c-a_m)^i\leqslant\sum_{i=1}^{n}\frac{f^{(i)}(a_m)}{i!}\cdot\frac{(b-a)^i}{2^{m\cdot i}},$$

继续将这个不等式右边连加号中的项用更大的 $\dfrac{|f^{(i)}(a_m)|}{i!}\cdot\dfrac{(b-a)^i}{2^m}$ 来替换

$$\sum_{i=1}^{n}\frac{f^{(i)}(a_m)}{i!}\cdot(c-a_m)^i<\sum_{i=1}^{n}\frac{|f^{(i)}(a_m)|}{i!}\cdot\frac{(b-a)^i}{2^m},$$

令 $\left\{\dfrac{|f^{(i)}(a_j)|}{i!}\cdot(b-a)^i\,\middle|\,i=1,2,\cdots,n;j=1,2,\cdots,m,\cdots\right\}$ 的上确界为 M(它的

存在由上确界原理可知),于是

$$\sum_{i=1}^{n}\frac{f^{(i)}(a_m)}{i!}\cdot(c-a_m)^i<nM\cdot\frac{1}{2^m},$$

最后我们可以把等式(1)写成不等式

$$f(c)-nM\cdot\frac{1}{2^m}<f(a_m).\qquad(2)$$

现在我们来证明 $f(x)$ 在 $x=c$ 处的值不能超过零

$$f(c)\leqslant0,$$

若不然,则 $f(c)=d>0$.这时,在 $m>\log_2\frac{nM}{d}$ 时将有

$$f(c)-nM\cdot\frac{1}{2^m}>d-nM\cdot\frac{1}{2^{\log_2\frac{nM}{d}}}=d-d=0,$$

于是产生矛盾:这不等式指出 $f(c)-nM\cdot\frac{1}{2^m}>0$ 而不等式(2)表明 $f(c)-$

$nM\cdot\frac{1}{2^m}<0$(注意到 $f(a_m)<0$).

同时还可以证明 $f(c)\geqslant0$.对于每一个 m,将 $f(b_m)$ 依 $(c-b_m)$ 的幂展开

$$f(b_m)=f(c)+\sum_{i=1}^{n}\frac{f^{(i)}(b_m)}{i!}\cdot(b_m-c)^i.$$

与不等式(2)的产生类似,将这等式右边连加号中的项 $\frac{f^{(i)}(b_m)}{i!}\cdot(b_m-c)^i$ 用较

大的 $\frac{|f^{(i)}(b_m)|}{i!}\cdot\frac{(b-a)^i}{2^m}$ 来替代,并设 $\{\frac{|f^{(i)}(b_j)|}{i!}\cdot(b-a)^i\mid i=1,2,\cdots,n;$

$i=1,2,\cdots,m,\cdots\}$ 的上确界为 M',我们将得到

$$f(c)+nM'\cdot\frac{1}{2^m}\geqslant f(b_m),$$

而 $f(b_m)>0$,最后得到

$$f(c)+nM'\cdot\frac{1}{2^m}>0.$$

这个不等式隐含着 $f(c)\geqslant0$.因为若 $f(c)<0$.则当 $m>\log_2\frac{-nM'}{f(c)}$ 时,

我们将得到矛盾的结果

$$f(c)+nM'\cdot\frac{1}{2^m}<f(c)+nM'\cdot\frac{1}{2^{\log_2\frac{-nM'}{f(c)}}}=0.$$

因此,实际上必须 $f(c)=0$.定理证明完毕.

由几何的观点来看,这个性质是显然的.因为多项式 $f(x)$ 是"连续"的,所

以它的图形 $y=f(x)$ 是一个连续曲线. 若 $f(a)>0$ 而 $f(b)<0$,则曲线上坐标是 $[a,f(a)]$ 的点和坐标是 $[b,f(b)]$ 的点依次位于横轴之上和横轴之下(参看图 1).由此在 A 和 B 之间,这个曲线必须横过 X 轴.由图 2 可见,这个曲线还可以数次横过 X 轴.

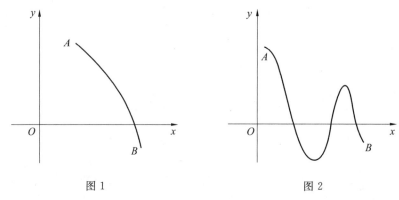

图 1　　　　　　　　　图 2

我们还可以把定理 1.1.1 说得更确切些:由于横轴把平面 XOY 分成两个部分:上半平面和下半平面.假若 $f(a)$ 和 $f(b)$ 的符号相反,A,B 两点就位于不同的半平面中.假若 $f(a)$ 和 $f(b)$ 的符号相同,A,B 两点就位于同一个半平面中.另一方面,由一个半平面到另一个半平面,必须横过 X 轴一次,三次,一般必须横过 X 轴奇数次.反之,假若横过 X 轴偶数次,则仍然回到原来出发的半平面.根据上述,我们就得到下面的结果:假若 $f(a)$ 和 $f(b)$ 的符号相反,多项式 $f(x)$ 就有奇数个根位置在 (a,b) 内.假若 $f(a)$ 和 $f(b)$ 的符号相同,在区间 (a,b) 内 $f(x)$ 或无根或有偶数个根[①].

定理 1.1.1 和下面的罗尔[②]定理对于方程式的根的计算是非常有用的.

罗尔定理　在一个多项式的两个根之间,它的导数至少有一个根.

证明　设多项式 $f(x)$ 有两根 $a,b(a<b)$ 并且重复度分别为 s,t.由此
$$f(x)=(x-a)^s(x-b)^t\varphi(x),$$
而 a,b 均不是 $\varphi(x)$ 的根.

我们先考察特殊情形:$f(x)$ 在 a,b 间没有根.

对 $f(x)$ 求导:
$$f'(x)=(x-a)^{s-1}(x-b)^{t-1}[s(x-b)\varphi(x)+t(x-a)\varphi(x)+\varphi'(x)],$$
两端同乘以 $(x-a)(x-b)\varphi(x)$,并注意到 $f(x)=(x-a)^s(x-b)^t\varphi(x)$ 可以

---

① 重根的数目是按照它的重复度来计算的.
② 罗尔(Rolle;1652−1719)法国数学家.

122

得出：

$$(x-a)(x-b)\varphi(x)f'(x)=f(x)[s(x-b)\varphi(x)+t(x-a)\varphi(x)+\varphi'(x)].$$

$$(3)$$

令 $\psi(x)=s(x-b)\varphi(x)+t(x-a)\varphi(x)+(x-a)(x-b)\varphi'(x)$，现在我们分别求出 $\psi(a)$ 与 $\psi(b)$：

$$\psi(a)=s(a-b)\varphi(a),\psi(b)=t(b-a)\varphi(b).$$

依假设 $f(x)$ 在 (a,b) 没有根，由此 $\varphi(x)$ 在 (a,b) 亦无根，这样由于定理 1.1.1，$\varphi(a)$ 与 $\varphi(b)$ 同号，故

$$\psi(a)\psi(b)=-st(b^2-a^2)\varphi(a)\varphi(b)<0,$$

即 $\psi(a)$ 与 $\psi(b)$ 符号相反，由定理 1.1.1，多项式 $\psi(x)$ 在区间 (a,b) 内至少有一个根．

在等式（3）左边，$(x-a)(x-b)\varphi(x)$ 在区间 (a,b) 内没有根，故最后 $f'(x)$ 在区间 (a,b) 内至少有一个根．

对于一般情形，如若 $f(x)$ 在 (a,b) 间有根 $c_1<c_2<\cdots<c_n$，则依上述，$f'(x)$ 在 (a,c_1) 内至少有一个根，这样，定理依旧成立．

由罗尔定理产生下列有趣的推论．

推论 1(拉格朗日定理)　设 $f(x)$ 是实的一个多项式，那么对于任何区间 $[a,b]$，必有一点 $c(a<c<b)$ 满足

$$\frac{f(b)-f(a)}{b-a}=f'(c),$$

这里 $f'(x)$ 是 $f(x)$ 的导数．

证明　引入辅助多项式

$$F(x)=f(x)-f(a)-\frac{f(b)-f(a)}{b-a}(x-a),$$

用 a,b 直接代入，证实 $F(a)=F(b)=0$，即区间的两个端点是 $F(x)$ 的根，于是根据罗尔定理，在 (a,b) 内有点 c 存在，使得 $F'(c)=0$. 如此

$$F'(c)=f'(c)-\frac{f(b)-f(a)}{b-a}=0,$$

由此

$$f'(c)=\frac{f(b)-f(a)}{b-a},$$

而这就是所要证明的．

推论 2　如果一个多项式 $f(x)=a_0x^n+a_1x^{n-1}+\cdots+a_n$ 的一切根都是实的，那么它的导数的一切根也是实的，在 $f(x)$ 的相邻两根之间有 $f'(x)$ 的一个

根并且是一个单根.

事实上,设 $\alpha_1 < \alpha_2 < \cdots < \alpha_k$ 是 $f(x)$ 的根,它们分别具有重数 $m_1, m_2, \cdots, m_k$,则 $m_1 + m_2 + \cdots + m_k = n$. 此时按照多项式关于重根的定理,导数 $f'(x)$ 有根 $\alpha_1, \alpha_2, \cdots, \alpha_k$,其重数分别是 $m_1 - 1, m_2 - 1, \cdots, m_k - 1$;又由罗尔定理还至少有根 $\beta_1, \beta_2, \cdots, \beta_{k-1}$ 分别在 $f(x)$ 的相邻两根的区间 $(\alpha_1, \alpha_2), (\alpha_2, \alpha_3), \cdots, (\alpha_{k-1}, \alpha_k)$ 里. 这样 $f'(x)$ 的实根的个数(考虑到重数)至少等于 $(m_1 - 1) + (m_2 - 1) + \cdots + (m_k - 1) + (k - 1) = n - 1$. 但 $f'(x)$ 是 $n-1$ 次多项式,所以有 $n-1$ 个根(考虑到重数),因此 $f'(x)$ 的一切根都是实的,$\beta_1, \beta_2, \cdots, \beta_{k-1}$ 是单根,并且除 $\alpha_1, \alpha_2, \cdots, \alpha_k$ 及 $\beta_1, \beta_2, \cdots, \beta_{k-1}$ 外,$f'(x)$ 没有其他的根.

推论3 如果多项式 $f(x)$ 的一切根都是实的,并且其中有 p 个(考虑到重数)是正的,那么 $f'(x)$ 有 p 个或 $p-1$ 个正根.

事实上,设 $\alpha_1 < \alpha_2 < \cdots < \alpha_k$ 是 $f(x)$ 的一切正根,它们分别具有重数 $m_1, m_2, \cdots, m_k$,则 $m_1 + m_2 + \cdots + m_k = p$. 导数 $f'(x)$ 将具有下列正根:$\alpha_1, \alpha_2, \cdots, \alpha_k$ 分别具有重数 $m_1 - 1, m_2 - 1, \cdots, m_k - 1$;$\beta_1, \beta_2, \cdots, \beta_{k-1}$ 分别是位于区间 $(\alpha_1, \alpha_2), (\alpha_2, \alpha_3), \cdots, (\alpha_{k-1}, \alpha_k)$ 内的单根,很可能还有一个单根 β_0 位于 (α_0, α_1) 之内,此处 α_0 是 $f(x)$ 的最大非正根,因此 $f'(x)$ 的正根数等于 $(m_1 - 1) + (m_2 - 1) + \cdots + (m_k - 1) + (k - 1) = p - 1$ 或 $(m_1 - 1) + (m_2 - 1) + \cdots + (m_k - 1) + (k - 1) + 1 = p$,这就是所要证明的.

1.2 有实根的实系数方程式

虽然并非每一个实系数方程式都有实根:例如 $x^2 + 1 = 0$ 在实数范围内就没有根,但是我们将知道这仅是很少的一类. 按方程式的次数分两个情形来讨论:奇数次方程式和偶数次方程式. 首先证明一个辅助定理如下:

引理 对每个奇数次实系数多项式 $f(x)$ 而言,总存在区间 $[a, b]$,使得 $f(x)$ 在其两端点处取得异号的值.

证明 设 $f(x) = a_0 x^n + a_1 x^{n-1} + \cdots + a_{n-1} x + a_n$,不失一般性,设 $a_0 > 0$. 现在写 $f(x)$ 如下:

$$f(x) = a_0 x^n \cdot \left(1 + \left(\frac{a_1}{a_0} \cdot \frac{1}{x} + \cdots + \frac{a_n}{a_0} \cdot \frac{1}{x^n}\right)\right),$$

如此,$x > 1$ 时,$f(x) > a_0 x^n \cdot \left(1 - \left|\frac{a_1}{a_0} \cdot \frac{1}{x} + \cdots + \frac{a_n}{a_0} \cdot \frac{1}{x^n}\right|\right) > a_0 x^n \cdot \left(1 - K \cdot \frac{n-1}{x}\right)$,其中 $K = \max\left\{\left|\frac{a_1}{a_0}\right|, \cdots, \left|\frac{a_n}{a_0}\right|\right\}$. 取 $a > \max\{1, (n-1)K\}$,则

$f(a) > 0$.

同样,当 $x < -1$ 时,$f(x) < a_0 x^n \cdot (1 - |\frac{a_1}{a_0} \cdot \frac{1}{x} + \cdots + \frac{a_n}{a_0} \cdot \frac{1}{x^n}|) <$

$a_0 x^n \cdot (1 - K \cdot |\frac{n-1}{x}|)$,其中 $K = \max\{|\frac{a_1}{a_0}|, \cdots, |\frac{a_n}{a_0}|\}$. 当 $b < \min\{1, -(n-1)K\}$,则 $f(b) < 0$.

由此,存在 a, b,使得 $f(a) \cdot f(b) < 0$.

现在,由于定理 1.1.1,下述的定理就成为显然的了.

定理 1.2.1 具有实系数的奇数次多项式至少有一个实根.

推论 以实数为系数的方程式的实根数和这个方程式的次数有同样的奇偶性.

设 n 次方程式 $f(x) = 0$ 有 s 个实根 $a_1, a_2, \cdots, a_s$,则有
$$f(x) = (x - a_1)(x - a_2) \cdots (x - a_s) f_1(x),$$
式中的 $f_1(x)$ 代表一个以实数为系数但没有实根的 $n-s$ 次多项式. 根据上面的定理,多项式 $f_1(x)$ 的次数 $n-s$ 不能是奇数,由此 $n-s$ 必须是偶数,这就证明了我们所要证明的结果.

根据这个结果就可以知道四次方程式或有四个实根或有两个实根或者完全无实根. 五次方程式有五个实根或三个实根或一个实根.

对于实系数偶次方程式,我们有

定理 1.2.2 最高项系数与常数项异号的实系数偶次方程式,至少有一个正实根和一个负实根.

证明 首先,我们来证明对于任何实系数方程式,均有适当大的正数 N 存在,使当 $|x| > N$ 时,多项式的符号都同它的首项符号一样.

事实上,对于实系数多项式
$$f(x) = a_0 x^n + a_1 x^{n-1} + \cdots + a_n. \tag{1}$$
若令 A 为其系数 $a_0, a_1, \cdots, a_n$ 中最大的一个,那么成立不等式
$$|a_1 x^{n-1} + a_2 x^{n-2} + \cdots + a_n| \leqslant |a_1||x|^{n-1} + |a_2||x|^{n-2} + \cdots + |a_n|$$
$$\leqslant A(|x|^{n-1} + |x|^{n-2} + \cdots + 1)$$
$$= A \frac{|x|^n - 1}{|x| - 1}.$$

假设 $|x| > 1$,我们得出:$\frac{|x|^n - 1}{|x| - 1} < \frac{|x|^n}{|x| - 1}$,故有
$$|a_1 x^{n-1} + a_2 x^{n-2} + \cdots + a_n| < A \frac{|x|^n}{|x| - 1}$$

容易验证当 $|x| > \dfrac{A}{|a_0|} + 1$ 时,不等式 $|a_0 x^n| > |a_1 x^{n-1} + a_2 x^{n-2} + \cdots + a_n|$

成立. 这就是说,当 x 取绝对值适当大的实数值时,可以使多项式 $f(x)$ 的符号和它首项的正负号相同.

现在如果方程式(1)中,n 为偶数,且 $a_0 \cdot a_n < 0$,则

$$f(-\frac{A}{|a_0|} - 1) \cdot f(0) < 0,\ f(\frac{A}{|a_0|} + 1) \cdot f(0) < 0,$$

于是根据定理 1.2.1,$f(x)$ 在区间 $[-\dfrac{A}{|a_0|} - 1, 0]$ 与 $[0, \dfrac{A}{|a_0|} + 1]$ 中均至少有一个根,这就证明了本定理.

定理 1.2.1 以及定理 1.2.2 表明,除最高项系数与常数项同号的实系数偶次方程式可能不存在实根外,其余情形的实系数方程式均有实根存在.

§2　根的界限与根的定位法

2.1　引言·根的界限

在初等代数教程中,我们知道一个二次方程式 $x^2 + px + q = 0$ 的根很容易的就可以由公式 $x = \dfrac{p}{2} \pm \sqrt{\dfrac{p^2}{4} - q}$ 求出. 但是,要解高次方程式,这个问题就非常复杂了. 事实上,所有的高于四次的方程式大多没有代数的解法(参阅《代数方程式论》卷). 但在物理和所有科学技术部门中,各种问题常常要求出多项式的根,而且这些多项式往往有相当大的次数[1]. 因此有很多的研究工作,它们的目的是在于得出数值系数多项式的根的这种或那种情况,虽然我们不知道这些根的确值. 例如研究根在复平面上的位置问题(规定所有的根都在单位圆内,也就是它的模小于 1,或规定所有的根都位置在平面的左半边,也就是它的实数部分都是负数,诸如此类). 对于实系数多项式,找出方法来确定它的实根的个数,求出它们的限,使得这些根可以在它里面找到,如此等等. 最后,有很多研究

---

[1]　我们只举出一个例子:使法国数学家、天文学家勒维耶(Urbain Jean Joseph Le Verrier;1811—1877)发现海王星的那些巨大计算中,就须解
$$3\ 447x^6 + 14\ 560x^5 + 22\ 430x^4 + 25\ 857x^3 + 29\ 193x^2 + 11\ 596x + 5\ 602 = 0$$
这个方程式.

工作从事于根的近似计算法：在应用技术科学中，通常是只要知道在某种事先已给定的精确度内根的近似值，即使多项式的根已经写为根式，对于这些方根亦要换做它们的近似值.

所有这些研究工作构成了代数方程式理论的一个部门. 在这一节中只限于实系数多项式的实根这一情形，只是偶尔会越出这一个范围.

在数学分析中，研究实系数多项式 $f(x)$ 的实根，可以从这一个多项式（作为实函数）的图形开始：多项式 $f(x)$ 的实根，很明显的是它的图形和 x 轴的交点坐标，而且亦只有它们才是 $f(x)$ 的根.

例如，讨论五次多项式
$$h(x) = x^5 + 2x^4 - 5x^3 + 8x^2 - 7x - 3.$$
由 §1 的结果，关于这一个多项式的根有下面的论断：因为它的次数是一个奇数，所以 $h(x)$ 至少有一个实根；如果它的实数根不止一个，那么它的个数等于三或五，因为复数根是成对共轭的.

研究多项式 $f(x)$ 的图形可以看出它的根的大小. 只是取 x 的整数值用霍纳方法算出 $h(x)$ 的对应值来构成这一个图形（如图 1）[①].

x	⋯	-4	-3	-2	-1	0	1	2	⋯
$h(x)$	⋯	-39	144	83	18	-3	-4	39	⋯

我们看到，多项式 $h(x)$ 在这里有三个实根——一个正根 α_1 与两个负根 α_2 与 α_3，而且

$1 < \alpha_1 < 2, -1 < \alpha_2 < 0, -4 < \alpha_3 < -3.$

从图形的讨论所得出的关于多项式（实）根的知识，实际应用时常常是很满意的. 但是每一次都要怀疑，是否确实求出了所有的根. 譬如在所讨论的例子中，我们并没有证明点 $x=2$ 的右边和点 $x=-4$ 的左边已经没有多项式的根. 还有，因为我们只取 x 的整数值，所以可能我们所构成的图形没有真实的反映出函数 $h(x)$ 的性质，可能它有很小的颤动，因而漏了几个根.

我们可以不仅取 x 的整数值来构成图形，而取精

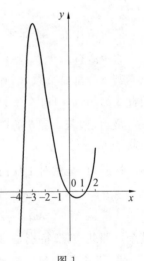

图 1

[①] 图上 y 轴的尺度十倍于 x 轴的尺度.

确到0.1或0.01的值.但是这对$h(x)$的值的计算将是非常的麻烦,同时上面所说的疑点还是没有澄清.另一方面,可以用数学分析的方法利用函数$h(x)$的极大和极小值来定出我们的图形使它表出函数的真实性状;但是这样就需要求导数$f'(x)$的根,又回到我们所要解决的本身问题来了.

因此需要求得一些完整的方法来找出实系数多项式的实根所在的界限,来确定这些根的个数.现在我们将讨论关于实根的限的问题(准确些说,就是确定一个开区间(a,b),使它含有多项式$f(x)$的全体实根),关于根的个数问题将在下面一目中来研究.

方法一 我们用记号$|a|$代表a与$-a$两个数中的非负的那一个,并叫作a的绝对值.例如$|-5|=5$,$|+5|=5$,$|0|=0$.

这样我们可以证明多项式

$$f(x)=a_0 x^n+a_1 x^{n-1}+\cdots+a_n. \tag{1}$$

的根必须位于$-R$和R之间,

$$R=\frac{A}{|a_0|}+1,$$

这里A代表从a_1起的系数的绝对值中最大的一个.要证明这个结果必须先了解绝对值的一些性质.

Ⅰ.两个数的乘积的绝对值等于这两个数的绝对值的乘积$|ab|=|a|\cdot|b|$.

若a,b中有一个是零,则$|ab|=0=|a|\cdot|b|$.

若a,b都是正数,则有$ab=|ab|$,$|a|=a$,$|b|=b$.由此$|ab|=|a|\cdot|b|$.

若a,b都是负数,则有$ab=|ab|$(因为ab是正数),$|a|=-a$,$|b|=-b$.由此$|ab|=|a|\cdot|b|$.$|b|=-b$.由此$|a|\cdot|b|=(-a)(-b)=ab=|ab|$.

最后,假若a和b的符号相反,例如$a<0,b>0$.这时$-ab=|ab|$(因为$-ab$是负数),$|a|=-a$,$|b|=b$,由此$|a|\cdot|b|=-ab=|ab|$

性质 Ⅰ 显然对于任何多个因子都成立,例如

$$|abc|=|ab|\cdot|c|=|a|\cdot|b|\cdot|c|;$$

$$|abcd|=|abc|\cdot|d|=|a|\cdot|b|\cdot|c|\cdot|d|,$$

其余可照此类推.特别是$|a^n|=|a|^n$.

Ⅱ.两个数的和的绝对值小于或等于这两个数的绝对值的和:$|a+b|\leqslant|a|+|b|$.

要证明这个结果,先求$|a|+|b|$的平方:

$$(|a|+|b|)^2=|a|^2+2|a|\cdot|b|+|b|^2,$$

128

或

$$(|a|+|b|)^2 = a^2 + 2|a| \cdot |b| + b^2, \tag{2}$$

因为 $|a|^2 = a^2$，$|b|^2 = b^2$。假若在式(2)中把 $|a| \cdot |b|$ 换成 ab，则式(2)的右端或不变或减小：在 $ab \geqslant 0$ 时，式(2)的右端不变；在 $ab < 0$ 时，式(2)的右端减小。

由此

$$(|a|+|b|)^2 \geqslant a^2 + 2ab + b^2 = |a+b|^2,$$

由此显然

$$|a|+|b| \geqslant |a+b|.$$

我们不难证明性质 Ⅱ 对于任何多项也同样成立

$$|a+b+c| \leqslant |a+b|+|c| \leqslant |a|+|b|+|c|;$$

$$|a+b+c+d| \leqslant |a+b+c|+|d| \leqslant |a|+|b|+|c|+|d|,$$

其余可照此类推。

Ⅲ. 两个数的和的绝对值大于或等于着两个数的绝对值的差：$|a|-|b| \leqslant |a+b|$。

利用明显的等式

$$|a| = |(a+b)+(-b)|.$$

由性质 Ⅱ 得

$$|a| = |(a+b)+(-b)| \leqslant |a+b|+|-b|,$$

由此

$$|a|-|-b| \leqslant |a+b|.$$

因为 $|-b| = |b|$，所以最后得

$$|a|-|b| \leqslant |a+b|.$$

现在我们回过头来证明多项式(1)的根仅能位于 $-R$ 和 R 的范围内。根据绝对值的性质 Ⅰ 和 Ⅲ

$$|f(x)| = |a_0 x^n + (a_1 x^{n-1} + \cdots + a_n)|$$
$$\geqslant |a_0| \cdot |x|^n - |a_1 x^{n-1} + \cdots + a_n|. \text{[①]} \tag{3}$$

现在试计算 $|a_1 x^{n-1} + \cdots + a_n|$。由绝对值的性质 Ⅰ 和 Ⅱ 得

$$|a_1 x^{n-1} + a_2 x^{n-2} + \cdots + a_n|$$
$$\leqslant |a_1| \cdot |x|^{n-1} + |a_2| \cdot |x|^{n-2} + |a_n|.$$

---

① 在这里和以下的讨论，我们可以把 x 看作变数，因为实数是一个无限域。

设 A 代表系数 $a_1, a_2, \cdots, a_n$ 的绝对值中最大的一个. 若把 $|a_1|, |a_2|, \cdots,$ $|a_n|$ 都换成 A, 最后这个不等式的右端就会更增大, 换句话说,

$$|a_1 x^{n-1} + a_2 x^{n-2} + \cdots + a_n| \leqslant A(|x|^{n-1} + |x|^{n-2} + \cdots + 1)$$

再利用几何级数求和的公式得

$$|a_1 x^{n-1} + a_2 x^{n-2} + \cdots + a_n| \leqslant A \frac{|x|^n - 1}{|x| - 1}.$$

在 $|x| > 1$ 的时候, 由最后这个不等式更有

$$|a_1 x^{n-1} + a_2 x^{n-2} + \cdots + a_n| < A \frac{|x|^n}{|x| - 1}.$$

把不等式(3)的右端代以更大的值 $A \dfrac{|x|^n}{|x| - 1}$ 得

$$|f(x)| > |a_0| \cdot |x|^n - A \frac{|x|^n}{|x| - 1} = \frac{|x|^n}{|x| - 1}(|a_0|(|x| - 1) - A).$$

在此我们试看 x 取什么数值的时候始有

$$|a_0|(|x| - 1) - A > 0.$$

解最后这个不等式得

$$|x| > \frac{A}{|a_0|} + 1. \tag{4}$$

由此我们知道, 假若 x 满足条件(4), 则有 $|f(x)| > 0$, 换句话说, $f(x)$ 不为零. 综上所述, 我们就证明了有理根只能位于 $-R$ 和 R 之间, 其中

$$R = \frac{A}{|a_0|} + 1.$$

作为例子, 试讨论方程式

$$f(x) = 2x^5 + 100x^2 - 5x - 40. \tag{5}$$

这里 $a_0 = 2, A = 100$, 由此 $R = \dfrac{100}{2} + 1 = 51$. 如此这个方程式的有理根必须位于 -51 和 51 之间.

用上述简单方法求根的界限有一个本质上的缺点: 就是 $-R$ 和 R 这个界限失之过宽. 现在我们还要指出另外一个较准确的方法. 这里要注意, 我们所指出的限, 只是说多项式的实数根必须在它们之间, 并不能断定这样的根实际上是存在的.

首先我们指出, 只要求出任何一个多项式正根的上限, 就已足够.

事实上, 设已出了一个 n 次多项式 $f(x)$, 且设它的正根上限为 N_0. 为了求出正根的下限, 以 $\dfrac{1}{y}$ 代 x, 得到关于 y 的多项式 $y^n f\left(\dfrac{1}{y}\right)$. 假设多项式 $y^n f\left(\dfrac{1}{y}\right)$

正根的上限 N_1 已求出,则数 $\frac{1}{N_1}$ 是多项式 $f(x)$ 的正根下限. 这是因为,如果 α

是 $f(x)$ 的正根下限,那么 $\frac{1}{\alpha}$ 是 $f(\frac{1}{y})$ 的正根且由 $\frac{1}{\alpha} < \frac{1}{N_1}$ 得 $\alpha > \frac{1}{N_1}$. 类似的,

为了要求出负根的界限,可分别令 $x = -u, x = -\frac{1}{z}$,等到关于 u 的多项式 $f(-u)$,以及 z 的多项式 $z^n f(-\frac{1}{z})$,设其正根上限分别为 N_2, N_3. 则数 $-N_2$ 和 $-\frac{1}{N_2}$ 各为多项式 $f(x)$ 负根的下限和上限. 这样一来,多项式 $f(x)$ 的所有正根适合不等式 $\frac{1}{N_1} < x < N_0$,所有负根适合不等式 $-N_2 < x < -\frac{1}{N_2}$.

为了确定正根的下限,可以采取下面的方法.

方法二 首先,我们可以假设方程式

$$f(x) = a_0 x^n + a_1 x^{n-1} + \cdots + a_n = 0$$

的最高次项的系数 a_0 是正的,否则,两端乘以 -1 就能达到这个目的. 从 a_0 开始,设 a_k 是方程式的第一个负系数[①],并设 B 是负系数中绝对值最大的一个. 那么

$$\sqrt[k]{\frac{B}{a_0}} + 1$$

是多项式 $f(x)$ 的正根的上限.

这个求根上限的方法,称为拉格朗日法.

事实上,假若 x 是正的,则有

$$f(x) = a_0 x^n + \cdots + a_{k-1} x^{n-k+1} + a_k x^{n-k} + a_{k+1} x^{n-k-1} + \cdots + a_n$$
$$\geqslant a_0 x^n + a_1 x^{n-1} + \cdots + a_{k-1} x^{n-k+1} - B(x^{n-k} + x^{n-k-1} + \cdots + 1).$$

因为 $x > 0$,所以除去 $a_1 x^{n-1}, \cdots, a_{k-1} x^{n-k+1}$ 诸正项后,不等式仍然成立

$$f(x) \geqslant a_0 x^n - B(x^{n-k} + x^{n-k-1} + \cdots + 1).$$

再由几何级数求和得

$$f(x) \geqslant a_0 x^n - B \frac{x^{n-k+1} - 1}{x - 1}.$$

假若 $x > 1$,则有

$$f(x) > a_0 x^n - B \frac{x^{n-k+1}}{x - 1},$$

---

① 如果没有这种系数,那么多项式 $f(x)$ 就不会有正根.

或 $f(x) > \dfrac{x^{n-k+1}}{x-1} \left[a_0 x^{k-1}(x-A) - B \right].$

把括号内的 x^{k-1} 换成 $(x-1)^{k-1}$,不等式的右端并不增大,所以

$$f(x) > \dfrac{x^{n-k+1}}{x-1} \left[a_0 (x-1)^k - B \right].$$

假若 $a_0(x-1)^k - B > 0, f(x)$ 取正值无疑. 由最后这个不等式解出 x 得

$$x > \sqrt[k]{\dfrac{B}{a_0}} + 1. \tag{6}$$

综合起来,我们证明了下述事实:假如 x 取的值满足条件(6), $f(x)$ 的值就不能为零,换句话说,

$$x > \sqrt[k]{\dfrac{B}{a_0}} + 1$$

可以取作正根的上限.

例1 利用第二个方法讨论方程式(5),在此 $a_0 = 2, k = 4, B = 40$,由此得

$$\sqrt[k]{\dfrac{B}{a_0}} + 1 = \sqrt[4]{\dfrac{40}{2}} + 1 < 3.3,$$

换句话说,3.3 可看作正根的上限.

令 $x = \dfrac{1}{y}$ 得

$$g(y) = 40y^5 + 5y^4 - 100y^3 - 2 = 0.$$

就这个方程式而论,有 $a_0 = 40, k = 2, B = 100$,由此

$$\sqrt[k]{\dfrac{B}{a_0}} + 1 = \sqrt[2]{\dfrac{100}{40}} + 1 < 2.6.$$

由此 $\dfrac{1}{2.6} \approx^{①} 0.3$,可以取作方程式(5)的正根的下限.

要求负根的上限可令 $x = -\dfrac{1}{z}$. 代入(5)得

$$h(z) = 40z^5 - 5z^4 - 100z^3 + 2 = 0;$$

在此有 $a_0 = 40, B = 100, k = 1$,由此

$$\sqrt[k]{\dfrac{B}{a_0}} + 1 = \dfrac{100}{40} + 1 = \dfrac{7}{2}.$$

由此 $-\dfrac{2}{7} \approx -0.2$ 是方程式(5)的负根的上限. 最后令 $x = -u$. 代入式(5)

---

① 符号 $\approx$ 表示近似相等.

得
$$k(u) = 2u^5 - 100u^2 - 5u + 40 = 0.$$
在此有 $a_0 = 2, k = 3. B = 100$，所以
$$\sqrt[k]{\frac{B}{a_0}} + 1 = \sqrt[3]{\frac{100}{40}} + 1 \approx 4.7.$$
由此 4.7 可以取作是方程式(5)的负根的下限.

综合起来，方程式(5)的正根在 0.3 和 3.3 之间，负根在 -4.7 和 -0.2 之间. 和第一个方法比较，这样得到的界限就要精确得多.

方法三(牛顿的方法) 这个方法是根据下述的事实：

假若 $x = a(a > 0)$ 的时候，n 次多项式 $f(x)$ 和它所有的导数 $f'(x)$，$f''(x), \cdots, f^{(n)}(x)$，都是正的，那么 a 就可以取作方程式 $f(x) = 0$ 的正根的上限.

事实上，我们可以把 $f(x)$ 按照 $x - a$ 的幂展开
$$f(x) = f(a) + (x-a)f'(a) + \frac{(x-a)^2}{2!}f''(a) + \cdots + \frac{(x-a)^n}{n!}f^{(n)}(a).$$
$$(7)$$

但 $x \geqslant a$ 时，右边显然是正的，因为根据假设，$f'(a), f''(a), \cdots, f^{(n)}(a)$ 都大于零，所以 $x \geqslant a$ 的时候，$f(x)$ 不能等于零. 这样，我们就证明了 a 是方程式 $f(x) = 0$ 的正根的上限.

和上面一样，依次令 $x = \frac{1}{y}, x = -\frac{1}{z}, x = -u, \cdots$，就得出根的其余的界限.

为了实际应用这个方法我们可以指出一点如下. 就是 $f'(a), f''(a), \cdots,$ $f^{(n)}(a)$ 的值可以很方便的由霍纳的方法求出. 为了这个目的，我们可以把泰勒公式(7)写成下式
$$f(x) = f(a) + (x-a)\varphi_1(x),$$
式中
$$\varphi_1(x) = f'(a) + \frac{(x-a)^2}{2!}f''(a) + \cdots + \frac{(x-a)^{n-1}}{n!}f^{(n)}(a);$$
由此 $f(a)$ 就是 $f(x)$ 除以 $x-a$ 所得的余数，$\varphi_1(x)$ 就是 $f(x)$ 除以 $x-a$ 所得的商. 其次再把 $\varphi_1(x)$ 写成
$$\varphi_1(x) = f'(a) + (x-a)\varphi_2(x),$$
式中
$$\varphi_2(x) = \frac{1}{2!}f''(a) + \frac{(x-a)}{3!}f'''(a) + \cdots + \frac{(x-a)^{n-2}}{n!}f^{(n)}(a).$$

133

这样 $f'(a)$ 就是 $\varphi_1(x)$ 除以 $x-a$ 所得的余数,$\varphi_2(x)$ 就是 $\varphi_1(x)$ 除以 $x-a$ 所得的商.再把 $\varphi_2(x)$ 写成

$$\varphi_2(x)=\frac{1}{2!}f''(a)+(x-a)\varphi_3(x),$$

我们就可看出 $\frac{1}{2!}f''(a)$ 是 $\varphi_2(x)$ 除以 $x-a$ 所得的余数,其余可照此类推.

例 2 试计算

$$f(x)=x^4-5x^2+6x-8$$

及其所有导数在 $x=2$ 时的值.在此我们先按霍纳方法如下列出

		1	0	−5	6	−8
2		1	2	−1	4	0
2		1	4	7	<u>18</u>	
2		1	6	<u>19</u>		
2		1	<u>8</u>			
2		1				

由此得

$$f(2)=0, f'(2)=18, f''(2)=2\cdot 19=38,$$
$$f'''(2)=3!\cdot 8=48, f^{(4)}(2)=4!\cdot 1=24.$$

在应用牛顿方法的过程中,假若霍纳表格的某一行的数全是正数,其余的计算就是多余的了,因为从此以后这个表格的每一行都必然全是正数.

再以方程式(5)为例. $x=\frac{1}{2}$ 显然不能满足我们的要求,因为 $f(\frac{1}{2})<0$. 既然这样,不妨取一个比 $\frac{1}{2}$ 稍大的数,例如 $x=1.$ 由此就可以作霍纳表格如表 1:

表 1

	2	0	0	100	−5	−40
1	2	2	2	102	97	57

因为最后一行全是正数,所以无须再往下计算了. 既然 $f(1), f'(1),$ $f''(1),\cdots$ 都是正数,我们就可以把 1 取作正根的上限.

其余的界限我们留给读者自己去计算,在此只把结果列在下面:正根的界限是 $\frac{1}{2}$ 和 1,负根的界限是 -4 和 $-\frac{1}{2}.$ 由这个例子我们就可以看出牛顿的方法

134

较前两个方法所得的结果更精确.

方法四 我们先设多项式 $f(x)$ 是依照 x 的降幂的次序排列,并设前面的项的系数均正,后面的项的系数均为负,换句话说,可设 $f(x)$ 是如下的形式

$$f(x) = a_0 x^n + a_1 x^{n-1} + \cdots + a_k x^{n-k} - a_{k+1} x^{n-k-1} - \cdots - a_n, \tag{8}$$

式中 $a_i \geqslant 0 (i = 1, 2, \cdots, n)$. 由此就有下述结果成立.

设多项式 $f(x)$ 是(8)的形式,若 $x = a, f(x)$ 取非负值 $(a > 0)$,则 $x > a$ 时 $f(x)$ 必取正值.

我们先把 $f(x)$ 写成下面的形式

$$f(x) = x^{n-k} \left[(a_0 x^k + a_{1k-1} + \cdots + a_k) - (\frac{a_{k+1}}{x} + \cdots + \frac{a_n}{x^{n-k}}) \right].$$

第一个括号内的多项式随 $x > 0$ 的增大而增大,但第二个括号内的多项式随 x 的增大而减小,结果,x 增大时,$f(x)$ 也随之而增大. 这样,我们已经证明了下述结果:若 $f(a) \geqslant 0, x > a$ 的时候 $f(x)$ 必取正值.

任何一个多项式 $f(x)$ 总可写成下面的形式(无需变更项的位置)

$$f(x) = f_1(x) + f_2(x) + \cdots + f_k(x),$$

式中的每一个 $f_i(x)$ 是式(8)形式的多项式. 假若 $x = a$ 的时候,$f_1(x)$,$f_2(x), \cdots, f_k(x)$ 都取非负值,a 就可取作正根的上界. 其余的界限可由置换 $x = \frac{1}{y}, x = -\frac{1}{z}, x = -u$ 同样的得出.

例3 多项式

$$f(x) = x^5 - x^4 + 7x^3 - 5x^2 - x + 1$$

可以写成下式:

$$f(x) = f_1(x) + f_2(x) + f_3(x),$$

式中

$$\begin{cases} f_1(x) = x^5 - x^4, \\ f_2(x) = 7x^3 - 5x^2 - x, \\ f_3(x) = 1. \end{cases} \tag{9}$$

我们不难看出 $x = 1$ 时,式(9)的三个多项式都取非负值,由此 1 就可以取作正根的上限. 令 $x = \frac{1}{y}$,我们就可以证明这个多项式的正根的下限等于 $\frac{1}{3}$. 其次令 $x = -\frac{1}{z}$,可以求出负根的上限等于 $-\frac{1}{7}$. 最后,再令 $x = -u$,就可以求出负根的下限等于 -1.

方法五 最后,我们指出一个方法可用来求出正系数(所有系数都是正

数）多项式的根（不仅是实数亦可以为复数）的限；当然过种多项式的实根只能是负数.预先证明下面的辅助定理.

设已给出正系数多项式

$$f(x) = a_0 x^n + a_1 x^{n-1} + \cdots + a_n,$$

如果系数是递减的：$a_0 > a_1 > \cdots > a_n > 0$，那么所有它的根 —— 无论是实数还是复数 —— 的模都小于 1[①].如果系数是递增的：$a_0 < a_1 < \cdots < a_n < 0$，那么所有的根的模都大于 1.

只要证明定理中两个论断的一个，因为它的另一个论断可由代换 $x = \dfrac{1}{y}$ 得出.例如我们来证明第二个.

因由条件 $a_{k-1} < a_k$，所以所有差数

$$b_k = a_k - a_{k-1} \quad (k = 1, 2, \cdots, n)$$

都是正数，还有数 $b_0 = a_0$ 亦是正的.很明显的有

$$a_k = b_0 + b_1 + \cdots + b_k = \sum_{j=0}^{k} b_j.$$

求 $x = \alpha$（通常是一个复数）时多项式 $f(x)$ 的值.对 $f(x)$ 用霍纳方法如下列出

	b_0	$b_0 + b_1$	$\cdots$	$\displaystyle\sum_{j=0}^{k} b_j$	$\cdots$	$\displaystyle\sum_{j=0}^{n} b_j$
a	b_0	$(1+\alpha)b_0 + b_1$	$\cdots$	$\displaystyle\sum_{j=0}^{k} b_j (1+\alpha+\alpha^2+\cdots+\alpha^{k-j})$	$\cdots$	$\displaystyle\sum_{j=0}^{n} b_j (1+\alpha+\alpha^2+\cdots+\alpha^{n-j})$

这样一来

$$f(\alpha) = \sum_{j=0}^{n} b_j (1 + \alpha + \alpha^2 + \cdots + \alpha^{n-j}) = (1 - \alpha)^{-1} \sum_{j=0}^{n} b_j (1 - \alpha^{n-j+1}).$$

因此，如果 α 是 $f(x)$ 的根（特别是 $\alpha \neq 1$），那么

$$\sum_{j=0}^{n} b_j (1 - \alpha^{n-j+1}) = 0.$$

故推得等式

$$\sum_{j=0}^{n} b_j = \sum_{j=0}^{n} b_j \alpha^{n-j+1}. \tag{10}$$

当 $|\alpha| < 1$ 时，这个等式不能成立，因为所有 b_j 都是正实数，而等式右边的模，

[①]　依照复数的几何意义，可以说，它们都在（复平面）单位圆的里面.

136

由关于模的和的定理,小于左边的模.如果 $|\alpha|=1$,那么 $\alpha=\cos\varphi+i\sin\varphi$,故使等式(10)的两边的实数部分相等,我们得出

$$\sum_{j=0}^{n} b_j = \sum_{j=0}^{n} b_j \cos(n-j+1)\varphi.$$

故得 $\cos\varphi=1$,也就是 $\varphi=0$,因而 $\alpha=1$,这是不可能的.这样一来,$|\alpha|>1$,就是所要证明的结果.

由于这一定理,可以证明下面的推广定理

如果多项式

$$f(x)=a_0 x^n + a_1 x^{n-1} + \cdots + a_{n-1}x + a_n.$$

的系数都是正数,而且它的所有前后相邻的两个系数的比值 $\dfrac{a_k}{a_{k-1}}$ 都介于正数 m 和 M 之间

$$0 < m < \frac{a_k}{a_{k-1}} < M \quad (k=1,2,\cdots,n)$$

那么 $f(x)$ 的根适合不等式

$$0<|\alpha|<M.$$

事实上对于多项式

$$g(x)=f(Mx)=a_0 M^n x^n + a_1 M^{n-1} x^{n-1} + \cdots + a_{n-1}Mx + a_n,$$

因为 $\dfrac{a_k}{a_{k-1}}<M$,故有

$$\frac{a_k M^{n-k}}{a_{k-1}M^{n-k+1}} = \frac{a_k}{a_{k-1}M} < 1,$$

也就是多项式 $g(x)$ 的系数是逐渐减少的.所以由上面所证的定理,多项式 $g(x)$ 的根的模都小于 1,因而 $f(x)$ 所有的根的模都小于 M.

另一方面,讨论多项式

$$\overline{f}(x)=a_n x^n + a_{n-1}x^{n-1} + \cdots + a_1 x + a_0,$$

它的根是多项式 $f(x)$ 的根的倒数.这是因为由 $\dfrac{a_k}{a_{k-1}}>m$ 得 $\dfrac{a_k}{a_{k-1}}<\dfrac{1}{m}$,故由上面所证明的结果,知道多项式 $\overline{f}(x)$ 所有的根的模都小于 $\dfrac{1}{m}$,因而 $f(x)$ 所有的根的模都大于 m.

例4 对于多项式

$$f(x)=x^5 + 2x^4 + x^3 + 3x^2 + 3x + 2.$$

相邻系数的比值为

$$\frac{2}{1} = 2, \frac{1}{2}, \frac{3}{1} = 3, \frac{3}{3} = 1, \frac{2}{3}.$$

所以每一个根 α 都适合不等式

$$\frac{1}{2} < |\alpha| < 3.$$

2.2 斯图姆定理

现在回到关于实系数多项式 $f(x)$ 的实根个数的问题. 我们不但注意到实数根的总数, 亦分别注意到正实根数和负实根数, 一般地, 要求出在已给出的界限 a 和 b 间的根的个数.

对这个问题的最早的令人满意的解答是斯图姆[①]1829 年给出的, 尽管有点不精巧. 在叙述相应的定理及其证明之前先引入一些必要的定义.

在后面的论证中, 我们时常要涉及实数的符号. 这个术语所指的意义是很清楚的. 那就是说, 假如实数 c 是正的($c > 0$), 那么它的符号是正号($+$); 假如 c 是负的($c < 0$), 其符号是负号($-$); 最后, 假如 $c = 0$, 则符号是零号(0).

现在设想给出了一组顺序一定的实数, 例如,

$$5, -6, -4, 1,$$

我们可以看出这一组数的符号依次排列如下

$$+, -, -, +$$

并可以看出这些符号间变化两次: 一次是由第一个正号变成第二个负号, 一次是最后的负号变成最后的正号, 换句话说, 已给的数组中含有两个变号. 对于任何不含零的有限个实数组自然都可以算出它的变号数目. 再以

$$5, -8, 1, -4, 2, -5, -2$$

为例, 即可知这个数组含有五个变号数.

现在我们引进数组变号数的概念如下.

定义 2.2.1 设 $S = [c_1, c_2, \cdots, c_m]$ 是一个非零实数的有限序列, 则它的变号数 $V(S)$ 定义为集合 $\{c_i c_{i+1} \mid 1 \leqslant i \leqslant m-1\}$ 中的负数个数.

利用符号函数 $\mathrm{sgn}(x)$[②], 变号数可以便利地表示为: $V(S) = \sum_{i=1}^{m-1} \frac{1 - \mathrm{sgn}(c_i c_{i+1})}{2}$.

---

① 斯图姆(Sturm; 1803—1855) 法国数学家.

② $\mathrm{sgn}(x)$ 表示数 x 的符号, 称为 x 的符号函数; 它是这样定义的: $x > 0, \mathrm{sgn}(x) = 1$; $x = 0, \mathrm{sgn}(x) = 0$; $x < 0, \mathrm{sgn}(x) = -1$.

如果数列 S 含有零,则把 $V(S)$ 理解为从 S 中删除零后得到的数列 S' 中的变号数. 例如, $V([1,0,2,0,-3,4,0,0,-2])=V([1,2,-3,4,-2])=3$.

容易验证,非零实数的序列 $S=[c_1,c_2,\cdots,c_m]$ 的变号数具有如下性质

Ⅰ. 对于任何非零实数 a, 则 $V([c_1,c_2,\cdots,c_m])=V([ac_1,ac_2,\cdots,ac_m])$.

Ⅱ. 若 $c_ic_{i+1}<0$, 则 $V([c_1,c_2,\cdots,c_i,a,c_{i+1},\cdots,c_m])=V([c_1,c_2,\cdots,c_m])$.

回到实根个数的问题. 设 $f(x)$ 是一个实系数的多项式而且假定 $f(x)$ 没有重根,现在我们应用稍加改变的欧几里得算法于 $f(x)$ 和它的导数:取 $f_1(x)=f'(x)$,然后用 $f_1(x)$ 来除 $f(x)$ 且把它的余式变号,取作 $f_2(x)$

$$f(x)=f_1(x)q_1(x)-f_2(x).$$

一般地,如果多项式 $f_{k-1}(x)$ 和 $f_k(x)$ 已经求得,那么 $f_{k+1}(x)$ 是用 $f_k(x)$ 来除 $f_{k-1}(x)$ 所得的余式变号后的多项式

$$f_{k-1}(x)=f_k(x)q_k(x)-f_{k+1}(x). \tag{1}$$

如此可以得到

$$\begin{cases} f(x)=f_1(x)q_1(x)-f_2(x), \\ f_1(x)=f_2(x)q_2(x)-f_3(x), \\ \qquad\qquad \vdots \\ f_{k-1}(x)=f_k(x)q_k(x)-f_{k+1}(x), \\ f_{s-2}(x)=f_{s-1}(x)q_{s-1}(x)-f_s(x). \end{cases} \tag{2}$$

这里所说的方法和用于多项式 $f(x)$ 和 $f'(x)$ 的欧几里得算法所不同的,只是对于每一个余式都要变号,而在后一步的除法中要用前一步变号后的余式来除. 因为在求出最大公因式时,这种变号是没有关系的,所以我们的方法所得出的最后余式 $f_s(x)$ 仍是多项式 $f(x)$ 和 $f'(x)$ 的最大公因式,而且由于没有重根,也就是 $f(x)$ 和 $f'(x)$ 互素,因而实际上 $f_s(x)$ 是一个不为零的实数.

由 (2) 确定的 $s+1$ 个多项式

$$f(x),f_1(x),\cdots,f_s(x) \tag{3}$$

叫作 $f(x)$ 的斯图姆序列(或斯图姆组).

对于我们即将要陈述的结果来说,斯图姆序列的下面一些性质是重要的:

Ⅰ. 任何两个相邻的斯图姆多项式都没有公共根.

假若不然,设相邻多项式 $f_k(x)$ 和 $f_{k+1}(x)$ 有共同的根 d. 那么由式(1), d 是多项式 $f_{k-1}(x)$ 的根. 再由等式

$$f_{k-2}(x)=f_{k-1}(x)q_{k-1}(x)-f_k(x)$$

知道 d 亦为 $f_{k-2}(x)$ 的根. 继续这样进行,我们推得, d 为 $f(x)$ 和 $f_1(x)$ 的公

根,遂生矛盾.

Ⅱ. 如果实数 c 是斯图姆序列中间的某个多项式 $f_k(x)(1 \leqslant k \leqslant s-1)$ 的根,则 $f_k(x)$ 的相邻斯图姆多项式在 c 处必有相反的符号: $f_{k-1}(c)f_{k+1}(c) < 0$;

若 $f_k(c) = 0$,则由" $f_{k-1}(x) = f_k(x)q_k(x) - f_{k+1}(x)$ "可见, $f_{k-1}(c)f_{k+1}(c) \leqslant 0$ 并且 $f_{k+1}(c) = 0$ 当且仅当 $f_{k-1}(c) = 0$. 而若是如此,则 $0 = f_{k-1}(c) = f_k(c) = f_{k+1}(c) = f_{k+2}(c) = \cdots$ 与 $f_s(x) \neq 0$ 矛盾. 于是 $f_{k-1}(c)f_{k+1}(c) < 0$,得到性质Ⅱ.

Ⅲ. 如果 c 是 $f(x)$ 的实根,那么乘积 $f(x)f_1(x)$ 在 $x = c$ 处是递增的;换句话说,当 x 递增经过点 c 时这一乘积从负号变到正号.

如果 $f(c) = 0$. 那么 $f(x) = (x-c)q(x), q(c) \neq 0$ 且 $f(x)f_1(x) = (x-c)[q^2(x) + (x-c)q(x)q'(x)] = (x-c)g(x)$,其中 $g(x) = q^2(x) + (x-c)q(x)q'(x)$. 我们有 $g(c) = q^2(c) > 0$,从而在点 c 的小邻域 $(c-\delta, c+\delta)$ 上 $g(x)$ 取正值[①]. 这时乘积 $f_0(x)f_1(x)$ 与因子 $x-c$ 一样,当 x 递增经过 c 时,从负号变为正号.

性质Ⅱ事实上可以推出性质Ⅰ:如果斯图姆序列(3)中的两个相邻多项式有共同的根 c: $f_{k-1}(c) = f_k(c) = 0, k \geqslant 1$,那么 $f_{k-1}(c) = f_k(c) = 0$,与性质Ⅱ矛盾.

利用 $f(x)$ 的斯图姆序列(3),可以用来求出 $f(x)$ 的实根个数. 如果实数 c 不是已给多项式 $f(x)$ 的根,而式(3)是一个多项式的斯图姆序列,那么实数组

$$f(c), f_1(c), \cdots, f_s(c)$$

叫作当 $x = c$ 时多项式 $f(x)$ 的斯图姆序列(2)的变号数[②],记为 $V[f(c)]$.

下面的定理是我们本段的主要目的.

定理 2.2.1 (斯图姆[③]) 如果实数 a 和 $b, a < b$,都不是没有重根的多项式

[①] 若 $g(x)$ 无实根,则结论自不待言. 若不然设多项式 $g(x)$ 有 k 个相异的实根: $a_1 < a_2 < \cdots < a_k$,它们把区间 $(-\infty, \infty)$ 分成一些子开区间 $(-\infty, a_1), (a_1, a_2), \cdots, (a_{k-1}, a_k), (a_k, \infty)$,这时 c 必落入某个子开区间例如 (a_j, a_{j+1}) 中,取 δ 为 $\dfrac{a_{j+1}-c}{2}$ 与 $\dfrac{c-a_j}{2}$ 中较小的一个,则 $(c-\delta, c+\delta) \subset (a_j, a_{j+1})$,因在 $(c-\delta, c)$ 内 $g(x)$ 无实根,由零点定理(定理1.1.1)知 $g(c-\delta)g(c) > 0$,而 $g(c) > 0$,故 $g(c-\delta) > 0$,类似的可知 $g(c+\delta) > 0$. 对于 $(c-\delta, c+\delta)$ 中的任一 x,由于同样的理由 $g(c-\delta)g(x) > 0, g(x)g(c+\delta) > 0$,故最后 $g(x) > 0$.

[②] 当然多项式 $f(x)$ 的斯图姆序列中的变号数,和在 x 经过这一多项式的根时,多项式 $f(x)$ 所发生的变号是两回事情.

[③] 据说,斯图姆本人常常这样来表达对于自己(确实卓越)成就的自豪感,在给学生讲述了证明之后补充道"这就是以我的名字命名的定理".

$f(x)$ 的根,那么 $V[f(a)] \geqslant V[f(b)]$,并且差数 $V[f(a)] - V[f(a)]$ 等于多项式 $f(x)$ 在 a 和 b 间的实根个数.

这样一来,为了确定多项式 $f(x)$ 在 a 和 b 间的实根个数,只要求出从 a 到 b 时,这一多项式 $f(x)$ 的斯图姆序列变号数所减少的数目即可.

证明 为了证明这一定理,我们来研究当 x 增加时,$V[f(x)]$ 是怎样变化的.如 x 增大不经过斯图姆序列式(2)中任何一个多项式的根,它的序列中各多项式的正负号都没有变化,因而数 $V[f(x)]$ 亦没有变动.既然(2)中最后一个多项式 $f_s(x)$ 没有实根,因此我们只要讨论两种余下的情形:x 经过某一个中间多项式 $f_k(x)(1 \leqslant k \leqslant s-1)$ 的根和 x 经过多项式 $f(x)$ 的根.

设 d 是多项式 $f_k(x)(1 \leqslant k \leqslant s-1)$ 的根,那么由性质 Ⅰ,$f_{k-1}(d)$ 和 $f_{k+1}(d)$ 都不为零.故可取适当小的正数 ε,使多项式 $f_{k-1}(x)$ 和 $f_{k+1}(x)$ 在区间 $(d-\varepsilon, d+\varepsilon)$ 中都没有根,因而不变号,而且由性质 Ⅱ 它们的正负号是相反的.因此,每一组数

$$f_{k-1}(d-\varepsilon), f_k(d-\varepsilon), f_{k+1}(d-\varepsilon) \tag{4}$$

和

$$f_{k-1}(d+\varepsilon), f_k(d+\varepsilon), f_{k+1}(d+\varepsilon) \tag{5}$$

都恰好有一个变号,且与数 $f_k(d-\varepsilon), f_k(d+\varepsilon)$ 的正负号无关.例如多项式 $f_{k-1}(x)$ 在所讨论的区间内有负号,那么 $f_k(x)$ 有正号;又如 $f_k(d-\varepsilon) > 0$,$f_{k-1}(d+\varepsilon) < 0$,那么式(4)和式(5)分别有符号

$$-, +, + \text{ 和 } -, -, +.$$

如此,当 x 经过斯图姆序列中间多项式的某一个多项式的根时,只是这组数的正负号有所变动,但是变号数既没有增加亦未减少,因此对这种变动,$V[f(x)]$ 并没有变化.

另一方面,设 c 为所给多项式 $f(x)$ 的根.由性质 Ⅰ,c 不能为 $f_1(x)$ 的根.故有这样的正数 ε 存在,使在区间 $(c-\varepsilon, c+\varepsilon)$ 内不含多项式 $f_1(x)$ 的根.因而 $f_1(x)$ 在这一区间内符号不变.如果它是正号,那么由性质 Ⅲ,多项式 $f(x)$ 在区间 $(c-\varepsilon, c+\varepsilon)$ 内是递增的,因而 $f(c-\varepsilon) < 0, f(c+\varepsilon) > 0$,故数列

$$f(c-\varepsilon), f_1(c-\varepsilon) \text{ 和 } f(c+\varepsilon), f_1(c+\varepsilon) \tag{6}$$

各有符号

$$-, + \text{ 和 } +, +.$$

也就是斯图姆序列失去一个变号,如果在区间 $(c-\varepsilon, c+\varepsilon)$ 中 $f_1(x)$ 有负号,那么仍由性质 Ⅲ,多项式 $f(x)$ 在这一区间内是递减的,于是 $f(c-\varepsilon) > 0, f(c+\varepsilon) < 0$,故数列(6)现在各有正负号

$$+,-\text{ 和 }-,-.$$

也就是斯图姆序列仍然失去一个变号.

终上所述,数 $V[f(x)]$(当 x 增大时)在 x 经过多项式 $f(x)$ 的根,而且只有在这个时候,它才减少一个变号.这就证明了斯图姆定理.

斯图姆定理不仅使我们可能去计算实多项式在任意一个区间内实根的个数,而且可以求出其所有实根的个数.实际上,只要取这个多项式的负根下限来做为 a,正根上限来做为 b.但亦可施行下面的简法.有适当大的正数 N 存在,使当 $|x|>N$ 时,斯图姆序列中所有多项式的符号都同它们的首项符号一样[①].换句话说,未知量 x 有很大的正值存在,使斯图姆序列中各多项式对应于这个值的符号都和首项系数的符号相同;N 的具体值对我们的程序来说也不是本质的,我们约定用符号 ∞ 来记它.

另一方面,有绝对值很大的 x 负值存在,使斯图姆序列中各多项式对应于这个值的符号,对于偶次多项式和它的首项系数的符号相同而对于奇次多项式和它的首项系数的符号相反,约定用 $-\infty$ 来记这个 x 的值.在区间$(-\infty,\infty)$中,很明显的含有斯图姆序列所有多项式的全部实根,特别地,含有多项式 $f(x)$ 的所有实根.应用斯图姆定理到这一个区间,我们可以求出 $f(x)$ 所有实根的个数,又应用斯图姆定理到区间$(-\infty,0)$和$(0,\infty)$,各个出多项式 $f(x)$ 的负根个数和正根个数.

我们来看一个简单的例子.

例 1 设 $f(x)=x^3+3x^2-1$,我们来确定这个多项式的实根总数.易见,$f(x)$ 具有形如

$$x^3+3x^2-1,3x^2+6x,2x+1,1$$

的斯图姆序列,而最高次项的符号表如表 1.

表 1

	x^3	$3x^2$	$2x$	1	V
$x=-\infty$	$-$	$+$	$-$	$+$	3
$x=\infty$	$+$	$+$	$+$	$+$	0

我们得到结论,$f(x)$ 有三个实根:$V[f(-\infty)]-V[f(\infty)]=3$.

指出下列一事实是很有趣的,在证明决定实多项式实根个数的方法,即定理 2.2.1 时,我们实际上所利用的不是直接得到斯图姆序列各项的方法,而是

---

① 参看定理 1.3.2 的证明.

在之前所证明的有关斯图姆序列的那些性质.这是不难从定理 2.2.1 的证明过程中注意到的.自然,当我们在引出性质 Ⅰ～Ⅲ 时,曾直接依赖于斯图姆序列的定义.然而,假如我们用某一个方法使我们可以得到某一个多项式序列,这个多项式序列具有性质 Ⅰ～Ⅲ 并且在序列中最后的那个多项式在所给的区间中没有根,那么不管取得这个序列的方法是怎样,这个多项式序列就像斯图姆序列一样可以用来求 $f(x)$ 的实根个数.这说明了多项式 $f(x)$ 的斯图姆序列可以更一般地定义为这样的多项式序列,只要它具有性质 Ⅰ～Ⅲ 而且最后的多项式在所给的区间内没有实根(这四个性质有时用另外的形式表达出来).在这样更广的定义下,我们前面所讨论的斯图姆序列就是一个特殊情形了.诚然,在这样较广义的观点下,我们这里所指的斯图姆序列虽然不再是唯一的,然而它毕竟还是最重要的一个,正因为如此,有时为了明确起见,称式(2)确定的斯图姆序列是标准的.

做出两个重要的附注如下

注 1 由标准斯图姆序列(3)逐项乘以正的常实数 $\lambda_1,\lambda_2,\cdots,\lambda_s$ 得到的多项式组

$$\lambda_0 f(x),\lambda_1 f_1(x),\lambda_2 f_2(x),\cdots,\lambda_s f_s(x)$$

也是斯图姆序列序列(这是因为关于斯图姆序列,我们只关心多项式的符号,所以允许用正的常数来乘).我们把它叫作几乎标准斯图姆序列.这种斯图姆序列对于计算有用.

注 2 定理中 $f(x)$ 没有重根的条件对于不同实根的数目是非本质的,如标准斯图姆序列的构造所示,可以把 $f_k(x)$ 转换为 $g_k(x)=\dfrac{f_k(x)}{f_s(x)}(0\leqslant k\leqslant s)$,并注意到 $V[g(c)]=V[f(c)]$.

例 2 求多项式 $f(x)=x^3+3x-1$ 的实根个数.首先,$f_1(x)=f'(x)=3x^2+3$;然后,$f(x)=(3x^2+3)\dfrac{1}{3}x+2x-1$,于是 $f_2(x)=-2x+1;3x^2+3=(-2x+1)(-\dfrac{3}{2}x-\dfrac{3}{4})+\dfrac{15}{4}$,从而 $f_3(x)=-\dfrac{15}{4}$.根据注 1,可取

$$x^3+3x-1,x^2+1,-2x+1,1$$

为斯图姆序列.编制最高次项符号的表格(如表 2)

表 2

	x^3	$3x^2$	$-2x$	-1	V
$x=-\infty$	$-$	$+$	$+$	$-$	2
$x=\infty$	$+$	$+$	$-$	$-$	1

我们得到 $V[f(-\infty)]-V[f(\infty)]=1$，即 x^3+3x-1 有一个实根．

例 3 $f(x)=1+x+\dfrac{1}{2!}x^2+\cdots+\dfrac{1}{n!}x^n$（截断指数函数）．容易判断，这个多项式如果有实根，那么它必位于 $(-\infty,-\delta)$ 之内，其中 $\delta>0$ 是充分小的实数．可以取三个多项式

$$f_0(x)=f(x),$$

$$f_1(x)=f'(x)=1+x+\frac{1}{2!}x^2+\cdots+\frac{1}{(n-1)!}x^{n-1},$$

$$f_2(x)=-\frac{1}{n!}x^n(=-f(x)+f'(x))$$

为区间 $(-\infty,-\delta)$ 上的非标准斯图姆组（验证性质 Ⅰ ～ Ⅲ 并且 $f_2(x)$ 在区间 $(-\infty,-\delta)$ 内没有实根）．从符号表

表 3

	$f_0(x)$	$f_1(x)$	$f_2(x)$	V
$-\infty$	$(-1)^n$	$(-1)^{n-1}$	$(-1)^{n-1}$	1
δ	$+$	$+$	$(-1)^{n-1}$	$\dfrac{1+(-1)^n}{2}$

看到，对于偶数 n，$f(x)$ 没有实根，而当 n 为奇数时有一个负根（易见，此根随着 $n=2m+1$ 的增加而趋于 $-\infty$）．

2.3 斯图姆定理的几何解释

表面上如此矫揉造作的斯图姆定理，可以完全由直观的几何观点得到解释．

先让我们来定义一个几何图形上的概念 ——"多项式对"的特征数．我们知道，多项式 $f(x)$ 的实根的几何意义就是代表 $f(x)$ 的曲线与 x 轴的交点．今考虑两个多项式 $f_0(x),f_1(x)$ 的曲线所构成的图形，并设 $f_0(x)$ 与 $f_1(x)$ 没有公根．图 1 中的实曲线代表了 $f_0(x)$ 的曲线，虚曲线代表了 $f_1(x)$ 的曲线．这两个曲线把平面分成三个部分：曲线上方部分，曲线下方部分以及两曲线之间（有阴影）的部分．$f_0(x)$ 的曲线及 $f_1(x)$ 的曲线与 x 轴的交点就是各自的实根．

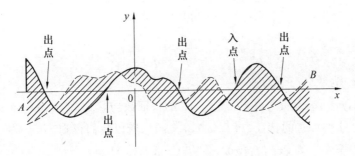

图 1

现在设 a,b 不是 $f_0(x),f_1(x)$ 的根,且分别用点 A,B 表示.设想有一动点,自点 A 向右移动到 B.显然它将通过表示 $f_1(x)$ 及 $f_0(x)$ 的根的那些点,并且就在这些点处进入阴影部分或穿出阴影部分.我们把进入阴影部分的那些点称为入点,穿出阴影部分的那些点称为出点.由于 $f_0(x)$ 与 $f_1(x)$ 没有公根,故不可能有既是入点又是出点的那种点.现在可以定义多项式对的特征数这一概念了.

定义 2.3.1 属于多项式 $f_0(x)$ 的图形并且位于 A 与 B 之间的出点个数和入点个数的差,叫作多项式对 $f_0(x)$ 与 $f_1(x)$ 在 (a,b) 上的特征数.

多项式对的特征数一定是整数.$f_0(x)$ 与 $f_1(x)$ 的特征数我们用记号 $\{f_0(x),f_1(x)\}$ 来表示.就图 1 的情形而言,$\{f_0(x),f_1(x)\}=4-1=3$.

显然数值 $\{f_0(x),f_1(x)\}$ 与点 A,B 确定的范围有关,且与 $f_0(x),f_1(x)$ 的先后次序有关.因为我们在求 $\{f_0(x),f_1(x)\}$ 时,仅考虑属于 $f_0(x)$ 的图形上的出点和入点.例如在图 1 中 $f_1(x)$ 与 $f_0(x)$ 的特征数 $\{f_1(x),f_0(x)\}=1-4=-3$.但是我们可以证明 $\{f_1(x),f_0(x)\}$ 与 $\{f_0(x),f_1(x)\}$ 有一个简单关系存在.

为此,以 p_0,q_0 表示属于 $f_0(x)$ 图形上的出点和入点的个数,以 p_1,q_1 表示属于 $f_1(x)$ 的图形上出点和入点的个数,则 p_0+p_1 就是整个图形上的总的出点个数,q_0+q_1 为总的入点个数.很明显地有下列三种情况

1.如果开始时点 A 在阴影里(外)面,点 B 亦在阴影里(外)面,则有一出(入)点,必有一入(出)点,故总的出、入点相等,即 $p_0+p_1=q_0+q_1$.

2.如果点 A 在阴影里面而点 B 在阴影外面,则整个图形上的出点个数比入点个数多 1,即 $p_0+p_1=q_0+q_1+1$.

3.如果点 A 在阴影外面,而点 B 在阴影里面,则整个图形上出点个数比入点个数少 1,即 $p_0+p_1=q_0+q_1-1$.

不论何种情况,总有关系式

$$p_0 + p_1 = q_0 + q_1 + e_1$$

或

$$(p_0 - q_0) + (p_1 - q_1) = e_1$$

成立,这里 e_1 为 $0, -1$ 或 1.

按定义,$p_0 - q_0$ 就是 $f_0(x)$ 与 $f_1(x)$ 的特征数 $\{f_0(x), f_1(x)\}$,而 $p_1 - q_1$ 就是 $f_1(x)$ 与 $f_0(x)$ 的特征数 $\{f_1(x), f_0(x)\}$,所以我们得到

$$\{f_0(x), f_1(x)\} + \{f_1(x), f_0(x)\} = e_1. \tag{1}$$

我们再来看看这个等式中的 e_1 代表什么?因为点 A 在阴影里面还是在阴影外面是取决于多项式 $f_0(x)$ 与 $f_1(x)$ 在 $x = a$ 时的值是异号还是同号.同样,点 B 在阴影的里面还是外面依赖于 $f_0(x)$ 与 $f_1(x)$ 在 $x = b$ 时的值是异号还是同号.所以,e_1 就是序列 $[f_0(a), f_1(a)]$ 的变号数 m_1 与 $[f_0(b), f_1(b)]$ 的变号数 n_1 之差:

$$e_1 = m_1 - n_1. \tag{2}$$

设 $f_0(x)$ 没有重根,如果能找到这样的多项式 $f_1(x)$,使得多项式对 $f_0(x), f_1(x)$ 所构成的图形上表示 $f_0(x)$ 的根的那些点全是出点,那么,$f_0(x)$ 的全部实根个数将等于特征数 $\{f_0(x), f_1(x)\}$.例如,在下面的图 2 中,$f_0(x)$ 的根就成了出点.让我们从图上来考察这时候 $f_1(x)$ 的图形应具有的规律.设 α 是 $f_0(x)$ 的一个根,我们这样来安置 $f_1(x)$ 的图形:

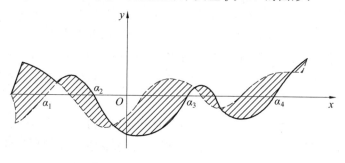

图 2

1. 若 $f_0(x)$ 由小于零经 α 后大于零,即 $f_0(x)$ 在点 α 处为增函数时,使 $f_1(x)$ 的图形在点 α 处位于 x 轴的上方,即使 $f_1(\alpha) > 0$(如图 2 上的点 α_1),这样 α 就成了出点.

2. 若 $f_0(x)$ 由大于零经 α 后小于零时,即 $f_0(x)$ 在点 α 处为减函数时,使 $f_1(x)$ 的图形在点 α 处位于 x 轴的下方,即使 $f_1(\alpha) < 0$(如图 2 上的点 α_2),这样,α 也成了出点.

由 1,2 知,只要取这样的 $f_1(x)$,当 $f_0(x)$ 在点 α 处递增时,$f_1(\alpha) > 0$;当

$f_0(x)$ 在点 α 处递减时，$f_1(\alpha)<0$；容易想到 $f_0(x)$ 的一阶导数 $f'_0(x)$ 就具有这样的特点. 于是若取 $f_1(x)=f'_0(x)$，则特征数 $\{f_0(x),f'_0(x)\}$ 就等于 $f_0(x)$ 的实根的个数.

以上是画出了 $f_0(x)$ 与 $f'_0(x)$ 的根，然后求 $\{f_0(x),f'_0(x)\}$，但是，我们的问题是要求 $f_0(x)$ 的实根个数，必须是在不知道根的情况下求出 $\{f_0(x),f'_0(x)\}$.

为此以 $f'_0(x)$ 除 $f_0(x)$，得

$$f_0(x)=f'_0(x)q_1(x)+r_1(x).$$

我们考虑这时候 $\{f_0(x),f'_0(x)\}$ 与 $\{f_1(x),r_1(x)\}$ 之间的关系. 我们来证明

定理 2.3.1　设 $f_0(x)$ 是没有重根的实系数多项式，$f_1(x)$ 是 $f_0(x)$ 的导数，且

$$f_0(x)=f_1(x)q_1(x)+r_1(x),$$

则

$$\{f_1(x),f_0(x)\}=\{f_1(x),r_1(x)\}.$$

证明　令 β 是 $f_1(x)$ 的根，因 $f_0(x)$，$f_1(x)$ 无公根，所以 $f_0(\beta)=r_1(\beta)\neq 0$，可见 $f_0(x)$ 与 $r_1(x)$ 在 β 的邻域 $(\beta-\varepsilon,\beta+\varepsilon)$ 内位于 x 轴的同一侧，于是，若 β 在 $f_1(x)$，$f_0(x)$ 所围成的图形上是出(入)点，则 β 在 $f_1(x)$，$r_1(x)$ 所围成的图形上仍是出(入)点. 又因在计算 $\{f_1(x),f_0(x)\}$ 及 $\{f_1(x),r_1(x)\}$ 时，都是按 $f_1(x)$ 的出点和入点个数计算的，所以有 $\{f_1(x),f_0(x)\}=\{f_1(x),r_1(x)\}$.

现在利用刚才所证明的定理来完成我们的计算——$\{f_0(x),f_1(x)\}$ 的值. 首先根据式(1)有

$$\{f_0(x),f_1(x)\}=-\{f_1(x),f_0(x)\}+e_1,$$

既然(按定理 2.3.1)

$$\{f_1(x),f_0(x)\}=\{f_1(x),r_1(x)\},$$

于是

$$\{f_0(x),f_1(x)\}=-\{f_1(x),r_1(x)\}+e_1. \tag{3}$$

再以 $r_1(x)$ 除 $f_1(x)$ 得余式 $r_2(x)$，即

$$f_1(x)=r_1(x)q_2(x)+r_2(x),$$

则同理可得 $\{f_1(x),r_1(x)\}=-\{r_1(x),r_2(x)\}+e_2$，其中 e_2 含有与 e_1 同样的意义.

如此继续下去，由于 $f_0(x)$，$f_1(x)$，$r_1(x)$，$r_2(x)$，… 的次数愈来愈低，故求 $\{f_0(x),f_1(x)\}$ 的问题基本上已解决了. 但我们可以取更为完善的形式，把式(3)中的负号消去.

147

首先很明显有$\{f_0(x),-f_1(x)\}=-\{f_0(x),f_1(x)\}$.

在图3中可以看到,原来由$f_0(x),f_1(x)$构成的图形上属于$f_0(x)$的所有出点和入点,在$f_0(x)$,与$-f_1(x)$所构成的图形上变成了入点和出点.因此,我们把$r_1(x)$乘以-1后取作$f_2(x)$,从而

$$f_0(x)=f_1(x)q_1(x)-f_2(x).$$

于是式(3)就转为

$$\{f_0(x),f_1(x)\}=\{f_1(x),f_2(x)\}+e_1. \tag{4}$$

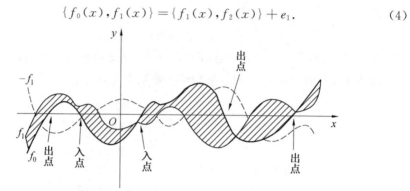

图 3

对$f_1(x)$作同样的处理,即以$f_2(x)$除$f_1(x)$得余式$r_2(x)$,把$r_2(x)$乘以-1取作$f_3(x)$,$\cdots$,等等,即可得如下一串等式:

$$f_0(x)=f_1(x)q_1(x)-f_2(x),$$
$$f_1(x)=f_2(x)q_2(x)-f_3(x),$$
$$\vdots$$
$$f_{s-2}(x)=f_{s-1}(x)q_{s-1}(x)-f_{s-1}(x),$$
$$f_{s-1}(x)=f_s(x)q_s(x).$$

如果假设$f_0(x)$没有重根,$f_1(x)=f'_0(x)$,则$f_s(x)$为零次多项式,从而有

$$\begin{cases}\{f_0(x),f_1(x)\}=\{f_1(x),f_2(x)\}+e_1,\\ \{f_1(x),f_2(x)\}=\{f_2(x),f_3(x)\}+e_2,\\ \qquad\vdots\\ \{f_{s-2}(x),f_{s-1}(x)\}=\{f_{s-1}(x),f_s(x)\}+e_{s-1},\\ \{f_{s-1}(x),f_s(x)\}=\{f_s(x),0\}+e_s,\end{cases} \tag{5}$$

其中e_i表示$f_{i-1}(a),f_i(a)$的变号数m_i与$f_{i-1}(b),f_i(b)$的变号数n_i之差m_i-n_i.

又因$f_s(x)$没有实根,所以它与任何多项式的特征数均为零,特别地,

148

$\{f_s(x),0\}=0$. 所以 $\{f_{s-1}(x),f_s(x)\}=e_s$. 式(5) 依次向上代入得

$\{f_0(x),f_1(x)\}=e_1+e_2+\cdots+e_{s-1}+e_s=(m_1-n_1)(m_2-n_2)+\cdots+(m_s-n_s)$
$$=(m_1+m_2+\cdots+m_s)-(n_1+n_2+\cdots+n_s).$$

因 m_i 表示 $f_{i-1}(a),f_i(a)$ 的变号数,故 $m_1+m_2+\cdots+m_s$ 表示了 $f_0(a)$, $f_1(a),\cdots,f_s(a)$ 的变号数,即 $f_0(x)$ 的斯图姆序列在 $x=a$ 时的变号数 V_a. 同理,$n_1+n_2+\cdots+n_s$ 表示 $f_0(b),f_1(b),\cdots,f_s(b)$ 的变号数,即 $f_0(x)$ 的斯图姆序列在 $x=b$ 时的变号数 V_b. 所以 $\{f_0(x),f_1(x)\}=V_a-V_b$. 这就是说,$f_0(x)$ 的实根个数等于 V_a-V_b,就是无重根的实系数多项式 $f_0(x)$ 与它的导数 $f'(x)$ 的特征数.

2.4 斯图姆－塔斯基[1]定理

现在来讲由塔斯基推广斯图姆定理而得到的一些结果,我们从下面的斯图姆－塔斯基序列开始.

用任意一个非零的实系数多项式 $g(x)$ 来替代标准斯图姆序列中的 $f'(x)$,如此将得到序列

$$\begin{cases} t_0(x)=f(x),\\ t_1(x)=g(x),\\ t_2(x)=-\mathrm{rem}(t_0(x),t_1(x)),\\ \quad\vdots\\ t_{k+1}(x)=-\mathrm{rem}(t_{k-1}(x),t_k(x)),(\neq 0)\\ \quad\vdots\\ t_m(x)=-\mathrm{rem}(t_{m-2}(x),t_{m-1}(x)),(\neq 0)\\ t_{m+1}(x)=-\mathrm{rem}(t_{m-1}(x),t_m(x))=0 \end{cases} \tag{1}$$

记号 $\mathrm{rem}(f(x),g(x))$ 表示 $f(x)$ 除 $g(x)$ 的余式.

我们就把(1)中的多项式序列 $t_0(x),t_1(x),\cdots,t_{m+1}(x)$ 称为 $f(x)$ 关于 $g(x)$ 的斯图姆－塔斯基序列,记作 $ST(f(x),g(x))$.

为了简便起见,用记号

$$V[ST(f,g)]_a^b=V_a(ST(f(x),g(x)))-V_b(ST(f(x),g(x)))$$

来表示 $f(x)$ 关于 $g(x)$ 的斯图姆－塔斯基序列在 b,a 两处变号数的差值.

---

[1]　阿尔弗雷德·塔斯基(Alfred Tarski,1902—1983) 美国籍波兰裔犹太逻辑学家和数学家.

关于斯图姆－塔斯基序列,我们有

引理 1　设 $f(x),g(x)$ 是两个实系数多项式,并且 $f(x)$ 在区间 $[a,b]$ 上没有根,则 $f(x)$ 关于 $g(x)$ 的斯图姆－塔斯基序列在 a,b 两处的变号数的差为零

$$V_a(ST(f(x),g(x)))-V_b(ST(f(x),g(x)))=0.$$

证明　设 $f(x)$ 关于 $g(x)$ 的斯图姆－塔斯基序列为

$$t_0(x)=f(x),t_1(x)=g(x),t_2(x),\cdots,t_m(x)$$

同时设

$$t_{i-1}(x)=q_i(x)t_i(x)-t_{i+1}(x),i=1,2,\cdots,m-1.$$

首先指出 $t_m(x)$ 在 $[a,b]$ 上不能有根. 这是因为 $t_m(x)$ 是 $f(x)$ 和 $g(x)$ 的一个最大公因式,同时区间 $[a,b]$ 上不含 $f(x)$ 的根. 这样根据实数序列的变号数的第一个性质,对于 $[a,b]$ 上的任一点 c 均有

$$V_c(t_0(x),\cdots,t_m(x))=V_c\left(\frac{t_1(x)}{t_m(c)},\cdots,\frac{t_m(x)}{t_m(c)}\right)$$

$$=V_c\left(\frac{t_1(x)}{t_m(x)},\cdots,\frac{t_m(x)}{t_m(x)}\right).$$

如此,我们只要证明

$$V_a(\bar{t}_0(x),\cdots,\bar{t}_m(x))-V_b(\bar{t}_0(x),\cdots,\bar{t}_m(x))=0$$

就行了,这里 $\bar{t}_i(x)=\dfrac{\bar{t}_i(x)}{t_m(x)},i=1,2,\cdots,m.$

为此,将区间 $[a,b]$ 分割成一系列区间的并

$$[a,b]=[a_0,a_1]\bigcup[a_1,a_2]\bigcup\cdots\bigcup[a_{h-1},a_h]\bigcup[a_h,a_{h+1}]\quad(a_0=a,a_{h+1}=b)$$

并且这些区间的端点不是任一多项式 $\bar{t}_i(x)$ 的根;而 $[a_i,a_{i+1}](i=0,1,\cdots,m)$ 内至多含有序列 $\bar{t}_0(x),\cdots,\bar{t}_m(x)$ 的一个根,即某个多项式的一个根. 这是可以做到的,因为这些多项式的根的全体是有限的.

现在来考虑这些区间中的任一个: $[a_i,a_{i+1}]$. 如果这个区间不含序列中任一多项式 $\bar{t}_j(x)(j=0,1,\cdots,m)$ 的根,则由于零点定理(第二章定理 1.1.1), $\bar{t}_j(a_i)\bar{t}_j(a_{i+1})>0$,这表明序列

$$\bar{t}_0(x),\cdots,\bar{t}_m(x)$$

在 a_i,a_{i+1} 两处变号数的差值等于零.

较为复杂的是另一个情形:设 $c\in[a_i,a_{i+1}]$ 是 $\bar{t}_j(x)$ 的根,则 $0<j<m$,并

且 $\bar{t}_{j-1}(c)\bar{t}_{j+1}(c) \neq 0$. 事实上,若 $\bar{t}_{j-1}(c) = 0$,则由

$$\bar{t}_{j-1}(c) = \bar{t}_j(c) = 0,$$

以及

$$\bar{t}_{j-2}(c) = q_{j-1}(c)\bar{t}_{j-1}(c) - \bar{t}_j(c),$$

可得到

$$\bar{t}_{j-2}(c) = 0,$$

依此类推,最后将得到

$$\bar{t}_0(c) = 0,$$

这与 $t_0(c) \neq 0$ 相悖. 同样 $\bar{t}_{j+1}(c) \neq 0$. 于是

$$\bar{t}_{j-1}(c) = q_j(c)\,\bar{t}_j(c) - \bar{t}_{j+1}(c) = -\bar{t}_{j+1}(c),$$

因而

$$\bar{t}_{j-1}(c)\bar{t}_{j+1}(c) < 0.$$

既然序列

$$\bar{t}_0(x), \cdots, \bar{t}_m(x)$$

的每一个多项式在 $[a_i, a_{i+1}]$ 中不再有其他根,同前面一样由于零点定理有

$$\bar{t}_{j-1}(a_i)\bar{t}_{j-1}(c) > 0, \bar{t}_{j+1}(a_i)\bar{t}_{j+1}(c) > 0,$$

结合

$$\bar{t}_{j-1}(c)\bar{t}_{j+1}(c) < 0,$$

得出

$$\bar{t}_{j-1}(a_i)\bar{t}_{j+1}(a_i) < 0,$$

类似的推理能让我们得到

$$\bar{t}_{j-1}(a_{i+1})\bar{t}_{j+1}(a_{i+1}) < 0.$$

现在由于实数序列的变号数的第二个性质,有

$$V_{a_i}(\bar{t}_0(x)(\bar{t}_0(x), \cdots, \bar{t}_{j-1}(x), \bar{t}_j(x), \bar{t}_{j+1}(x) \cdots, \bar{t}_m(x))$$

$$= V_{a_i}(\bar{t}_0(x), \cdots, \bar{t}_{j-1}(x), \bar{t}_{j+1}(x) \cdots, \bar{t}_m(x)),$$

$$V_{a_{i+1}}(\bar{t}_0(x), \cdots, \bar{t}_{j-1}(x), \bar{t}_j(x), \bar{t}_{j+1}(x) \cdots, \bar{t}_m(x))$$

$$= V_{a_{i+1}}(\bar{t}_0(x), \cdots, \bar{t}_{j}-1(x), \bar{t}_{j}+1(x) \cdots, \bar{t}_m(x)),$$

这表明,对于在 $[a_i, a_{i+1}]$ 中有根的多项式,在计算变号数时可去掉该多项式所对应的项.

总括起来说,不论何种情况,均有

$$V_{a_i}(\bar{t}_0(x), \cdots, \bar{t}_m(x)) - V_{a_{i+1}}(\bar{t}_0(x), \cdots, \bar{t}_m(x)) = 0,$$

如此,

$$V_a(\bar{t}_0(x), \cdots, \bar{t}_m(x)) - V_b(\bar{t}_0(x), \cdots, \bar{t}_m(x))$$

$$= \sum_{j=0}^{m-1} [V_{a_j}(\bar{t}_0(x), \cdots, \bar{t}_m(x)) - V_{a_{j+1}}(\bar{t}_0(x), \cdots, \bar{t}_m(x))] = 0.$$

引理 2　设 $f(x), g(x)$ 是两个实系数多项式,而多项式 $f(x)$ 在区间 (a,b) 内恰有一个根 c,且 $f(a)f(b) \neq 0$,则

$$V[ST(f, f'g)]_a^b = \mathrm{sgn}(g(c)),$$

这里 $f'(x)$ 是 $f(x)$ 的导数.

证明　设 $f(x)$ 关于 $f'(x)g(x)$ 的斯图姆－塔斯基序列为:

$$t_0(x) = f(x), t_1(x) = f'(x)g(x), t_2(x), \cdots, t_m(x).$$

我们可以区间 $[a,b]$ 分成

$$[a,b] = [a, c-\delta] \bigcup [c-\delta, c+\delta] \bigcup [c+\delta, b],$$

并且每个多项式 $t_i(x)$ 在中间那个区间 $[c-\delta, c+\delta]$ 中都没有异于 c 的根.

既然 $f(x)$ 在 $[a, c-\delta]$ 以及 $[c+\delta, b]$ 中均无根,按引理 1,

$$V[ST(f, f'g)]_a^{c-\delta} = V[ST(f, f'g)]_{c+\delta}^b = 0,$$

于是

$$V[ST(f, f'g)]_a^b = V[ST(f, f'g)]_a^{c-\delta} + V[ST(f, f'g)]_{c-\delta}^{c+\delta} + V[ST(f, f'g)]_{c+\delta}^b$$

$$= V[ST(f, f'g)]_{c-\delta}^{c+\delta}.$$

因此只要计算 $c-\delta, c+\delta$ 两处 $ST(f, f'g)$ 的变号数即可. 考虑区间 $[c-\delta, c)$ 以及 $(c, c+\delta]$,在这两个区间中每个多项式 $t_i(x)$ 都没有根. 令

$$f(x) = (x-c)^r \varphi(x), g(x) = (x-c)^s \psi(x) \quad (r > 0, s \geqslant 0)$$

于是 $f(x)$ 的导数为

$$f'(x) = (x-c)^{r-1}[r\varphi(x) + (x-c)\varphi'(x)],$$

而

$$f(x)f'(x)g(x) = (x-c)^{2r+s-1}[r\varphi^2(x)\psi(x) + (x-c)\varphi(x)\varphi'(x)\psi(x)],$$

分两种情形

1. $s = 0$,此时 $g(c) \neq 0, \psi(x) = g(x)$,而

$$f(x)f'(x)g(x) = (x-c)^{2r-1}[r\varphi^2(x)g(x) + (x-c)\varphi(x)\varphi'(x)g(x)],$$

可以选取 δ 如此小,使得在对于 $[c-\delta, c)$ 中的任何 x,均有

152

$|r\varphi^2(x)g(x)|>|(x-c)\varphi(x)\varphi'(x)g(x)|$,以及 $g(x)g(c)>0$,①

综合上述,只要 δ 比 $\dfrac{|p(c)|}{K}$,$\dfrac{|g(c)|}{\displaystyle\sum_i\left|\dfrac{g^{(i)}(c)}{i!}\right|}$,1 均小,我们的目的就能达到.

如果 $g(c)>0$,那么

$$f(x)f'(x)g(x)=(x-c)^{2r-1}[r\varphi^2(x)g(x)+(x-c)\varphi(x)\varphi'(x)]>0,$$

即,在 $[c-\delta,c)$ 中,$f(x)$ 与 $f'(x)g(x)$ 有相反的符号,在 $(c,c+\delta]$ 中,$f(x)$ 与 $f'(x)g(x)$ 有相同的符号.另一方面,因为每个多项式 $t_i(x)$ 在 $[c-\delta,c)$,$(c,c+\delta]$ 中都没有根,依据零点定理,$t_i(a)$,$t_i(b)$ 同号,如此

$$V[ST(f,f'g)]_{c-\delta}^{c+\delta}=+1.$$

在 $g(x)<0$ 时,可以做一样的讨论,而得到

$$V[ST(f,f'g)]_{c-\delta}^{c+\delta}=-1.$$

2. $s>0$,此时 $g(c)=0$,

$$t_0(x)=f(x)=(x-c)^r\varphi(x),$$

---

① 设 $p(x)=r\varphi^2(x)g(x)$,$q(x)=\varphi(x)\varphi'(x)g(x)$,并且 $p(c)\neq0$.依照泰勒公式,

$$p(x)=\sum_i\frac{p^{(i)}(c)}{i!}(x-c)^i,q(x)=\sum_j\frac{q^{(j)}(c)}{j!}(x-c)^j,$$

于是

$$|p(x)|-|q(x)|=|p(c)+\sum_i\frac{p^{(i)}(c)}{i!}(x-c)^i|-|(x-c)[q(c)+\sum_j\frac{q^{(j)}(c)}{j!}(x-c)^j]|.$$

令 $\delta<1$,注意到 $-\delta\leqslant x-c<0$,我们有

$$|p(c)+\sum_i\frac{p^{(i)}(c)}{i!}(x-c)^i|-|(x-c)[q(c)+\sum_j\frac{q^{(j)}(c)}{j!}(x-c)^j]|$$

$$\geqslant|p(c)|-\sum_i\left|\frac{p^{(i)}(c)}{i!}\right|\delta^i-\delta[|q(c)|+\sum_j\left|\frac{q^{(j)}(c)}{j!}\right|\delta^j]$$

$$>|p(c)|-\delta[|q(c)|+\sum_i\left|\frac{p^{(i)}(c)}{i!}\right|+\sum_j\left|\frac{q^{(j)}(c)}{j!}\right|]$$

只要 δ 比 $\dfrac{|p(c)|}{K}$ 和 1 小 $\left(K=|q(c)|+\displaystyle\sum_i\left|\frac{p^{(i)}(c)}{i!}\right|+\sum_j\left|\frac{q^{(j)}(c)}{j!}\right|\right)$,那么上面最后那个式子便能大于零.

同样对 $g(x)$ 在 c 点展开

$$g(x)=g(c)+\sum_i\frac{g^{(i)}(c)}{i!}(x-c)^i,$$

于是

$$g(x)g(c)=g^2(c)+g(c)\sum_i\frac{g^{(i)}(c)}{i!}(x-c)^i,$$

若 $\delta<1$,则有 $g(x)g(c)>g^2(c)-\delta|g(c)|\displaystyle\sum_i\left|\frac{g^{(i)}(c)}{i!}\right|$.既然 $g(c)\neq0$,则当 δ 比 $\dfrac{|g(c)|}{\displaystyle\sum_i\left|\dfrac{g^{(i)}(c)}{i!}\right|}$

和 1 均小的时候,$g(x)g(c)$ 就大于零.

$$t_1(x) = f'(x)g(x) = (x-c)^{r+s-1}[r\varphi(x)\psi(x) + (x-c)\varphi'(x)\psi(x)],$$

注意到 $(x-c)^{r+s-1}$ 是诸 $t_i(x)$ 的因式,考虑下面的多项式序列

$$\overline{t_0}(x), \overline{t_1}(x) \cdots, \overline{t_m}(x),$$

其中 $\overline{t_i}(x) = \dfrac{\overline{t_i}(x)}{(x-c)^r} (i = 1, 2, \cdots, m).$

既然 $[a,b]$ 上不含 $t_i(x)$ 的根,由引理 1,这个序列在 a,b 两处的变号数的差为零,再依变号数的第一个性质,

$$V_a(t_0(x), t_1(x), \cdots, t_m(x)) - V_b(t_0(x), t_1(x), \cdots, t_m(x))$$

$$= V_a(\frac{1}{2(x-c)^r}t_0(x), \frac{1}{2(x-c)^r}t_1(x), \cdots, \frac{1}{2(x-c)^r}t_m(x)) -$$

$$V_b(\frac{1}{2(x-c)^r}t_0(x), \frac{1}{2(x-c)^r}t_1(x), \cdots, \frac{1}{2(x-c)^r}t_m(x))$$

$$= V_a(\overline{t_0}(x), \overline{t_1}(x) \cdots, \overline{t_m}(x)) - V_b(\overline{t_0}(x), \overline{t_1}(x) \cdots, \overline{t_m}(x))$$

$$= 0.$$

综合上面所说的,我们有

$$V_a(ST(f(x), f'(x)g(x))) - V_b(ST(f(x), f'(x)g(x))) = \operatorname{sgn}(g(c)).$$

斯图姆－塔斯基定理　设 $f(x), g(x)$ 都是实系数多项式,$a < b$ 而 $f(a)f(b) \neq 0$,则

$$V[ST(f, f'g)]_a^b = N[f=0, g>0]_a^b - N[f=0, g<0]_a^b,$$

这里 $N[f=0, g>0]_a^b (N[f=0, g<0]_a^b)$ 表示在区间 (a,b) 上使 $g(x) > 0(g(x) < 0)$ 的 $f(x)$ 的不同根的个数(重数不计在内).

证明　设 $f(x)$ 在 (a,b) 有 p 个不同的根

$$a < c_1 < c_2 < \cdots < c_p < b$$

则我们可以将区间 $[a,b]$ 下面这些区间的并

$$[a,b] = [a, \frac{c_1+c_2}{2}] \bigcup [\frac{c_1+c_2}{2}, \frac{c_2+c_3}{2}] \bigcup \cdots \bigcup$$

$$[\frac{c_{p-2}+c_{p-1}}{2}, \frac{c_{p-1}+c_p}{2}] \bigcup [\frac{c_{p-1}+c_p}{2}, b]$$

这些区间的每一个有且仅有 $f(x)$ 的一个根.

注意到

$$V[ST(f, f'g)]_a^b = V[ST(f, f'g)]_a^{\frac{c_1+c_2}{2}} + V[ST(f, f'g)]_{\frac{c_1+c_2}{2}}^{\frac{c_2+c_3}{2}} + \cdots +$$

$$V[ST(f, f'g)]_{\frac{c_{p-1}+c_p}{2}}^b,$$

并对上面的每一个区间应用引理 2,我们得到

$$V[ST(f,f'g)]_a^b = \sum_{i=1}^{p} \mathrm{sgn}(g(c_i)) = N[f=0,g>0]_a^b - N[f=0,g<0]_a^b.$$

由斯图姆－塔斯基定理可以获得一些有趣的推论.

首先取 $g(x)=1$，即得斯图姆定理(此时斯图姆组为标准斯图姆组).

现在分别取 $f(x)$ 关于 $1, f'(x)g(x)$ 以及 $f'(x)g^2(x)$ 的斯图姆－塔斯基序列，然后由斯图姆－塔斯基定理可以得到如下关于 $N[f=0,g>0]_a^b, N[f=0,g<0]_a^b, N[f=0,g=0]_a^b$ 的方程组

$$V[ST(f,f')]_a^b = N[f=0,g>0]_a^b + N[f=0,g<0]_a^b + N[f=0,g=0]_a^b,$$
$$V[ST(f,f'g)]_a^b = N[f=0,g>0]_a^b - N[f=0,g<0]_a^b,$$
$$V[ST(f,f'g^2)]_a^b = N[f=0,g^2>0)]_a^b - 0$$
$$= N[f=0,g>0]_a^b + N[f=0,g<0]_a^b,$$

解之即得

推论 1　当 $f(a)f(b) \neq 0$ 时，有

$$\begin{pmatrix} N[f=0,g>0]_a^b \\ N[f=0,g<0]_a^b \\ N[f=0,g=0]_a^b \end{pmatrix} = \begin{pmatrix} 0 & \dfrac{1}{2} & \dfrac{1}{2} \\ 0 & -\dfrac{1}{2} & \dfrac{1}{2} \\ 1 & 0 & -1 \end{pmatrix} \begin{pmatrix} V[ST(f,f')]_a^b \\ V[ST(f,f'g)]_a^b \\ V[ST(f,f'g^2)]_a^b \end{pmatrix}.$$

在推论 1 中，取 $g(x)=x-a$，则得到

推论 2　当 $f(x)$ 在 $(a,+\infty)$ 中的不同根的数目为

$$N[f=0,g>0]_a^b = \frac{1}{2}\{V[ST(f,f'))]_{-\infty}^{+\infty} +$$
$$V[ST(f,(x-a)f')>0)]_{-\infty}^{+\infty} -$$
$$N[f=0,x=a)]_{-\infty}^{+\infty}\},$$

其中 $N[f=0,x=a]_{-\infty}^{+\infty}$ 依 $f(a)$ 为 0 与否而取 1 或者 0.

2.5　关于实根数的其他定理

斯图姆定理完全解决了关于多项式实根个数的问题.但是它的主要缺点是构成斯图姆组的计算往往非常麻烦,读者通过上面所讨论的第一个例子的所有计算就会知道.现在来证明另外两个定理,它们虽然不能给出实根的确切个数(而只是给出这个数目的上限),但这些定理结合可以得出实根个数下限的图解法,常常可以求出实根的确数.

设已给实系数 n 次多项式 $f(x)$，且允许它可能有重根存在.把它的逐次导数组

$$f(x) = f^{(0)}(x), f'(x), f''(x), \cdots, f^{(n-1)}(x), f^{(n)}(x), \qquad (1)$$

称为 $f(x)$ 的比当－傅里叶序列,记作 $BF(f)$.

如果一个闭区间 $[a,b]$ 不含多项式组(1)中任何一个式子的根,那么对于任何 $[a,b]$ 中的数 x,变号数 $V_x[BF(f)]$ 就是一个常数.事实上,因为 $[a,x]$ 中没有 $f^{(i)}(x)(i=0,1,\cdots,n)$ 的根,则由于零点定理

$$f^{(i)}(a)f^{(i)}(x) > 0,$$

由此便有

$$V[BF(f))]_a^x = 0,$$

或

$$V_x[BF(f)] = V_a[BF(f)].$$

这样,明显的,当 x 不经过多项式序列(1)中任何一个式子的根时,数 $V_x[BF(f)]$ 不可能有变动.因此我们只要讨论两种情形:x 经过多项式 $f(x)$ 的根和 x 经过任何一个导式 $f^{(k)}(x)$ 的根,$1 \leqslant k \leqslant n-1$.

设 α 为多项式 $f(x)$ 的 p 重根,$p \geqslant 1$,也就是,

$$f(\alpha) = f'(\alpha) = \cdots = f^{(p-1)}(\alpha) = 0, f^{(p)}(\alpha) \neq 0.$$

设正数 ε 适当的小,使得区间 $(\alpha - \varepsilon, \alpha + \varepsilon)$ 中不含多项式 $f(x), f'(x), \cdots, f^{(p-1)}(x)$ 的 α 以外的其他根,同时亦不含多项式 $f^{(p)}(\alpha)$ 任何一个根.我们来证明,数的序列

$$f(\alpha - \varepsilon), f'(\alpha - \varepsilon), \cdots, f^{(p-1)}(\alpha - \varepsilon) = 0, f^{(p)}(\alpha - \varepsilon)$$

中任何两个相邻的数都是反号的,而所有的数

$$f(\alpha + \varepsilon), f'(\alpha + \varepsilon), \cdots, f^{(p-1)}(\alpha + \varepsilon) = 0, f^{(p)}(\alpha + \varepsilon)$$

都是同号的.

对于任一 $0 \leqslant i \leqslant p-1$ 的 i:如果 $f^{(i)}(\alpha - \varepsilon) > 0$,那么在区间 $(\alpha - \varepsilon, \alpha)$ 中 $f^{(i)}(x)$ 是减少的,由此 $f^{(i)}(x)$ 的导数该处的值小于零[①]:$f^{(i+1)}(\alpha - \varepsilon) < 0$;如果 $f^{(i)}(\alpha - \varepsilon) < 0$,那么 $f(x)$ 是增加的,因而 $f^{(i+1)}(\alpha - \varepsilon) > 0$.故在这两种情形,它们的符号都是相反的.另一方面,如果 $f^{(i)}(\alpha + \varepsilon) > 0$,那么在区间 $(\alpha, \alpha + \varepsilon)$ 中,$f^{(i)}(x)$ 是增加的,因而 $f^{(i+1)}(\alpha + \varepsilon) > 0$,同理由 $f^{(i)}(\alpha + \varepsilon) < 0$ 得 $f^{(i+1)}(\alpha +$

----

① 可以这样来证明:依照拉格朗日定理(第三章定理 1.1.1 推论 1),区间 $(\alpha - \varepsilon, \alpha)$ 中存在点 c 满足

$$(f^{(i)}(c))' = f^{(i+1)}(c) = \frac{f^{(i)}(\alpha) - f^{(i)}(\alpha - \varepsilon)}{\alpha - (\alpha - \varepsilon)} = \frac{-f^{(i)}(\alpha - \varepsilon)}{\varepsilon}$$

既然 $-f^{(i)}(\alpha - \varepsilon) < 0, \varepsilon > 0$,于是 $f^{(i+1)}(c) < 0$.由此 $f^{(i+1)}(\alpha - \varepsilon)$ 只能小于零,如若不然,则按零点定理,$f^{(i+1)}(x)$ 将在区间 $(\alpha - \varepsilon, c) \subset (\alpha - \varepsilon, \alpha)$ 有实根,这和我们的假定矛盾.

$\varepsilon)<0$. 这样一来,在经过根 α 之后,$f^{(i)}(\alpha+\varepsilon)$ 和 $f^{(i+1)}(\alpha+\varepsilon)$ 必须同号.

这就证明了,当 x 经过多项式 $f(x)$ 的 p 重根时,序列

$$f(x),f'(x),\cdots,f^{(p-1)}(x),f^{(p)}(x)$$

失去 p 个变号.

现在设 α 为导数

$$f^{(k)}(x),f^{(k+1)}(x),\cdots,f^{(k+p-1)}(x),1\leqslant k\leqslant n-1,p\geqslant1$$

的根,但不是 $f^{(k+1)}(x)$ 亦不是 $f^{(k+p)}(x)$ 的根. 从上面的证明,推知当 x 经过 α 时,序列

$$f^{(k)}(x),f^{(k+1)}(x),\cdots,f^{(k+p+1)}(x),f^{(k+p)}(x)$$

将丧失 p 个变号. 但在 $f^{(k-1)}(x)$ 和 $f^{(k)}(x)$ 间,可能得出一个新的变号,由 $p\geqslant 1$,当 x 经过 α 时,

$$f^{(k-1)}(x),f^{(k)}(x),f^{(k+1)}(x),\cdots,f^{(k+p-1)}(x),f^{(k+p)}(x)$$

的变号数可能不变亦可能减少. 因为当 x 经过值 α 时,多项式 $f^{(k+1)}(x)$ 和 $f^{(k+p)}(x)$ 的符号不变,如果它的变号数减少,那么一定是减少一个正偶数.

从上面所说的结果推得:如果 a 和 $b,a<b$,都不是多项式组(1)中任何一个式子的根,那么在 a,b 间的多项式 $f(x)$ 的实根个数(p 重根以 p 个计算),等于 $V[BF(f)]_a^b$ 或比这个数少一个正偶数.

现在来减轻加在数 a 和 b 上的限制:a,b 不为 $f(x)$ 的根,但可能为组(1)中其他多项式的根. 此时我们可以这样来定出多项式 $f(x)$ 在 a 和 b 间的实根数. 设 δ 为这样小的正数,使得 $f(x)$ 在 a 和 b 间的实根均落在区间 $a+\delta$ 与 $b-\delta$ 之间,并且组(1)的多项式在这两点——$a+\delta$ 与 $b-\delta$——处均不为零. 于是按照前面所证明的应该有

$$V[BF(f)]_{b-\delta}^{a+\delta}=N+2r,V[BF(f)]_{a+\delta}^a=2s,V[BF(f)]_{b-\delta}^b=N+2t,\quad(2)$$

这里 N 表示 $f(x)$ 在 $(a+\delta,b-\delta)$ 间的实根数目,而 r,s,t 均为非负整数.

从式(2)很容易推知

$$V[BF(f))]_b^a=N+2(r+s+t).$$

这就证明了下面的定理.

比当－傅里叶[①]**定理**　　如果实数 a 和 $b,a<b$,不是实系数多项式 $f(x)$ 的根,那么多项式 $f(x)$ 在 a 和 b 间的实根数(p 重根以 p 个计算),等于差

---

① 比当(Budan,1761—1840)法国(医学博士)学者,独立发现这个定理. 傅里叶(Jean Baptiste Joseph Fourier;1768—1830)法国数学家.

$V\left[BF(f)\right]_0^a$ 或比这个差少一个正偶数[1].

用符号 ∞ 来记未知量 x 的很大的正值,使得所有组(1)中多项式对应于这一个值的符号都和它的首项系数符号相同.因为这些系数顺次为数 $a_0,na_0,n(n-1)a_0,\cdots,n!\,a_0$,符号相同,所以 $V_\infty\left[BF(f)\right]=0$.另一方面,因为

$$f(0)=a_n,f'(0)=a_{n-1},f''(c)=a_{n-2}2!,f'''(c)=a_{n-3}3!,\cdots,f^{(n)}(c)=a_0n!,$$

其中 $a_0,a_1,\cdots,a_n$ 为多项式 $f(x)$ 的系数,所以 $V_0\left[BF(f)\right]$ 和多项式 $f(x)$ 的系数组的变号数相同,在这里等于零的系数是不给计算的.这样一来,应用布丹——傅里叶定理到区间 $(0,\infty)$,我们得出下面的定理:

笛卡儿定理　实系数多项式 $f(x)$ 的正根个数(p 重根以 p 个计算),等于这一多项式的系数组(等于零的系数不计算进去)的变号数或比这个数少一个正偶数[2].

为了定出多项式 $f(x)$ 的负根个数,很明显的只要应用笛卡定理到多项式 $f(-x)$.在这里,如果多项式 $f(x)$ 的系数没有一个等于零,那么很明显的,多项式 $f(-x)$ 的系数的变号对应于多项式 $f(x)$ 的系数的同号,反过来亦是一样的.这样一来,如果多项式 $f(x)$ 没有等于零的系数,那么它的负根个数(重根用它的重数来计算)等于它的系数组中的同号数,或比这一个数少一个正偶数.

我们还可以不用比当——傅里叶定理来证明笛卡儿定理.

引理　如果 $c>0$,那么 $f(x)$ 的系数组的变号数比乘积 $(x-c)f(x)$ 的系数组的变号数或少一个正奇数.

证明　事实上,把多项式 $f(x)$ 接连的同号项集和在括号里面,写成下面的形状,它的首项系数算作正数

$$f(x)=(a_0x^n+\cdots+b_1x^{k_1+1})-(a_1x^{k_2}+\cdots+b_2x^{k_2+1})+\cdots+$$
$$(-1)^s(a_sx^{k_s}+\cdots+b_{s+1}x^t). \tag{3}$$

---

[1]　实际上,比当发表了这个定理的几乎等价的形式:设实数 a 和 $b,a<b$,不是实系数多项式 $f(x)$ 的根,令 $x=y+a,x=z+b$,那么多项式 $g_1(y)=f(y+a)$ 系数组的变号数与 $g_2(z)=f(z+b)$ 系数组的变号数之差,是 $f(x)$ 在 a 和 b 间的实根数(p 重根以 p 个计算)的上限.

依照泰勒公式

$$g_1(y)=f(a)+f'(a)y+\frac{f^{(2)}(a)}{2!}y^2+\cdots+\frac{f^{(n)}(a)}{n!}y^n,$$

$$g_2(z)=f(b)+f'(b)z+\frac{f^{(2)}(b)}{2!}z^2+\cdots+\frac{f^{(n)}(b)}{n!}z^n,$$

由此知与所述定理无异.

[2]　一个只有 n 项的实系数多项式的系数序列最多只有 $n-1$ 次变号.根据笛卡儿定理,这个多项式最多只有 $2(n-1)$ 个实根(不计零根,重根按重数计算).这说明多项式的实根上界是由其项数决定的,这一点与复数根个数不一样,复根个数是多项式的次数确定的.

这里 $a_0>0,a_1>0,\cdots,a_s>0$,而 $b_0,b_1,\cdots,b_s$ 大于或等于零;但 b_{s+1} 作为一个正数.也就是说 x^t 在 $t\geqslant0$ 时,是多项式 $f(x)$ 里面系数不等于零的未知量 x 的最低方次.括号

$$(a_0x^n+\cdots+b_1x^{k_1+1})$$

中有时可能只含有一个项,在这种情形有 $k_1+1=n$.这个注解对公式(3)的其他括号也是适用的.

现在我们来写出乘积 $(x-c)f(x)$ 的多项式,而且只明显的表示 x 的方次为 $n+1,k_1+1,\cdots,k_s+1$ 和 t 的那些项.我们得出

$$(x-c)f(x)=(a_0x^{n+1}+\cdots)-(a'_1x^{k_1+1}+\cdots)+\cdots+$$
$$(-1)^s(a_s'x^{k_s+1}+\cdots-cb_{s+1}x^t),\qquad(4)$$

其中 $a_i'=a_i+cb_i(i=1,2,\cdots,s)$,故因 $c>0$,所有 a_i' 都是正数.这样一来,在多项式 $f(x)$ 的系数组里面,项 a_0x^n 和 $-a_1x^{k_1}$(亦在项 $-a_1x^{k_1}$ 和 $a_2x^{k_2}$ 之间,诸如此类)有一个变号,而在多项式 $(x-c)f(x)$ 的对应项 a_0x^{n+1} 和 $-a'_1x^{k_1+1}$ 之间(对应项 $-a'_1x^{k_1+1}$ 和 $a_2x^{k_2+1}$ 之间,诸如此类)有一个变号或另行增加一个偶数次变号.我们对于这些变号的正确地位没有兴趣,例如,可能遇到在式(4)中,x^{k_1+2} 的系数和系数 $-a'_1$ 一样,也是负的,那么在这两个相邻系数中没有变号,也就是说,在括号里面的第一个变号可能在任何地方出现.现在我们注意式(3)的最后一个括号中不含任何变号,而式(4)的最后一个括号中含有奇数次变号数:这是因为多项式 $f(x)$ 和 $(x-c)f(x)$ 的最后不为零的系数是反号的,也就是 $(-1)^sb_{s+1}$ 和 $(-1)^{s+1}b_{s+1}c$ 的符号相反.我们的引理就已证明.

为了证明笛卡儿定理,用 $\alpha_1,\alpha_2,\cdots,\alpha_k$ 来记多项式 $f(x)$ 的所有正根.这样一来,

$$f(x)=(x-\alpha_1)(x-\alpha_2)\cdots(x-\alpha_k)\varphi(x),$$

其中 $\varphi(x)$ 为没有正实根的实系数多项式.因此,多项式 $\varphi(x)$ 的第一个和最后一个不为零的系数是同号的,也就是这个多项式的系数组含有偶数个变号.现在顺次应用上面所证明的引理到多项式

$$\varphi(x),(x-\alpha_1)\varphi(x),(x-\alpha_1)(x-\alpha_2)\varphi(x),\cdots,f(x),$$

我们知道在系数组中每一次增加一个奇数,也就是说增加一个偶数加 1,所以多项式 $f(x)$ 的系数组的变号数等于 k 或比 k 大一个正偶数.

来考察一个例子:应用笛卡儿定理和比当—傅里叶定理来讨论以前(2.1)遇到过的多项式

$$h(x)=x^5+2x^4-5x^3+8x^2-7x-3.$$

159

系数组的变号数等于三,故由笛卡儿定理 $h(x)$ 只有三个或一个正根的可能.另一方面,$h(x)$ 没有零系数,且因系数组中有两个同号,所以 $h(x)$ 或有两个负根或者没有负根.比较以前由图形所得出的结果,我们知道这一个多项式恰好有两个负根.

为了定出正根的确数可应用比当 — 傅里叶定理到区间 $(1,\infty)$,因为在前文已经证明了 1 是多项式 $h(x)$ 的正根的下限.$h(x)$ 的逐级导数在前文中已经算出.求出它们当 $x=1$ 和 $x=\infty$ 时的符号

	$h(x)$	$h'(x)$	$h''(x)$	$h'''(x)$	$h^{(4)}(x)$	$h^{(5)}(x)$	变号数
$x=1$	$-$	$+$	$+$	$+$	$+$	$+$	1
$x=\infty$	$+$	$+$	$+$	$+$	$+$	$+$	0

故 x 从 1 变到 ∞ 时.导数组失去一个变号数,因此 $h(x)$ 恰好有一个正根.

如果事先知道多项式 $f(x)$ 的根全都是实数,那么由比当－傅里叶定理能推得:

推论 如果实系数多项式 $f(x)$ 的全部根都是实根,那么它的正根个数(重根按重数计算)等于它系数序列的变号数.

证明 先假设 0 不是 $f(x)$ 的根.设 $f(x)$ 的第 i 次项系数是 a_i,则 $f(-x)$ 的第 i 次项系数为 $b_i=(-1)^i a_i$,所以 $b_i b_{i+1}=(-1)^{2i+1}a_i a_{i+1}$,由此知道 $f(x)$ 的系数序列的变号数 v 与 $f(-x)$ 的系数序列的变号数 v' 之和不超过 $f(x)$ 的次数 n.由笛卡儿定理,$f(x)$ 的正根个数为 $v-2k$,$f(-x)$ 的正根个数为 $v'-2k'$,这里 k 及 k' 都是非负整数.但 $f(-x)$ 的正根即是 $f(x)$ 的负根,$f(x)$ 的所有根都是实根,于是必然有

$$(v-2k)+(v'-2k')=(v+v')-2(k+k')=n,$$

既然 $v+v'\leqslant n$,故 $k=k'=0$,定理的结论成立.

如果 0 是 $f(x)$ 的 p 重根,则 $f(x)=x^p g(x)$,此时 $f(x)$ 与 $g(x)$ 有相同的系数序列和相同的正根个数,如此,定理的结论依然成立.

这个推论亦有别的证明法.记 $m(f)$ 为多项式 $f(x)$ 的正根的数目(重根按重数计算);$W(f)$ 为多项式 $f(x)$ 的系数序列 $[a_1,a_2,\cdots,a_n]$ 的变号数.

证明 根据 §1,罗尔定理的推论 3,$m(f')=m(f)$ 或者 $m(f')=m(f)-1$.

这个事实的解析表达式如下

$$m(f)=m(f')+\varepsilon,\varepsilon=\frac{1}{2}(1-(-1)^{m(f)+m(f')}). \tag{5}$$

现在,设 $c_1<c_2<\cdots<c_r$ 是多项式 $f(x)$ 的重数为 $n_1,n_2,\cdots,n_r$ 的根,那

么 $n_1 + n_2 + \cdots + n_r = n$，其次，设 $c_{p-1} < 0$ 而 $c_p, \cdots, c_r$ 是重数为 $n_p, \cdots, n_p$ 的全体正根. $n_p + \cdots + n_r = m = m(f)$.

我们还要指出，如果

$$f(x) = a_0 x^n + a_1 x^{n-1} + \cdots + a_{n-v} x^v, \tag{6}$$

其中 a_{n-v} 是最后一个非零系数，那么

$$f(x) = (x - c_p)^{n_p} \cdots (x - c_r)^{n_r} g(x).$$

其中

$$g(x) = a_0 x^{n-m} + \cdots + b x^v, a_0 > 0, b > 0 \quad (v \geqslant 0).$$

于是 $a_{n-v} = (-1)^m c_p^{n_p} \cdots c_r^{n_r} b$，并且 $c_p^{n_p} \cdots c_r^{n_r} b > 0$. 换言之

$$(-1)^{m(f)} a_{n-v} > 0. \tag{7}$$

当 $n = 1, 2$ 时，定理的结论是明显的. 现对 $f(x)$ 的次数 n 作归纳，假设定理对于一切次数 $< n$ 的多项式成立. 若在(6)中 $v > 0$ 即 $a_n = 0$，那么 $f(x) = x f_1(x)$，且 $m(f) = m(f_1) = W(f)$（根据归纳假设 $m(f_1) = W(f_1)$）. 剩下的是考虑 $a_n \neq 0$ 的情形. 设

$$f'(x) = n a_0 x^{n-1} + (n-1) a_1 x^{n-1} + \cdots + u a_{n-u} x^{u-1} \quad (a_{n-u} \neq 0)$$

那么

$$W(f) = m(f') + \delta, \delta = \frac{1}{2} \left(1 - \frac{a_n a_{n-u}}{|a_n a_{n-u}|} \right) = 0 \text{ 或 } 1.$$

但我们知道(见式(7))，$(-1)^{m(f)} a_n > 0$ 且 $(-1)^{m(f')} a_{n-v} > 0$. 因此 $\delta = \frac{1}{2} (1 - (-1)^{m(f)+m(f')})$，从而 $\delta = \varepsilon$. 根据归纳假定 $W(f') = m(f')$，所以 $W(f) = m(f') + \varepsilon$，与(5)比较，得到 $m(f) = W(f)$.

一般求多项式的实根个数时，常先由它的图形和应用笛卡儿定理以及布丹－傅里叶来推究，只在最后不得已才用斯图姆法.

在其他判定多项式实根个数的方法中，有一个由二次型理论所得出的有趣味的方法.

设已给出一个 n 次的实系数多项式 $f(x)$，而 $\alpha_1, \alpha_2, \cdots, \alpha_n$ 是它的 n 个根（间或有相同的）. 用 s_i 来记这些根的 i 次方的和

$$s_i = \sum_{k=1}^{n} \alpha_k^i; \tag{8}$$

特别是 $s_0 = n$. 在第五章 §3 我们将证明每一个 s_i 都可用多项式 $f(x)$ 的系数表出，也就是它们都是实数.

讨论下面的 n 个未知量的二次型

$$\varphi(x_0, x_1, \cdots, x_n) = \sum_{i,j=0}^{n-1} s_{i+j} x_i y_j \tag{9}$$

它的矩阵很明显是对称的.利用式(8)可化型 φ 为下面的形状:

$$
\begin{aligned}
\varphi &= \sum_{i,j=0}^{n-1} \left(\sum_{k=1}^{n} \alpha_k^{i+j} \right) x_i x_j \\
&= \sum_{k=1}^{n} \left(\sum_{i,j=0}^{n-1} \alpha_k^i x_i \alpha_k^j x_j \right) \\
&= \sum_{k=1}^{n} (x_0 + \alpha_k x_1 + \cdots + \alpha_k^{n-1} x_{n-1})^2. \tag{10}
\end{aligned}
$$

今设 $f(x)$ 有 $p(p \leqslant n)$ 个互异的根,不失一般性,设这些根是 $\alpha_1, \alpha_2, \cdots, \alpha_p$,其重数分别为 $m_1, m_2, \cdots, m_p$. 如此可将式(10) 化为

$$
\begin{aligned}
\varphi &= \sum_{k=1}^{p} m_k (x_0 + \alpha_k x_1 + \cdots + \alpha_k^{n-1} x_{n-1})^2 \\
&= \sum_{k=1}^{p} \left[\sqrt{m_k} (x_0 + \alpha_k x_1 + \cdots + \alpha_k^{n-1} x_{n-1}) \right]^2.
\end{aligned}
$$

令

$$
\begin{cases}
y_1 = \sqrt{m_1} (x_0 + \alpha_1 x_1 + \cdots + \alpha_1^{n-1} x_{n-1}), \\
\quad \vdots \\
y_p = \sqrt{m_p} (x_0 + \alpha_p x_1 + \cdots + \alpha_p^{n-1} x_{n-1}), \\
y_{p+1} = x_0 + \beta_{p+1} x_1 + \cdots + \alpha_{p+1}^{n-1} x_{n-1}, \\
\quad \vdots \\
y_n = x_0 + \alpha_n x_1 + \cdots + \alpha_n^{n-1} x_{n-1},
\end{cases} \tag{11}
$$

这里 $\beta_{p+1}, \beta_{p+2}, \cdots, \beta_n$ 是不同于 $\alpha_1, \alpha_2, \cdots, \alpha_n$ 且互异的 $n - p$ 个实数.

这个等式组右边的系数行列式为

$$
\begin{vmatrix}
\sqrt{m_1} & \sqrt{m_1}\,\alpha_1 & \sqrt{m_1}\,\alpha_1^2 & \cdots & \sqrt{m_1}\,\alpha_1^{n-1} \\
\sqrt{m_2} & \sqrt{m_2}\,\alpha_2 & \sqrt{m_2}\,\alpha_2^2 & \cdots & \sqrt{m_2}\,\alpha_2^{n-1} \\
\vdots & \vdots & \vdots & \cdots & \vdots \\
\sqrt{m_p} & \sqrt{m_p}\,\alpha_p & \sqrt{m_p}\,\alpha_p^2 & \cdots & \sqrt{m_p}\,\alpha_p^{n-1} \\
1 & \beta_{p+1} & \beta_{p+1}^2 & \cdots & \beta_{p+1}^{n-1} \\
1 & \beta_{p+2} & \beta_{p+2}^2 & \cdots & \beta_{p+2}^{n-1} \\
\vdots & \vdots & \vdots & \cdots & \vdots \\
1 & \beta_n & \beta_n^2 & \cdots & \beta_n^{n-1}
\end{vmatrix}
$$

162

$$
= \sqrt{m_1} \sqrt{m_2} \cdots \sqrt{m_p}
\begin{vmatrix}
1 & \alpha_1 & \alpha_1^2 & \cdots & \alpha_1^{n-1} \\
1 & \alpha_2 & \alpha_2^2 & \cdots & \alpha_2^{n-1} \\
\vdots & \vdots & \vdots & & \vdots \\
1 & \alpha_p & \alpha_p^2 & \cdots & \alpha_p^{n-1} \\
1 & \beta_{p+1} & \beta_{p+1}^2 & \cdots & \beta_{p+1}^{n-1} \\
1 & \beta_{p+2} & \beta_{p+2}^2 & \cdots & \beta_{p+2}^{n-1} \\
\vdots & \vdots & \vdots & & \vdots \\
1 & \beta_n & \beta_n^2 & \cdots & \beta_n^{n-1}
\end{vmatrix},
$$

将最后那个行列式的行列互换——我们知道这并不改变行列式的值——便得到了所谓的范德蒙[①]行列式(参考附注)

$$
\begin{vmatrix}
1 & 1 & \cdots & 1 & 1 & 1 & \cdots & 1 \\
\alpha_1 & \alpha_2 & \cdots & \alpha_p & \beta_{p+1} & \beta_{p+2} & \cdots & \beta_n \\
\alpha_1^2 & \alpha_2^2 & \cdots & \alpha_p^2 & \beta_{p+1}^2 & \beta_{p+2}^2 & \cdots & \beta_n^2 \\
\vdots & \vdots & & \vdots & \vdots & \vdots & & \vdots \\
\alpha_1^{n-1} & \alpha_2^{n-1} & \cdots & \alpha_p^{n-1} & \beta_{p+1}^{n-1} & \beta_{p+2}^{n-1} & \cdots & \beta_n^{n-1}
\end{vmatrix}.
$$

如果多项式 $f(x)$ 的根都是实数,那么式(11)将决定一个实系数线性变换,而且是满秩的:它的系数行列式因 $\alpha_1, \alpha_2, \cdots, \alpha_p, \beta_{p+1}, \beta_{p+2}, \cdots, \beta_n$ 是 n 个不同的数而不等于零. 这样一来,在这里型 φ 化为 p 个正平方和

$$
\varphi = \sum_{k=1}^{p} y_k^2.
$$

既然,满秩的实系数线性变换不改变实二次形的秩数(参考《线性代数原理》卷),那么二次型(9)的矩阵应该具有秩数 p.

如果多项式 $f(x)$ 有虚根 α_k,那么线性型 y_k 可以写成下面的形状

$$
y_k = z_k + it_k,
$$

其中 z_k 和 t_k 都是 $x_1, x_2, \cdots, x_{n-1}$ 的实系数线性型. 但在这一情形,多项式 $f(x)$ 有根 α_j 和 α_k 共轭,故

$$
y_j = z_k - it_k,
$$

也就是

$$
y_k^2 + y_j^2 = 2z_k^2 - 2t_k^2.
$$

这样一来,在第二种情形,型 φ 化为标准形后,由多项式 $f(x)$ 的每一对共轭复

---

① 范德蒙(Vandermonde AlexandreTheophile;1735—1796) 法国数学家.

数根对应的得到一个负平方;同时在标准形中恰好有 p 个平方项. 在这里所用的线性变换是满秩的,因为它是两个满秩变换的积.

反过来,如果二次型(9)的秩是 $p(p\leqslant n)$,那么 $f(x)$ 将恰有 p 个不同的根. 因为若不然——$f(x)$ 有 $h(h\leqslant n, h\neq p)$ 个不同的根,则按照上面的方法对二次型(9)进行变换,最终都将得到一个秩数为 h 的二次型,这就产生了矛盾.

如此,我们便证明了下面的定理.

定理 2.4.1(西尔维斯特) n 次实系数多项式 $f(x)$ 恰有 $p(p\leqslant n)$ 个互异根的充要条件是二次型(9)具有秩数 p;此时,其互异实根的个数等于二次型(9)的符号差. 特别地,对于没有重根的实系数多项式 $f(x)$,当且仅当二次型(9)为恒正型时,它的根才能全为实根.

如果利用二次型恒正的充要条件(参考《线性代数原理》卷),后一结果可变为下面的说法

没有重根的实 n 次多项式 $f(x)$,当且仅当方阵

$$
\begin{bmatrix}
s_0 & s_1 & \cdots & s_{n-1} \\
s_1 & s_2 & \cdots & s_n \\
\vdots & \vdots & & \vdots \\
s_{n-1} & s_n & \cdots & s_{2n-2}
\end{bmatrix}
\tag{12}
$$

的主子式都大于零时,它所有的根才能全为实根.

例   对于多项式

$$f(x)=x^3+5x^2+x-2,$$

很容易证明它没有重根. 多项式 $f(x)$ 的根的基本对称多项式为

$$\sigma_1=-5, \sigma_2=1, \sigma_3=2.$$

由牛顿公式(参阅第五章§3),知道根的等次和为

$$s_0=3, s_1=-5, s_2=23, s_3=-104, s_4=487,$$

也就是矩阵(12)在这里有下面的形状

$$
\begin{bmatrix}
3 & -5 & 23 \\
-5 & 23 & -104 \\
23 & -104 & 487
\end{bmatrix},
$$

这个矩阵的主子式等于

$$3, 44, 733,$$

也就是都是正数,故多项式 $f(x)$ 有三个实根.

已经判定多项式的根都是实根后,不难判定它的所有根是否同号,例如是

164

否同为负根.也就是下面的定理是真实的.

定理 2.4.2　首项系数为1的实系数多项式 $f(x)$ 的根如果全为实数,则当且仅当它的系数都大于零,它的根才全为负根.

事实上,如果多项式 $f(x)$ 的系数全为正数,那么不能 $f(x)$ 有正根或零根,因此它所有的根如为实数,必定都是负数.另一方面,如果多项式 $f(x)$ 所有根都是负根,那么 $f(x)$ 是形为 $x+\alpha$,其中 $\alpha>0$ 的线性因式的乘积,因此它的系数全为正数.

注　范德蒙行列式是指形如

$$d=\begin{vmatrix} 1 & 1 & 1 & \cdots & 1 \\ a_1 & a_2 & a_3 & \cdots & a_n \\ a_1^2 & a_2^2 & a_3^2 & \cdots & a_n^2 \\ \vdots & \vdots & \vdots & & \vdots \\ a_1^{n-1} & a_2^{n-1} & a_3^{n-1} & \cdots & a_n^{n-1} \end{vmatrix}$$

的行列式.我们将用归纳法证明 n 阶范德蒙行列式等于所有可能的差 a_i-a_j 的乘积,其中 $1\leqslant j<i\leqslant n$.事实上,当 $n=2$ 时有

$$\begin{vmatrix} 1 & 2 \\ a_1 & a_2 \end{vmatrix}=a_2-a_1.$$

今假设我们的论断对于 $n-1$ 阶范德蒙行列式已经证明.用下面的方式来变换行列式 d:从第 n 行(最后一行)减去第 $n-1$ 行的 a_1 倍,再从第 $n-1$ 行减去第 $n-2$ 行的 a_1 倍,继续这样进行,最后从第二行减去第一行的 a_1 倍.我们得出

$$d=\begin{vmatrix} 1 & 1 & 1 & \cdots & 1 \\ 0 & a_2-a_1 & a_3-a_1 & \cdots & a_n-a_1 \\ 0 & a_2^2-a_1a_2 & a_3^2-a_1a_3 & \cdots & a_n^2-a_1a_n \\ \vdots & \vdots & \vdots & & \vdots \\ 0 & a_2^{n-1}-a_1a_2^{n-2} & a_3^{n-1}-a_1a_3^{n-2} & \cdots & a_n^{n-1}-a_1a_n^{n-2} \end{vmatrix}$$

对第一列展开这一个行列式我们得到一个 $n-1$ 行列式;再把它里面每一列的公因子提到行列式的外面,它就成为

$$d=(a_2-a_1)(a_3-a_1)\cdots(a_n-a_1)\begin{vmatrix} 1 & 1 & 1 & \cdots & 1 \\ a_2 & a_3 & a_4 & \cdots & a_n \\ a_2^2 & a_3^2 & a_4^2 & \cdots & a_n^2 \\ \vdots & \vdots & \vdots & & \vdots \\ a_2^{n-2} & a_3^{n-2} & a_4^{n-2} & \cdots & a_n^{n-2} \end{vmatrix}.$$

最后的因子是一个 $n-1$ 阶范德蒙行列式,也就是,由假设等于所有差 a_i-a_j 的乘积,其中 $2 \leqslant j < i \leqslant n$.

用符号 $\prod$ 来记乘积,就可以写作

$$d = (a_2 - a_1)(a_3 - a_1) \cdots (a_n - a_1) \prod_{2 \leqslant j < i \leqslant n} (a_i - a_j) = \prod_{1 \leqslant j < i \leqslant n} (a_i - a_j).$$

用同样的方法可以证明行列式

$$d' = \begin{vmatrix} a_1^{n-1} & a_2^{n-1} & a_3^{n-1} & \cdots & a_n^{n-1} \\ \vdots & \vdots & \vdots & \cdots & \vdots \\ a_1^2 & a_2^2 & a_3^2 & \cdots & a_n^2 \\ a_1 & a_2 & a_3 & \cdots & a_n \\ 1 & 1 & 1 & \cdots & 1 \end{vmatrix}$$

等于所有可能的差 $a_i - a_j$ 的乘积,其中 $1 \leqslant i < j \leqslant n$,也就是 $d' = \prod\limits_{1 \leqslant j < i \leqslant n} (a_i - a_j)$.

§3 多项式的判别系统

3.1 西尔维斯特第二矩阵与斯图姆－塔斯基序列的关系

就实际操作而言,如果所要判定的多项式具有常系数,那么上一节斯图姆定理所展示的算法常常是有效的. 可是当系数中带有参数的时候,运用斯图姆算法(或者上一节中别的方法)往往是烦琐而不切实际的.

另一方面,二次多项式

$$ax^2 + bx + c$$

的判别式 $\Delta = b^2 + 4ac$ 的符号完全确定了它的根的分类. 对于三次多项式,也有着类似的判别式(详见《代数方程式论》卷). 一个自然的问题是:对于任意次数的多项式的根的分类是否也有类似的"显示判定"? 答案是肯定的,下面我们将给出由杨路[①]等人于 1996 年建立的一个显式判别准则.

为了表述以及证明这个判别准则,我们先来建立一个重要的定理(标题中已经指明). 设

$$f(x) = a_0 x^n + a_1 x^{n-1} + \cdots + a_{n-1} + a_n,$$

---

① 杨路,1936 年 10 月生,广州大学广州市数学与人工智能国际交流中心主任,研究员,博士生导师.

$$g(x) = b_0 x^t + b_1 x^{t-1} + \cdots + b_{t-1} + b_t \quad (t \leqslant n)$$

是域 P 上的两个多项式,我们把下面的由它们的系数构成的矩阵

$$\mathbf{A} = \begin{bmatrix} a_0 & a_1 & \cdots & a_{t-1} & a_t & \cdots & a_n & & & \\ 0 & 0 & \cdots & 0 & b_0 & \cdots & b_t & & & \\ & a_0 & a_1 & \cdots & a_{t-1} & a_t & \cdots & a_n & & \\ & 0 & 0 & \cdots & 0 & b_0 & \cdots & b_t & & \\ & & & & \vdots & & & & & \\ & & a_0 & a_1 & \cdots & a_{t-1} & a_t & \cdots & a_n & \\ & & 0 & 0 & \cdots & 0 & b_0 & \cdots & b_t \end{bmatrix}_{2n \times 2n},$$

称为 $f(x)$ 关于 $g(x)$ 的西尔维斯特[①]第二矩阵.

再,来构造 $f(x)$ 关于 $g(x)$ 的斯图姆-塔斯基序列.令

$$r_0(x) = f(x), r_1(x) = g(x),$$

用 $r_1(x)$ 来除 $r_0(x)$ 且把它的余式变号,记作 $r_2(x)$.

$$r_2(x) = -(r_0(x) - r_1(x)q_1(x)).$$

一般地,如果多项式 $r_{j-1}(x)$ 和 $r_j(x)$ 已经求得,那么 $r_{j+1}(x)$ 是用 $r_j(x)$ 来除 $r_{j-1}(x)$ 所得出的余式变号后的多项式

$$r_{j+1}(x) = -(r_{j-1}(x) - r_j(x)q_j(x)), \tag{1}$$

这个过程继续下去直到某个 $r_{k+1}(x)$ 成为零多项式.

为了记号一致起见,我们设

$$r_i(x) = r_{i0} x^{d_i} + r_{i1} x^{d_i-1} + \cdots + r_{id_i-1} x + r_{id_i}, (r_{id_i} \neq 0),$$

既然 $r_k(x) \neq 0$ 而 $r_{k+1}(x) = 0$,于是上面的等式只限于 $i \leqslant k$;与此同时在 $i > k$ 时约定 $r_i(x) = 0$.

现在可以来建立西尔维斯特第二矩阵与斯图姆-塔斯基序列的关系.

定理 3.1.1 设 $f(x)$ 关于 $g(x)$ 的西尔维斯特第二矩阵为 $\mathbf{A}$,则

(1)如果对于任何 j,均有 $m \neq n - d_j$,则 $| \mathbf{A}(m, 0) | = 0$;

(2)如果存在某个 j 使得 $m = n - d_j$,则 $| \mathbf{A}(m, 0) | = (-1)^{\delta_j} \cdot (r_{00} \cdot r_{10})^{d_0 - d_1} \cdot (r_{10} \cdot r_{20})^{d_1 - d_2} \cdots (r_{(j-1)0} \cdot r_{j0})^{d_{j-1} - d_j}$,

其中 $\delta_j = \dfrac{1}{2} \sum\limits_{k=0}^{j-1} [(d_k - d_{k+1} - 1) \cdot (d_k - d_{k+1})]$,而 $\mathbf{A}(m, 0)$ 表示由矩阵 A 的前 $2m$ 行,前 $2m$ 列所构成的子矩阵,此处 $m = 1, \cdots, n$.

---

① 西尔维斯特(Sylvester James Joseph;1814—1897)英国数学家.

证明 为了计算 $A(m,0)$，我们来考虑矩阵

$$B = \begin{pmatrix} r_{00} & r_{01} & \cdots & r_{0(t-1)} & r_{0t} & \cdots & r_{0d_0} & & & & \\ 0 & 0 & \cdots & 0 & r_{10} & \cdots & r_{1d_1} & & & & \\ & r_{00} & r_{01} & \cdots & r_{0(t-1)} & r_{0t} & \cdots & r_{0d_0} & & & \\ & 0 & 0 & \cdots & 0 & r_{10} & \cdots & r_{1d_1} & & & \\ & & & & & \vdots & & & & & \\ & & r_{00} & r_{01} & \cdots & r_{0(t-1)} & r_{0t} & \cdots & r_{0d_0} & \\ & & 0 & 0 & \cdots & 0 & r_{10} & \cdots & r_{1d_1} & \end{pmatrix}_{2m \times 2n} ,$$

即 $A(m,0)$ 的前 $2m$ 行所构成的子矩阵.

对 B 进行 $\frac{1}{2}m(m-1)$ 次"两行互换位置"的行变换[①]，它可以变成如下形状

$$\begin{pmatrix} r_{00} & r_{01} & \cdots & r_{0(t-1)} & \vdots & r_{0t} & \cdots & r_{0d_0} & & & \\ & r_{00} & r_{01} & \cdots & \vdots & r_{0(t-1)} & r_{0t} & \cdots & r_{0d_0} & & \\ & & \ddots & \ddots & \vdots & & \ddots & & & & \\ & & & r_{00} & \vdots & r_{01} & \cdots & r_{0(t-1)} & r_{0t} & \cdots & r_{0d_0} \\ & & & & \vdots & r_{00} & r_{01} & \cdots & r_{0(t-1)} & r_{0t} & \cdots & r_{0d_0} \\ & & & & \vdots & & \ddots & \ddots & & & & \ddots \\ & & & & \vdots & & & r_{00} & r_{01} & \cdots & r_{0(t-1)} & r_{0t} & \cdots & r_{0d_0} \\ \cdots & \cdots & \cdots & \cdots & \cdots & \cdots & \cdots & \cdots & \cdots & \cdots & \cdots \\ 0 & 0 & \cdots & 0 & \vdots & r_{10} & r_{11} & \cdots & \cdots & \cdots & r_{1d_1} \\ & \ddots & \ddots & \cdots & \vdots & \cdots & \cdots & \ddots & & \cdots & \ddots \\ & & 0 & 0 & \vdots & \cdots & 0 & r_{10} & r_{11} & \cdots & \cdots & r_{1d_1} \end{pmatrix}_{2m \times 2n}$$

$$\xrightarrow{\text{分块}} \begin{pmatrix} R_0 & \cdots \\ 0 & T_0 \end{pmatrix};$$

[①] 事实上，如果用 p_1 表示第一行，用 q_1 表示第二行，用 p_2 表示第三行，……那么只要证明：排列 $(p_1 q_1 p_2 q_2 \cdots p_m q_m)$ 能通过 $\frac{1}{2}m(m-1)$ 次对换而变成排列 $(p_1 p_2 \cdots p_m q_1 q_2 \cdots q_m)$.

在 $m=1$ 时，定理是成立的：排列 $p_1 q_1$ 已经具有我们所要的形式了，$\frac{1}{2}m(m-1)=0$.

在 $m=n$ 时命题成立的假设下来考虑 $m=n+1$ 的情形

$$(p_1 q_1 p_2 q_2 \cdots p_n q_n p_{n+1} q_{n+1}). \tag{1}$$

我们分两次变换来得到所需要的排列. 首先，依假定式(1)能通过 $\frac{1}{2}m(m-1)$ 次对换变成排列

$$(p_1 p_2 \cdots p_n q_1 q_2 \cdots q_n p_{n+1} q_{n+1}), \tag{2}$$

对于式(2)，再进行一次变换：依次将 p_{m+1} 与 $q_m, q_{m-1}, \cdots q_1$ 对换便得到

$$(p_1 p_2 \cdots p_n p_{n+1} q_1 q_2 \cdots q_n q_{n+1}), \tag{3}$$

第二次变换共有 n 个对换，于是式(1)变到式(3)共用了

$$\frac{1}{2}n(n-1) = \frac{1}{2}n(n+1)$$

个对换.

其中

$$\boldsymbol{R}_0 = \begin{pmatrix} r_{00} & r_{01} & \cdots & \cdots & r_{1(t-1)} \\ & r_{00} & r_{01} & \cdots & r_{1(t-2)} \\ & & \ddots & \ddots & \vdots \\ & & & r_{00} & r_{11} \\ & & & & r_{00} \end{pmatrix}_{p_0 \times p_0},$$

$$\boldsymbol{T}_0 = \begin{pmatrix} r_{00} & r_{01} & \cdots & \cdots & r_{0d_0} & \cdots \\ & \ddots & & & & \\ & & r_{00} & r_{01} & \cdots & r_{0d_0} \\ r_{10} & r_{11} & \cdots & r_{1d_1} & \cdots & \\ & r_{10} & r_{11} & \cdots & r_{1d_1} & \\ & & \ddots & & & \\ & & r_{01} & r_{11} & \cdots & r_{1d_1} \end{pmatrix} \left. \begin{array}{c} \\ \\ \\ \end{array} \right\} m-(n-m) \text{ 行} = m-h_1 \text{ 行} \\ \left. \begin{array}{c} \\ \\ \\ \end{array} \right\} m \text{ 行}$$

再来对 $\boldsymbol{T}_0$ 进行初等变换

$$\boldsymbol{T}_0 \xrightarrow{\text{第1行}-\text{第}(m-h_1+1)\text{行}\times\frac{r_{00}}{r_{10}},\text{第2行}-\text{第}(m-h_1+2)\text{行}\times\frac{r_{00}}{r_{10}},\cdots,\text{第}(m-h_1)\text{行}-\text{第}(2m-2h_1)\text{行}\times\frac{r_{00}}{r_{10}}}$$

$$\begin{pmatrix} & r_{20}' & r_{21}' & \cdots & r_{2d_2}' & \cdots \\ & & \ddots & & & \\ & & r_{20}' & r_{21}' & \cdots & r_{2d_2}' \\ r_{10} & r_{11} & \cdots & \cdots & r_{1d_1} & \cdots \\ & r_{10} & r_{11} & \cdots & \cdots & r_{1d_1} & \cdots \\ & & \ddots & & & \\ & & r_{01} & r_{11} & \cdots & \cdots & r_{1d_1} \end{pmatrix}$$

$$= \begin{pmatrix} & -r_{20} & -r_{21} & \cdots & -r_{2d_2} & \cdots \\ & & \ddots & & & \\ & & -r_{20} & -r_{21} & \cdots & -r_{2d_2} \\ r_{10} & r_{11} & \cdots & \cdots & r_{1d_1} & \cdots \\ & r_{10} & r_{11} & \cdots & \cdots & r_{1d_1} & \cdots \\ & & \ddots & & & \\ & & r_{01} & r_{11} & \cdots & \cdots & r_{1d_1} \end{pmatrix}$$

169

$$\xrightarrow[\text{前}(m-h_1)\text{行变号};m(m-h_1)\text{次行互换}]{}\text{①}\quad(\text{前一个等号注意到关系式}(1))$$

$$\begin{pmatrix} r_{10} & r_{11} & \cdots & \cdots & r_{1d_1} & \cdots & \cdots & \\ & r_{10} & r_{11} & \cdots & \cdots & r_{1d_1} & \\ & & \ddots & & & & \ddots & \\ & & & r_{10} & r_{11} & \cdots & \cdots & r_{1d_1} \\ & r_{20} & r_{21} & \cdots & r_{2d_2} & \cdots & \\ & & \ddots & & & & \ddots & \\ & & & r_{20} & r_{21} & \cdots & r_{2d_2} \end{pmatrix} \xrightarrow[\text{分块}]{} \begin{pmatrix} \boldsymbol{R}_1 & \cdots \\ & \boldsymbol{T}_1 \end{pmatrix}$$

其中

$$\boldsymbol{R}_1 = \begin{pmatrix} r_{10} & r_{11} & \cdots & \cdots & r_{1(p_1-1)} \\ & r_{10} & r_{11} & \cdots & r_{1(p_1-2)} \\ & & \ddots & & \\ & & & r_{10} & r_{11} \\ & & & & r_{10} \end{pmatrix}_{p_1 \times p_1},$$

$$\boldsymbol{T}_1 = \left.\begin{pmatrix} r_{10} & r_{11} & \cdots & \cdots & r_{1d_1} & \cdots & \\ & \ddots & & & & & \ddots \\ & & r_{10} & r_{11} & \cdots & \cdots & r_{1d_1} \\ r_{20} & r_{21} & \cdots & r_{2d_2} & \cdots & \\ & r_{20} & r_{21} & \cdots & r_{2d_2} & \\ & & \ddots & & & & \\ & & & r_{20} & r_{21} & \cdots & r_{2d_2} \end{pmatrix}\right\} \begin{array}{l} m-(n-d_2)\ \text{行} = m-h_2\ \text{行} \\[3em] m-(n-d_1)\ \text{行} = m-h_1\ \text{行} \end{array}.$$

可以对 $\boldsymbol{T}_1$ 进行同样的行变换

---

① 如同前页脚注一样,这相当于排列 $(p_1 p_2 \cdots p_{m-h_1} q_1 q_2 \cdots q_m)$ 能通过 $(m-h_1)m$ 次对换而变成排列 $(q_1 q_2 \cdots q_m p_1 p_2 \cdots p_{m-h_1})$. 我们来证明下面的结论:排列 $(p_1 p_2 \cdots p_s q_1 q_2 \cdots q_t)$ 能通过 st 次对换而变成排列 $(q_1 q_2 \cdots q_t p_1 p_2 \cdots p_s)$.

事实上,这可以这样来进行:将 p_s 依次与 $q_1, q_2, \cdots, q_t$ 对换便得到
$$(p_1 p_2 \cdots p_{s-1} q_1 q_2 \cdots q_t p_s), \tag{1}$$
这里进行了 m 次对换;

再对式(1)进行类似的变换:将 p_{s-1} 依次与 $q_1, q_2, \cdots, q_t$ 对换便得到
$$(p_1 p_2 \cdots p_{s-2} q_1 q_2 \cdots q_t p_{s-1} p_s),$$
这里进行了 m 次对换;

依照这样的手续进行 s 次后,我们将得到
$$(q_1 q_2 \cdots q_t p_1 p_2 \cdots p_s).$$
并且一共进行了 st 次对换.

$$T_1 \xrightarrow{\text{第1行}-\text{第}(m-h_2+1)\text{行}\times\frac{r_{20}}{r_{10}},\text{第2行}-\text{第}(m-h_2+2)\text{行}\times\frac{r_{20}}{r_{10}},\cdots,\text{第}(m-h_2)\text{行}-\text{第}(2m-2h_2)\text{行}\times\frac{r_{20}}{r_{10}}}$$

$$\begin{pmatrix}
 & & -r_{30} & -r_{31} & \cdots & -r_{3d_3} & \cdots & \\
 & & & \ddots & & & & \\
 & & & & -r_{30} & -r_{31} & \cdots & -r_{3d_3} \\
r_{20} & r_{21} & \cdots & \cdots & r_{2d_2} & \cdots & & \\
 & r_{20} & r_{21} & \cdots & \cdots & r_{2d_2} & \cdots & \\
 & & \ddots & & & & & \\
 & & & r_{01} & r_{11} & \cdots & \cdots & r_{2d_2}
\end{pmatrix}$$

$$\xrightarrow{\text{前}(m-h_2)\text{行变号};(m-h_1)(m-h_2)\text{次行互换}}$$

$$\begin{pmatrix}
r_{20} & r_{21} & \cdots & \cdots & r_{2d_2} & \cdots & \cdots & \\
 & r_{20} & r_{21} & \cdots & \cdots & r_{2d_2} & & \\
 & & \ddots & & & & \ddots & \\
 & & & r_{20} & r_{21} & \cdots & \cdots & r_{2d_2} \\
 & & r_{30} & r_{31} & \cdots & r_{3d_3} & \cdots & \\
 & & & \ddots & & & & \ddots \\
 & & & & r_{30} & r_{31} & \cdots & r_{3d_3}
\end{pmatrix}
\xrightarrow{\text{分块}}
\begin{pmatrix} \boldsymbol{R}_2 & \cdots \\ & \boldsymbol{T}_2 \end{pmatrix}.$$

其中

$$\boldsymbol{R}_2 = \begin{pmatrix}
r_{20} & r_{21} & \cdots & \cdots & r_{2(p_2-1)} \\
 & r_{20} & r_{21} & \cdots & r_{2(p_2-2)} \\
 & & \ddots & \ddots & \vdots \\
 & & & r_{20} & r_{21} \\
 & & & & r_{20}
\end{pmatrix}_{p_2\times p_2},$$

$$\boldsymbol{T}_2 = \left.\begin{pmatrix}
r_{20} & r_{21} & \cdots & \cdots & r_{2d_2} & \cdots & \\
 & \ddots & \ddots & & & & \ddots \\
 & & r_{20} & r_{21} & \cdots & \cdots & r_{2d_2} \\
r_{30} & r_{31} & \cdots & r_{3d_3} & \cdots & & \\
 & r_{30} & r_{31} & \cdots & r_{3d_3} & & \\
 & & \ddots & \ddots & & \ddots & \\
 & & & r_{30} & r_{31} & \cdots & r_{3d_3}
\end{pmatrix}\right\} \begin{matrix} m-(n-d_2)\text{行}=m-h_2\text{行} \\[2em] m-(n-d_3)\text{行}=m-h_3\text{行} \end{matrix}.$$

一般地，如果 $n-d_{j-1}<m<n-d_j$ 对于某个 j 成立，则对 $\boldsymbol{T}_{j-2}$ 进行这样的行变换

$$
\boldsymbol{T}_{j-2}=\left[\begin{array}{ccccc}
r_{(j-2)0}\, r_{(j-2)1} & \cdots & \cdots & r_{(j-2)d_{j-2}} \cdots & \\
& \ddots & & & \\
& & r_{(j-2)0}\ r_{(j-2)1} & \cdots & \cdots r_{(j-2)d_{j-2}} \\
r_{(j-1)0}\, r_{(j-1)1} & \cdots & r_{(j-1)d_{j-1}} & \cdots & \\
& r_{(j-1)0}\, r_{(j-1)1} & \cdots & r_{(j-1)d_{j-1}} & \\
& & \ddots & & \\
& & r_{(j-1)0} & r_{(j-1)1} & \cdots r_{(j-1)d_{j-1}}
\end{array}\right]
\begin{array}{l}
\left.\vphantom{\begin{array}{c}a\\a\\a\end{array}}\right\} m-(n-d_{j-1})\ \text{行}=m-h_{j-1}\ \text{行} \\[1.5em]
\left.\vphantom{\begin{array}{c}a\\a\\a\end{array}}\right\} m-(n-d_{j-2})\ \text{行}=m-h_{j-2}\ \text{行}
\end{array}
$$

$\xrightarrow{\text{第1行}-\text{第}(m-h_{j-1}+1)\text{行}\times\frac{r_{(j-2)0}}{r_{(j-1)0}},\text{第2行}-\text{第}(m-h_{j-1}+2)\text{行}\times\frac{r_{(j-2)0}}{r_{(j-1)0}},\cdots,\text{第}(m-h_{j-1})\text{行}-\text{第}(2m-2h_{j-1})\text{行}\times\frac{r_{(j-2)0}}{r_{(j-1)0}}}$

$$
\left[\begin{array}{ccccccc}
& -r_{j0} & -r_{j1} & \cdots & -r_{jd_j} & \cdots & \\
& & \ddots & & & \ddots & \\
& & & -r_{j0} & -r_{j1} & \cdots & -r_{jd_j} \\
r_{(j-1)0} & r_{(j-1)1} & \cdots & \cdots & r_{(j-1)d_{j-1}} & \cdots & \\
& r_{(j-1)0} & r_{(j-1)1} & \cdots & \cdots & r_{(j-1)d_{j-1}} & \cdots \\
& & \ddots & & & & \ddots \\
& & r_{(j-1)0} & r_{(j-1)1} & \cdots & \cdots & r_{(j-1)d_{j-1}}
\end{array}\right]
$$

$\xrightarrow{\text{前}(m-h_{j-1})\text{行变号};(m-h_{j-2})(m-h_{j-1})\text{次行互换}}$

$$
\left[\begin{array}{cccccccc}
r_{(j-1)0}\, r_{(j-1)1} & \cdots & r_{(j-1)d_{j-1}} & & & & \\
& r_{(j-1)0}\, r_{(j-1)1} & \cdots & r_{(j-1)d_{j-1}} & & & \\
& & \ddots & \ddots & & \ddots & \\
& & & r_{(j-1)0} & r_{(j-1)1} & \cdots r_{(j-1)d_{j-1}} & \\
& & & 0 & \cdots & r_{j0} & r_{j1}\cdots r_{jd_j} \\
& & & & \ddots & & \ddots \quad \ddots \\
& & & & & 0 & \cdots r_{j0}\ r_{j1}\cdots r_{jd_j}
\end{array}\right]
\xrightarrow{\text{分块}}
\left[\begin{array}{cc}
\boldsymbol{R}_{j-1} & \cdots \\
& \boldsymbol{T}_{j-1}
\end{array}\right],
$$

其中

$$
\boldsymbol{R}_{j-1} = \begin{pmatrix}
r_{(j-1)0} & r_{(j-1)1} & \cdots & \cdots & r_{(j-1)(p_1-1)} \\
 & r_{(j-1)0} & r_{(j-1)1} & \cdots & r_{(j-1)(p_1-2)} \\
 & & \ddots & \ddots & \vdots \\
 & & & r_{(j-1)0} & r_{(j-1)1} \\
 & & & & r_{(j-1)0}
\end{pmatrix}_{p_{(j-1)} \times p_{(j-1)}} ,
$$

$$
\boldsymbol{T}_{j-1} = \begin{pmatrix}
r_{(j-1)0} & r_{(j-1)1} & \cdots & \cdots & r_{(j-1)d_{(j-1)}} & \cdots \\
 & \ddots & \ddots & & & \ddots \\
 & & r_{(j-1)0} & r_{(j-1)1} & \cdots & \cdots r_{(j-1)d_{(j-1)}} \\
r_{j0} & r_{j1} & \cdots & r_{jd_j} & \cdots \\
 & r_{j0} & r_{j1} & \cdots & r_{jd_j} \\
 & & \ddots & \ddots & & \ddots \\
 & & & r_{j0} & r_{j1} & \cdots & r_{jd_j}
\end{pmatrix}
\begin{matrix}
\left.\rule{0pt}{30pt}\right\} m-(n-d_{j-1}) \text{ 行} \\
\left.\rule{0pt}{30pt}\right\} m-(n-d_j) \text{ 行}
\end{matrix} .
$$

如此,$\boldsymbol{B}$ 变成了矩阵

$$
\begin{pmatrix}
\boldsymbol{R}_0 & \cdots \\
 & \boldsymbol{R}_1 & \cdots \\
 & & \ddots \\
 & & & \boldsymbol{R}_{j-2} & \cdots \\
 & & & & \begin{pmatrix} \boldsymbol{R}_{j-1} & \cdots \\ & \boldsymbol{T}_{j-1} \end{pmatrix}
\end{pmatrix} ,
$$

或

$$
\begin{pmatrix}
\begin{pmatrix}
r_{00} & r_{01} & \cdots & r_{1(t-1)} \\
 & r_{00} & \cdots & r_{1(t-2)} \\
 & & \ddots & \vdots \\
 & & & r_{00}
\end{pmatrix}_{p_0 \times p_0} & \cdots & & \cdots \\
 & \begin{pmatrix}
r_{10} & r_{11} & \cdots & r_{1(p_1-1)} \\
 & r_{10} & \cdots & r_{1(p_1-2)} \\
 & & \ddots & \vdots \\
 & & & r_{10}
\end{pmatrix}_{p_1 \times p_1} & \cdots \\
 & & \ddots \\
 & & & \begin{pmatrix}
r_{(j-2)0} & r_{(j-2)1} & \cdots & r_{(j-2)(p_{(j-2)}-1)} \\
 & r_{(j-2)0} & \cdots & r_{(j-2)(p_{(j-2)}-2)} \\
 & & \ddots & \vdots \\
 & & & r_{(j-2)0}
\end{pmatrix}_{p_{j-2} \times p_{j-2}}
\end{pmatrix}
$$

173

$$\begin{pmatrix}
r_{(j-1)0} & r_{(j-1)1} & \cdots & r_{(j-1)d_{(j-1)}} & & \cdots & \\
& r_{(j-1)0} & r_{(j-1)1} & \cdots & r_{(j-1)d_{(j-1)}} & & \\
& & \ddots & & \ddots & & \\
& & & r_{(j-1)0} & r_{(j-1)1} & \cdots & r_{(j-1)d_{(j-1)}} \\
& & & 0 & \cdots & r_{j0} & \cdots & r_{jd_j} & \cdots \\
& & & & \ddots & & \ddots & & \ddots \\
& & & & 0 & \cdots & r_{j0} & \cdots & r_{jd_j}
\end{pmatrix}_{[2m-(h_{j-2}+h_{j-1})]\times[(n+m)-(h_{j-2}+h_{j-1})]}$$

既然 $m < n - d_j$ 即 $n - m > d_j$，于是这个矩阵的前 $2m$ 列（去掉最后 $n-m$ 列）所构成的子矩阵的对角线上至少含有一个 0，于是

$$|A(m,0)| = 0.$$

定理的第一部分得证.

现在，如果 $n - d_{j-1} < m = n - d_j$ 对于某个 j 成立，那么

$$T_{j-1} = \begin{pmatrix}
r_{j0} & r_{j1} & \cdots & r_{jd_j} & & & \\
& r_{j0} & r_{j1} & \cdots & r_{jd_j} & & \\
& & \ddots & \ddots & & \ddots & \\
& & & r_{j0} & r_{j1} & \cdots & r_{jd_j}
\end{pmatrix}_{(m-h_{j-1})\times(n-h_{j-1})}$$

而 B 将变成矩阵

$$\begin{pmatrix}
R_0 & \cdots & & & & \\
& R_1 & \cdots & & & \\
& & \ddots & & & \\
& & & R_{j-2} & \cdots & \\
& & & & R_{j-1} & \cdots \\
& & & & & T_{j-1}
\end{pmatrix}$$

或

$$\begin{pmatrix}
\begin{pmatrix}
r_{00} & r_{01} & \cdots & r_{1(t-1)} \\
& r_{00} & \cdots & r_{1(t-2)} \\
& & \ddots & \vdots \\
& & & r_{00}
\end{pmatrix}_{p_0\times p_0} & & \cdots & & \cdots \\
& \begin{pmatrix}
r_{10} & r_{11} & \cdots & r_{1(p_1-1)} \\
& r_{10} & \cdots & r_{1(p_1-2)} \\
& & \ddots & \vdots \\
& & & r_{10}
\end{pmatrix}_{p_1\times p_1} & & \cdots & \\
& & & \ddots &
\end{pmatrix}$$

$$\begin{pmatrix} r_{(j-2)0} & r_{(j-2)1} & \cdots & r_{(j-2)(p_{(j-2)}-1)} & & \\ & r_{(j-2)0} & \cdots & r_{(j-2)(p_{(j-2)}-2)} & & \\ & & \ddots & \vdots & & \\ & & & r_{(j-2)0} \end{pmatrix}_{p_{j-2} \times p_{j-2}}$$

$$\cdots$$

$$\begin{pmatrix} r_{j0} & r_{j1} & \cdots & r_{jd_j} & & \\ & r_{j0} & r_{j1} & \cdots & r_{jd_j} & \\ & & \ddots & \ddots & & \ddots \\ & & & r_{j0} & r_{j1} & \cdots & r_{jd_j} \end{pmatrix}_{(m-h_j-1) \times (n-h_{j-1})}$$

这个矩阵去掉最后的 $n-m$ 即 d_j 列后,将变成

$$\begin{pmatrix} r_{00} & r_{01} & \cdots & r_{1(t-1)} \\ & r_{00} & \cdots & r_{1(t-2)} \\ & & \ddots & \vdots \\ & & & r_{00} \end{pmatrix}_{p_0 \times p_0}$$

$$\cdots$$

$$\begin{pmatrix} r_{10} & r_{11} & \cdots & r_{1(p_1-1)} \\ & r_{10} & \cdots & r_{1(p_1-2)} \\ & & \ddots & \vdots \\ & & & r_{10} \end{pmatrix}_{p_1 \times p_1}$$

$$\cdots$$

$$\ddots$$

$$\begin{pmatrix} r_{(j-1)0} & r_{(j-1)1} & \cdots & r_{(j-1)(p_{(j-1)}-1)} \\ & r_{(j-1)0} & \cdots & r_{(j-1)(p_{(j-1)}-2)} \\ & & \ddots & \vdots \\ & & & r_{(j-1)0} \end{pmatrix}_{p_{j-1} \times p_{j-1}}$$

$$\cdots$$

$$\begin{pmatrix} r_{j0} & r_{j1} & \cdots & r_{jd_j} \\ & r_{j0} & \cdots & r_{j(d_j-1)} \\ & & \ddots & \vdots \\ & & & r_{j0} \end{pmatrix}_{(m-h_{j-1}) \times (m-h_{j-1})}$$

这个矩阵的行列式等于

$$(r_{00})^{p_0} \cdot (r_{10})^{p_1} \cdots (r_{(j-1)0})^{p_{j-1}} (r_{j0})^{(m-h_{j-1})},$$

或

$$(r_{00} \cdot r_{10})^{d_0-d_1} \cdot (r_{10} \cdot r_{20})^{d_1-d_2} \cdots (r_{(j-1)0} \cdot r_{j0})^{d_{j-1}-d_j}. \quad ①$$

我们知道,行变换并不能改变行列式的绝对值,但可能相差一个符号,让我们来计算将 B 变换成最后那个矩阵的过程中出现的变号次数

$$\tau_j = \frac{1}{2}m(m-1) + \sum_{k=0}^{j-2}\left[(m-h_{k+1}) + (m-h_k) \cdot (m-h_{k+1})\right]$$

$$= \frac{1}{2}m(m-1) + \sum_{k=0}^{j-2}\left[(m-h_{k+1}) \cdot (m-h_k+1)\right](\text{这里 } h_0 = 0)$$

既然 $m = h_j = n - d_j = d_0 - d_j$,于是 τ_j 写成如下形状

$$\frac{1}{2}\left(\left(\sum_{k=0}^{j-1}(d_k - d_{k+1})\right) \cdot \left(\sum_{k=0}^{j-1}(d_k - d_{k+1}) - 1\right)\right) + \sum_{k=0}^{j-2}\left[(d_k - d_j + 1) \cdot (d_{k+1} - d_j)\right]$$

为了完成定理的证明,还需证明 $(-1)^{\tau_j} = (-1)^{\delta_j}$,即我们要证明 $\tau_j \equiv \delta_j (\bmod 2)$. 为符号简便起见,记

$$s_i = d_i - d_{i+1} \quad (i = 0, 1, \cdots)$$

则

$$\delta_j = \frac{1}{2}\sum_{k=0}^{j-1}\left[(d_k - d_{k+1} - 1) \cdot (d_k - d_{k+1})\right] = \frac{1}{2}\sum_{k=0}^{j-1}\left[(s_k - 1)s_k\right],$$

$$\tau_j = \frac{1}{2}\Big[\sum_{i=0}^{j-1}s_i\Big] \cdot \Big[\sum_{i=0}^{j-1}s_i - 1\Big] + \sum_{k=0}^{j-2}\Big[\sum_{i=k}^{j-1}s_i + 1\Big] \cdot \Big[\sum_{i=k+1}^{j-1}s_i\Big].$$

注意到

$$\frac{1}{2}\Big[\sum_{i=0}^{j-1}s_i\Big] \cdot \Big[\sum_{i=0}^{j-1}s_i - 1\Big] = \frac{1}{2}\Big[\sum_{i=0}^{j-1}s_i\Big]^2 - \frac{1}{2}\Big[\sum_{i=0}^{j-1}s_i\Big]$$

$$= \frac{1}{2}\Big[\sum_{i=0}^{j-1}s_i^2 + 2\sum_{0\leqslant i<k<j-1}s_i \cdot s_k\Big] - \frac{1}{2}\Big[\sum_{i=0}^{j-1}s_i\Big]$$

$$= \frac{1}{2}\sum_{i=0}^{j-1}s_i^2 + \sum_{0\leqslant i<k<j-1}s_i \cdot s_k - \frac{1}{2}\Big[\sum_{i=0}^{j-1}s_i\Big]$$

$$= \frac{1}{2}\sum_{k=0}^{j-1}\left[(s_k-1)s_k\right] + \sum_{0\leqslant i<k<j-1}s_i \cdot s_k$$

---

① $\quad (r_{00})^{p_0} \cdot (r_{10})^{p_1} \cdots (r_{(j-1)0})^{p_{j-1}} \cdot (r_{j0})^{(m-h_{j-1})}$

$= (r_{00})^{d_0-d_1} \cdot (r_{10})^{(d_0-d_2)} \cdot (r_{20})^{(d_1-d_3)} \cdots (r_{(j-1)0})^{(d_{(j-2)}-d_j)} \cdot (r_{j0})^{(m-h_{j-1})}$

$= (r_{00})^{d_0-d_1} \cdot (r_{10})^{(d_0-d_2)} \cdot (r_{20})^{(d_1-d_3)} \cdots (r_{(j-1)0})^{(d_{(j-2)}-d_j)} \cdot (r_{j0})^{(d_{(j-1)}-d_j)}$

$= (r_{00})^{d_0-d_1} \cdot (r_{10})^{(d_0-d_2)} \cdot (r_{20})^{(d_1-d_3)} \cdots (r_{(j-1)0})^{(d_{(j-2)}-d_{(j-1)})} \cdot (r_{(j-1)0} \cdot r_{j0})^{(d_{(j-1)}-d_j)}$

$= \cdots = (r_{00})^{d_0-d_1} \cdot (r_{10})^{(d_0-d_1)} \cdot (r_{10} \cdot r_{20})^{(d_1-d_2)} \cdots (r_{(j-2)0} \cdot r_{(j-1)0})^{(d_{(j-2)}-d_{(j-1)})} \cdot$

$\quad (r_{(j-1)0} \cdot r_{j0})^{(d_{(j-1)}-d_j)}$

$= (r_{00} \cdot r_{10})^{(d_0-d_1)} \cdot (r_{10} \cdot r_{20})^{(d_1-d_2)} \cdots (r_{(j-1)0} \cdot r_{j0})^{(d_{(j-1)}-d_j)}.$

$$= \delta_j + \sum_{0 \leqslant i < k < j-1} s_i \cdot s_k.$$

另一方面，

$$\sum_{k=0}^{j-2} \left[\sum_{i=k}^{j-1} s_i + 1 \right] \cdot \left[\sum_{i=k+1}^{j-1} s_i \right] = \sum_{k=0}^{j-2} (s_k + 1 + \sum_{i=k+1}^{j-1} s_i) \cdot (\sum_{i=k+1}^{j-1} s_i)$$

$$= \sum_{k=0}^{j-2} \left[(s_k + 1) \cdot (\sum_{i=k+1}^{j-1} s_i) + \sum_{i=k+1}^{j-1} (s_i)^2 \right]$$

$$= \sum_{k=0}^{j-2} \left[(s_k + 1) \cdot (\sum_{i=k+1}^{j-1} s_i) + \sum_{i=k+1}^{j-1} (s_i) \right] (\bmod 2)$$

$$= \sum_{k=0}^{j-2} \left[s_k \cdot (\sum_{i=k+1}^{j-1} s_i) \right] (\bmod 2) = \sum_{0 \leqslant i < k < j-1} s_i \cdot s_k.$$

将上面两式相加就有 $\tau_k \equiv \delta_k (\bmod 2)$.

3.2 多项式的判别式序列·斯图姆－塔斯基序列变号数的计算

既然应用斯图姆－塔斯基定理的关键是计算 $V[ST(f, f'g)]_a^b$,那么现在,我们就专门来从事这个工作.

为了完成结果的叙述,我们还要给出几个必要的定义.

对于给定的有限个实数的序列 $h_1, h_2, \cdots, h_n (h_1 \neq 0)$,相应于这个序列的符号列

$$[\varepsilon_1, \varepsilon_2, \cdots, \varepsilon_n]$$

叫作原序列的符号表,这里

$$\varepsilon_1 = \mathrm{sign}(h_1), \varepsilon_2 = \mathrm{sign}(h_2), \cdots, \varepsilon_n = \mathrm{sign}(h_n).$$

根据这个符号表我们来定义一个符号修订表

$$[\varepsilon'_1, \varepsilon'_2, \cdots, \varepsilon'_n],$$

其构造规则如下:

如果 $[\varepsilon_i, \varepsilon_{i+1}, \cdots, \varepsilon_{i+j}]$ 是所给符号表中的一段,并有

$$\varepsilon_i \neq 0; \varepsilon_{i+1} = \varepsilon_{i+2} = \cdots = \varepsilon_{i+j-1} = 0; \varepsilon_{i+i} \neq 0,$$

则将此段中由 0 元素构成的序列

$$[\varepsilon_{i+1}, \varepsilon_{i+2}, \cdots, \varepsilon_{i+j-1}]$$

代之以项数相同的下述序列

$$[-\varepsilon_i, -\varepsilon_i, \varepsilon_i, \varepsilon_i, -\varepsilon_i, -\varepsilon_i, \varepsilon_i, \varepsilon_i, -\varepsilon_i, \cdots].$$

换一种较为形式化却未必直观的说法,就是令

$$\varepsilon_{i+r}' = (-1)^{(\frac{r(r+1)}{2})} \cdot \varepsilon_i \quad (r = 1, 2, \cdots, j-1)$$

除此之外,$\varepsilon'_k = \varepsilon_k$,即其余各项保持不变.

例如,按照上述规则将符号表
$$[1,-1,0,0,0,0,0,1,0,0,-1,-1,1,0,0,0],$$
修订后得到之符号修订表为
$$[1,-1,1,1,-1,-1,1,1,-1,-1,-1,-1,1,0,0,0].$$

再引进一个重要的概念. 设 $f(x),g(x)$ 为域 P 上的任意两个多项式,则 $f(x)$ 关于 $g(x)$ 的判别矩阵 $\boldsymbol{D}(f,g)$ 定义为
$$\boldsymbol{D}(f,g)=\begin{cases} \boldsymbol{A}(f,g), & \text{若 } \partial(f(x))>\partial(g(x)), \\ \boldsymbol{A}(f,\mathrm{rem}(f,g)), & \text{若 } \partial(f(x))\leqslant\partial(g(x)), \end{cases}$$
这里 $\boldsymbol{A}(f,g)$ 表示 $f(x)$ 关于 $g(x)$ 的西尔维斯特第二矩阵,而 $\boldsymbol{A}(f,\mathrm{rem}(f,g))$ 表示 $f(x)$ 关于余式 $\mathrm{rem}(f,g)$($g(x)$ 除以 $f(x)$ 所得)的西尔维斯特第二矩阵;同时把下面的序列
$$D_0,D_1,D_2,\cdots,D_n$$
称为 $f(x)$ 关于 $g(x)$ 的判别式序列,这里 $D_0=1$,而 $D_m(m=1,2,\cdots,n)$ 表示 $\boldsymbol{D}(f,g)$ 的 $2m$ 阶顺序主子式.

现在可以来计算 $f(x)$ 关于任何多项式 $g(x)$ 的斯图姆－塔斯基序列的变号数了.

预备定理1 设 $f(x),g(x)$ 为实数域上的两个多项式,$a,b(a<b)$ 是满足 $f(a)f(b)\neq 0$ 的任意两个实数,若 $f(x)$ 次数小于 $g(x)$ 的次数,则
$$V[ST(f,g)]_a^b=V[ST(f,\mathrm{rem}(g,f))]_a^b,$$
这里 $\mathrm{rem}(g,f)$ 表示 $g(x)$ 除 $f(x)$ 的余式.

证明 当 $f(x)$ 次数小于 $g(x)$ 的次数时,设 $f(x)$ 关于 $g(x)$ 的斯图姆－塔斯基序列为
$$f(x),g(x),-f(x),-\mathrm{rem}(g,f),-r_1(g,f),\cdots,-r_s(x),$$
此时,$f(x)$ 关于 $\mathrm{rem}(g,f)$ 的斯图姆－塔斯基序列为
$$f(x),\mathrm{rem}(g,f),r_1(g,f),\cdots,r_s(x).$$
既然 $f(a)\neq 0$,则不论 $g(a)$ 为何值,序列
$$f(x),g(x),-f(x)$$
在 a 处的变号数均为 1. 而序列
$$-f(x),-\mathrm{rem}(g,f),-r_1(g,f),\cdots,-r_s(x)$$
与序列
$$f(x),\mathrm{rem}(g,f),r_1(g,f),\cdots,r_s(x)$$
之间的差异仅在于一个负号,因此它们在 a 处的变号数应该相等,于是
$$V_a[ST(f,g)]=V_a[ST(f,\mathrm{rem}(g,f))]+1,$$

178

由于同样的理由，

$$V_b[ST(f,g)]=V_b[ST(f,\mathrm{rem}(g,f))]+1,$$

最后，

$$V[ST(f,g)]_a^b=V[ST(f,\mathrm{rem}(g,f))]_a^b.$$

预备定理 2 $f(x)$ 关于 $g(x)$ 的斯图姆－塔斯基序列 $r_0(x),r_1(x),\cdots,$ $r_k(x)$ 与判别式序列 $D_1(f),D_2(f),\cdots,D_n(f)$ 之间有如下关系

(1) 若 $m\neq h_j=n-d_j$ 对于某个 $j(1\leqslant j\leqslant k)$，则 $D_m(f)=0$，即 $D_{h_j+1}=0,D_{h_j+2}=0,\cdots,D_{h_{j+1}-1}=0$，这就是说，在判别式序列中，介于 D_{h_j} 与 $D_{h_{j+1}}$ 之间的所有项都是 0．

(2) 若 $m=h_j=n-d_j$ 对于某个 $j(1\leqslant j\leqslant k)$ 成立，则

$$D_m(f)=(-1)^{\delta_j}\cdot(r_{00}\cdot r_{10})^{d_0-d_1}\cdot(r_{10}\cdot r_{20})^{d_1-d_2}\cdots(r_{(j-1)0}\cdot r_{j0})^{d_{j-1}-d_j};$$

又令 $\sigma_i=D_{h_i}(f)$，即 σ_i 是判别式序列 $D_1(f),D_2(f),\cdots,D_n(f)$ 中的第 i 个非零的项，则有

$$\frac{\sigma_{i+1}}{\sigma_i}=(-1)^{(d_i-d_{i+1}-1)\cdot(d_i-d_{i+1})/2}\cdot(r_{i0}\cdot r_{(i+1)0})^{d_i-d_{i+1}}.$$

预备定理 2 可由 3.1 中定理 3.1.1 直接得出．

定理 3.2.1 设 $f(x),g(x)$ 为实数域上的多项式，如果 $f(x)$ 关于 $g(x)$ 的判别式序列的符号修订表的变号数为 v，并且有 p 个非零项，那么 $f(x)$ 关于 $g(x)$ 的斯图姆－塔斯基序列在 $+\infty$ 和 $-\infty$ 处的差为 $p-2v-1$．

证明 我们先就 $f(x)$ 的次数大于 $g(x)$ 这一情形来证明．此时 $f(x)$ 关于 $g(x)$ 的斯图姆－塔斯基序列——$r_0(x),r_1(x),\cdots,r_k(x)$——在 $-\infty$ 和 $+\infty$ 处的符号是

$$-\infty:(-1)^{d_i}\cdot r_{i0}\quad(i=0,1,\cdots,k)$$
$$+\infty:r_{i0}\quad(i=0,1,\cdots,k)$$

为了计算出 $V[ST(f,g)]_{-\infty}^{+\infty}$，首先注意到下面明显的事实：对于任意给定的有限个非零实数的序列

$$h_0,h_1,\cdots,h_n,$$

它的变号数等于序列

$$h_0h_1,h_1h_2,\cdots,h_{n-1}h_n,$$

中负项的个数，或者进一步可用和式

$$\sum_{i=0}^{n-1}\frac{1}{2}(1-\mathrm{sign}(h_ih_{i+1})).$$

来表示．

如此，

$$V[ST(f,g)]_{-\infty}^{+\infty} = \sum_{i=0}^{k-1} \frac{1}{2}\left[1 - \text{sign}((-1)^{d_i+d_{i+1}} \cdot r_{i0} \cdot r_{(i+1)0})\right] -$$

$$\sum_{i=0}^{k-1} \frac{1}{2}\left[1 - \text{sign}(r_{i0} \cdot r_{(i+1)0})\right]$$

$$= \sum_{i=0}^{k-1} \frac{1}{2}\left[1 - (-1)^{d_i+d_{i+1}}\right] \cdot \text{sign}(r_{i0} \cdot r_{(i+1)0})$$

$$= \sum_{i=0}^{k-1} \frac{1}{2}\left[1 - (-1)^{d_i-d_{i+1}}\right] \cdot \text{sign}(r_{i0} \cdot r_{(i+1)0})$$

$$\left(\text{注意到} \frac{(-1)^{d_i+d_{i+1}}}{(-1)^{d_i-d_{i+1}}} = (-1)^{2d_{i+1}} = 1\right)$$

$$= \sum_{i=0,(d_i-d_{i+1}-1)\text{是偶数}}^{k-1} \text{sign}(r_{i0} \cdot r_{(i+1)0}).$$

另一方面，设 $f(x)$ 关于 $g(x)$ 的判别式序列为

$$D_0, D_1, D_2, \cdots, D_n,$$

由预备定理 2，其符号表为

$$\varepsilon_0 = 1, \varepsilon_1 = \varepsilon_{h_1} = \text{sign}(\sigma_1) \neq 0, \varepsilon_2 = \varepsilon_{h_1+1} = 0, \cdots,$$

$$\varepsilon_{h_2-1} = 0, \varepsilon_{h_2} = \text{sign}(\sigma_2) \neq 0, \cdots, \varepsilon_{h_{k-1}} = \text{sign}(\sigma_{k-1}) \neq 0, \varepsilon_{h_{k-1}+1} = 0, \cdots, \varepsilon_{h_k-1} = 0,$$

$$\varepsilon_{h_k} = \text{sign}(\sigma_k) \neq 0, \varepsilon_{h_k+1} = 0, \cdots, \varepsilon_n = 0.$$

设判别式序列的符号修订表为

$$\varepsilon'_0, \varepsilon'_1, \varepsilon'_2, \cdots, \varepsilon'_n,$$

根据符号修订表的定义，

$$\varepsilon'_0 = 1;$$

$$\varepsilon_{h_i+t_i}' = (-1)^{\frac{t_i(t_i+1)}{2}} \cdot \text{sign}(\sigma_i) \quad (i=1,2,\cdots,k-1; t_i=1,\cdots,d_i-d_{i+1}-1)$$

$$\varepsilon_{h_k}' = \text{sign}(\sigma_k); \varepsilon_j' = 0 \quad (j > h_k).$$

并因此符号修订表有 $p = h_k + 1$ 个非零项. 这个序列的变号数为 v，现在来计算 $p - 2v - 1$.

$$p - 2v - 1 = p - 1 - 2 \cdot \sum_{i=0}^{p-2} \frac{1}{2}(1 - \text{sign}(\varepsilon_i' \cdot \varepsilon_{i+1}')) = \sum_{i=0}^{p-2} \text{sign}(\varepsilon_i' \cdot \varepsilon_{i+1}')$$

$$= \sum_{i=0}^{h_k-1} \text{sign}(\varepsilon_i' \cdot \varepsilon_{i+1}').$$

最后一个和式无非是下列 h_k 个数的符号的和

$$\varepsilon'_0\varepsilon'_1, \varepsilon'_1\varepsilon'_2, \varepsilon'_2\varepsilon'_3, \cdots, \varepsilon_{h_k-1}'\varepsilon_{h_k}',$$

我们把它分成 k 组

$$\varepsilon'_0 \varepsilon'_1,$$

$$\varepsilon'_1 \varepsilon'_2 = \varepsilon_{h_1}{}' \varepsilon_{h_1+1}{}', \varepsilon_{h_1+1}{}' \varepsilon_{h_1+2}{}', \cdots, \varepsilon_{h_2-1}{}' \varepsilon_{h_2}{}';$$

$$\varepsilon_{h_2}{}' \varepsilon_{h_2+1}{}', \varepsilon_{h_2+1}{}' \varepsilon_{h_2+2}{}', \cdots, \varepsilon_{h_3-1}{}' \varepsilon_{h_3}{}';$$

$$\vdots$$

$$\varepsilon_{h_{k-1}}{}' \varepsilon_{h_{k-1}+1}{}', \varepsilon_{h_{k-1}+1}{}' \varepsilon_{h_{k-1}+2}{}', \cdots, \varepsilon_{h_k-1}{}' \varepsilon_{h_k}{}';$$

这里第 $i+1$ 组的数的个数为 $h_i - h_{i-1} = d_{i-1} - d_i (i=1,2,\cdots,k-1)$，于是

$$\sum_{i=0}^{h_k-1} \text{sign}(\varepsilon_i{}' \cdot \varepsilon_{i+1}{}') = \text{sign}(\varepsilon'_0 \cdot \varepsilon'_1) + \sum_{i=1}^{k-1} \left(\sum_{j=0}^{d_i-d_{i+1}-1} \text{sign}(\varepsilon_{h_i+j}{}' \cdot \varepsilon_{h_i+j+1}{}') \right)$$

可以将后面那个连加号中的最后一项

$$\text{sign}(\varepsilon_{h_i+(d_i-d_{i+1}-1)}{}' \cdot \varepsilon_{h_i+(d_i-d_{i+1})}{}') = \text{sign}(\varepsilon_{h_i+(d_i-d_{i+1}-1)}{}' \cdot \varepsilon_{h_{i+1}}{}')$$

提出

$$\sum_{i=0}^{h_k-1} \text{sign}(\varepsilon_i{}' \cdot \varepsilon_{i+1}{}') = \text{sign}(\varepsilon'_0 \cdot \varepsilon'_1) + \sum_{i=1}^{k-1} \left(\sum_{j=0}^{d_i-d_{i+1}-1} \text{sign}(\varepsilon_{h_i+j}{}' \cdot \varepsilon_{h_i+j+1}{}') + \right.$$
$$\left. \text{sign}(\varepsilon_{h_i+(d_i-d_{i+1}-1)}{}' \cdot \varepsilon_{h_{i+1}}{}') \right)$$

既然

$$\varepsilon'_0 = 1; \varepsilon_{h_i+t_i}{}' = (-1)^{\frac{t_i(t_i+1)}{2}} \cdot \text{sign}(\sigma_i) \quad (i=1,2,\cdots,k-1; t_i=0,\cdots,(d_i-d_{i+1}-1));$$

代入后我们将得到

$$\sum_{i=0}^{h_k-1} \text{sign}(\varepsilon_i{}' \cdot \varepsilon_{i+1}{}') \text{sign}(\sigma_1) + \sum_{i=1}^{k-1} \left[\sum_{j=0}^{d_i-d_{i+1}-2} (-1)^{(\frac{i(j+1)}{2} + \frac{(j+1)(j+2)}{2})} \cdot \right.$$
$$\left. \text{sign}(\sigma_i^2) + (-1)^{(\frac{(d_i-d_{i+1}-1)(d_i-d_{i+1})}{2})} \cdot \text{sign}(\sigma_i \cdot \sigma_{i+1}) \right]$$

再

$$\sigma_1 = r_{00} \cdot r_{10}, \frac{\sigma_{i+1}}{\sigma_i} = (-1)^{(d_i-d_{i+1}-1)\cdot(d_i-d_{i+1})/2} \cdot (r_{i0} \cdot r_{(i+1)0})^{d_i-d_{i+1}},$$

于此

$$\sum_{i=0}^{h_k-1} \text{sign}(\varepsilon_i{}' \cdot \varepsilon_{i+1}{}') = \text{sign}(r_{00} \cdot r_{10}) + \sum_{i=1}^{k-1} \left[\sum_{j=0}^{d_i-d_{i+1}-2} (-1)^{(\frac{i(j+1)}{2} + \frac{(j+1)(j+2)}{2})} \cdot \right.$$
$$\text{sign}(\sigma_i^2) + (-1)^{(d_i-d_{i+1}-1)(d_i-d_{i+1})} \cdot$$
$$\left. \text{sign}((r_{i0} \cdot r_{(i+1)0})^{(d_i-d_{i+1})} \cdot \sigma_i^2) \right].$$

而

$$\sigma_i^2 = 1,$$

所以

$$\sum_{i=0}^{h_k-1} \text{sign}(\varepsilon_i' \cdot \varepsilon_{i+1}') = \text{sign}(r_{00} \cdot r_{10}) + \sum_{i=1}^{k-1} \Big[\sum_{j=0}^{d_i-d_{i+1}-2} (-1)^{(\frac{i(j+1)}{2} + \frac{(j+1)(j+2)}{2})} +$$
$$(-1)^{(d_i-d_{i+1}-1)(d_i-d_{i+1})} \cdot \text{sign}((r_{i0} \cdot r_{(i+1)0})^{(d_i-d_{i+1})}) \Big].$$

进一步,等式的右端后面一部分可进行明显的变形如下:

$$\sum_{i=1}^{k-1} \Big(\sum_{j=0}^{d_i-d_{i+1}-1} (-1)^{(\frac{i(j+1)}{2} + \frac{(j+1)(j+2)}{2})} + (-1)^{(d_i-d_{i+1}-1)(d_i-d_{i+1})} \cdot \text{sign}((r_{i0} \cdot r_{(i+1)0})^{(d_i-d_{i+1})})$$

$$= \sum_{i=1}^{k-1} \Big(\sum_{j=0}^{d_i-d_{i+1}-1} (-1)^{(j+1)^2} + (-1)^{(d_i-d_{i+1}-1)(d_i-d_{i+1})} \cdot \text{sign}((r_{i0} \cdot r_{(i+1)0})^{(d_i-d_{i+1})})$$

$$= \sum_{i=1}^{k-1} \Big(\sum_{j=0}^{d_i-d_{i+1}-1} (-1)^{(j+1)} + (-1)^{(d_i-d_{i+1}-1)(d_i-d_{i+1})} \cdot \text{sign}((r_{i0} \cdot r_{(i+1)0})^{(d_i-d_{i+1})})$$

$((j+1)^2$ 与 $(j+1)$ 奇偶性相同$)$

$$= \sum_{i=1}^{k-1} \Big(\frac{-1+(-1)^{(d_i-d_{i+1}-1)}}{2} + \text{sign}((r_{i0} \cdot r_{(i+1)0})^{(d_i-d_{i+1})}) \Big)$$

$((d_i-d_{i+1}-1)(d_i-d_{i+1}-1)$ 是偶数$)$

$$= \sum_{i=1,(d_i-d_{i+1}-1)\text{是偶数}}^{k-1} \Big(\frac{-1+(-1)^{(d_i-d_{i+1}-1)}}{2} + \text{sign}((r_{i0} \cdot r_{(i+1)0})^{(d_i-d_{i+1})}) \Big) +$$
$$\sum_{i=1,(d_i-d_{i+1}-1)\text{是奇数}}^{k-1} \Big(\frac{-1+(-1)^{(d_i-d_{i+1}-1)}}{2} + \text{sign}((r_{i0} \cdot r_{(i+1)0})^{(d_i-d_{i+1})}) \Big)$$

$$= \sum_{i=1,(d_i-d_{i+1}-1)\text{是偶数}}^{k-1} (\text{sign}(r_{i0} \cdot r_{(i+1)0}))$$

最后,

$$\sum_{i=0}^{h_k} \text{sign}(\varepsilon_i' \cdot \varepsilon_{i+1}') = \text{sign}(r_{00} \cdot r_{10}) + \sum_{i=1,(d_i-d_{i+1}-1)\text{是偶数}}^{k-1} (\text{sign}(r_{i0} \cdot r_{(i+1)0}))$$
$$= \sum_{i=0,(d_i-d_{i+1}-1)\text{是偶数}}^{k-1} \text{sign}(r_{i0} \cdot r_{(i+1)0}).$$

到此,实际上我们已经证明了

$$V[D_0(f), D_1(f), \cdots, D_n(f)]_{-\infty}^{+\infty} = p - 2v - 1.$$

在 $f(x)$ 的次数小于等于 $g(x)$ 时,根据刚才所证明的,应该有

$$V[ST(f, \text{rem}(f,g))]_{-\infty}^{+\infty} = p - 2v - 1,$$

可是按照预备定理 1,

$$V[ST(f,g)]_{-\infty}^{+\infty} = V[ST(f, \text{rem}(f,g))]_{-\infty}^{+\infty},$$

到此定理完全得到证明.

3.3 多项式的根的判别系统

定理 3.2.1 解决了 $V[ST(f,g)]_{-\infty}^{+\infty}$ 的计算,结合斯图姆－塔斯基定理,我

们马上可以得到一个多项式实根个数的显式判别准则.

定理 3.3.1 设 $f(x),g(x)$ 都是实系数多项式, $f(x)$ 关于 $f'(x)g(x)$ 的判别式序列的符号修订表的变号数为 v, 含有 p 个非零项, 则

$$N[f=0,g>0)]_{-\infty}^{+\infty} - N[f=0,g<0)]_{-\infty}^{+\infty} = p-2v-1.$$

比较常用的是 $g(x)=1$ 这情况,这时,我们有

定理 3.3.2 设 $f(x)$ 是实系数多项式, $f(x)$ 关于 $f'(x)$ 的判别式序列的符号修订表的变号数为 v, 含有 p 个非零项, 则 $f(x)$ 的互异实根数为 $p-2v-1$.

例 1 经计算, 多项式

$$f(x)=x^{18}-x^{16}+2x^{15}-x^{14}-x^5+x^4+x^3-3x^2+3x-1,$$

关于它的导数的判别式序列的符号表为

$$[1,1,1,-1,-1,-1,0,0,0,-1,1,1,-1,-1,1,-1,-1,0,0],$$

从而其符号修订表是

$$[1,1,1,-1,-1,-1,1,1,-1,-1,1,1,-1,-1,1,-1,-1,0,0],$$

它的变号数是 7, 含有 17 个非零项, 故 $f(x)$ 有 $17-2\cdot 7-1=2$ 个不同的实根.

现在我们考虑一个比较复杂的例子. 求证下面这个含有 49 项的多项式是正定的: 即赋予未知量 x,y 以任何实数值, $f(x,y)$ 均大于 0.

$$
\begin{aligned}
f(x,y)=&x^6y^6+6x^6y^5-6x^5y^6+15x^6y^4-36x^5y^5+15x^4y^6+20x^6y^3-\\
&90x^5y^4+90x^4y^5-20x^3y^6+15x^6y^2-120x^5y^3+225x^4y^4-\\
&120x^3y^5+15x^2y^6+6x^6y-90x^5y^2+300x^4y^3-300x^3y^4+\\
&90x^2y^5-6xy^6+x^5-36x^5y+225x^4y^2-400x^3y^3+225x^2y^4-\\
&36xy^5+y^6-6x^5+90x^4y-300x^3y^2+300x^2y^2-90xy^4+\\
&6y^5+15x^4-120x^3y+225x^2y^2-120xy^3+15y^4-20x^3+90x^4y+\\
&20y^3+16x^2-36xy+16y^2-6x+6y+1.
\end{aligned}
$$

首先将 $f(x,y)$ 看作是 x 的多项式, 而 y 作为参数. 这时, 其判别式序列是

$$D_0=1, D_1=(y+1)^{12}, D_2=0, D_3=0, D_4=(y+1)^{30},$$

$$
\begin{aligned}
D_5=&(y+1)^{30}(108y^{10}+648y^9+486y^8-4\,644y^7-14\,757y^6-\\
&18\,234y^5-7\,407y^4+5\,856y^3+8\,361y^2+3\,798y+649),
\end{aligned}
$$

$$
\begin{aligned}
D_6=&-(y+1)^{30}(729y^{22}+8\,748y^{21}+51\,759y^{20}+204\,120y^{19}+608\,715y^{18}+\\
&1\,466\,748y^{17}+2\,966\,301y^{16}+5\,155\,488y^{15}+7\,822\,170y^{14}+\\
&10\,465\,440y^{13}+12\,438\,414y^{12}+13\,169\,952y^{11}+12\,439\,356y^{10}+\\
&10\,460\,448y^9+7\,795\,503y^8+5\,120\,952y^7+2\,945\,545y^6+1\,471\,992y^5+\\
&619\,995y^4+209\,678y^3+52\,888y^2+8\,844y+745).
\end{aligned}
$$

既然 $f(x,-1)=x^2+1$ 显然是正定的,于是我们可设 $y+1\neq 0$,如此,
$$[D_0,D_1,D_2,D_3,D_4,D_5,D_6]$$
的符号表是
$$[1,1,0,0,1,\text{sign}(D_5),\text{sign}(D_6)]$$
置 $h(y)=\dfrac{D_6}{(y+1)^{30}}$,显然 $\text{sign}(h(y))=\text{sign}(D_6)$. 进而,$h(y)$ 的符号表和符号修订表分别为

$[1,1,-1,-1,0,0,0,0,1,1,1,-1,1,1,1,-1,1,1,1,-1,-1,1,-1]$,

$[1,1,-1,-1,1,1,-1,-1,1,1,1,-1,1,1,1,-1,1,1,1,-1,-1,1,-1]$,

后者的变号数是 11,故 $h(y)$ 没有实根,它是负定的,从而,$\text{sign}(D_6)=-1$. 于是 $[D_0,D_1,D_2,D_3,D_4,D_5,D_6]$ 的符号修订表为
$$[1,1,-1,-1,1,1,-1]$$
或
$$[1,1,-1,-1,1,-1,-1],$$

无论哪种情形,其变号数均为 3,故 $f(x,y)$ 没有实根,从而它是正定的.

我们还可以建立起实系数多项式 $f(x)$ 在某个区间 (a,b) 内的实根个数.

定理 3.3.3 设实系数多项式 $f(x)$ 关于 $f'(x)$ 的判别式序列的符号修订表的变号数为 v_1,含有 p_1 个非零项;而 $f(x)$ 关于 $(x-a)f'(x)$ 的判别式序列的符号修订表的变号数为 v_2,含有 p_2 个非零项,则 $f(x)$ 在 $(a,+\infty)$ 中的不同实根的个数为
$$\frac{1}{2}\left[(p_1+p_2)-N[f=0,x=a]_a^{+\infty}-(v_1+v_2)\right].$$
其中 $N[f=0,x=a]_a^{+\infty}$ 依 $f(a)$ 为 0 与否而取 1 或者 0.

这个定理由定理 3.2.1 及斯图姆－塔斯基定理的第二个推论即得.

如果用 N_a,N_b 分别记 $f(x)$ 在区间 $(a,+\infty)$ 以及 $(b,+\infty)$ 中实根的数目,则 $f(x)$ 在 (a,b) 中根的数目为 N_a-N_b.

例 2 若 $x>0$,为使不等式 $x^5+ax^2+bx+c>0$ 恒成立,a,b,c 应满足什么条件?

这个问题等价于寻找使多项式 $f(x)=x^5+ax^2+bx+c$ 无正根的充要条件. 如此我们可以利用定理 3.3.3,求出 $f(x)$ 关于 $f'(x)$ 的判别式序列的符号修订表为
$$V_1=[1,1,0,\text{sign}(-a^2),\text{sign}(d_1),\text{sign}(d_2)];$$
$f(x)$ 关于 $xf'(x)$ 的判别式序列的符号修订表为

$$V_2 = [1,0,0,\text{sign}(a^3),\text{sign}(d_3),\text{sign}(-cd_2)],$$

其中

$$d_1 = -27a^4 - 300abc + 160b^3,$$

$$d_2 = -27b^2 a^4 + 108a^5 c - 1\,600acb^3 + 2\,250a^2 bc^2 + 256b^5 + 3\,125c^4,$$

$$d_3 = -27a^4 b + 225c^2 a^2 - 720cab^2 + 256b^4,$$

同时，$N[f=0,x=0]_a^{+\infty} = 1$ 当且仅当 $c=0$.

试讨论情形：当 $c=0$ 时，这时 $N[f=0,x=0]_a^{+\infty}=1$.

(1) 若 $a=0 \wedge^{①} b=0$，则 $V_1=[1,1,0,0,0,0]$，$V_2=[1,0,0,0,0,0]$，这时 $p_1=1, p_2=0$，$v_1=0, v_2=0$，故由定理 3.3.3，正根数为 $\frac{1}{2}[(1+0)-1-(0+0)]=0$；

(2) 若 $a=0 \wedge b>0$，则 $V_1=[1,1,0,0,1,1]$，$V_2=[1,0,0,0,1,0]$，这时 $p_1=5, p_2=4, v_1=2, v_2=2$，正根数为 0；

对其余情形作类似讨论，最后我们将得到：$x>0$ 时，$x^5+ax^2+bx+c>0$ 当且仅当下列诸情形之一出现

①$c=0 \wedge a \geqslant 0 \wedge b \geqslant 0$；②$c=0 \wedge d_2>0$；③$c>0 \wedge a=0 \wedge b \geqslant 0$；④$c>0 \wedge a=0 \wedge b<0 \wedge d_2<0$；⑤$c>0 \wedge a>0 \wedge d_2>0$；⑥$c>0 \wedge a>0 \wedge d_2<0 \wedge d_1 \geqslant 0 \wedge d_3>0$；⑦$c>0 \wedge a>0 \wedge d_2<0 \wedge d_1<0 \wedge d_3 \leqslant 0$；⑧$c>0 \wedge a>0 \wedge d_2=d_3=d_1=0$；⑨$c>0 \wedge a>0 \wedge d_2=0 \wedge d_1>0 \wedge d_3>0$；⑩$c>0 \wedge a>0 \wedge d_2=0 \wedge d_1<0 \wedge d_3<0$；⑪$c>0 \wedge a>0 \wedge d_2<0 \wedge d_3 \geqslant 0$；⑫$c>0 \wedge a<0 \wedge d_2<0 \wedge d_1 \geqslant 0$；⑬$c>0 \wedge a<0 \wedge d_2=0 \wedge d_1>0 \wedge d_3>0$.

§4 方程式的数字解法

4.1 霍纳法

利用以前的方法可以把实系数多项式 $f(x)$ 的实数根区分出来，也就是对于每一个实根都可以定出它的限，且在这两个限之间只有这一个根. 如果这些

---

① 记号 $\wedge$ 表示逻辑交运算.

限很窄,那么它们之间所含的任何一个数都可以作为所要求出的根的近似值. 这样一来,用斯图姆法(或其他任一更简便的方法)可以求出有理数 a 和 b,使在它们之间只含有多项式 $f(x)$ 的一个根,其余的问题是如何缩近这些限,使得新限 a' 和 b' 对事先已给出的前几个十进数位彼此重合;这些所要求出的根就能计算到已经给出的准确度. 有很多方法存在,可以相当快的求出适合所需要的某种准确度的根的近似值. 我们给出三个理论上比较简单的方法. 注意这些方法不仅可用来求多项式的根的近似值,亦可用于很多种连续函数.

设

$$f(x) = a_0 x^n + a_1 x^{n-1} + \cdots + a_1 x^{n-1} + a_n = 0 \tag{1}$$

是一个带实数系数的方程式.

这个方程式的实根的计算有一个简单的方法 —— 我们称之为分区间法. 它的依据是零点定理(定理 1.1.1). 未知量 x 代之以整数值 a,我们得

$$f(a) > 0, f(a+1) < 0.$$

根据零点定理,在未知量取 a 与 $a+1$ 之间的某个数值时 $f(x)$ 将等于零.

然后给未知量 x 以数值 $a + \dfrac{1}{10}, a + \dfrac{2}{10}, a + \dfrac{3}{10}$,等,如此可以决定所要求的这个根的十分位数码. 然后在进而决定其百分位数码,如此进行下去.

自然,分区间法是很麻烦的. 但也有比这简捷得多的方法,例如下面的霍纳的方法就是这样.

用霍纳的方法来计算方程式(1)的任何实根可如下进行:不妨用分区间法先决定所求的根的整数部分,然后用某种替换变为这样的方程式,使其相应根的整数部分等于所求根的第一位小数的数码. 重复这个过程就可以得到方程式(1)的根的任意多少位我们所要的数码.

这些替换法是怎样的呢?

设 $x_1 = c_0 + \dfrac{c_1}{10} + \dfrac{c_2}{100} + \dfrac{c_3}{1\,000} + \cdots = c_0.c_1 c_2 c_3 \cdots$ 表示所求的根,写为十进小数的形状,并且设我们已经确定,$f(c_0)$ 与 $f(c_0 + 1)$ 两数有不同的符号而用分区间法找到了 c_0. 于是,由替换

$$x - c_0 = y \tag{2}$$

得到方程式

$$\varphi_1(y) = 0 \tag{3}$$

其相应的根为 $y_1 = 0.c_1 c_2 c_3 \cdots$,然后替换

$$y = \frac{Y}{10} \tag{4}$$

186

就将方程式(3) 变为方程式

$$\psi_1(Y) = 0 \tag{5}$$

这里 $Y_1 = c_1 . c_2 c_3 c_4 \cdots$.

决定了根 Y_1 的整数部分以后我们以替换

$$Y - c_1 = z \tag{6}$$

将方程式(5) 变为方程式

$$\varphi_2(z) = 0 \tag{7}$$

而这个方程式又作替换

$$z = \frac{Z}{10} \tag{8}$$

变为方程式

$$\psi_2(Z) = 0 \tag{9}$$

而其相应根将为 $Z_1 = c_2 . c_3 c_4 \cdots$.

显然这些手续可以重复任意次.

如果我们找到了 Z_1 其精确度不是一,而是比方说,百分之一,换句话说,

$$c_2 . c_3 c_4 < Z_1 < c_2 . c_3 c_4 + 0.01,$$

则这样一下子得到所求根的三位数码,而底下的替换将有

$$Z - c_2 . c_3 c_4 = u \tag{10}$$

$$u = \frac{U}{1\,000} \tag{11}$$

的形状.

替换(2),(6),(10) 等等实行起来最为方便,只要预先把 $f(x)$ 按 $x - x_0$ 的幂展开,$\psi_1(Y)$ 按 $Y - c_1$ 的幂展开,如此等等;由方程式(3) 变为方程式(5) 只要将诸系数各乘以 $1, 10, 10^2, 10^3$ 等等(作替换(11) 时则乘以 $1, 10^3, 10^6$,等等).

例1 我们来找方程式

$$f(x) = x^3 + x^2 - 13 = 0$$

正根的数字解.

既然 $f(2) = -3$,而 $f(3) = 17$,则 $2 < x_1 < 3$,于是 $c_0 = 2$. 所以要做 $x - 2 = y, y = \frac{Y}{10}$ 诸替换,或结合起来:$x = 2 + \frac{Y}{10}$.

	1	0	0	-13
2	1	2	5	-3
2	1	4	13	
2	1	6		

如此,我们有

$$\varphi_1(y) = y^3 + 6y^2 + 13y - 3 = 0,$$

$$\psi_1(Y) = Y^3 + 60Y^2 + 1\ 300Y - 3\ 000 = 0.$$

这里立刻可以看出,$\psi_1(2) < 0$,而 $\psi_1(3) > 0$;所以,$2 < Y_1 < 3$,即 $c_1 = 2$,并且应作 $Y - 2 = z$,$z = \dfrac{Z}{10}$ 等替换或结合起来:$Y = 2 + \dfrac{Z}{10}$ 等替换或结合起来:$Y = 2 + \dfrac{Z}{10}$(对所求根将有 $x_1 = 2.2 + \dfrac{Z_1}{10}$).

		1	60	1 300	− 3 000
2		1	62	1 424	− 152
2		1	64	1 552	
2		1	66		

由此有

$$\psi_2(Z) = Z^3 + 660\ Z^2 + 155\ 200Z - 152\ 000 = 0.$$

显然 $0 < Z_1 < 1$,并且相应的替换将为:$Z = 0 + u = u$,$u = \dfrac{U}{10}$ 或 $z = \dfrac{U}{10}$(所以,$x_1 = 2.20 + \dfrac{U_1}{100}$),这给出

$$\psi_3(U) = U^3 + 6\ 600U^2 + 1\ 552\ 000U - 152\ 000\ 000 = 0.$$

虽然我们得到了系数很大的方程式,但它的急速增长到方程式的末尾使我们单以 U 的系数除常数项即可得到 U_1 的界限,并且这个除法甚至能一下子找出所求根的底下几位数码

152 000 000	15 520 000
− 139 680 000	9.25
12 320 000.0	
− 10 864 000.0	
1 456 000.00	
− 776 000.00	
680 000.00	

商的最末一位取百分之 5(而不取按寻常除法所应得的百分之 9),这是为了使得剩余(等于 680 000)能比方程式所暂时放弃的两项 $U^3 + 6\ 600U^2$ 在 $U = 9.75$ 时的值稍大

$$(9.75)^3 + 6\ 600(9.75)^2 < 661\ 000 < 680\ 000.$$

所以,$\psi_3(9.75) < 0$.

由另一方面,如果我们在商的末位取了百分之 6,则得剩余

$$524\ 800 < (9.76)^3 + 6\ 600(9.76)^2,$$

所以,我们将有 $\psi_3(9.76) > 0$.

于是,$9.75 < U_1 < 9.76$,由此

$$2.209\ 75 < x_1 < 2.209\ 76,$$

即所得方程式的根的精确度达到 10^{-5}. 由笛卡儿定理这方程式没有别的正根.

自然,在区间$(c_0, c_0 + 1)$ 中方程式(1)可以不止一个根而有几个根;我们指出,在根的个数是偶数时 $f(c_0)$ 与 $f(c_0 + 1)$ 的符号相同,并且分区间法用得不小心时——正如应用斯图姆定理上所表现那样——这样的根甚至可能完全遗漏.

但是,如果确定了区间$(c_0, c_0 + 1)$ 中比方说恰好有两个根,则每个都可以像这个例子中所指示的那样个别计算出来. 事实上,设

$$c_0 < x_1 < c_0 + 1 \text{ 并且 } c_0 < x_2 < c_0 + 1,$$

于是方程式(5)将有

$$0 < Y_1 < 10 \text{ 并且 } 0 < Y_2 < 10$$

这两个根. 如果 Y_1 与 Y_2 的整数部分相重合,即 Y_1 与 Y_2 同在 c_0 与 $c_0 + 1$ 之间,则我们可借 $Y = c_1 + \dfrac{Z}{10}$ 这替换得到方程式(9).

设 Y_1 与 Y_2 的整数部分相异:

$$c'_2 < Z_1 < c'_2 + 1 \text{ 并且 } c_2'' < Z_2 < c_0'' + 1,$$

则 $Z = c'_2 + \dfrac{U}{10}$ 这替换引到一串计算而以所要求的精确度给出 x_1;而由 $Z = c_2'' + \dfrac{Y}{10}$ 这替换终将可得到根 x_2.

4.2　拉格朗日法

在霍纳法中方程式实根的小数是一位一位地找出来,而在拉格朗日法中则是逐一来决定方程式根所能化成的连分数的是为部分商.

设对实系数

$$f(x) = a_0 x^n + a_1 x^{n-1} + \cdots + a_1 x^{n-1} + a_n = 0 \qquad (1)$$

决定了(例如用分区间法)根落在区间 $(q_0, q_0 + 1)$ 中,即

$$x_1 = q_0 + \alpha = q_0 + \frac{1}{y}, \qquad (2)$$

其中 α 是一个小于 1 的未知的正数,而 y 是一个大于 1 的未知正数.

显然,由替换

$$x = q_0 + \frac{1}{y} \qquad (3)$$

我们得到 $\qquad\qquad\qquad F(y) = 0, \qquad\qquad\qquad\qquad (4)$

其中也必定可以找到一个大于 1 的正根(如果在区间 $(q_0, q_0 + 1)$ 中含有方程式 (1) 的几个根,则方程式(4)也将有这么多个大于 1 的正根).

我们以 y_1 表示方程式(4)的相应于根 x_1 的根,于是我们将有

$$x_1 = q_0 + \frac{1}{y}. \qquad (3')$$

如果我们随后找到这样一个整数 q_1,使得

$$q_1 < y_1 < q_1 + 1,$$

则由替换

$$y = q_1 + \frac{1}{z}, \qquad (5)$$

我们得到方程式

$$\Phi(z) = 0, \qquad (6)$$

它有一个大于 1 的正根 z_1,而

$$y_1 = q_1 + \frac{1}{z_1}. \qquad (5')$$

(读者可以想一想在什么情况下方程式(6)能有几个大于 1 的正根).

找到了包含 z_1 的区间 $(q_2, q_2 + 1)$ 后,我们作替换

$$z = q_2 + \frac{1}{u}. \qquad (7)$$

并且继续下去直到保证能以所指定的精确度来决定所求的根 x_1 时为止.

比较式(3′)和式(5′)等等,我们得所求根表为连分数的形状如下

$$x_1 = q_0 + \frac{1}{y_1} = q_0 + \cfrac{1}{q_1 + \cfrac{1}{z_1}} = q_0 + \cfrac{1}{q_1 + \cfrac{1}{q_2 + \cfrac{1}{u_1}}} = \cdots = q_0 + \cfrac{1}{q_1 + \cfrac{1}{q_2 + \cfrac{\ddots}{\quad + \cfrac{1}{q_k + \cfrac{1}{w_1}}}}}$$

$$(8)$$

190

当然,可以发生这样的情形:在变形结果中所得方程式之一的正根是整数;比如说 $u_1 = q_3$(整数),于是

$$q_0 + \cfrac{1}{q_1 + \cfrac{1}{q_2 + \cfrac{1}{q_3}}} \tag{9}$$

即所求的根是有理数.

如此,所求的根是有理数可在拉格朗日方法中自动地发现,这是拉格朗日方法较其他计算实根方法的优越之处. 对无理数这种手续可以永远持续下去,即 x_1 将表示为连分数,这按拉格朗日的方法可计算其任意多少个部分商:q_0, q_1, q_2 等等.

如果连分数(有限的或无限的)中断于某一节,则得到它的渐进分数

$$\frac{P_s}{Q_s} = q_0 + \cfrac{1}{q_1 + \cfrac{1}{q_2 + \cdots + \cfrac{1}{q_s}}}.$$

例如

$$\frac{P_0}{Q_0} = q_0 = \frac{q_0}{1}; \frac{P_1}{Q_1} = q_0 + \frac{1}{q_1} = \frac{q_0 q_1 + 1}{q_1}; \frac{P_2}{Q_2} = q_0 + \cfrac{1}{q_1 + \cfrac{1}{q_2}} = \frac{q_0 q_1 q_2 + q_0 + q_2}{q_1 q_2 + 1}.$$

连分数的渐进分数具有一系列值得注意的性质,我们在此指出而不加证明. 它们的证明,可参阅本教程《数论原理》卷.

Ⅰ.存在有这样的关系:任一渐进分数的分子(或分母)可以用它前面的两个渐进分数的分子(或分母)表示出来

$$P_{k+1} = P_k q_{k+1} + P_{k-1} \tag{10}$$
$$Q_{k+1} = Q_k q_{k+1} + Q_{k-1} \tag{11}$$

由公式(10)和(11)可以简单地把渐进分数一个一个计算出来,只要预先算出了 $\frac{P_0}{Q_0}$ 以及 $\frac{P_1}{Q_1}$. 我们取 $\frac{859}{392}$ 的连分数作为一个例子

$$\frac{859}{392} = 2 + \cfrac{1}{5 + \cfrac{1}{4 + \cfrac{1}{2 + \cfrac{1}{2 + \cfrac{1}{3}}}}},$$

既然 $\frac{P_0}{Q_0} = 2 = \frac{2}{1}$,并且 $\frac{P_1}{Q_1} = 2 + \frac{1}{5} = \frac{11}{5}$,而 $q_2 = 4$,则

$$\begin{cases} P_2 = P_1 q_2 + P_0 = 11 \cdot 4 + 2 = 46, \\ Q_2 = Q_1 q_2 + Q_0 = 5 \cdot 4 + 2 = 21. \end{cases} \tag{12}$$

计算布列成表比较方便(如表1所示).

表 1

k	0	1	2	3	4	5
P_k	2	11	46	103	252	859
Q_k	1	5	21	47	115	392
q_k	2	5	4	2	2	3

开始先填第一列及最后一列,亦填中间两列的头两行,于是我们算出 P_2 与 Q_2(参阅式(12)),然后 $P_3 = 103$(把 $P_2 = 46$ 以次一部分商 $q_3 = 2$ 乘之并加以 $P_1 = 11$),同样可算出 Q_3,如此类推. 显然,$\dfrac{P_5}{Q_5}$ 应与整个连分数的值重合. 这样, 对所给这例子诸渐进分数是

$$\frac{2}{1}, \frac{11}{5}, \frac{46}{21}, \frac{103}{47}, \frac{252}{115}, \frac{859}{392}$$

Ⅱ. 所有偶数码的渐进分数 $\dfrac{P_0}{Q_0}, \dfrac{P_2}{Q_2}, \dfrac{P_4}{Q_4}, \cdots$ 都比所给连分数小,而所有奇数 码的渐进分数 $\dfrac{P_1}{Q_1}, \dfrac{P_3}{Q_3}, \dfrac{P_5}{Q_5}, \cdots$ 都比所给连分数大.

Ⅲ. 我们恒有

$$\frac{P_{s+1}}{Q_{s+1}} - \frac{P_s}{Q_s} = \frac{(-1)^s}{Q_s Q_{s+1}}. \tag{13}$$

例如,刚才所谈论的个例子,

$$\frac{P_2}{Q_2} - \frac{P_1}{Q_1} = \frac{46}{21} - \frac{11}{5} = -\frac{1}{105}, \frac{P_3}{Q_3} - \frac{P_2}{Q_2} = \frac{103}{47} - \frac{46}{21} = \frac{1}{47 \cdot 21}.$$

最后这个性质使我们在拉格朗日的方法中能决定什么时候计算可以终止. 的确,既然 x_1 被包含在 $\dfrac{P_s}{Q_s}$ 与 $\dfrac{P_{s+1}}{Q_{s+1}}$ 之间,则

$$\left| x_1 - \frac{P_s}{Q_s} \right| < \left| \frac{P_{s+1}}{Q_{s+1}} - \frac{P_s}{Q_s} \right| = \frac{1}{Q_s Q_{s+1}}. \tag{14}$$

但

$$Q_{s+1} = Q_s q_{s+1} + Q_{s-1} \geqslant Q_s + Q_{s-1} \quad (\text{既然 } q_{s+1} \geqslant 1);$$

所以

$$| x_1 - \frac{P_s}{Q_s} | < \frac{1}{Q_s(Q_s + Q_{s+1})}.$$

如果近似等式 $x_1 \approx \frac{P_k}{Q_k}$ 的误差应该小于给定的数 α，即 $| x_1 - \frac{P_k}{Q_k} | < \alpha$，则只要我们有

$$\frac{1}{Q_s(Q_s + Q_{s+1})} < \alpha \ \text{或} \ Q_s(Q_s + Q_{s-1}) > \frac{1}{\alpha},$$

计算即可终止.

如此，如果在按拉格朗日的方法计算 q_0, q_1, q_2，等等时同时填表（类似例中所指示的表）并且计算 $Q_s(Q_s + Q_{s-1})$ 的值，则在任何时候都容易决定相应渐进分数表示所求的根究竟精确到什么程度. 性质 Ⅱ 使我们能决定所找到的近似值是有余的还是不足的.

我们举例来说明拉格朗日的方法. 我们先指明，$x = q_0 + \dfrac{1}{y}$（及与此类似的）这个替换可以很简单按霍纳的方法进行：找出多项式 $f(x)$ 展为 $x - q_0$ 的幂展开式的系数并且既然 $x - q_0 = \dfrac{1}{y}$，则要得带未知量 y 的方程式只要取霍纳布算式所得的形式而反其次序就行了（常数项做成最高系数，等等；最高系数变成常数项）.

例 1 求方程式

$$f(x) = 7x^3 - 3x^2 + 4x - 20 = 0$$

正根的数字解.

如下

x	0	1	2
$f(x)$	-20	-12	32

可以看出，方程式的正根在区间 $(1,2)$ 内，应该作 $x = 1 + \dfrac{1}{y}$ 的替换

	7	-3	4	-20
1	7	4	8	-12
1	7	11	19	
1	7	18		

将所得系数取其相反的次序（并且乘以 -1，使变形后方程式最高系数做成正数），我们得

$$\varphi(y) = 12y^3 - 19y^2 - 18y - 7 = 0.$$

既然 $\varphi(2) < 0$，而 $\varphi(3) > 0$，则 $2 < y_1 < 3$，并且应该作置换 $y = 2 + \dfrac{1}{z}$

	12	-19	-18	-7
2	12	5	-8	-23
2	12	29	50	
2	12	53		

由此又有

$$\psi(z) = 23z^3 - 50z^2 - 53z - 12 = 0.$$

既然 $\psi(3) = 0$，则 $z_1 = 3$，所以

$$x_1 = 1 + \cfrac{1}{2 + \cfrac{1}{3}} = \frac{10}{7}.$$

例 2 计算 $\sqrt[3]{9}$，精确度达 10^{-5}. 换句话说，要找方程式 $x^3 - 9 = 0$ 的唯一实根.

显然，$2 < x_1 < 3$，所以要作替换 $x = 2 + \dfrac{1}{y}$

	1	0	0	-9
2	1	2	4	-1
2	1	4	12	
2	1	6		

所以，y 的方程式是

$$\varphi(y) = y^3 - 12y^2 - 6y - 1 = 0.$$

左边表成这形状较为便利

$$\varphi(y) = y^2 \left(y - 12 - \frac{6}{y} - \frac{1}{y^2} \right),$$

因为在这种表示法之下立刻可以看出，$\varphi(12) < 0$，而 $\varphi(13) > 0$，即 $12 < y_1 < 13$，我们来作置换 $y = 12 + \dfrac{1}{z}$

	1	-12	-6	-1
12	1	0	-6	-73
12	1	12	138	
12	1	24		

z 的方程式将有

$$\psi(z) = 73z^3 - 138z^2 - 24z - 1 = z^2 \left(73z - 138 - \frac{24}{z} - \frac{1}{z^2} \right) = 0$$

这形状. 立刻可以看出,$\psi(2) < 0$,而 $\psi(3) > 0$,即 $2 < z_1 < 3$,我们来作置换 $z = 2 + \dfrac{1}{u}$

	73	-138	-24	-1
2	73	8	-8	-17
2	73	154	300	
2	73	300		

当前的方程式是

$$F(u) = u^2\left(17u - 300 - \frac{300}{u} - \frac{73}{u^2}\right) = 0$$

容易看出,$F(18) < 0$,而 $F(19) > 0$,即 $18 < u_1 < 19$.

如果与上面的计算并行来算出

$$x_1 = 2 + \cfrac{1}{12 + \cfrac{1}{2 + \cfrac{1}{18 + \ddots}}}$$

的相应渐进分数见表 2

表 2

k	0	1	2	3	4
P_k	2	25	52	916	⋯
Q_k	1	12	25	462	⋯
q_k	2	12	2	18	⋯

并且每次计算 $Q_k(Q_k + Q_{k-1})$ 这式子等于什么,则容易证明 $\dfrac{Q_3}{P_3} = \dfrac{961}{462} = $ 2.080 086⋯ 表示所求的根,其精确度甚至超过所要求的,因为

$$Q_3(Q_3 + Q_2) = 462 \times 487 > 10^5 = \frac{1}{\alpha}.$$

由于性质 Ⅱ,$\dfrac{P_3}{Q_3}$ 是所求的根的近似值而有余,而既然 $\dfrac{1}{462 \times 487} < $ 0.000 005,则

$$2.080\,081 < \sqrt[3]{9} < 2.080\,087$$

或

$$\sqrt[3]{9} = 2.080\ 083(\pm 3 \cdot 10^{-6}),$$

事实上,由表,我们有 $\sqrt[3]{9} = 2.080\ 083\ 8$.

4.3 罗巴契夫斯基法

俄国数学家 H. И. 罗巴契夫斯基(Никола́й Ива́нович Лобаче́вский; 1792—1856)提出一种解代数方程式的方法,是最方便的方法之一,特别是在那些要同时决定实根及虚根的场合尤为方便.

这个方法的主要便利之处在于:不需要预先决定实根的界限及实根的总个数,也无需把根彼此隔开;所有这些照例都自动地在很简单的计算过程中定出,基本上归结于数的加、减、乘而一下子给出方程式所有根.我们来讲这个方法.

设给了一个带实系数的方程式

$$f(x) = a_0 x^n + a_1 x^{n-1} + \cdots + a_n = 0 \tag{1}$$

有下面诸数为其根

$$x_1, x_2, \cdots, x_n.$$

于是,我们先作方程式

$$f_1(x) = 0 \tag{2}$$

(它的作法将在下面讲),其根将为以下诸数

$$-x_1^2, -x_2^2, \cdots, -x_n^2,$$

即方程式(1)的根的平方取负号.

于是同样的变形从方程式(2)转移到方程式

$$f_2(x) = 0 \tag{3}$$

其根便得如下的诸数

$$-(-x_1^2)^2 = -x_1^4, -x_2^4, \cdots, -x_n^4.$$

经过 k 次重复这变形后化为方程式

$$f_k(x) = A_0 x^n + A_1 x^{n-1} + \cdots + A_n = 0 \tag{4}$$

它的根将为以下的诸数

$$-x_1^{2^k}, -x_2^{2^k}, \cdots, -x_n^{2^k}$$

这些变形的意义当方程式(1)所有根都是实数时并且绝对值相异时特别可以看得清楚.事实上,设

$$|x_1| > |x_2| > \cdots > |x_{n-1}| > |x_n|. \tag{5}$$

我们为简单起见采取这个表示法

$$2^k = s \tag{6}$$

196

并且把方程式(4)的韦达关系式写成:

$$\frac{A_1}{A_0} = x_1^s + x_2^s + \cdots + x_n^s = x_1^s \left[1 + \left(\frac{x_2}{x_1}\right)^s + \cdots + \left(\frac{x_n}{x_1}\right)^s\right] = x_1^s(1+\alpha_1),$$

$$\frac{A_2}{A_0} = x_1^s x_2^s + x_1^s x_3^s + x_2^s x_3^s + x_2^s x_4^s + \cdots$$

$$= x_1^s x_2^s \left[1 + \left(\frac{x_3}{x_2}\right)^s + \left(\frac{x_3}{x_1}\right) + \cdots\right] = x_1^s x_2^s(1+\alpha_2),$$

$$\frac{A_3}{A_0} = x_1^s x_2^s x_3^s + x_1^s x_2^s x_4^s + x_2^s x_3^s x_4^s + \cdots$$

$$= x_1^s x_2^s x_3^s \left[1 + \left(\frac{x_4}{x_3}\right)^s + \cdots\right] = x_1^s x_2^s x_3^s(1+\alpha_3),$$

$$\vdots$$

$$\frac{A_{n-1}}{A_0} = x_1^s x_2^s \cdots x_{n-1}^s + x_1^s \cdots x_{n-2}^s x_n^s + \cdots = x_1^s x_2^s \cdots x_{n-1}^s \left[1 + \left(\frac{x_n}{x_{n-1}}\right)^s + \cdots\right]$$

$$= x_1^s x_2^s \cdots x_{n-1}^s(1+\alpha_{n-1}),$$

$$\frac{A_n}{A_0} = x_1^s x_2^s \cdots x_{n-1}^s x_n^s. \tag{7}$$

把关系式(7)的每一式都以其前一式除之(从第二式起),我们得

$$\begin{cases} x_1^s = \dfrac{A_1}{A_0(1+\alpha_1)} \\[2mm] x_2^s = \dfrac{A_2(1+\alpha_1)}{A_1(1+\alpha_2)} \\[2mm] \quad \vdots \\[2mm] x_n^s = \dfrac{A_n(1+\alpha_n)}{A_{n-1}} \end{cases} \tag{8}$$

在条件(5)之下,$\dfrac{x_2}{x_1},\dfrac{x_3}{x_1},\dfrac{x_3}{x_2}$ 等诸数,一般地说$\dfrac{x_h}{x_m}(h > m)$ 这形状的数绝对值小于 1;所以在 k 充分大时,亦即 s 充分大时,$\alpha_1,\alpha_2,\cdots,\alpha_{n-1}$ 可随意小.

所以关系式(8)可代之以近似关系

$$\begin{cases} x_1^s \approx \dfrac{A_1}{A_0} \\[2mm] x_2^s \approx \dfrac{A_2}{A_1} \\[2mm] \quad \vdots \\[2mm] x_n^s = \dfrac{A_n}{A_{n-1}} \end{cases} \tag{9}$$

其相对误差可随意地小(在 s 值充分大时).

如此,方程式(4)的根由于它们彼此间鲜明的差异可以按公式(9)以很大的精确度来决定.用对数表求得式(9)诸数 s 次方根我们就得到方程式(1)的根(只要对每个 m 决定究竟 $+\sqrt[s]{\dfrac{A_m}{A_{n-1}}}$ 抑或 $-\sqrt[s]{\dfrac{A_m}{A_{n-1}}}$ 满足方程式(1)).

现在我们来讨论由方程式(1)转移到方程式(2),然后转移到(3)等等问题.

要推导诸根 $-x_1^2, -x_2^2, \cdots, -x_n^2$ 的多项式 $f_1(x)$,最方便是由下面这有几分技巧的方法除法.

对多项式 $f(x)$,我们有

$$a_0(x-x_1)(x-x_2)\cdots(x-x_n) = a_0 x^n + a_1 x^{n-1} + a_2 x^{n-2} + a_3 x^{n-3} + \cdots +$$
$$a_{n-2} x^2 + a_{n-1} x + a_n \tag{10}$$

如果在这等式中我们以 $-x$ 替代 x 并且在等式两边乘以 $(-1)^n$(为得右边的最高系数保持它的符号),则我们得到:

$$a_0(x+x_1)\cdots(x+x_n) = a_0 x^n - a_1 x^{n-1} + a_2 x^{n-2} - a_3 x^{n-3} + \cdots +$$
$$(-1)^{n-2} a_{n-2} x^2 + (-1)^{n-1} a_{n-1} x + (-1)^n a_n$$
$$\tag{11}$$

把等式(10)与(11)逐项乘起来,我们得

$$a_0^2(x^2-x_1^2)(x^2-x_2^2)\cdots(x^2-x_n^2)$$
$$= a_0^2 x^{2n} - (a_1^2 - 2a_0 a_2) x^{2n-2} +$$
$$(a_2^2 - 2a_1 a_3 - 2a_0 a_4) x^{2n-4} - \cdots +$$
$$(-1)^k (a_k^2 - 2a_{k-1} a_{k+1} + 2a_{k-2} a_{k+2} - \cdots) x^{2n-2k} + \cdots +$$
$$(-1)^{n-1} (a_{n-1}^2 - 2a_{n-2} a_n) x^2 + (-1)^n a_n^2. \tag{12}$$

最后,在等式(12)中以 $-x$ 替代 x^2 并且将其两边以 $(-1)^n$ 乘之,得

$$a_0^2(x+x_1^2)(x+x_2^2)\cdots(x+x_n^2)$$
$$= a_0^2 x^n - (a_1^2 - 2a_0 a_2) x^{n-1} + \cdots + (a_k^2 - 2a_{k-1} a_{k+1} +$$
$$2a_{k-2} a_{k+2} - \cdots) x^{n-k} + \cdots + (a_{n-1}^2 - 2a_{n-2} a_n) x + a_n^2. \tag{13}$$

右边的多项式就是所求的 $f_1(x)$,因为由等式(13)可以看出,它在 $x = -x_1^2, -x_2^2, \cdots, -x_n^2$ 时等于零.

如此,如果 $x_1, x_2, \cdots, x_n$ 是方程式(1)的根,那么根等于 $-x_1^2, -x_2^2, \cdots, -x_n^2$ 诸数的任一系数就等于所给方程的相应系数的平方减去与它相邻两系数的乘积的二倍,加上与它指数差二的两系数的乘积的二倍,减去与它指数差

三的两系数的乘积的二倍,如此等等,直到利用了最后的系数为止.

既然经过两三步后系数就变得很大了,则以下的计算需借助于对数表,或者借助计算机,而每次计算结果都化简得使最大项看所要求的精确度保留一定的有效位数;在这个场合通常把结果写成一个整数部分不超过 10 的十进小数与一个 10 的某次方的乘积的形状(即科学计数法).

计算的写法像下面这例子中所指示那样比较便利:除最后结果外,总写出相应的邻接系数的二倍积,这在必要的场合可使计算、核算起来容易些.

写二倍积总要顾及到相应的符号,例如我们写 a_2^2,$-2a_1a_3$,$+2a_0a_4$ 等等,这些写出后只剩下来相加了,这时最好手边有算盘(计算器)比较方便;如果某二倍积与相应系数平方比起来(在计算精确度范围内)小得没有了,则我们代之以星号($*$).

例1 给出了一个方程式
$$f(x) = 2x^3 - 15x^2 + 16x + 12 = 0.$$

我们来做多项式 $f_1(x)$,$f_2(x)$,$f_3(x)$,$f_4(x)$,计算时保留四位有效数码.

k	s	方程式的系数			
所给方程式	2	-15		16	12
		$(-15)^2 = 225$		$(16)^2 = 256$	
		$-2 \cdot 2 \cdot 16 = -64$		$-2 \cdot (-15) \cdot 12 = 360$	
1	2	4	161	616	144
		$(161)^2 = 2.592 \times 10^4$		$(616)^2 = 3.795 \times 10^5$	
		$-2 \cdot 2 \cdot 616 =$		$-2 \cdot 161 \cdot 144 =$	
		-0.493×10^4		-0.464×10^5	
2	4	16	2.009×10^4	3.331×10^5	2.074×10^4
		4.406×10^8		1.110×10^{11}	
		-0.107×10^8		-0.008×10^{11}	
3	8	256	4.299×10^8	1.102×10^{11}	4.301×10^8
		1.848×10^{17}		1.214×10^{22}	
		-0.001×10^{17}		$*$	
4	16	6.554×10^4	1.847×10^{17}	1.214×10^{22}	1.850×10^{17}

由这表有

$$f_4(x) = 6.554 \times 10^4 x^3 + 1.847 \times 10^{17} x^2 + 1.214 \times 10^{22} x + 1.850 \times 10^{17}.$$

当然,方程式(1)的根彼此差异较大,即 $\left|\dfrac{x_m}{x_{m-1}}\right|$ 较小,则在关系式(7)中的

$\alpha_1, \alpha_2, \cdots, \alpha_{m-1}$ 诸数随着 k 的增长而变小得越快并且为达到所指定的精确度须将变换做得越小. 若我们预先知道了 $\left|\dfrac{x_m}{x_{m-1}}\right|$ 的上限,则能立刻对任何 k 来估计 $\alpha_1, \alpha_2, \cdots, \alpha_{m-1}$ 诸数.

但是,重要的是要找一种判别准则,凭这准则即使一点也不知道 $\left|\dfrac{x_m}{x_{m-1}}\right|$ 这个数的大小也能判定所给方程式经若干次变形后所得的根的精确程度如何,并且反过来说,如果已指定所求根的误差限度,则能判断在什么时候可停止变形而来应用公式(9). 要建立这种判别准则我们假定把方程式(4)再变形一次而成方程式

$$f_{k+1}(x) = B_0 x^n + B_1 x^{n-1} + \cdots + B_n = 0, \tag{14}$$

它的根等于 $-x_1^{2s}, -x_2^{2s}, \cdots, -x_n^{2s}$ $(2^{k+1} = 2 \cdot 2^k = 2s)$.

与公式(7)相似,我们将有

$$\frac{B_m}{B_0} = x_1^{2s} x_2^{2s} \cdots x_m^{2s} (1 + \beta_m) \tag{15}$$

(这里 m 可以是由 1 到 n 间的任何数),并且 $\beta_1, \beta_2, \cdots, \beta_{n-1}$ 诸正数将小于根相应的数 α_i,而 $\beta_n = 0$.

既然

$$\frac{A_m^2}{A_0^2} = \left[x_1^s x_2^s \cdots x_m^s (1 + \alpha_m) \right]^2, \tag{16}$$

而 $B_0 = A_0^2$,则把关系式(15)逐项除以式(16)得

$$B_m = A_m^2 \frac{1 + \beta_m}{(1 + \alpha_m)^2}. \tag{17}$$

关系式(17)指明:当公式(7)中 $\alpha_1, \alpha_2, \cdots, \alpha_{n-1}$ 诸数比起 1 来充分小,使得在计算精确度内关系式(8)能代之以近似关系(9)的时候,则以大约同样的精确度我们有

$$B_m \approx A_m^2. \tag{17'}$$

如此,方程式的变形我们应做到所有"相邻系数"二倍积(在计算精确限度内)与相应系数的平方比起来小到没有的时候为止.

反过来说亦是正确的:当关系式 $B_m \approx A_m^2$ 对所有 m 值成立时则等式(9)亦以同样的精确度而成立,即可以停止不再做变形而开始按公式(9)来计算根了. 这一点我们在此指出而不加证明.

固然,计算误差会随着时间累积起来,特别是变形次数很大的时候. 所以最后根值不能保证如计算中所保留那样多位正确数字;但一般说来,可以指望最

后答数的正确位数只比计算中所保留的位数少一.

我们指出,当方程式(1)的所有根都是实数时,则方程式(2)、(3)等等只有负根,由此推知所有系数必定都是正的(这容易由笛卡儿定理推出,§2).

如此,如果方程式(2),(3)等等中有任何一个有一负根,则所给方程式(1)有虚根.

虚根的计算:我们先来讨论一种最简单的场合,即方程式(1)

$$f(x)=a_0 x^n+a_1 x^{n-1}+\cdots+a_n=0$$

只有一对虚根的时候,比如有一对虚根

$$x_{2,3}=u\pm vi=r(\cos\varphi\pm\sin\varphi),\qquad(18)$$

而

$$\mid x_1\mid>r>\mid x_4\mid>\cdots>\mid x_{n-1}\mid>\mid x_n\mid.\qquad(19)$$

我们知道,两个共轭复数的同次方幂的和与乘积都是实数

$$x_2^s+x_3^s=2r^s\cos s\varphi,x_2^s x_3^s=r^{2s}.\qquad(20)$$

在条件(19)之下诸等式(7)中除了第二式外其第一项仍具有最大的模,所以我们将有

$$\frac{A_1}{A_0}=x_1^s(1+\alpha_1),\frac{A_3}{A_0}=x_1^s r^{2s}(1+\alpha_3),\frac{A_4}{A_0}=x_1^s r^{2s}x_4^s(1+\alpha_4),\cdots\quad(21)$$

由于等式(20)诸关系式(7)中第二个给我们

$$\frac{A_2}{A_0}=(x_1^s x_2^s+x_1^s x_3^s)+x_2^s x_3^s+x_1^s x_4^s+x_2^s x_4^s+\cdots$$

$$=2x_1^s r^s\cos s\varphi+r^{2s}+x_1^s x_4^s+\cdots$$

$$=2x_1^s r^s(\cos s\varphi+\frac{r}{2x_1^s}+\frac{x_4^s}{2r^s}+\cdots).\qquad(22)$$

括号中诸项除 $\cos s\varphi$ 外其模均将随 s 的增大而趋于零,同时它们的和(以及(21)中 $\alpha_1,\alpha_3,\cdots$,诸数)将为实数,因为其中复数项都成共轭对出现的.至于 $\cos s\varphi$,其变化将随角 φ 为转移.例如,在 $\varphi=120°$ 时,

$$\cos(2^k\varphi)=\cos s\varphi=-\frac{1}{2};$$

如果 $\varphi=\frac{\pi}{2^m}$,则在 $s=2^k>2^m$ 时我们将有:$\cos s\varphi=1$,一般地说,$\cos s\varphi$ 在它变化中可取正值亦可取负值而绝对值很小并且又接近于 1.

但即使在纯虚数($\varphi=\frac{\pi}{2}$)的场合,这时候对第二及以下的各变了形的方程式而言 $\cos s\varphi$ 将等于 1,x^{n-2} 的系数即使是在 s 值很大时也如在实根的情形一样

将不改变.事实上,由等式

$$\frac{A_2}{A_0} = 2x_1^s r^s (1 + \alpha_2) \text{ 及} \frac{B_2}{B_0} = 2x_1^{2s} r^{2s} (1 + \beta_2),$$

从而有

$$\frac{A_2^2}{A_0^2} \approx 4x_1^{2s} r^{2s} \approx 2\frac{B_2}{B_0},$$

而既然 $B_0 = A_0^2$,则

$$B_2 \approx \frac{1}{2} A_2^2. \tag{23}$$

但 x^{n-2} 的系数的不规则的变化并不妨碍由关系(21)来得出:

$$x_1^s = \frac{A_1}{A_0}, r^{2s} = \frac{A_3}{A_1}, x_4^s = \frac{A_4}{A_3}, \cdots, x_n^s = \frac{A_n}{A_{n-1}}, \tag{24}$$

这使得开方后(并选定适当符号后)可以决定

$$x_1, x_4, x_5, \cdots, x_n$$

及

$$r^2 = + \sqrt[s]{\frac{A_3}{A_1}}.$$

但

$$x_1 + (x_2 + x_3) + \cdots + x_n = x_1 + 2u + x_4 + \cdots + x_n = -\frac{a_1}{a_0}, \tag{25}$$

由此容易找出所求虚根的实数部分

$$u = -\frac{1}{2}(\frac{a_1}{a_0} + x_1 + x_4 + \cdots + x_n), \tag{26}$$

然而亦找到虚根部分

$$v = \sqrt{r^2 - u^2}. \tag{27}$$

我们以一个例子来说明公式(24),(26),(27)的应用.

k	s	方程式的系数			
		12	-17	55	15
			289	3 025	
			$-1\,320$	510	
1	2	144	-1.03×10^3	3.54×10^3	225
			1.06×10^6	1.25×10^7	
			-1.02×10^4	$+0.05 \times 10^7$	
2	4	2.07×10^4	0.04×10^6	1.30×10^7	5.06×10^4

容易看出,在下一个变形所得的方程式中所有系数除第二个以外将为所得诸数的平方(在计算所保留的三位有效数字范围内). 虽然在变形所得诸方程式中遇见了负的系数,则所给方程式无疑有虚根,并且

$$x_{1,2} = r(\cos \varphi \pm i\sin \varphi) = u \pm vi, \text{ 及 } r > |x_3|,$$

因为正如我们所讲的情形,不规则地变化的是 x^{n-1} 的系数,而不是 x^{n-2} 的系数.

因此

$$r^2 \approx \sqrt[4]{\frac{1.30 \times 10^7}{2.07 \times 10^4}} \approx 5.006, x_3 \approx \sqrt[4]{\frac{5.06 \times 10^4}{1.30 \times 10^7}} \approx -0.2498.$$

(按笛卡儿定理所给方程式或者完全没有正根,或者有两个正根;但这方程式有两个虚根时就只有一个实根,所以这个实根应该是负的.)

按公式(26)与(27)我们有

$$u \approx -\frac{1}{2}\left(-\frac{17}{12} - 0.2498\right) \approx 0.8333, v \approx \sqrt{5.006 - (0.8333)^2} \approx 2.077,$$

所以

$$x_{1,2} = 0.8333 \pm 2.077i,$$

(根的精确值是 $x_3 = -0.25, x_{1,2} = \frac{5}{6} \pm \frac{\sqrt{155}}{6}i \approx 0.8333\cdots \pm 2.0742\cdots.$)

由关系式(7)容易明白在两对虚根时,例如在

$$x_{1,2} = r_1(\cos \varphi_1 \pm i\sin \varphi_1) = u_1 \pm v_1 i,$$

及

$$x_{5,6} = r_2(\cos \varphi_2 \pm i\sin \varphi_2) = u_2 \pm v_2 i$$

时,如果这时候 $r_1 > |x_3| > |x_4| > r_2 > |x_5| > \cdots > |x_n|$,当 x^{n-1} 及 x^{n-2} 时,它自己有系数是不正确的;其余的系数由某时候起将(在计算精确限度内)在当前变形下简直平方起来就行了. 替代式(24)的地位我们将有

$$\left.\begin{array}{l} r_1^2 \approx \sqrt[s]{\frac{A_2}{A_1}}, x_3 \approx \sqrt[s]{\frac{A_3}{A_2}}, x_4 \approx \sqrt[s]{\frac{A_4}{A_3}}, \\[3mm] r_2^2 \approx \sqrt[s]{\frac{A_6}{A_0}}, x_3 \approx \sqrt[s]{\frac{A_7}{A_6}}, \cdots \end{array}\right\} \tag{28}$$

要决定 u_1 与 u_2 应利用关系

$$\left\{\begin{array}{l} x_1 + x_2 + \cdots + x_n = 2u_1 + x_3 + x_4 + 2u_2 + x_7 + \cdots = -\dfrac{a_1}{a_0}, \\[3mm] \dfrac{1}{x_1} + \dfrac{1}{x_2} + \cdots + \dfrac{1}{x_n} = \dfrac{1}{u_1 + v_1 i} + \dfrac{1}{u_1 - v_1 i} + \dfrac{1}{x_3} + \cdots = -\dfrac{a_{n-1}}{a_n}, \end{array}\right. \tag{29}$$

(后一关系由方程式 $a_n x^n + a_{n-1} x^{n-1} + \cdots + a_1 x + a_0 = 0$ 的根等于 $\dfrac{1}{x_1}, \dfrac{1}{x_2}, \cdots, \dfrac{1}{x_n}$

这个事实推出.) 既然 $\dfrac{1}{u_1 + v_1 \mathrm{i}} + \dfrac{1}{u_1 - v_1 \mathrm{i}} = \dfrac{2u_1}{u_1^2 + v_1^2} = \dfrac{2u_1}{r_1^2}$ 并且对第二对虚根亦有相似的式子,故由关系(29)有

$$\begin{cases} 2u_1 + 2u_2 = -\left(\dfrac{a_1}{a_0} + x_3 + x_4 + x_7 + \cdots + x_n\right), \\[2mm] \dfrac{2u_1}{r_1^2} + \dfrac{2u_2}{r_2^2} = -\left(\dfrac{a_{n-1}}{a_n} + \dfrac{1}{x_1} + \dfrac{1}{x_3} + \dfrac{1}{x_7} + \cdots + \dfrac{1}{x_n}\right), \end{cases} \quad (29')$$

由此容易找出 u_1, u_2,然后按公式

$$v_1 = \sqrt{r_1^2 - u_1^2},\ v_2 = \sqrt{r_2^2 - u_2^2} \tag{30}$$

找出 v_1, v_2.

绝对值几乎相同的实根的场合:如果方程式(1)的所有根都是实数,而替代式(5)的单位我们有

$$\mid x_1 \mid\, >\, \mid x_2 \mid\, \approx\, \mid x_3 \mid\, >\, \mid x_4 \mid\, > \cdots >\, \mid x_n \mid, \tag{31}$$

在这时候由关系式(7)的第二个式子得到

$$\frac{A_2}{A_0} = x_1^s(x_2^s + x_3^s) + x_2^s x_3^s + x_1^s x_4^s + \cdots$$

$$\approx 2x_1^s x_2^s + x_2^{2s} + x_1^s x_4^s + \cdots$$

$$= 2x_1^s x_2^s(1 + \alpha'_2).$$

如果 s 大到这样的程度,使得 α'_2 比起 1 来很小,则在下一次变形中我们得到像式(14)那种形状的方程式,其中

$$B_2 = \frac{1}{2} A_2^2, \tag{23'}$$

这很容易明白,理由与推导关系式(23)时一样.

忽略变化不规则的系数,由等式

$$\frac{A_1}{A_0} = x_1^s,\ \frac{A_3}{A_0} = x_1^s x_2^s x_3^s \approx x_1^s x_2^{2s},\ \frac{A_4}{A_0} = x_1^s x_2^s x_3^s x_4^s, \cdots,$$

我们得

$$x_1 \approx \sqrt[s]{\frac{A_1}{A_0}},\ x_{2,3} \approx \sqrt[2s]{\frac{A_3}{A_1}},\ x_4 \approx \sqrt[s]{\frac{A_4}{A_3}}, \cdots$$

如通常一样,开方后要核验哪个符号适合于所给的方程式.在此 x_2 与 x_3 可以符号不同(即它只是绝对值几乎相同);但也可能 x_2 与 x_3 有相同的符号(重根或"几乎重根"的场合).

如我们上面所见,在虚数 $x_{2,3}$ 的场合 x^{n-2} 的系数在 $\varphi = \dfrac{\pi}{2^m}$ 时的性状可以使

它与此系数在 x_2,x_3 是实数并且 $|x_2|\approx|x_3|$ 时的性状相似.

应该注意,一般来说,在任何变形所得的方程式中负系数的出现足以识别虚根.

当然,可以有这样的情形(例如,在 φ 很小的时候):负号还未出现,而我们已发现某一个标志两个绝对值几乎相等的实根的系数的变化了.

例 2 解方程式

$$f(x)=x^3+101x^2+2\ 601x+2\ 501=(x^2+100x+2\ 501)(x+1)=0,$$

其根为

$$x_{1,2}=-50\pm i\approx 50.51(\cos 1°10'\pm \sin 1°10'),x_3=-1.$$

既然以下 x 与常数项的系数的变换是规则的,而 x^2 的系数的变化服从关系(23),此外,变形所得的方程式或有一个含有负系数的,故可以假设我们有两个绝对值接近的根的场合

$$x_{1,2}\approx \sqrt[8]{\frac{3.92\times 10^{13}}{1}}\approx \pm 50,x_3\approx \sqrt[4]{\frac{3.92\times 10^{13}}{3.92\times 10^{13}}}=\pm 1.$$

k	s	方程式的系数			
		1	101	2 601	2 501
			1.02×10^4	6.77×10^6	
			-0.52×10^4	-0.50×10^6	
1	2	1	0.50×10^4	6.27×10^6	6.26×10^6
			2.50×10^7	3.93×10^{13}	
			-1.25×10^7	-0.01×10^{13}	
2	4	1	1.25×10^7	3.92×10^{13}	3.92×10^{13}

当然,-1 满足我们的方程式,但无论 50 与 -50 以及任何接近于它们的实数都不是所给方程式的根.

把 $f(x)$ 以 $x+1$ 除之,然后可以由相应二次方程式来找虚根.

如果方程式有三对虚根,特别是如果有两对或三对虚根的模几乎相同或者如果某一对的模与实根的绝对值相重合,在这类情形则罗巴契夫斯基方法的计算复杂化了.对这方面细节感兴趣的读者,可以去参阅一些专门文献,例如克雷洛夫的《近似计算讲义》.

复数域上的多项式环

§1 复数域上的多项式

1.1 复数域上任意二次方程式的可解性

在前一章我们已经讨论了系数为实数的方程式. 但是, 我们都知道, 假若限制在实数范围内, 即便解系数为实数的二次方程式, 都已经不够用了. 因此, 我们不得不把实数域扩张而使每一个二次方程式都有解. 只要引入复数后就可以达到这个目的. 在《数论原理》卷, 我们已经建立起了复数域的结构. 在复数域内, 所有的代数的基本定律均成立. 特别是任何一个以复数为系数 (不仅仅是实数) 的二次方程式

$$x^2 + px + q = 0$$

都可由公式

$$x = -\frac{p}{2} \pm \sqrt{\frac{p^2}{4} - q}$$

求它的解.

显然, 只要我们能够证明每一个复数都可以开平方, 我们也就证明了每一个二次方程式在复数域内都是可解的.

为了证明这个事实, 可令

$$u + vi = \sqrt{a + bi},$$

式中的 u 和 v 代表所要求的未知量. 把等式的两端平方后可得

$$(u^2 - v^2) + 2uvi = a + bi;$$

206

两个复数只有在实数部分和虚数部分的系数依次相等的时候才相等,所以

$$u^2 - v^2 = a, 2uv = b.$$

把上面的每一个方程式平方后再相加得

$$(u^2 + v^2)^2 = a^2 + b^2,$$

或

$$u^2 + v^2 = +\sqrt{a^2 + b^2},$$

因为 $u^2 + v^2$ 显然是正数,所以根号前面取正号.由

$$u^2 - v^2 = a, u^2 + v^2 = +\sqrt{a^2 + b^2},$$

解出 u^2 和 v^2 得

$$u^2 = \frac{a + \sqrt{a^2 + b^2}}{2}, v^2 = \frac{-a + \sqrt{a^2 + b^2}}{2}$$

或

$$u = \pm\sqrt{\frac{a + \sqrt{a^2 + b^2}}{2}}, v = \pm\sqrt{\frac{-a + \sqrt{a^2 + b^2}}{2}} \tag{1}$$

u 和 v 的符号必须这样选取,使它满足 $2uv = b$,换句话说,$b > 0$ 时 u 和 v 取相同的符号,$b < 0$ 时,u 和 v 取相反的符号.

综合起来,我们已经达到本节开始时所说的目的:在复数域内,任意一个二次方程式都是可解的.

例1 方程式

$$x^2 - x + 1 = 0$$

没有实根,因为

$$\frac{p^2}{4} - q = \frac{1}{4} - 1 = -\frac{3}{4} < 0.$$

虽然如此,但是它有两个复数根

$$x_1 = \frac{1}{2} + \sqrt{-\frac{3}{4}} = \frac{1}{2} + \frac{\sqrt{3}}{2}i, x_2 = \frac{1}{2} - \sqrt{-\frac{3}{4}} - \frac{1}{2} - \frac{\sqrt{3}}{2}i,$$

例2 试解二次方程式

$$x^2 - (4 - 6i)x + (10 - 20i) = 0.$$

在此 $p = -(4 - 6i), q = 10 - 20i$,所以

$$x = (2 - 3i) \pm \sqrt{(2 - 3i)^2 - (10 - 20i)} = (2 - 3i) \pm \sqrt{-15 + 8i}.$$

要求 $-15 + 8i$ 的平方根,我们可以利用公式(1).对于 u,只要取一个符号就够了,例如取正号,得

$$u = \sqrt{\dfrac{-15 + \sqrt{15^2 + 8^2}}{2}} = 1,$$

因为 $2uv = b = 8$，所以 v 的符号必须和 u 一致，由此

$$v = \sqrt{\dfrac{15 + \sqrt{15^2 + 8^2}}{2}} = 4,$$

所以

$$\sqrt{-15 + 8\mathrm{i}} = 1 + 4\mathrm{i},$$

代入上式后，就求得这个方程式的两个根：

$$x_1 = (2 - 3\mathrm{i}) + (1 + 4\mathrm{i}) = 3 + \mathrm{i}, \quad x_2 = (2 - 3\mathrm{i}) - (1 + 4\mathrm{i}) = 1 - 7\mathrm{i}.$$

1.2　根的存在定理

我们引进虚数的目的是保证每一个二次方程式的可解性. 现在，自然发生这样的问题，高于二次的方程式在只利用实数是不可解的时候，应该是怎样的情形？当然，我们可以遵循同样途径去寻求对应的实数域的扩域，这个扩域可能和复数域不同.

现在我们证明这样的扩张不仅对于实数域，就是对于任意的域都存在. 设

$$F(x) = A_0 x^n + A_1 x^{n-1} + \cdots + A_n \quad (n \geqslant 2)$$

是一个在任意域 P 上的多项式，并设 $F(x)$ 在 P 内无根. 我们证明至少含有多项式 $F(x)$ 一个根的扩域 P' 是存在的. 在此可以先假设 $F(x)$ 在域 P 上是既约的. 这样的假设并不失掉证明的普遍性，因为在相反的情形下，我们可取 $F(x)$ 的一个既约因式，每一个既约因式的根显然也是 $F(x)$ 的根.

如此，必须证明下面的定理.

根的存在定理　设 $F(x)$ 是域 P 上任意一个次数 $n \geqslant 2$ 的既约多项式，则至少含有 $F(x)$ 一个根的 P 的扩域 P' 一定存在.

证明　设给出了域 P 上不可约的 n 次多项式 $f(x)$，$n \geqslant 2$，我们要构成 P 的扩域，使它含有 $f(x)$ 的根. 为此取环 $P[x]$ 中所有的多项式，将它们分为没有公共元素的类，在每一个类中的多项式被已给出的多项式 $f(x)$ 所除后都得出同一的余式. 换句话说，多项式 $\varphi(x)$ 和 $\psi(x)$ 在同一类中，如果它们的差被 $f(x)$ 所除尽.

不妨用符号 A, B, C 等等来记所得出的类，且用下面的很自然的方法来得出类的和与积. 取任何两个类 A 和 B，在类 A 中选取某一个多项式 $\varphi_1(x)$，在类 B 中选取某一个多项式 $\psi_1(x)$ 且用 $\chi_1(x)$ 来表示这两个多项式的和

$$\chi_1(x) = \varphi_1(x) + \psi_1(x),$$

而用 $\theta_1(x)$ 来表示它们的乘积

$$\theta_1(x) = \varphi_1(x)\psi_1(x).$$

现在在类 A 中任取另一个多项式 $\varphi_2(x)$，在类 B 中任取另一个多项式 $\psi_2(x)$ 且以 $\chi_2(x)$ 和 $\theta_2(x)$ 分别来表示它们的和与积

$$\chi_2(x) = \varphi_2(x) + \psi_2(x), \theta_2(x) = \varphi_2(x)\psi_2(x),$$

由条件，多项式 $\varphi_1(x)$ 和 $\varphi_2(x)$ 在同一类 A 中，所以它们的差 $\varphi_1(x) - \varphi_2(x)$ 被 $f(x)$ 所整除；对于差 $\psi_1(x) - \psi_2(x)$ 也有同样的性质. 故知，差

$$\chi_1(x) - \chi_2(x) = [\varphi_1(x) + \psi_1(x)] - [\varphi_2(x) + \psi_2(x)]$$
$$= [\varphi_1(x) - \varphi_2(x)] + [\psi_1(x) - \psi_2(x)] \tag{1}$$

也被多项式 $f(x)$ 所整除. 这对于差 $\theta_1(x) - \theta_2(x)$ 也是成立的，因为

$$\theta_1(x) - \theta_2(x) = \varphi_1(x)\psi_1(x) - \varphi_2(x)\psi_2(x)$$
$$= \varphi_1(x)\psi_1(x) - \varphi_1(x)\psi_2(x) + \varphi_1(x)\psi_2(x) - \varphi_2(x)\psi_2(x)$$
$$= \varphi_1(x)[\psi_1(x) - \psi_2(x)] + [\varphi_1(x) - \varphi_2(x)]\psi_2(x) \tag{2}$$

等式(1) 证明多项式 $\chi_1(x)$ 和 $\chi_2(x)$ 在同一类中. 类 A 中任何一个多项式和类 B 中任何一个多项式的和属于完全确定的类 C，它同类 A 和 B 中所选出的作为"代表"的多项式无关；把类 C 叫作类 A 和 B 的和

$$C = A + B.$$

同理由式(2) 知 A 中任何一个多项式和 B 中任何一个多项式的积在同一个类 D 中，与类 A 和 B 中所选取的代表无关；这一个类叫作 A 和 B 的乘积

$$D = AB.$$

我们来证明，多项式环 $P[x]$ 中所区分出来的类的合集，对于所指出的加法和乘法运算构成一个域. 事实上，对于这两个运算的交换律和结合律以及分配律的正确性可以由这些定律在环 $P[x]$ 中的正确性来推得，因为类的运算是从这些类中的多项式的运算所得来的. 很明显的，由被多项式 $f(x)$ 所能整除的多项式所组成的类有零的作用. 把这个类叫作零元素且用 0 来记它. 由被多项式 $f(x)$ 除后得出余式 $\varphi(x)$ 所组成的类 A 的负元素是由那些多项式所组成的，它们被 $f(x)$ 所除后都得出余式 $-\varphi(x)$. 故推知对这些多项式集合可施行唯一的减法.

为了证明在类的集合中可施行除法，必须证明有这样的类存在有单位元素的作用，而且对于每一个不为零的类，都有逆类存在. 很明显的单位元素是由被 $f(x)$ 所除后得出余式1的多项式所组成，把这一个类叫作单位元素且用符号 E 来表示它.

现在设已给出不为零的类 A. 在类 A 中选取多项式 $\varphi(x)$ 作为代表,它不被 $f(x)$ 所除尽,故由 $f(x)$ 的不可约性,知道这两个多项式互不可通约. 这样一来,在环 $P[x]$ 中,有多项式 $u(x)$ 和 $v(x)$ 存在使得等式成立

$$\varphi(x)u(x) + f(x)v(x) = 1.$$

故

$$\varphi(x)u(x) = 1 - f(x)v(x). \tag{3}$$

等式(3)的右边经 $f(x)$ 除后得出余式 1,也就是属于单位元素 E. 如果用 B 来表示多项式 $u(x)$ 所在的类,那么等式(2)证明,

$$AB = E,$$

故 $B = A^{-1}$. 这就证明了对于每一个非零类都有逆类存在,也就证明了这些类构成一个域.

用 $\overline{P}$ 来记这一个域而来证明它是域 P 的扩域. 域 P 中每一个元素 a 对应于这些多项式所组成的类,它们被 $f(x)$ 所除后都得出余式 a;元素 a 自己,看作零次多项式,落在这一个类里面. 所有这些特殊形式的类构成域 $\overline{P}$ 的一个子域,和域 P 同构. 事实上,这是一个一一对应;另一方面,对于这些类,可以取域 P 中元素做代表,故 P 中元素的和(积)对应于它的对应类的和(积). 因此,以后我们是合理的,不必分别域 P 中元素和它所对应的类.

最后,用 X 来记这些多项式所组成的类,它们被 $f(x)$ 所除后都得出余式 x. 这个类是域 $\overline{P}$ 中一个完全确定的元素,我们要证明,它是多项式 $f(x)$ 的根. 设

$$f(x) = a_0 x^n + a_1 x^{n-1} + \cdots + a_{n-1}x + a_n.$$

用上面所说的意义,用 A_i 来记些对应于域 P 中 a_i 的类,$i = 0, 1, 2, \cdots, n$,且求出

$$A_0 X^n + A_1 X^{n-1} + \cdots + a_{n-1}X + A_n. \tag{4}$$

在域 $\overline{P}$ 中的相等元素. 用元素 a_i 做类 A_i 的代表,$i = 0, 1, 2, \cdots, n$,而用多项式 x 做类 X 的代表,且应用类的加法和乘法定义,我们得出类(4)含有多项式 $f(x)$. 但 $f(x)$ 被它自己所除尽,故类(4)是零元素. 这样一来,用 A_i 的对应的域 P 中元素 a_i 来换(9)中的类 A_i,我们得出,在域 $\overline{P}$ 中有等式

$$A_0 X^n + A_1 X^{n-1} + \cdots + a_{n-1}X + A_n = 0,$$

也就是,类 X 实际上是多项式 $f(x)$ 的根.

这就完成了关于根的存在定理的证明. 注意,取 P 为实数域 R 且设 $f(x) = x^2 + 1$,我们又得出一个构成复数域的方法.

虽然可以有不同的方法来构成扩域 P',但是我们还可以证明在某种意义

下,它是唯一的.

定理 1.2.1 设 $F(x)$ 是域 P 上任意一个次数 $n \geqslant 2$ 的既约多项式,则包含域 P 的和这一个多项式的任何一个根的最小域,都是彼此同构的.

证明 设已给出 P 上不可约多项式

$$f(x) = a_0 x^n + a_1 x^{n-1} + \cdots + a_{n-1} x + a_n, \tag{5}$$

其中 $n \geqslant 2$,也就是 $f(x)$ 在域 P 中没有根. 我们已经知道存在域 P 的一个扩域 P',它含有 $f(x)$ 的根 α,且先证明以后必须用到的下面的预备定理,这一个预备定理本身也很有趣味.

如果 P 上不可约多项式 $f(x)$ 有根 α 在 P' 里面,环 $P[x]$ 中某一个多项式 $g(x)$ 亦有根 α,那么 $f(x)$ 是 $g(x)$ 的因式.

事实上,域 P 上多项式 $f(x)$ 和 $g(x)$ 有公因式 $x - \alpha$ 故不能互素. 但多项式不相互素的性质和所选取的域无关,故可转移到域 P 中来说,再利用不可约多项式的性质 Ⅱ(第一章 §2),就能证明本定理.

现在求出域 P' 中含有域 P 和元素 α 的最小扩域 $P(\alpha)$. 很明显的所有有下面的形状的元素都在它里面

$$\beta = b_0 + b_1 \alpha + b_2 \alpha^2 + \cdots + b_{n-1} \alpha^{n-1}, \tag{6}$$

其中 $b_0, b_1, b_2, \cdots, b_{n-1}$ 是域 P 中元素. 域 P' 中的这种元素不能有两个不同的 (6) 形写法:如果有等式

$$\beta = c_0 + c_1 \alpha + c_2 \alpha^2 + \cdots + c_{n-1} \alpha^{n-1},$$

而且至少对于某一个 k 有 $c_k \neq b_k$,那么 α 将为多项式

$$g(x) = (b_0 - c_0) + (b_1 - c_1) x + (b_2 - c_2) x^2 + \cdots + (b_{n-1} - c_{n-1}) x^{n-1}$$

的根,这与上述预备定理冲突,因为 $g(x)$ 的次数小于 $f(x)$ 的次数.

在域 P' 内有式 (6) 形的元素中,含有域 P 的所有元素(取 $b_1 = b_2 = \cdots = b_{n-1} = 0$),同时亦含有元素 α(取 $b_1 = 1, b_0 = b_2 = \cdots = b_{n-1} = 0$). 我们来证明,式 (6) 形元素构成所要找出的子域 $P(\alpha)$. 事实上,如果给出了元素 β(写为 (6) 形) 和

$$\gamma = c_0 + c_1 \alpha + c_2 \alpha^2 + \cdots + c_{n-1} \alpha^{n-1},$$

那么由域 P' 的运算性质,

$$\beta \pm \gamma = (b_0 \pm c_0) + (b_1 \pm c_1) \alpha + (b_2 \pm c_2) \alpha^2 + \cdots + (b_{n-1} \pm c_{n-1}) \alpha^{n-1},$$

这就是任何两个式 (6) 形元素的和与差仍是这种形状的元素.

如果我们乘出 β 和 γ,那就得出一个含有 α^n 和 α 的更高方次的表示式. 但由式 (5) 和等式 $f(\alpha) = 0$ 推知 α^n,因而 $\alpha^{n+1}, \alpha^{n+2}$ 等等,都可以经 α 的较低方次表出. 用更简单的方法来求出 $\beta\gamma$ 的表示式,设

$$\varphi(x) = b_0 + b_1 x + \cdots + b_{n-1} x^{n-1}, \psi(x) = c_0 + c_1 x + \cdots + c_{n-1} x^{n-1},$$

那么 $\varphi(\alpha)=\beta,\psi(\alpha)=\gamma$. 乘出多项式 $\varphi(\alpha)$ 和 $\psi(\alpha)$ 且用 $f(x)$ 乘除这一个乘积；我们得出

$$\varphi(x)\psi(x)=f(x)q(x)+r(x),\qquad(7)$$

其中

$$r(x)=d_0+d_1x+d_2x^2+\cdots+d_{n-1}x^{n-1}.$$

在 $x=\alpha$ 时，取等式(7)的两边的值，我们得出

$$\varphi(\alpha)\psi(\alpha)=f(\alpha)q(\alpha)+r(\alpha),$$

就是，由 $f(\alpha)=0$，得出

$$\beta\gamma=d_0+d_1\alpha+d_2\alpha^2+\cdots+d_{n-1}\alpha^{n-1}.$$

这样一来，两个式(6)形元素的乘积仍然是这种形状的元素.

最后，我们证明，如果元素 β 有式(6)的形状，而且 $\beta\neq0$，那么在域 P' 中有元素 β^{-1} 存在，且亦可以写为式(6)的形状. 为此，在环 $P[x]$ 中取多项式

$$\varphi(x)=b_0+b_1x+b_2x^2+\cdots+b_{n-1}x^{n-1}.$$

因为 $\varphi(x)$ 的次数小于 $f(x)$ 的次数，而多项式 $f(x)$ 在 P 中不可约，所以 $\psi(x)$ 和 $f(x)$ 互素，由此在环 $P[x]$ 中有这样的多项式 $u(x)$ 和 $v(x)$ 存在，使得

$$\varphi(x)u(x)+f(x)v(x)=1,$$

而且可以使 $u(x)$ 的次数小于 n，

$$u(x)=s_0+s_1x+s_2x^2+\cdots+s_{n-1}x^{n-1}.$$

故由等式，$f(\alpha)=0$，得

$$\varphi(\alpha)u(\alpha)=1,$$

再由等式 $\varphi(\alpha)=\beta$，我们得出

$$\beta^{-1}=u(\alpha)=s_0+s_1\alpha+s_2\alpha^2+\cdots+s_{n-1}\alpha^{n-1}.$$

由此，域 P' 中有(6)形的全部元素构成域 P' 的子域；这就是所要找出的域 $P(\alpha)$. 还有，因为我们看到，在求出式(6)型元素 β 和 γ 的和与积时只需要知道这些元素经 α 的方次所表出的表示式中的系数，故可断定下面这个结果的正确性：如果除 P' 外，另有域 P 的扩域 P'' 存在，含有多项式 $f(x)$ 的某一个根 α'，且设 $P(\alpha')$ 为域 P'' 中含有 P 和 α' 的最小子域，那么域 $P(\alpha)$ 和 $P(\alpha')$ 同构，而且为了得出它们之间的同构对应，$P(\alpha)$ 中式(11)形的元素 β 要对应于 $P(\alpha')$ 中有相同系数的元素

$$\beta'=b_0+b_1\alpha'+b_2\alpha'^2+\cdots+b_{n-1}\alpha'^{n-1},$$

这就证明了本定理.

既然已经证明了多项式 $F(x)$ 的根在对应的扩域内存在，我们还可进而介绍分解域这一重要概念.

设 $f(x)$ 是域 P 上的某一个 n 次多项式.所谓 $f(x)$ 的分解域,是指 P 的一个扩域 Σ,在 Σ 内 $f(x)$ 有 n 个根.即,在 Σ 内 $f(x)$ 完全可以分解为一次因式.

现在我们证明任何一个次数大于零的多项式 $f(x)$ 的分解域都存在,即成立下述定理.

定理 1.2.1(分解域的存在定理)　在环 $P[x]$ 内次数大于零的任意一个多项式 $f(x)$ 的分解域都存在.

证明　设 $f(x)$ 是 $P[x]$ 内某一个次数大于零的多项式($f(x)$ 在 P 在是否既约可以不问).假若在域 P 上 $f(x)$ 完全可以分解为一次因式,P 就是 $f(x)$ 的分解域.假若 P 不是 $f(x)$ 的分解域,我们可以先讨论多项式 $f(x)$ 的某一个次数大于一的既约因式(在域 P 上既约).今构造域 P 的一个扩域 P_1 使含有这个既约因式的一个根.假若 P_1 仍然不是 $f(x)$ 的分解域,继续这个方法就可再构造 P_1 的扩域 P_2 而使 $f(x)$ 的某一个次数大于一的既约因式(在域 P_1 上既约)的一个根含于 P_2 内.如此类推,经过有限次的步骤后,就可得到 $f(x)$ 的分解域.

复数域是常常遇到的域.在《数论原理》卷中,已经证明了复数域可以看作是实数域的扩域.以后我们还要进一步证明它不仅是任意一个以实数系数次数 $n>1$ 的多项式的分解,甚而是以复数为系数的多项式的分解域.

1.3　代数基本定理

我们知道在任何一个数域 P 中一个 n 次多项式 $f(x)$ 至多只有 n 个根(每根按其重复次数计算个数),但是多项式在域 P 中也可能完全没有根.于是发生这样一个问题:在什么数域中任一 n 次多项式恰有 n 个根? 我们将证明,这种域就是复数域,最广大的数域.复数域的这一美妙性质是由一个所谓"代数基本定理"推出的.我们从证明"复数域是任何一个以实数为系数的多项式的分解域"这个结果开始:

定理 1.3.1　任何一个以实数系数的 $n\geqslant 1$ 次多项式至少有一个复数根.

证明　以前我们曾经证明过每一个以实数为系数的奇数次多项式至少有一个实数根(第三章定理 1.3.1),所以我们只要证明偶数次多项式至少有一个复数根就够了.为了这个目的可用数学归纳法.

设定理的结果对于多项式

$$g(x)=x^m-q_1x^{m-1}-\cdots+(-1)^mq_m$$

已经证明,$g(x)$ 的次数 $m=2^{k-1}Q,k\geqslant 1,Q$ 代表任意一个奇数.

其次设

$$f(x) = x^n - p_1 x^{n-1} - p_2 x^{n-2} - \cdots + (-1)^n p_n$$

是一个以实数为系数的多项式, $f(x)$ 的次数是 $n = 2^k q$, q 代表奇数. 根据归纳法的假设, 我们证明定理的结果对于多项式 $f(x)$ 应当也成立.

我们已经知道多项式 $f(x)$ 的含有复数域或与复数域重合的分解域 P 是存在的(参考上一目定理 1.2.1).

设 $f(x)$ 在域 P 内的根是 $\alpha_1, \alpha_2, \cdots, \alpha_n$, 由此我们构造一个多项式 $g(x)$, 以所有可能的代数式 $\alpha_i \alpha_j + c(\alpha_i + \alpha_j)$ 为根(c 代表一个实数, $i \neq j$)

$$\begin{aligned}
g(x) &= x^m - q_1 x^{m-1} + q_2 x^{m-2} - \cdots + (-1)^m q_m \\
&= [x - \alpha_1 \alpha_2 + c(\alpha_1 + \alpha_2)][x - \alpha_1 \alpha_3 + c(\alpha_1 + \alpha_3)] \cdots \\
&\quad [x - \alpha_{n-1} \alpha_n + c(\alpha_{n-1} + \alpha_n)].
\end{aligned} \tag{1}$$

显然, 代数式 $\alpha_i \alpha_j + c(\alpha_i + \alpha_j)$ 的个数等于由 n 个文字中每次取两个的组合数

$$C_n^2 = \frac{n(n-1)}{2} = \frac{2^k q(2^k q - 1)}{2} = 2^{k-1} Q.$$

式中的 Q 代表奇数 $q(2^k q - 1)$, 且多项式 $g(x)$ 的次数 m 等于 $2^{k-1} Q$.

若以 α_i 代 α_j, α_j 代 α_i, 除了一个因式互相交换位置外, 多项式 $g(x)$ 并无变化, 换言之, 多项式 $g(x)$ 的系数是对称多项式 $F_i(x_1, x_2, \cdots, x_n)$ 在 $x_1 = \alpha_1$, $x_2 = \alpha_2, \cdots, x_n = \alpha_n$ 所取的值

$$q_i = F_i(\alpha_1, \alpha_2, \cdots, \alpha_n) \quad (i = 1, 2, \cdots, m)$$

因为 c 是实数, 所以每一个对称多项式 F_i 的系数也是实数. 根据对称多项式基本定理的推论(这将在第五章 §4 给出), 我们知道 q_i 也必须是实数. $g(x)$ 既然是一个以实数为系数且次数等于 $2^{k-1} Q$ 的多项式, 所以根据归纳法的假设, $g(x)$ 至少有一个复数根.

依次给 c 以实数值 $c_1, c_2, c_3, \cdots$, 我们就可以得出无限多的形式如式(1)的多项式 $g(x)$. 每一个这样的多项式 $g(x)$ 都至少有一个复数根如 $\alpha_i \alpha_j + c(\alpha_i + \alpha_j)$ 的形式. 由此更得出一个无限多的复数的集合.

但是, 由文字 α 仅能构成有限个的组合 $\alpha_i \alpha_j$ 和 $\alpha_i + \alpha_j$, 所以在上述的复数集合中, 至少有两个复数是由同一个文字 α 所组成. 设这两个复数是 $\alpha_i \alpha_j + c_1(\alpha_i + \alpha_j)$ 和 $\alpha_i \alpha_j + c_2(\alpha_i + \alpha_j)$. 现在我们先证明下面的预备定理.

预备定理 1 若对于两个不同的实 c_1, c_2 和已知多项式 $f(x)$ 的两个根 α_i 和 α_j, 代数式

$$\alpha_i \alpha_j + c_1(\alpha_i + \alpha_j) \text{ 和 } \alpha_i \alpha_j + c_2(\alpha_i + \alpha_j)$$

都是复数, α_i 和 α_j 自身也必须是复数.

设
$$\alpha_i \alpha_j + c_1(\alpha_i + \alpha_j) = k_1,$$
$$\alpha_i \alpha_j + c_2(\alpha_i + \alpha_j) = k_2,$$

式中的 k_1 和 k_2 都假设是复数. 由第一式减去第二式得
$$(c_1 - c_2)(\alpha_i + \alpha_j) = k_1 - k_1,$$

再令 $-p = \dfrac{k_1 - k_2}{c_1 - c_2}$, 则有
$$\alpha_i + \alpha_j = -p. \tag{2}$$
其次再求 $\alpha_i + \alpha_j$, 把 $\alpha_i + \alpha_j$ 的值代入第一个等式可得
$$\alpha_i \alpha_j - c_1 p = k_1$$

或
$$\alpha_i \alpha_j = q, \tag{3}$$
式中的 q 代表 $k_1 + c_1 p$.

由等式(2)和(3), 不难看出 α_i 和 α_j 是以复数为系数的二次方程式
$$x^2 + px + q = 0$$
的根. 多项式 $f(x)$ 的分解域 P 既含复数域, 所以 α_i 和 α_j 都必须是复数.

现在再回到定理的证明. 由上述预备定理, α_i 和 α_j 是复数, 所以多项式 $f(x)$ 不仅只有一个复数根, 而有两个复数根.

在此, 定理已完全证明, 事实上, 假若定理对于奇数次多项式成立, 由上面的证明, 对于次数为 $2Q$ 的多项式定理也成立, 同理, 假若定理对于次数为 $2Q$ 的多项式成立, 对于次数为 $2^2 Q$ 的多项式也成立, 其余照此类推.

现在我们进一步来证明, 以复数为系数(不仅仅只含实数系数)的多项式也有复数根. 要证明这个结果, 必须利用下面的复数的性质.

设 $z = a + b\mathrm{i}$ 代表某一个复数, z 的共轭复数用同文字上划一横线代表, 因 $\bar{z} = a - b\mathrm{i}$. 若 $b = 0$, 则有 $\bar{z} = a = z$, 换句话说, 实数和它自身是共轭的.

我们不难证明两个互为共轭的复数的和与积都是实数
$$z + \bar{z} = 2a, \, z\bar{z} = a^2 + b^2.$$
次设 $z_1 = a_1 + b_1 \mathrm{i}, z_2 = a_2 + b_2 \mathrm{i}$, 由此容易证明
$$\overline{z_1 + z_2} = \bar{z}_1 + \bar{z}_2, \, \overline{z_1 \cdot z_2} = \bar{z}_1 \bar{z}_2. \tag{4}$$

例如
$$z_1 + z_2 = (a_1 + a_2) + (b_1 + b_2)\mathrm{i}.$$
因此
$$\overline{z_1 + z_2} = (a_1 + a_2) - (b_1 + b_2)\mathrm{i}.$$

再由
$$\overline{z_1} + \overline{z_2} = (a_1 - b_1\mathrm{i}) + (a_1 - b_1\mathrm{i}) = (a_1 + a_2) - (b_1 + b_2)\mathrm{i}.$$
所以 $\overline{z_1 + z_2} = \overline{z_1} + \overline{z_2}$. 同理可以证明等式(4)的第二个等式.

等式(4)显然对于任意多的复数也成立,即
$$\overline{z_1 + z_2 + \cdots + z_n} = \overline{z_1} + \overline{z_2} + \cdots + \overline{z_2}. \tag{5}$$
特别地,
$$\overline{(z)^n} = (\overline{z})^n \tag{6}$$

除此之外,我们还需要一个预备定理.

设
$$f(x) = a_0 x^n + a_1 x^{n-1} + \cdots + a_n \tag{7}$$
是一个以复数为系数的多项式.假若把每一个 a_i 换成它的共轭复数 $\overline{a_i}$ 就得出所谓的共轭多项式
$$\overline{f}(x) = \overline{a_0} x^n + \overline{a_1} x^{n-1} + \cdots + \overline{a_n} \tag{8}$$

我们证明:

预备定理 2 若 α 是 $f(x)$ 的根, $\overline{\alpha}$ 就是 $\overline{f}(x)$ 的根,反之也成立.特别地,假若 α 是一个以实数为系数的多项式的根, $\overline{\alpha}$ 也必然是同一多项式的根(因为在这个假设下, $\overline{f}(x)$ 和 $f(x)$ 一致).

事实上,由等式(5)和(6)可得
$$\overline{f(\alpha)} = \overline{f}(\overline{\alpha}),$$

换句话说, $\overline{f}(\overline{\alpha})$ 就是 $f(\alpha)$ 的共轭复数.因为零的共轭复数就是零的自身,所以由 $f(\alpha) = 0$,立刻有 $\overline{f}(\overline{\alpha}) = 0$.同理,若 $\overline{f}(\overline{\alpha}) = 0$,则有 $f(\alpha) = 0$.

现在我们来证明代数基本定理,它是复数域上的多项式理论中的一个基本定理,并且这个定理的应用不只限于代数上.

代数基本定理 每一个以复数为系数且次数 $n \geqslant 1$ 的多项式至少有一个复数根.

证明 使多项式 $f(x)$ 和它的共轭多项式 $\overline{f}(x)$ 相乘,则得出一个以实数为系数的多项式
$$f(x)\overline{f}(x) = a_0 \overline{a_0} x^{2n} + (a_0 \overline{a_1} + \overline{a_0} a_1) x^{2n-1} + \cdots + a_n \overline{a_n},$$

因为 $a_0 \overline{a_0}$ 是两个共轭复数的乘积,所以 $a_0 \overline{a_0}$ 是实数, $a_0 \overline{a_1} + \overline{a_0} a_1$ 是两个共轭复数 $a_0 \overline{a_1}$ 和 $\overline{a_0} a_1$ 的和,所以是实数,其余可以依次类推,根据上面证明的定理,以实数为系数的多项式既有复数根,所以我们可以断定多项式 $f(x) \cdot \overline{f}(x)$ 至少有一个复数根.设这个根是 β,由此可得 $f(\beta)\overline{f}(\beta) = 0$,因之, $f(\beta) = 0$

或 $\overline{f(\beta)}=0$. 在第一个情形下,β 就是 $f(x)$ 的根;在第二个情形下,由上面的预备定理 2 可知 β 的共轭复数就是 $f(x)$ 的根,所以无论是在哪一种情形,定理都成立.

应用代数基本定理,我们还可以得出另外一些重要的结果. 设 $p(x)$ 是复数域上的一个不可约多项式. 由代数的基本定理,$p(x)$ 至少有一个复数根. 设这个根是 α,则有

$$p(x)=(x-\alpha)\varphi(x).$$

$p(x)$ 既然设为不可约的,所以必须有 $\varphi(x)=c$,式中的 c 代表零次多项式. 把 $\varphi(x)$ 的值代入上式得

$$p(x)=c(x-\alpha).$$

这就是说,在复数域上的不可约多项式只有一次多项式.

次设 $f(x)$ 是任意一个 n 次($n\geqslant 1$) 多项式,并设 $f(x)$ 已分解为不可约多项式的乘积. 根据上述的结果,这些不可约因式必须是一次的,由此得

$$f(x)=c(x-\alpha_1)(x-\alpha_2)\cdots(x-\alpha_n).$$

因此复数 $\alpha_1,\alpha_2,\cdots,\alpha_n$ 都是多项式 $f(x)$ 的根. 在复数 $\alpha_1,\alpha_2,\cdots,\alpha_n$ 之间,可能有一些是相等的,把相同的因式结合成一式,所以 $f(x)$ 可以分解成

$$f(x)=c(x-\alpha_1)^{k_1}(x-\alpha_2)^{k_2}\cdots(x-\alpha_s)^{k_s},$$

式中的指数满足 $k_1+k_2+\cdots+k_s=n$①,由这个结果可得出下述的推论.

推论 1 每一个以复数为系数的 n 次多项式有 n 个复数根.

换句话说,复数域是任何一个以复数为系数的多项式的分解域.

假若任何一个以域 P 的元素为系数的 $n\geqslant 1$ 次多项式都以 P 为它的分解域,我们就把 P 叫作代数闭域.

由推论 1 可知,复数域就是一个代数闭域.

推论 2 每一个在实数域上的不可约多项式的次数都不超过二次.

设 $p(x)$ 是在实数域上的每一个不可约多项式,并设 $p(x)$ 的次数大于一. 假若 $a+bi$ 是 $p(x)$ 的一个复数根,共轭复数 $a-bi$ 也必然是 $p(x)$ 的一个根,因为以实数为系数的多项式的复数根都是两两共轭的(参考上面的预备定理 2). $a+bi$ 和 $a-bi$ 既然都是 $p(x)$ 的根,所取 $p(x)$ 可被

$$(x-a-bi)(x-a+bi)=x^2-2ax+a^2+b^2$$

整除. 这就是说,$p(x)$ 可被一个以实数为系数的二次多项式整除. 因为 $p(x)$ 是

---

① 常数 c 显然和 $f(x)$ 的最高项的系数一致.

不可约的,所以除去一个零次多项式不计外,$p(x)$ 必须和二次多项式 $x^2 -$
$2ax + a^2 + b^2$ 一致.

由这个推论立刻知道:每一个以实数为系数的多项式在实数域上都可以分
解成一次和二次因式的乘积.

远在 1629 年荷兰数学家吉拉尔(Albert Girard,1595—1632)就曾预想任
何一个 n 次代数方程式都有 n 个根(实根或虚根).在 1746 年法国学者达朗贝尔
(Jean le Rond d'Alembert;1717—1783)企图证明这个代数基本定理,但是他
的证明方法不够严格.直到 1799 年高斯才使这个问题得到最后的解答.从这以
后,高斯对于代数基本定理给以另外三个证明.我们现在的证明是利用高斯的
第二个证明的概念.

1.4　代数基本定理的第二个证明

现在我们还要用另一个方法证明这个代数基本定理.这个方法基本上是根
据复变数的连续函数的性质的.

在普通数学分析上所定义的连续函数,很容易推广到变数 x 和函数 $f(x)$
都取复数值的情形.在这样的推广中我们只须以复数的模替代实数的绝对值.

设 $f(x)$ 是复变数 x 的函数.假若 $f(x)$ 满足下述的条件,我们就说 $f(x)$ 在
点 x_0 连续:任意给定一个正数 ε,我们就可必决定一个正数 δ,使得只要 x 所取
的值满足不等式

$$| x - x_0 | < \delta, \tag{1}$$

函数的对应值就满足不等式

$$| f(x) - f(x_0) | < \varepsilon, \tag{2}$$

在这里划的两条竖线不是代表实数的绝对值,而是代表复数的模.

现在我们这个连续的定义以一个几何的解释如下:

因为 x 和 $f(x)$ 都取复数值,所以可令

$$x = \alpha + \beta i, w = f(x) = u + vi,$$

为了代表变数 x 和函数 $f(x)$ 所取的值,我们可用两个平面 P 和 Q.在平面
P 上取直角坐标系 $\alpha O \beta$,在平面 Q 上取直角坐标系 uOv.复变数 x 的每一个值

$$x = \alpha + \beta i$$

可用平面 P 上以 α,β 为坐标的点 x 代表,或以向量 αx 代表(图 1).同样,函数的
值

$$w = f(x) = u + vi,$$

可用平面 Q 上以 u,v 为坐标的点 w 代表,或以向量 αw 代表(图 2).为了方

便起见,我们把 P 叫作变数平面,Q 叫作函数平面.

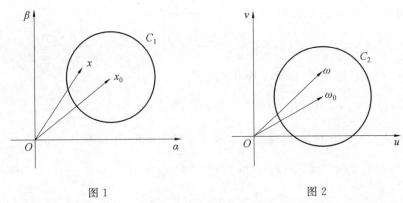

图1   图2

  不等式(1)和(2)的几何意义可解释如下:设在变数平面上,x_0 的值用向量 ox_0 代表. x 和 x_0 的差 $x-x_0$ 就可用连接 x_0 和 x 两点的向量 x_0x 代表,由此 $|x-x_0|$ 就是线段 x_0x 的长度,即 x_0 和 x 两点之间的距离.根据这个解释,不等式(1)的意思就是将点 x 必须位置在以 x_0 为中心,以 δ 为半径的圆周 C_1 内.至于不等式(2),我们也可取作同样的解释.假若在函数平面上,$f(x_0)$ 的值用点 w_0 代表,$|f(x)-f(x_0)|$ 就代表 w_0 和 w 两点之间的距离(图2),不等式(2)的意思就是说 w 位置在以 w_0 为中心以 ε 为半径的圆周 C_2 内.

  根据上述,函数在某一点连续的概念可以解释如下:假若对于函数平面上任意一个 w_0 为中心以任意的 ε 为半径的圆周 C_2 内,我们总可在变数平面上求出一个以 x_0 为中心以 δ 为半径的圆周 C_1,而使 C_1 内每一个内点的对应点都是 C_2 的内点,我们就说 $f(x)$ 在点 x_0 连续.

  在数学分析教程中,常讨论闭区间内的连续函数这一概念.和这个概念对应的概念,就是闭区域内的连续函数.所谓闭区域是指变数平面上由不伸展到无穷远的连续闭曲线所包围的一部分,曲线上的点自然属于闭区域内.而曲线本身叫作区域的边界,区域内不属于边界上的点叫作区域的内点.例如圆就是一个闭区域.

  假若复变数函数 $f(x)$ 在闭区域 C 的每一点都连续,我们就说 $f(x)$ 在闭区域 C 内连续.假若 $f(x)$ 在变数平面上的每一点 x_0 都连续,也就是,$f(x)$ 在变数平面上的每一点 x_0 都连续,我们就简单地说,$f(x)$ 是连续的.

  现在我们再讨论以复数为系数多项式 $f(x)$,假若把 $f(x)$ 看作复变数 x 的函数[①],则有下面的定理成立:多项式 $f(x)$ 是复变数 x 的连续函数.

证明　用泰勒公式把 $f(x)$ 依 $x-x_0$ 的幂展开

$$f(x)=f(x_0)+(x-x_0)f'(x_0)+\frac{(x-x_0)^2}{2!}f''(x_0)+\cdots+\frac{(x-x_0)^n}{n!}f^{(n)}(x_0).$$

式中的 x_0 代表任意一点.由这个展开式可得

$$f(x)-f(x_0)=(x-x_0)f'(x_0)+\frac{(x-x_0)^2}{2!}f''(x_0)+\cdots+\frac{(x-x_0)^n}{n!}f^{(n)}(x_0).$$

因为和的模不大于模的和,同时乘积的模等于模的乘积,所以有

$$|f(x)-f(x_0)|\leqslant|(x-x_0)||f'(x_0)|+|(x-x_0)^2|\left|\frac{f''(x_0)}{2!}\right|+\cdots+$$

$$|(x-x_0)^n|\left|\frac{f^{(n)}(x_0)}{n!}\right|.$$

以

$$|f'(x_0)|,\left|\frac{f''(x_0)}{2!}\right|,\cdots,\left|\frac{f^{(n)}(x_0)}{n!}\right|$$

的最大值 A 代入上面的不等式,这个不等式自然更加成立

$$|f(x)-f(x_0)|\leqslant A(|x-x_0|+|x-x_0|^2+\cdots+|x-x_0|^n).$$

假若选取差 $x-x_0$ 的模充分小,而使 $|x-x_0|<1$,我们就可以 $|x-x_0|$ 代 $|x-x_0|^2,\cdots,|x-x_0|^n$

$$|f(x)-f(x_0)|<A(|x-x_0|+|x-x_0|^2+\cdots+|x-x_0|^n)$$

$$=|x-x_0|^nA.$$

对于任意给定的 $\varepsilon>0$,我们可以决定 $\delta>0$,而使

$$\delta<\frac{\varepsilon}{nA}\ 和\ \delta<1.$$

因之,只要 $|x-x_0|<\delta$ 就有

$$|f(x)-f(x_0)|<\varepsilon,$$

这就是所要证明的定理.

由这个定理不难证明多项式 $f(x)$ 的模 $|f(x)|$ 也同样是复变数 x 的连续函数.事实上,由模的性质有

$$||f(x)|-|f(x_0)||\leqslant|f(x)-f(x_0)|. \tag{3}$$

根据上面证明的定理,多项式 $f(x)$ 是连续函数,所以任意给定正数 $\varepsilon>0$

---

① 既然复数域是无限整域 R 的一个特例,则我们很可以把复数域上的多项式看作是复变数的函数.

总可决定正数 $\delta > 0$，只要 $\mid x - x_0 \mid < \delta$ 则有下述的不等式成立

$$\mid f(x) - f(x_0) \mid < \varepsilon.$$

由不等式(3)立刻知道，在 $\mid x - x_0 \mid < \delta$ 的条件下，有

$$\mid \mid f(x) \mid - \mid f(x_0) \mid \mid < \varepsilon.$$

为了证明代数基本定理，我们先证明几个预备定理如下

预备定理 1　每一个常数项等于零的 n 次 $(n \geqslant 1)$ 多项式

$$f(x) = a_0 x^n + a_1 x^{n-1} + \cdots + a_{n-1} x$$

具有下述性质：任意给定 $\varepsilon > 0$ 总可决定 $\delta > 0$，对于所有满足不等式 $\mid x \mid < \delta$ 的 x 使得 $\mid f(x) \mid < \varepsilon$.

换句话说，只要 x 的模充分小，就可以使 $f(x)$ 的模小于任何一个指定的正数.

证明　把 x_0 的值取成 0. 由于多项式 $f(x)$ 是复变数 x 的连续函数，所以任意给定 $\varepsilon > 0$ 总可决定 $\delta > 0$，对于所有满足 $\mid x - 0 \mid < \delta$ 的 x 总有

$$\mid f(x) - f(0) \mid < \varepsilon.$$

因为 $f(0) = 0$，就是说对于满足 $\mid x \mid < \delta$ 的 x 总有 $\mid f(x) \mid < \varepsilon$.

预备定理 2　只要 x 的模 $\mid x \mid$ 充分大，每一个多项式

$$f(x) = a_0 x^n + a_1 x^{n-1} + \cdots + a_{n-1} x + a_n \quad (n \geqslant 1)$$

的模都可以大于任意指定的一个正数 M.

证明　我们先把 $f(x)$ 写成下式

$$f(x) = a_0 x^n \left[1 + \left(\frac{a_1}{a_0} \cdot \frac{1}{x} + \frac{a_2}{a_0} \cdot \frac{1}{x^2} + \cdots + \frac{a_n}{a_0} \cdot \frac{1}{x^n} \right) \right].$$

因为和的模大于或等于模的差，所以有

$$\mid f(x) \mid \geqslant \mid a_0 \mid \mid x \mid^n \left[1 - \left(\frac{a_1}{a_0} \cdot \frac{1}{x} + \frac{a_2}{a_0} \cdot \frac{1}{x^2} + \cdots + \frac{a_n}{a_0} \cdot \frac{1}{x^n} \right) \right]. \quad (4)$$

代数式

$$\frac{a_1}{a_0} \cdot \frac{1}{x} + \frac{a_2}{a_0} \cdot \frac{1}{x^2} + \cdots + \frac{a_n}{a_0} \cdot \frac{1}{x^n}$$

显然可以看作 $\frac{1}{x}$ 的多项式，因为这个多项式的常数项等于零，所以根据预备定理 1，对于 $\varepsilon = \frac{1}{2}$ 总可决定 $\delta > 0$，只要 $\mid \frac{1}{x} \mid < \delta$ 就有

$$\left| \frac{a_1}{a_0} \cdot \frac{1}{x} + \frac{a_2}{a_0} \cdot \frac{1}{x^2} + \cdots + \frac{a_n}{a_0} \cdot \frac{1}{x^n} \right| < \frac{1}{2} \quad (5)$$

换句话说，只要 x 满足不等式 $\mid x \mid > \frac{1}{\delta} = N$，不等式(5)便能成立. 由此，在

$|x| > N$ 的条件下,不等式(4)还可以写成

$$|f(x)| > |a_0||x|^n \left[1 - \frac{1}{2}\right],$$

或

$$|f(x)| > \frac{1}{2}|a_0||x|^n.$$

设

$$N_1 = \sqrt[n]{\frac{2M}{|a_0|}},$$

假若取 x 的模充分大而使 $|x| > N$ 和 $|x| > N_1$,则有

$$|f(x)| > \frac{1}{2}|a_0||x|^n > \frac{1}{2}|a_0| \left(\sqrt[n]{\frac{2M}{|a_0|}}\right)^n,$$

或 $|f(x)| > M$. 这就是我们所要证明的结果.

现在我们还要证明一个预备定理,这个预备定理对于代数基本定理的证明是非常重要的.

达朗贝尔预备定理 设 n 次$(n \geqslant 1)$ 多项式

$$f(x) = a_0 x^n + a_1 x^{n-1} + \cdots + a_{n-1} x + a_n$$

在 $x = x_0$ 的值不为零,由此就可以选择复数 h 而使

$$|f(x_0 + h)| < |f(x_0)|.$$

(在此可以选取 h 而使它的模小于任意指定的正数).

证明 利用泰勒公式把 $f(x_0 + h)$ 依 h 的幂展开可得

$$f(x_0 + h) = f(x_0) + h f'(x_0) + \frac{h^2}{2!} f''(x_0) + \cdots + \frac{h^n}{n!} f^{(n)}(x_0). \quad (6)$$

由假设,$f(x_0) \neq 0$. 虽然如此,但是 $f'(x_0)$ 和另外的导数可能在 $x = x_0$ 的值为零. 无论在哪一个情形下,一定有这样一个数 m 存在而使

$$f'(x_0) = f''(x_0) = \cdots = f^{(m-1)}(x_0) = 0,$$

但 $f^{(m)}(x_0) \neq 0$[①]. 事实上,因为 $f^{(n)}(x_0) = n!\ a_0 \neq 0$,所以这样的 m 是一定存在的. 在上述这个假设下,等式(6)就可以写成:

$$f(x_0 + h) = f(x_0) + \frac{h^m}{m!} f^{(m)}(x_0) + \frac{h^{m+1}}{(m+1)!} f^{(m+1)}(x_0) + \cdots + \frac{h^n}{n!} f^{(n)}(x_0).$$

(在导数 $f^{(m+1)}(x_0), \cdots, f^{(n)}(x_0)$ 之中,自然还可能有某一些是零,但是这并不影响我们的证明.)

---

① 在特别情形下,若 $f(x_0) \neq 0$,则有 $m = 1$.

以 $f(x_0) \neq 0$ 除上一等式的两端,则有

$$\frac{f(x_0+h)}{f(x_0)} = 1 + c_m h^m + c_{m+1} h^{m+1} + \cdots + c_n h^n, \qquad (7)$$

式中的 c_k 代表

$$c_k = \frac{f^{(k)}(x_0)}{k! \ f(x_0)} \quad (k=m+1,\cdots,n)$$

由于 $f^{(m)}(x_0) \neq 0$,所以 $c_m \neq 0$.把等式(7)的右端先写成

$$\frac{f(x_0+h)}{f(x_0)} = (1 + c_m h^m) + c_m h^m \left(\frac{c_{m+1}}{c_m} h + \cdots + \frac{c_n}{c_m} h^{n-m} \right)$$

然后再利用和的模小于或等于模的和,模的乘积等于乘积的模等性质,可得

$$\left| \frac{f(x_0+h)}{f(x_0)} \right| \leqslant |1 + c_m h^m| + |c_m h^m| \left| \frac{c_{m+1}}{c_m} h + \cdots + \frac{c_n}{c_m} h^{n-m} \right| \qquad (8)$$

代数式

$$\frac{c_{m+1}}{c_m} h + \cdots + \frac{c_n}{c_m} h^{n-m}$$

可以看作 h 的多项式.这个多项式的常数项既然等于零,所以由预备定理1,对于 $\varepsilon = \frac{1}{2}$ 总可决定 $\delta > 0$,只要 h 满足 $|h| < \delta$ 使有

$$\left| \frac{c_{m+1}}{c_m} h + \cdots + \frac{c_n}{c_m} h^{n-m} \right| < \frac{1}{2},$$

由此,在 $|h| < \delta$ 的假设下,不等式(8)还可以写成

$$\left| \frac{f(x_0+h)}{f(x_0)} \right| < |1 + c_m h^m| + \frac{1}{2} |c_m h^m| \qquad (9)$$

直到现在,我们只是选取 h 而使它的模充分小.现在我们再选取 h 的辐角而使 $c_m h^m$ 是一个负实数,换句话说,选取 h 而使

$$\arg(c_m h^m) = \pi,$$

或

$$\arg c_m + m \arg h = \pi,$$

由最后这个等式可得 $\arg h = \frac{\pi - \arg c_m}{m}$.假若 h 的辐角满足 $\arg h = \frac{\pi - \arg c_m}{m}$,则有

$$c_m h^m = -|c_m h^m|,$$

再由这个等式,我们就可以把不等式(9)改写成

$$\left| \frac{f(x_0+h)}{f(x_0)} \right| < |1 - |c_m h^m|| + \frac{1}{2} |c_m h^m|. \qquad (10)$$

$c_m h^m$ 的绝对值 $|c_m h^m|$ 可能大于一,在这个情形下,我们再选取 h 的模充分小而使 $|c_m h^m|<1$. 这样,$1-|c_m h^m|$ 就是一个正数,再由

$$||1-|c_m h^m||=1-|c_m h^m|,$$

不等式(10) 就可以写成

$$\left|\frac{f(x_0+h)}{f(x_0)}\right|<1-|c_m h^m|+\frac{1}{2}|c_m h^m|=1-\frac{1}{2}|c_m h^m|.$$

因为 $|c_m h^m|<1$,所以 $1-\frac{1}{2}|c_m h^m|<1$,换句话说,只要依照上述的方法选取 h 的模和辐角,可得

$$\left|\frac{f(x_0+h)}{f(x_0)}\right|<1.$$

再根据模的性质

$$\left|\frac{f(x_0+h)}{f(x_0)}\right|=\frac{|f(x_0+h)|}{|f(x_0)|},$$

则得

$$\frac{|f(x_0+h)|}{|f(x_0)|}<1.$$

最后,再以正数 $|f(x_0)|$ 乘后一不等式的两端,就得出所要证明的结果[①]

$$|f(x_0+h)|<|f(x_0)|.$$

除达朗贝尔预备定理之外,我们还需要复数数列的一些关于极限概念的性质.

设

$$x_1,x_2,\cdots,x_n \tag{11}$$

是一个复数数列,$x_k=a_k+b_k\mathrm{i}$,而 a_k,b_k 是实数.如果对于任一个 $\varepsilon>0$ 恒能指出这样一个数 $N>0$,使对所有 $k>N$ 都有 $|x_k-\alpha|<\varepsilon$,则 α 叫作数列(11) 的极限.同时亦称数列(11) 收敛域 α 这数.α 是数列(11) 的极限的这一种情况,我们将记为:$\lim\limits_{k\to\infty}x_k=\alpha$. 没有极限的数列称为发散的.为书写方便起见,数列(11) 将以 $\{x_k\}$ 表示.

[①] 不等式(8) 是在 $m<n$ 的假设下得到的.假若 $m=n$,我们可以下式代替不等式(8)

$$\left|\frac{f(x_0+h)}{f(x_0)}\right|=|1+c_n h^n|.$$

假设 $argh=\dfrac{\pi-argc_n}{n}$ 和 $|c_n h^n|<1$,可得 $\left|\dfrac{f(x_0+h)}{f(x_0)}\right|<|1-|c_n h^n||=1-|c_n h^n|<1$. 由此

$$|f(x_0+h)|<|f(x_0)|.$$

我们来证明,数列 $\{x_k = a_k + b_k i\}$ 在实数数列 $\{a_k\}$ 及 $\{b_k\}$ 各收敛于 ξ 及 ζ 的时候,并且也只有在这时候,才收敛于复数 $\alpha = \xi + \zeta i$.

证明 如果 $\lim\limits_{k \to \infty} x_k = \alpha$,则按数列极限的定义可以对任一个 $\varepsilon > 0$ 指出这样一个数 $N > 0$,使对所有 $k > N$ 恒有

$$|x_k - \alpha| < \varepsilon, \tag{12}$$

既然 $x_k - \alpha = (a_k - \xi) + (b_k - \zeta)i$,则不等式(12)可以改写如下

$$\sqrt{(a_k - \xi)^2 + (b_k - \zeta)^2} < \varepsilon,$$

由此

$$|a_k - \xi| < \varepsilon, \quad |b_k - \zeta| < \varepsilon$$

将更不待言. 可见数列 $\{a_k\}$ 收敛于 ξ,而数列 $\{b_k\}$ 收敛于 ζ

$$\lim\limits_{k \to \infty} a_k = \xi, \lim\limits_{k \to \infty} b_k = \zeta.$$

反之,设 $\lim\limits_{k \to \infty} a_k = \xi$ 并且 $\lim\limits_{k \to \infty} b_k = \zeta$. 则对任一个 $\varepsilon_1 = \dfrac{\varepsilon}{\sqrt{2}} > 0$ 可以指出这样的正数 N_1 与 N_2,使对所有 $k > N_1, j > N_2$ 有

$$|a_k - \xi| < \frac{\varepsilon}{\sqrt{2}}, \tag{13}$$

及

$$|b_j - \zeta| < \frac{\varepsilon}{\sqrt{2}}, \tag{14}$$

如此,若 N 是 N_1 与 N_2 两个数中较大的一个,则不等式(13)与(14)对所有的 $k > N$ 将同时成立. 所以在 $k > N$ 时我们有

$$|x_k - \alpha| = \sqrt{(a_k - \xi)^2 + (b_k - \zeta)^2} < \sqrt{\frac{\varepsilon^2}{2} + \frac{\varepsilon^2}{2}} = \varepsilon,$$

即数列 $\{x_k\}$ 收敛于 α.

根据刚才所证明的可以导出下面这复变连续函数的性质:如果复变连续函数 $f(x)$ 在点 x_0 连续,则对于任一收敛于 x_0 的复数数列 $\{x_k\}$ 将成立等式

$$\lim\limits_{k \to \infty} f(x_k) = f(x_0).$$

事实上,按连续点的定义,对于任一数 $\varepsilon > 0$ 可以指出这样一个 $\delta > 0$,使得所有满足 $|x - x_0| < \delta$ 这条件的 x 恒满足不等式 $|f(x) - f(x_0)| < \varepsilon$.

现在设 $\{x_k\}$ 是一个收敛于 x_0 的复数数列. 于是对 $\delta > 0$ 可以指出这样一个 $N > 0$,使得 $k > N$ 时有 $|x_k - x_0| < \delta$,对这些数 x_k 显然

$$|f(x_k) - f(x_0)| < \varepsilon$$

225

这不等式成立. 由此我们知道，数列 $\{f(x_k)\}$ 收敛于 $f(x_0)$，即 $\lim_{k \to \infty} f(x_k) = f(x_0)$.

一个复数数列 $\{x_k\}$（不论收敛或发散），如果能指出这样一个整数 M，使得 $|x_k| < M(k=1,2,3,\cdots)$，则称为是有界数列.

再，我们称数列 $\{x_{k_i}\}$ 为复数数列 $\{x_k\}$ 的子数列，这里 $\nu_1,\nu_2,\cdots,\nu_i,\cdots$ 是一个一致递增的正整数数列：$\nu_1 < \nu_2 < \cdots < \nu_i < \cdots$. 不难证明，如果数列 $\{x_k\}$ 收敛于 x_0，则其任何子数列 $\{x_{k_i}\}$ 亦收敛于 x_0.

事实上，既然数列 $\{x_k\}$ 收敛于 x_0，则对任何 $\varepsilon > 0$ 均能指出这样一个数 $N > 0$，使在 $k > N$ 时不等式 $|x_k - x_0| < \varepsilon$ 成立，因此对于所有的 $\nu_i > N$ 将亦有 $|x_{k_i} - x_0| < \varepsilon$，即子数列 $\{x_{k_i}\}$ 收敛于同一个数 x_0.

我们来注意下面这个关于有界数列的重要性质

波尔查诺[①]－魏尔斯特拉斯[②]定理　任一有界复数数列 $\{x_k\}$ 必具有一收敛子数列.

证明　我们先就实数的情况来考虑这定理：任何有界实数数列恒能选出收敛于有限极限的子数列.

设一切数 y_k 都位于界限 a 与 b 之间，将区间 $[a,b]$ 分为两半，则必有一半包含着所给数列的无穷多个元素，因为，若不是这样，则在全区间 $[a,b]$ 内所包含着的元素将是有限个数，但这是不可能的. 因此设包含着无穷多个 y_k 的那一半是 $[a_1,b_1]$（若两个半区间都是如此，则任取其一）.

类似地，在区间 $[a_1,b_1]$ 内分出它的一半 $[a_2,b_2]$，使得在它里面包含无穷多个 y_k. 继续这种步骤至于无穷，在第 i 次分出的区间 $[a_i,b_i]$ 内照样包含着无穷多个的 y_k.

这样构成的区间（由第二个开始），每一个都包含在前一个之内，等于它的一半. 此外，第 i 个区间的长等于

$$b_i - a_i = \frac{b-a}{2^i}$$

它随着 i 的增大而趋向零. 接着通过类似于证明第三章定理 1.2.1 的证明，我们将得出 b_i 及 a_i 收敛于一公共极限 c.

现在部分数列可由下列方法归纳地产生出来. 在所给数列的元素 y_k 内任

---

①　波尔查诺（Bernard Bolzano,1781－1848），捷克数学家、哲学家.

②　卡尔·特奥多尔·威廉·魏尔斯特拉斯（Karl Theodor Wilhelm Weierstrass，姓氏可写作 Weierstrass,1815－1897），德国数学家.

取包含在$[a_1,b_1]$中的一个（例如第一个）当作y_{ν_1}. 在y_{ν_1}后面的元素任取包含在$[a_2,b_2]$中的一个（例如，第一个）当作y_{ν_2}，等等. 一般地说，在以前分出的$y_{\nu_1},y_{\nu_2},\cdots,y_{\nu_{i-1}}$后面的元素内任取包含在$[a_i,b_i]$中的一个（例如，第一个）当作$y_{\nu_i}$. 这种产生数列方法是完全可能的，因为每一区间$[a_i,b_i]$内包含着无穷多个$y_k$，即包含着序号可为任意大的元素$y_k$.

再则，因为

$$a_i \leqslant y_{\nu_i} \leqslant b_i，又\lim_{i\to\infty}a_i=\lim_{i\to\infty}b_i=c,$$

于是依照数列极限定义，我们将得到$\lim_{i\to\infty}y_{\nu_i}=c$.

既然定理对于实数数列已经成立. 因此对于一般情形我们的证明可以这样进行.

首先容易看出，由数列$\{x_k=a_k+b_k\mathrm{i}\}$的有界可推知实数数列$\{a_k\}$与$\{b_k\}$的有界. 这是因为，既然$|a_k|\leqslant|x_k|$与$|b_k|\leqslant|x_k|$，则由不等式$|x_k|<M$，将更有$|a_k|<M$与$|b_k|<M$.

因为实数数列$\{a_k\}$是有界的，它应该具有收敛的子数列. 设这个子数列是$\{a_{\nu_i}\}$. 于是$\{x_{\nu_i}=a_{\nu_i}+b_{\nu_i}\mathrm{i}\}$是数列$\{x_k\}$的某一个子数列. 我们来考虑$x_{\nu_i}$这些数的虚数部分所成的数列$\{b_{\nu_i}\}$. 这数列是有界数列$\{b_k\}$的子数列，所以也是有界的. 因此$\{b_{\nu_i}\}$应该具有收敛的子数列，设这子数列是$\{b_{\mu_j}\}$，于是$\{x_{\mu_j}=a_{\mu_j}+b_{\mu_j}\mathrm{i}\}$是收敛的，因为$\{b_{\mu_j}\}$收敛，并且$\{a_{\mu_j}\}$由于是收敛数列$\{a_{\nu_i}\}$的子数列而收敛. 由此我们知道$\{x_k\}$具有一收敛子数列$\{x_{\mu_j}\}$.

现在我们回到多项式$f(x)$并且来看看这多项式的模$|f(x)|$的所有可能数值的集合A. 既然复数的模不能是负的，则$|f(x)|\geqslant0$. 如此，这集合的下方是有界的. 大家知道，任何（不空的）实数集合，如果下方有界，则应具有一个精确的下界（参考《数论原理》卷）. 所以，对集合A亦应存在一个精确的下界，即应存在有这样一个实数r，使对所有x值恒有$|f(x)|\geqslant r$，并且对任一个$\delta>0$可以选出一个数值$x=x'$，在这数值上$|f(x')|<r+\delta$. 换句话说，对任一$\delta>0$可以选出这样一个复数x'，使

$$0\leqslant|f(x')|-r<\delta \tag{15}$$

我们来证明，下面这进一步的定理.

定理 1.4.1 如果r是多项式的模$|f(x)|$的所有可能数值的集合A的精确的下界，则至少存在这样一个复数x_0，使$|f(x_0)|=r$.

证明 我们取任何收敛于零的实数数列$\{\delta_k\}$. 按上面所说关于不等式(15)的话，对每一个δ_k可以选出这样一个x'_k，使

$$0 \leqslant |f(x'_k)| - r < \delta_k \quad (k = 1, 2, 3, \cdots). \tag{16}$$

数列 $\{\delta_k\}$ 收敛于零. 就是说, 对任何 $\varepsilon > 0$ 恒能指出这样一个数 $N > 0$, 使对所有 $k > N$ 恒有不等式 $\delta_k < \varepsilon$. 由此对 $k > N$ 可将不等式 (16) 加强, 即在 $k > N$ 时有

$$0 \leqslant |f(x'_k)| - r < \varepsilon.$$

这不等式证实正实数数列 $\{|f(x'_k)|\}$ 将收敛于 r. 因为数列 $\{|f(x'_k)|\}$ 收敛, 故它应该是有界的, 即应存在这样一个是 $M > 0$, 而

$$|f(x'_k)| < M \quad (k = 1, 2, 3, \cdots). \tag{17}$$

按预备定理 2, 对这 M 可以指出这样一个整数 N, 使在 $|x| > N$ 时成立不等式:

$$|f(x)| > M. \tag{18}$$

但 $x'_1, x'_2, \cdots, x'_k, \cdots$ 等数, 不等式 (17) 成立而 (18) 不成立. 所以, x'_k 的模不能大于 N: $|x'_k| \leqslant N$. 如此, 数列 $\{x'_k\}$ 是有界的. 但我们知道有界数列 $\{x'_k\}$ 应该具有一个收敛子数列. 设这子数列是 $\{x'_{\nu_i}\}$, 并且设 $\lim\limits_{k \to \infty} x'_{\nu_i} = x_0$.

既然 $\{|f(x'_{\nu_i})|\}$ 是收敛于 r 的数列 $\{|f(x'_k)|\}$ 的子数列, 则 $\{|f(x'_{\nu_i})|\}$ 亦将收敛于 r. 所以我们可以写

$$\lim_{k \to \infty} |f(x'_{\nu_i})| = r. \tag{19}$$

但由多项式的模的连续性, 我们有

$$\lim_{k \to \infty} |f(x'_{\nu_i})| = |f(x_0)|. \tag{20}$$

如此, 比较等式 (19) 与 (20) 得:

$$|f(x_0)| = r,$$

而这定理证明了.

现在我们可以来陈述代数基本定理并着手证明它.

代数基本定理 任何带有复系数的 $n \geqslant 1$ 次的多项式 $f(x)$ 在复数域中至少有一个根.

证明 我们刚才证明过, 至少有这样一个复数 x_0 存在, 使 $|f(x_0)| = r$, 这里 r 是多项式的模 $|f(x)|$ 的所有数值的精确下界. 现在我们来证明 $r = 0$. 如若不然, 设 $r \neq 0$, 则 $|f(x_0)| \neq 0$, 并且我们能利用达朗贝尔预备定理. 按这个预备定理可以取这样一个复数 $x' = x_0 + h$, 使 $|f(x')| < |f(x_0)|$ 或 $|f(x')| < r$. 但这不等式与 r 为 $|f(x)|$ 所有数值的下界冲突, 所以我们的假设不对, 如此 $r = |f(x_0)|$ 应该等于零. 由此有 $f(x_0) = 0$, 即 x_0 是多项式 $f(x)$ 的根.

我们在此不再证明由代数基本定理所得的一些推论, 因为这些结论我们已

经讲过,它们的结论和以前我们所证明的是一样的。

§2 鲁歇－霍维茨定理

2.1 鲁歇－霍维茨多项式

实系数多项式

$$f(x) = a_0 + a_1 x + a_2 x^2 + \cdots + a_n x^n.$$

叫作稳定的,如果它的根全都位于左半平面中
(图 1)

若 $f(\lambda)=0, \lambda = \alpha + \beta i$,则 $\alpha < 0$.

这个术语来源于微分方程论. 在微分方程
论中有一个物理系统(可以更广泛地理解为力
学的、技术的或经济的系统),它在平衡位置附
近是渐近稳定的,要求

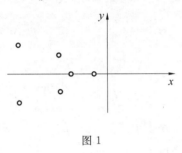

图 1

$$\lim_{t \to +\infty} e^{\lambda t} = 0 \qquad\qquad (*)$$

其中 $\lambda = \alpha + \beta i\,(\alpha, \beta \in \mathbf{R})$ 是与 n 阶常系数微分方程相关的多项式的任意根. 按
照欧拉公式[1], $e^{\lambda t} = e^{\alpha t} e^{i\beta t} = e^{\alpha t}(\cos \beta t + i\sin \alpha t)$,所以控制项是 $e^{\alpha t}$,从而条件
$(*)$ 等价于不等式 $\alpha < 0$.

这就引出了一类特殊的局部化问题:必须直接根据多项式 $f(x)$ 的系数,判
断它是不是稳定的. 这个代数问题早在 1895 年已经为鲁歇和霍维茨(Adolf
Hurwitz,1859—1919,德国数学家) 所解决[2].

在鲁歇－霍维茨定理的各种证明中,最简单而且不用任何分析的工具的是
舒尔(Friedrich Heinrich Schur,1856—1932,德国数学家) 所给出的证明. 这一
证明是对于有复系数的情形来做的,还带来一些别的结果.

规定用 $R(z)$ 来记复数 z 的实数部分. 再者,有任意数值系数(一般是复数)
的多项式 $f(x)$ 简单的叫作鲁歇－霍维茨多项式,如果它全部根的实数部分是

---

① 欧拉公式系指等式 $e^{ix} = \cos x + i\sin x$,这里 e 是自然对数的底,i 是虚数单位. 它将三角函数的
定义域扩大到复数,建立了三角函数和指数函数的关系.

② 这问题实际上更早(1868 年)由美国物理学家 D. K 麦克斯韦提出,并且在次数不高的情况下被
俄罗斯工程师 N. A 维施涅格拉茨基所解决,他曾于 1876 年研究了调节器的稳定性问题.

负数.

设已给多项式 $f(x)$，它的系数为任何复数；按照未知量的升幂来把它写出：

$$f(x) = a_0 + a_1 x + a_2 x^2 + \cdots + a_n x^n.$$

在 $f(x)$ 中，把 x 变号，且把它的系数换做对应的共轭数，这样得出的多项式用 $f^*(x)$ 来表示.

$$f^*(x) = \overline{a_0} - \overline{a_1} x + \overline{a_2} x^2 + \cdots + (-1)^n \overline{a_n} x^n.$$

容易验证，从 $f(x) = g(x)h(x)$ 可得出 $f^*(x) = g^*(x)h^*(x)$. 因此，如果 $x_1, x_2, \cdots, x_n$ 是多项式 $f(x)$ 的根

$$f(x) = a_n \prod_{j=1}^{n} (x - x_j), \tag{1}$$

那么

$$f^*(x) = \overline{a_n} \prod_{j=1}^{n} (-\overline{x} - \overline{x_j}) = (-1)^n \overline{a_n} \prod_{j=1}^{n} (x + \overline{x_j}) \tag{2}$$

也就是多项式 $f^*(x)$ 的根是 $-\overline{x_1}, -\overline{x_2}, \cdots, -\overline{x_n}$.

设 $x = u + iv$，$x_j = u_j + iv_j$，那么

$$|x + \overline{x_j}|^2 - |x - \overline{x_j}|^2 = (u + u_j)^2 + (v - v_j)^2 - (u - u_j)^2 - (v - v_j)^2 = 4uu_j.$$

这样一来，如果 u_j 是负数，那么当 $u < 0$ 时有 $|x - x_j| < |x + \overline{x_j}|$，由 $u > 0$ 得 $|x - x_j| > |x + \overline{x_j}|$，而从 $u = 0$ 推出 $|x - x_j| = |x + \overline{x_j}|$. 因此，如果 $f(x)$ 是鲁歇－霍维茨多项式，也就是所有 $u_j (j = 1, 2, \cdots, n)$ 都是负数，那么由式(1)和式(2)，

如果 $R(x) < 0, 0 \leqslant |f(x)| < |f^*(x)|$ \hfill (3)

如果 $R(x) > 0, 0 \leqslant |f^*(x)| < |f(x)|$ \hfill (3′)

如果 $R(x) = 0, 0 < |f(x)| = |f^*(x)|$ \hfill (3″)

定理 2.1.1 设 α 和 β 为任何两个数，适合条件

$$|\alpha| > |\beta|.$$

如果 $f(x)$ 为鲁歇－霍维茨多项式，那么

$$g(x) = \alpha f(x) - \beta f^*(x) \tag{4}$$

亦为鲁歇－霍维茨多项式，反过来亦是一样的.

证明 如果 $f(x)$ 是鲁歇－霍维茨多项式，那么由式(3′)、式(3″) 和式(4)，当 $R(x) \geqslant 0$ 时有

$$|\alpha f(x)| > |\beta f^*(x)|,$$

也就是等式 $\alpha f(x)=\beta f^*(x)$ 只有在 $R(x)<0$ 时才有可能. 因此多项式 $g(x)$ 的全部根的实数部分都是负数.

为了证明它的逆定理,注意

$$g^*(x)=\bar{\alpha}f^*(x)-\bar{\beta}f(x),$$

故有

$$f(x)=\alpha_1 g(x)-\beta_1 g^*(x),$$

其中

$$\alpha_1=\frac{\bar{\alpha}}{\overline{\alpha\alpha}-\overline{\beta\beta}},\beta_1=-\frac{\beta}{\overline{\alpha\alpha}-\overline{\beta\beta}}.$$

因为由式(4)得出 $|\alpha_1|>|\beta_1|$,所以多项式 $f(x)$ 和 $g(x)$ 是互相对应的,因而前一部分的证明亦证明了定理的后一部分.

我们现在来证明下面的定理.

定理 2.1.2 如果数 ξ 是这样的:有 $R(\xi)<0$,那么多项式 $f(x)$ 为鲁歇—霍维茨多项式充分必要条件是

$$|f(\xi)|<|f^*(\xi)| \tag{5}$$

而且 $n-1$ 次多项式

$$f_1(x)=\frac{f^*(\zeta)f(x)-f(\xi)f^*(x)}{x-\xi} \tag{6}$$

是一个鲁歇—霍维茨多项式.

事实上,如果 $f(x)$ 是一个鲁歇—霍维茨多项式,那么由 $R(\xi)<0$ 和式(3)可得出式(5),因而由上面的证明,知道

$$g(x)=f^*(\xi)f(x)-f(\xi)f^*(x)$$

是一个鲁歇—霍维茨多项式,数 ξ 是这个多项式的根,故

$$\frac{g(x)}{x-\xi}=f_1(x)$$

是一个 $n-1$ 次多项式而且仍是鲁歇—霍维茨多项式. 反过来,如果 $f_1(x)$ 是鲁歇—霍维茨多项式,那么 $g(x)=f_1(x)(x-\xi)$ 是鲁歇—霍维茨多项式,因而由式(5)和上面的定理 2.1.1 知道多项式 $f(x)$ 亦是鲁歇—霍维茨多项式.

现在把等式(6)的右边看作两个来知量多项式 $F(x,\xi)$,

$$F(x,\xi)=\frac{f^*(\xi)f(x)-f(\xi)f^*(x)}{x-\xi} \tag{7}$$

因为它对于这两个未知量是对称的,所以它对于 ξ 的次数和对于 x 的次数相等,也就是等于 $n-1$,因而

$$F(x,\xi)=F_0(x)+F_1(x)\xi+\cdots+F_{n-1}(x)\xi^{n-1}. \tag{8}$$

231

乘等式(7)的两边以 $x-\xi$，换以 $F(x,\xi)$ 以它的表示式(8)，而且代 $f(\xi)$ 和 $f^*(\xi)$ 以开始所给出的表示式后，比较 ξ 的同方次的系数，我们得出，特别地，

$$\overline{a_0}f(x)-a_0f^*(x)=xF_0(x),\ -\overline{a_1}f(x)-a_1f^*(x)=-F_0(x)+xF_0(x),$$

$$\tag{9}$$

令

$$\varphi(x)=\overline{a_0}x-\overline{a_1}\xi x+\overline{a_0}\xi,\psi(x)=a_0x+a_1\xi x+a_0\xi \tag{10}$$

且应用等式(9)，容易验证下面的等式是成立的.

$$x^2[F_0(x)+\xi F_1(x)]=f(x)\varphi(x)-f^*(\xi)\psi(x). \tag{11}$$

从这些结果，可以证明下面的定理.

定理 2.1.3　如果数 ξ 是这样的，$R(\xi)<0$，那么多项式 $f(x)$ 为一个儒歇－霍维茨多项式的充分必要条件，是它的系数 a_0 和 a_1 适合条件

$$a_0\neq 0,R\left(\frac{a_1}{a_0}\right)>0$$

而且 $n-1$ 次多项式

$$H(x)=F_0(x)+\xi F_1(x)$$

是一个鲁歇－霍维茨多项式.

事实上，设 $f(x)$ 为一个鲁歇－霍维茨多项式.那么 $a_0\neq 0$，因为 $f(x)$ 没有等于零的根.还有，因为 $f(x)$ 的全部根的实数部分都是负数，所以这些根的倒数的实数部分亦小于零(这个事实是容易直接验还的).但由韦达公式，$\frac{a_1}{a_0}$ 等于多项式 $f(x)$ 的 n 个根的倒数的和，加上一个减号，所以 $R\left(\frac{a_1}{a_0}\right)>0$.

为了证明 $H(x)$ 是一个鲁歇－霍维茨多项式，我们只要证明 $R(\alpha)\geqslant 0$ 的数 α 不能为它的根.

事实上，如果数 σ 是这样的，$R(\sigma)<0$，那么由上面的定理(取 σ 来替代 ξ)，$f_1(x)=F(x,\sigma)$ 是一个鲁歇－霍维茨多项式，因而 $F(\alpha,\sigma)\neq 0$.如果我们令 $\sigma=\frac{1}{\tau}$，因而 $R(\tau)<0$，那么就有

$$\tau^{n-1}F\left(\alpha,\frac{1}{\tau}\right)=\Phi(\alpha,\tau)=F_0(\alpha)\tau^{n-1}+F_1(\alpha)\tau^{n-2}+\cdots+F_{n-1}(\alpha)\neq 0 \tag{12}$$

讨论不同的情形 $F_0(\alpha)\neq 0$ 和 $F_0(\alpha)=0$.如果 $F_0(\alpha)\neq 0$，那么 $\Phi(\alpha,x)$ 是一个 $n-1$ 次多项式，由式(12)知道它的全部根的实数部分都不是负数.故由韦达公式，所有根的和等于 $-\frac{F_1(\alpha)}{F_0(\alpha)}$，亦有如下性质

$$R\left(-\frac{F_1(\alpha)}{F_0(\alpha)}\right) \geqslant 0.$$

但如果 α 是多项式 $H(x)$ 的根,也就是

$$H(\alpha) = F_0(\alpha) + \xi F_1(\alpha) = 0,$$

那么我们就有

$$-\frac{F_1(\alpha)}{F_0(\alpha)} = \frac{1}{\xi},$$

这和 $R\left(\frac{1}{\xi}\right) < 0$ 冲突.

又如果 $F_0(\alpha) = 0$,那么由 $H(\alpha) = 0$ 将得出 $F_1(\alpha) = 0$,故等式(9)当 $x = \alpha = 0$ 时有

$$\overline{a_0} f(\alpha) - a_0 f^*(\alpha) = 0, \overline{a_1} f(\alpha) + a_1 f^*(\alpha) = 0,$$

因此

$$(\overline{a_0} a_1 + a_0 \overline{a_1}) f(\alpha) = 0.$$

因为由 $R(\alpha) \geqslant 0$,知 $f(\alpha) \neq 0$,所以 $\overline{a_0} a_1 + a_0 \overline{a_1} = 0$,也就是

$$\frac{a_1}{a_0} = -\frac{\overline{a_1}}{\overline{a_0}} = -\overline{\left(\frac{a_1}{a_0}\right)};$$

因此 $R\left(\frac{a_1}{a_0}\right) = 0$,但是和上面所已经证明的结果冲突.

反过来,设 $H(x)$ 为一个鲁歇－霍维茨多项式且 $a_0 \neq 0, R\left(\frac{a_1}{a_0}\right) > 0$;我们来证明 $f(x)$ 亦是一个鲁歇－霍维茨多项式.等式(11)可以写为

$$x^2 H(x) = f(x)\varphi(x) - f^*(x)\psi(x). \tag{13}$$

因为 $(x^2)^* = x^2$,所以

$$[x^2 H(x)]^* = x^2 H^*(x) = f^*(x)\varphi^*(x) - f(x)\psi^*(x).$$

从后面两个等式推知

$$[\varphi^*(x)\varphi(x) - \psi^*(x)\psi(x)] f(x) = x^2 [H(x)\varphi^*(x) + H^*(x)\psi(x)]. \tag{14}$$

现在设数 α 是这样的,$R(\alpha) \geqslant 0$.因为 $H(x)$ 为一个鲁歇－霍维茨多项式,故由式(3') 和式(3''),

$$|H(\alpha)| > |H^*(\alpha)| \text{ 或 } |H(\alpha)| = |H^*(\alpha)| > 0. \tag{15}$$

设 α 为 $f(x)$ 的根.因为 $a_0 \neq 0, \alpha \neq 0$.由式(14) 推知

$$H(\alpha)\varphi^*(\alpha) + H^*(\alpha)\psi(\alpha) = 0.$$

这个等式将和式(15)矛盾,如果我们能够证明

$$| \varphi^*(\alpha) | > | \psi(\alpha) |. \tag{16}$$

多项式 $u(y) = y - b$ 当 $R(b) < 0$ 时为一个鲁歇-霍维茨多项式,故由(3),当 $R(y) < 0$ 时有 $| u^*(y) | > | u(y) |$,也就是

$$| -y - \bar{b} | > | y - b |.$$

如果我们取 $b = \dfrac{1}{\xi}$,$y = -\dfrac{a_1}{a_0} - \dfrac{1}{\alpha}$,那么条件 $R(b) < 0$ 和 $R(y) < 0$ 都能适合(它的第二个式子可由 $R\left(\dfrac{a_1}{a_0}\right) > 0$ 和 $R\left(\dfrac{1}{\alpha}\right) \geqslant 0$ 得出),故有

$$\left| \frac{a_1}{a_0} + \frac{1}{\alpha} - \frac{1}{\xi} \right| > \left| \frac{a_1}{a_0} + \frac{1}{\alpha} + \frac{1}{\xi} \right|.$$

用 $| a_0 \alpha \bar{\xi} |$ 来乘这一个不等式的左边,用 $| a_0 \alpha \xi |$ 来乘它的右边且约去等数 $| \bar{\xi} | = | \xi |$,我们得出不等式

$$| a_1 \alpha \bar{\xi} + a_0 \bar{\xi} - a_0 \alpha | > | a_1 \alpha \xi + a_0 \xi + a_0 \alpha |. \tag{17}$$

但是由式(10)知

$$\varphi^*(\alpha) = -a_0 x + a_1 \bar{\xi} x + a_0 \bar{\xi},$$

故不等式(17)的左边等于 $| \varphi^*(\alpha) |$,而它的右边等于 $| \psi(\alpha) |$. 过就证明了不等式(16).

为了结束全部的证明,我们只要证明多项式 $H(x)$ 的次数等于 $n - 1$. 因为由式(10)知道等式(13)的右边的次数不大于 $n + 1$. 所以多项式 $H(x)$ 的次数不大于 $n - 1$. 如果它小于 $n - 1$,那么等式(13)右边 x^{n+1} 的系数要等于零,也就是

$$a_n(\bar{a_0} - \bar{a_1}\xi) - (-1)^n \bar{a_n}(a_0 + a_1\xi) = 0.$$

故有等式 $| \bar{a_0} - \bar{a_1}\xi | = | a_0 + a_1\xi |$,也就是

$$\left| \frac{1}{\xi} - \frac{\bar{a_1}}{a_0} \right| = \left| \frac{1}{\xi} + \frac{a_1}{a_0} \right|. \tag{18}$$

但当 $R(c) > 0$ 时,多项式 $v(y) = y + c$ 是一个鲁歇-霍维茨多项式,故由式(3),当 $R(y) < 0$ 时有

$$| y + c | < | -y + \bar{c} | = | y + \bar{c} |.$$

如果我们取 $c = \dfrac{a_1}{a_0}$,$y = \dfrac{1}{\xi}$,那么条件 $R(c) > 0$ 和 $R(y) < 0$ 是适合的,因而

$$\left| \frac{1}{\xi} + \frac{a_1}{a_0} \right| < \left| \frac{1}{\xi} - \frac{\bar{a_1}}{a_0} \right|,$$

这就和等式(18)冲突.

2.2 鲁歇－霍维茨定理

现在我们回到本节的主要问题 —— 建立实系数多项式为鲁歇－霍维茨多项式的充分必要条件. 表这些条件为下面的定理:

鲁歇－霍维茨定理 设实系数 n 次多项式

$$f(x) = a_0 + a_1 x + \cdots + a_n x^n$$

的系数 $a_0 > 0$. 它的所有根的实数部分都小于零的充分必要条件, 是所有行列式

$$D_1 = a_1, D_2 = \begin{vmatrix} a_1 & a_0 \\ a_3 & a_2 \end{vmatrix}, D_3 = \begin{vmatrix} a_1 & a_0 & 0 \\ a_3 & a_2 & a_1 \\ a_5 & a_4 & a_3 \end{vmatrix},$$

$$D_4 = \begin{vmatrix} a_1 & a_0 & 0 & 0 \\ a_3 & a_2 & a_1 & a_0 \\ a_5 & a_4 & a_3 & a_2 \\ a_7 & a_6 & a_5 & a_4 \end{vmatrix}, \cdots, D_n = \begin{vmatrix} a_1 & a_0 & 0 & \cdots & 0 \\ a_3 & a_2 & a_1 & \cdots & 0 \\ \cdots & \cdots & \cdots & \cdots \\ a_{2n-1} & a_{2n-2} & a_{2n-3} & \cdots & a_n \end{vmatrix}$$

(其中 $a_j = 0$, 如果 $j > n$), 都是正数.

事实上, 设

$$g(x) = a_0 + a_2 x^2 + a_4 x^4 + \cdots, h(x) = a_1 x + a_3 x^3 + a_5 x^5 + \cdots, \quad (1)$$

那么, $f(x) = g(x) + h(x)$. 很明显的, $f^*(x) = g(x) - h(x)$. 把它们代入等式 (1) 且利用上一小节式(10), 我们得出

$$x^2 H(x) = 2(a_0 x + a_0 \xi) h(x) - 2a_1 \xi x g(x).$$

故由等式(1), 推知如果我们设 $K(x) = \dfrac{1}{2} H(x)$, 那么

$$K(x) = a_0 a_1 - \xi(a_1 a_2 - a_0 a_3) x + a_0 a_3 x^2 - \xi(a_1 a_4 - a_0 a_5) x^3 +$$
$$a_0 a_5 x^4 - \xi(a_1 a_6 - a_0 a_7) x^5 + \cdots$$

从上面所证明的定理可以断定, 如果 $R(\xi) < 0$, 那么由 $a_0 > 0$ 知多项式 $f(x)$ 为一个鲁歇－霍维茨多项式的充分必要条件是 $a_1 > 0$ 和 $n-1$ 次多项式 $K(x)$ (和 $H(x)$ 只差一个因子 $\dfrac{1}{2}$) 为一个鲁歇－霍维茨多项式. 取 $\xi = -1$. 在这里 $K(x)$ 为一实系数多项式

$$K(x) = a_0 a_1 + (a_1 a_2 - a_0 a_3) x + a_0 a_3 x^2 + (a_1 a_4 - a_0 a_5) x^3 +$$
$$a_0 a_5 x^4 + (a_1 a_6 - a_0 a_7) x^5 + \cdots,$$

因为它的次数等于 $n-1$, 对于它, 定理可以作为已经证明: $K(x)$ 是一个鲁歇－

霍维茨多项式的充分必要条件是所有行列式

$$\Delta_1 = a_1 a_2 - a_0 a_2, \Delta_2 = \begin{vmatrix} a_1 a_2 - a_- a_3 & a_0 a_1 \\ a_1 a_4 - a_0 a_5 & a_0 a_3 \end{vmatrix}, \cdots,$$

$$\Delta_{n-1} = \begin{vmatrix} a_1 a_2 - a_0 a_3 & a_0 a_1 & 0 & \cdots & 0 \\ a_1 a_4 - a_0 a_5 & a_0 a_3 & a_1 a_4 - a_0 a_3 & \cdots & 0 \\ \cdots & \cdots & \cdots & \cdots & \cdots \\ \cdots & \cdots & \cdots & \cdots & \cdots \end{vmatrix}$$

全大于零. 这样一来, $f(x)$ 是否为鲁歇－霍维茨多项式, 要看 $D_1 = \alpha_1$ 和 Δ_1, $\Delta_2, \cdots, \Delta_{n-1}$ 是否全大于零来决定,

但在行列式 Δ 和定理中所说的行列式 D 之间有很密切的关系存在. 很容易验证(按照第一行展开), 当 $1 \leqslant j \leqslant n-1$ 时有

$$a_0 a_1 \Delta_{n-1} = \begin{vmatrix} a_1 a_0 & 0 & 0 & \cdots & 0 \\ a_0 a_3 & a_1 a_2 - a_0 a_3 & a_0 a_1 & \cdots & 0 \\ a_0 a_5 & a_1 a_4 - a_0 a_5 & a_0 a_3 & a_1 a_2 - a_0 a_3 & \cdots \\ \cdots & \cdots & \cdots & \cdots & \cdots \end{vmatrix}.$$

这样的来变换右边的行列式: 加第一列于第二列, 加第三列于第四列, 照这样来进行. 我们得到, 这个行列式等于行列式 D_{j+1} 和 $(a_0 a_1)^{\frac{j+1}{2}}$ 的乘积, 如果 j 是一个奇数; 等于它和 $(a_0 a_1)^{\frac{j}{2}} a_0$ 的乘积, 如果 j 是一个偶数. 因此, 由 $a_0 > 0$ 和 $a_1 > 0$, 知道行列式 Δ_j 和 D_{j+1} 同号. 鲁歇－霍维茨定理就已完全证明.

易知, 如果实系数 n 次多项式 $f(x)$ 是一个鲁歇－霍维茨多项式, 那么它的系数都是正数. 事实上, 负实根对应于线性因式 $x + a$, 其中 $a > 0$, 而有负实数部分的一对共轭复数根对应于二次因式 $(x + b)^2 + c^2$, 其中 $b > 0$; 同时有正系数的多项式的乘积仍是一个正系数的多项式. 我们还要注意当 $n \geqslant 3$ 时, 正系数多项式不一定是鲁歇－霍维茨多项式.

例如, 多项式

$$f(x) = 1 + x + 2x^2 + x^3$$

是一个鲁歇－霍维茨多项式, 因为对它来说, $D_1 = D_2 = D_3 = 1$. 多项式

$$g(x) = 2 + x + 2x^2 + x^3$$

不是一个鲁歇－霍维茨多项式, 因为对它有 $D_2 = -1$.

虽然在一般情形下刚才所说的条件不是充分的, 但却能把鲁歇－霍维茨定理中的行列式不等式的数目大约减少一半, 这是很有价值的, 因为计算行列式常常是很繁重的.

§3 复系数多项式的根的分布以及对系数的依赖关系

3.1 复系数多项式的根的分布

斯图姆定理(第三章 §2)给出了实系数多项式在任何区间内的根数.在很多应用中,对于多项式的复根而言解决类似的问题亦有着不小的意义.但在这里,由于复数不能用直线上的点来表示(代之以平面上的点来表示),因此我们将用区域代替区间而来考虑所提出的问题.即考虑用这种或那种方法所分出的平面的一部分.现在我们可以提出下列关于复根的问题:给了多项式 $f(x)$ 及平面上的一个区域,需要知道多项式在这区域里的根的个数.

我们假定区域 D 是由一条封闭的曲线 Γ 围住的,并且在区域的边界上多项式 $f(z)$ 没有根.

考虑两个辅助平面,一个是区域 D 所在的平面,称为 z 平面;另一个是 $f(z)$ 的平面,称为 w 平面.当 z 在 z 平面上变化时,多项式的值 $w=f(z)$ 就在 w 平面上变化.

设想点 z 沿区域 D 的边界正向(使区域在边界的左边)作连续变动:z 由点 z_1

$$z_1 = r_1(\cos\theta_1 + i\sin\theta_1),$$

移动到另一点

$$z_2 = r_2(\cos\theta_2 + i\sin\theta_2).$$

依复数的几何意义(如图 1),向量 $\overrightarrow{oz_2}$ 表示两向量 $\overrightarrow{oz_1}$,$\overrightarrow{z_1z_2}$ 之和,故 z_1 移动到 z_2 时,z 将增加 $\overrightarrow{z_1z_2}$,若 $z_2 = z_1 + h$,则 h 可写为

$$h = r(\cos\varphi + i\sin\varphi),$$

式中 $r = |\overrightarrow{z_1z_2}|$,$\varphi$ 为 $\overrightarrow{z_1z_2}$ 与 Ox 轴所成的角.于是在这过程中,复数 z 的模的变化为 $|\overrightarrow{oz_2}| - |\overrightarrow{oz_1}|$,辐角变化为 $\theta_2 - \theta_1$.

假定此点 z 沿区域 D 的边界 Γ 正向连续移动到原位置 z_1 时,其模将取原来的值;但辐角则不然:此时若原点 O 在区域 D 之外,则其辐角与原辐角相等,若原点 O 在 D 之内,则其辐角增加 2π.

既然 $f(z)$ 是关于 z 的连续函数,那么 z 沿区域 D 的边界正向通过一次,$f(z)$ 就在 w 平面上描出一条封闭的曲线(它可能自交,如图 2).现在我们来看看,在这过程中 $f(z)$ 的辐角将有怎样的变化.根据假设,$f(z)$ 在 D 的边界上任

何一点都不为零,所以这条曲线不通过原点.

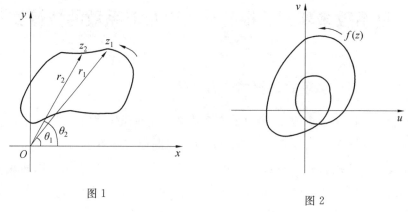

图 1   图 2

设
$$f(z) = a_0 z^n + a_1 z^{n-1} + \cdots + a_n.$$

根据代数基本定理,$f(z)$ 可分解为一次因子的乘积
$$f(z) = a_0 (z - z_1)(z - z_2) \cdots (z - z_n),$$

其中 $z_1, z_2, \cdots, z_n$ 是 $f(z)$ 的 n 个根.

既然复数乘积的辐角等于因子的辐角的和,于是有
$$\arg f(z) = \arg a_0 + \arg (z - z_1) + \cdots + \arg (z - z_n).$$

今以记号 $\triangle \arg f(z)$ 表示 z 绕 Γ 正方向环行一周后 $f(z)$ 的辐角的改变量,于是 $\triangle \arg (z - z_i)$ 表示 z 绕 Γ 正方向环行一周后 $(z - z_i)$ 的辐角的改变量. 显然 $\triangle \arg f(z)$ 是 2π 的一个倍数,这个倍数就是点 $f(z)$ 绕原点的次数. 与此同时我们有下述关系式:
$$\triangle \arg f(z) = \triangle \arg a_0 + \triangle \arg (z - z_1) + \cdots + \triangle \arg (z - z_n).$$

因为 a_0 是一个常数,其辐角不会改变,所以 $\triangle \arg a_0 = 0$. $z - z_1$ 可以用从点 z_1 到点 z 的向量来表示. 若 z_1 在 D 的内部,从几何上看,当点 z 沿 Γ 绕行一周时,向量 $z - z_1$ 以 z_1 为中心绕过一整周(见图 3),因此 $\triangle \arg (z - z_1) = 2\pi$. 现在假定 z_2 位于区域之外,在这种情况下,当 z 沿 Γ 绕行一周后,向量 $z - z_2$ 没有绕过 z_2,因此 $\triangle \arg (z - z_2) = 0$. 我们可以用这种方法考察 $f(z)$

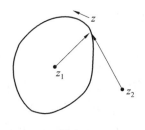

图 3

的所有根. 由此我们得出结论:$\triangle \arg f(z)$ 等于 2π 乘以 $f(z)$ 在区域内的根的个数. 因此 $f(z)$ 位于区域内的根的个数等于点 $f(z)$ 绕原点的次数,这就回答了开始时提出的问题的答案.

238

定理 3.1.1(辐角原理) 设区域 D 由一条闭曲线 Γ 所围成,假定多项式 $f(z)$ 在 Γ 上没有零点,那么 $f(z)$ 在区域 D 内根的个数等于当 z 沿 Γ 的正方向通过一次后 $f(z)$ 绕原点的圈数.

以上所证明的定理给出了解决所提出的问题的每一特殊情形的方法,就是说要精确地画出点 $f(z)$ 所描出的曲线,为了这一点,必须在区域边界 Γ 上取一组相当稠密的点 z,计算出与它们相应的 $f(z)$ 的值,并且用连续的曲线把它们联结起来,然而下述定理提供了这样一种可能,即在某些情况下,可能不必进行那些令人厌倦的计算.

定理 3.1.2(鲁歇定理) 设 $P(z)$ 和 $Q(z)$ 是两个多项式,Γ 是一条闭曲线. 若在 Γ 上 $P(z)$ 和 $Q(z)$ 满足 $|P(z)|>|Q(z)|$,则在 Γ 的内部 $P(z)+Q(z)$ 和 $P(z)$ 有相同的零点个数.

证明 我们利用辐角原理来求 $P(z)+Q(z)$ 的零点个数. 在曲线 Γ 上将 $P(z)+Q(z)$ 改写为

$$P(z)+Q(z)=P(z)\left[1+\frac{Q[z]}{P[z]}\right].$$

注意,在曲线 Γ 上,$|P(z)|>|Q(z)|$,所以 $P(z)$ 在 Γ 上不会为零. 于是

$$\arg[P(z)+Q(z)]=\arg P(z)+\arg\left[1+\frac{Q[z]}{P[z]}\right].$$

但是 $\left|\frac{Q[z]}{P[z]}\right|<1$,所以向量 $1+\frac{Q[z]}{P[z]}$ 的终点画出一条闭曲线,整个这条闭曲线都在以 1 为中心,以 1 为半径的圆内. 因此这个向量没有绕原点转圈. 于是当 z 绕行 Γ 一周后,$\arg\left[1+\frac{Q[z]}{P[z]}\right]$ 的值没有改变. 所以

$$\arg[P(z)+Q(z)]=\arg P(z),$$

由辐角原理推出,$P(z)+Q(z)$ 和 $P(z)$ 在 Γ 内有相同个数的根.

可以给出一个非正式的解释,说明鲁歇定理为何成立. 首先我们将定理 3.1.2 稍微改写一下. 令 $h(z)=f(z)+g(z)$,则鲁歇定理说,如果 $|f(z)|>|h(z)-f(z)|$,则 $f(z)$ 与 $h(z)$ 在 C 的内部有同样多零点.

注意到条件 $|f(z)|>|h(z)-f(z)|$ 意味着对任何 z,$f(z)$ 与原点的距离大于 $h(z)-f(z)$ 的长度. 如图 1 所示,这说明对任何"实"曲线上的点,联结该点与原点的线段大于相应的"粗"线段. 非正式地,我们可以说"虚"曲线 $h(z)$ 总是比原点更接近"实"曲线 $f(z)$.

239

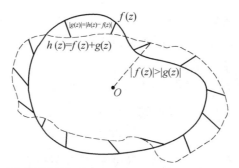

图 4　由于两条曲线"距离很小"，$h(z)$ 和 $f(z)$ 的旋转情况是很相似的

于是当 $f(z)$ 恰好绕原点一圈时，$h(z)$ 同样如此，由辐角原理，这意味着 $f(z)$ 与 $h(z)$ 的零点个数相同.

例　求方程式 $z^8 - 4z^5 + z^2 - 1 = 0$ 的根中模小于 1 的根的个数.

我们应用鲁歇定理. 我们表 $z^8 - 4z^5 + z^2 - 1 = 0$ 为 $P(z)$ 和 $Q(z)$ 的形式，其中

$$P(z) = -4z^5, Q(z) = z^8 + z^2 - 1.$$

因为当 $|z| = 1$ 时：

$$|Q(z)| = |z^8 + z^2 - 1| \leqslant |z^8| + |z^2| + 1 = 3,$$

而 $|P(z)| = |-4z^5| = 4$，则

$$|Q(z)| \leqslant |P(z)|.$$

于是，由鲁歇定理，多项式 $P(z) + Q(z) = z^8 - 4z^5 + z^2 - 1$ 在圆周 $|z| = 1$ 的内部与多项式 $P(z) = -4z^5$ 有相同多的根. 但 $P(z)$ 有五个根在原点，因此，在单位圆内 $P(z) + Q(z)$ 的根的个数等于 5. 所以，方程式 $z^8 - 4z^5 + z^2 - 1 = 0$ 有 5 个模小于 1 的根.

3.2　多项式的根对系数的依赖关系

很明显，多项式的根是它系数的函数. 现在我们着重指出这些函数是连续的，也就是说，当系数的改变充分小时，根的改变小得可以忽略. 前面的鲁歇定理有助对这个问题作出质和量的比较.

现在设 z_0 是多项式 $f_0(z) = a_0 z^n + a_1 z^{n-1} + \cdots + a_n$ 的 k 重根. 我们来考察多项式

$$f(z) = (a_0 + \delta_0)z^n + (a_1 + \delta_1)z^{n-1} + \cdots + (a_n + \delta_n) = f_0(z) + f_1(z),$$

其中 $|\delta_i| < \delta$，而 δ 是一个相当小的正实数. 考虑圆 $D = \{z \in C \mid |z - z_0| \leqslant \varepsilon\}$，它以 z_0 为中心以一个相当小的 $\varepsilon > 0$ 为半径，使得 z_0 是多项式 $f_0(z)$ 在闭区域 D 内的唯一的根. 函数 $|f_0(z)|$ 是连续的并且在圆周 $|z - z_0| = \varepsilon$——圆 D 的边界上不等于零，因此 $\mu = \inf\limits_{|z - z_0| = \varepsilon} |f_0(z)| > 0$. 取 δ 充分小，使得当 $|z - z_0| = \varepsilon$

ε 时有不等式 $|f_1(z)|<\mu$. 那么鲁歇定理的条件满足,从而 $f(z)$ 和 $f_0(z)$ 在 D 内同样有 k 个根.特别地,单根($k=1$)在系数的微小变动之下依然是单根,只是小有位移.

我们事实上已经做出了多项式 $f(z)$ 的根的局部化,它保证了这些根连续地依赖于多项式 $f_0(z)$ 的系数.所得结果可以叙述成下述形式

定理 3.2.1 设 $f_0(z)=z^n+a_1z^{n-1}+\cdots+a_n=0$ 是首一复多项式,c_1, $c_2,\cdots,c_n$ 是它的根.对于任意的 $\varepsilon\in\mathbf{R},\varepsilon>0$,存在 $\delta\in\mathbf{R},\delta>0$,使得对于每个满足条件 $|a_j'-a_j|<\delta(1\leqslant j\leqslant n)$ 的首一多项式 $f(z)=z^n+a'_1z^{n-1}+\cdots+a'_n=0$ 都有展开式

$$f(z)=\prod_{j=1}^{n}(z-c_j'),$$

并且 $|c_j'-c_j|<\varepsilon,1\leqslant j\leqslant n$.

例如方程式

$$x^2-3x+2=0,$$

有两个根 1 与 2,而

$$x^2-3x+2.001=0,$$

有两个根 1.998 998 995 与 1.001 001 002.这两个系数对应地很相近(甚至相等)的方程有两组相差无几的实数根.

这个定理也可以不用鲁歇定理证明.事实上,要证明的是复系数多项式的根是系数的连续函数:设 $c_1,c_2,\cdots,c_n$ 是复系数多项式 $f_0(z)=z^n+a_1z^{n-1}+\cdots+a_n$ 的 n 个根.我们来证明

对于任意的 $\varepsilon\in\mathbf{R},\varepsilon>0$,存在 $\delta\in\mathbf{R},\delta>0$,使得当 $\sqrt{\sum_{j=1}^{n}|a_j'-a_j|^2}<\delta$ 时,多项式 $f(z)=z^n+a'_1z^{n-1}+\cdots+a'_n$ 的 n 个根 $c'_1,c'_2,\cdots,c'_n$ 满足

$$\sqrt{\sum_{j=1}^{n}|c_j'-c_j|^2}<\varepsilon^{①}.$$

多项式 $f_0(z),f(z)$ 以及它们的 n 个根分别确定了复数域上 n 维空间的向

---

① 在 $a'_1,a'_2,\cdots,a'_n$ 给定时,$f(z)$ 的 n 个根 $c'_1,c'_2,\cdots,c'_n$ 是确定的,但是 $\sqrt{\sum_{j=1}^{n}|c_j'-c_j|^2}$ 仍是不确定的,因为在 $f_0(z)$ 的 n 个根 $c_1,c_2,\cdots,c_n$ 的下标固定以后,$c'_1,c'_2,\cdots,c'_n$ 的下标仍可以是变化的.不过在这种情况下 $\sqrt{\sum_{j=1}^{n}|c_j'-c_j|^2}$ 最多只有 $n!$ 种值(因 $c'_1,c'_2,\cdots,c'_n$ 的下标排法最多有 $n!$ 种),故至少有一种排法使该量达到最小值,在整个证明中,我们都认为 $\sqrt{\sum_{j=1}^{n}|c_j'-c_j|^2}$ 就是按这种特殊方法或其中之一来编号的.

量
$$\boldsymbol{A}=(a_1,a_2,\cdots,a_n),\boldsymbol{A}'=(a'_1,a'_2,\cdots,a'_n),$$
$$\boldsymbol{C}=(c_1,c_2,\cdots,c_n),\boldsymbol{C}'=(c'_1,c'_2,\cdots,c'_n),$$

反之亦然.

记 $|\boldsymbol{A}|=\sqrt{\sum_{j=1}^{n}|a_j|^2}$. 现在来进行证明,先限制点 $\boldsymbol{A}'$ 的变化区域为 $|\boldsymbol{A}'-$
$\boldsymbol{A}|\leqslant 1$,于是根据向量的三角不等式[①]有
$$|\boldsymbol{A}'|=|(\boldsymbol{A}'-\boldsymbol{A})+\boldsymbol{A}|\leqslant|\boldsymbol{A}'-\boldsymbol{A}|+|\boldsymbol{A}|\leqslant|\boldsymbol{A}|+1.$$
或 $|\boldsymbol{A}'|\leqslant M$,这里 $M=|\boldsymbol{A}|+1$.

于此将更有 $|a_j'|\leqslant M$,这时,
$$|f(z)|=|z^n+a'_1 z^{n-1}+a'_2 z^{n-2}+\cdots+a'_n|$$
$$\geqslant|z|^n-|a'_1||z|^{n-1}-|a'_2||z|^{n-2}-\cdots-|a'_n|$$
$$\geqslant|z|^n-M(|z|^{n-1}+|z|^{n-2}+\cdots+1)$$

当 $|z|\geqslant 1$ 时

---

① 设 $\boldsymbol{A},\boldsymbol{B}$ 是复数域上 n 维空间的任意两个向量
$$\boldsymbol{A}=(a_1,a_2,\cdots,a_n),\boldsymbol{B}=(b_1,b_2,\cdots,b_n),$$
则成立三角不等式
$$|\boldsymbol{A}+\boldsymbol{B}|\leqslant|\boldsymbol{A}|+|\boldsymbol{B}|.$$
事实上,若 $\boldsymbol{A},\boldsymbol{B}$ 中有一个是零向量,则不等式显然成立. 今设 $\boldsymbol{B}\neq 0^*$,作向量
$$\boldsymbol{\alpha}=\boldsymbol{A}+t\boldsymbol{B},$$
这里 t 是一个实数.

于是
$$|\boldsymbol{\alpha}|^2=|\boldsymbol{A}+t\boldsymbol{B}|^2=\sum_{j=1}^{n}|a_j+tb_j|^2=\sum_{j=1}^{n}(|a_j|^2+|b_j|^2+2a_jb_jt)$$
$$=|\boldsymbol{A}|^2+(2\sum_{j=1}^{n}a_jb_j)t+|\boldsymbol{B}|^2t^2.$$
可是,无论 t 是一个怎么的实数,均有
$$|\boldsymbol{\alpha}|^2\geqslant 0,$$
这只在判别式
$$\Delta=(2\sum_{j=1}^{n}a_jb_j)^2-4|\boldsymbol{A}|^2|\boldsymbol{B}|^2=4(\sum_{j=1}^{n}a_j^2b_j^2)-4|\boldsymbol{A}|^2|\boldsymbol{B}|^2=4|\boldsymbol{AB}|^2-4|\boldsymbol{A}|^2|\boldsymbol{B}|^2$$
不大于零始为可能.
即
$$4|\boldsymbol{AB}|\leqslant 4|\boldsymbol{A}||\boldsymbol{B}|,$$
在这等式两边分别加上数 $|\boldsymbol{A}|^2+|\boldsymbol{B}|^2$,配成平方以后,我们得到
$$|\boldsymbol{A}+\boldsymbol{B}|^2\leqslant(|\boldsymbol{A}|+|\boldsymbol{B}|)^2,$$
于此三角不等式就成为显然的事情了.

$$| f(z) | \geqslant | z |^n - M \cdot n | z |^{n-1} = | z |^{n-1} (| z | - M \cdot n),$$

只要 $| z | \geqslant n \cdot M$,便有

$$| f(z) | > 0,$$

故 $f(z)$ 的根将全部落在闭圆 $| z | < n M$ 内.

下面以反证法来证明我们所要的结论. 为此设存在 $\varepsilon_0 > 0,(\varepsilon_0 < n\sqrt{n}M +$ $| C |,\varepsilon_0 \in R)$,不论 $\delta(\delta < 1)$ 怎样小,总有

$$| \overline{A} - A | < \delta,但 | C' - C | \geqslant \varepsilon_0.$$

今取

$$\delta_1 = \frac{1}{2},\delta_2 = \frac{1}{2^2},\cdots,\delta_k = \frac{1}{2^k},\cdots$$

则存在相应的

$$\overline{A_1},\overline{A_2},\cdots,\overline{A_k},\cdots$$

虽然

$$| \overline{A_k} - A | < \frac{1}{2^k},$$

但总有

$$| \overline{C_k} - C | \geqslant \varepsilon_0.$$

注意到

$$\varepsilon_0 \leqslant | \overline{C_k} - C | \leqslant | \overline{C_k} | + | C | \leqslant n\sqrt{n}M + | C | = K,$$

故由波尔查诺－魏尔斯特拉斯定理(参看本段末尾的注),无穷有界点列$\{\overline{C_k}\}$ 必有收敛子序列$\{\overline{C_{k_p}}\}$.

设

$$\lim_{k \to \infty} \overline{C_{k_p}} = C^* = (c_{1*},c_{2*},\cdots,c_{n*}),$$

显然

$$| C^* - C | \geqslant \varepsilon_0,$$

故

$$C^* = (c_1^*,c_2^*,\cdots,c_n^*) \neq (c_1,c_2,\cdots,c_n) = C,$$

从而与 C^* 相应的

$$A^* = (a_1^*,a_2^*,\cdots,a_n^*) \neq (a_1,a_2,\cdots,a_n) = A,$$

由于多项式系数可表为根的对称多项式因此必是根的连续函数,故当 $K \to \infty$, 从而$\overline{C_{n_k}} \to C^*$,应该有

$$\overline{A_{k_p}} \to A^*,$$

243

但又由作法知
$$\lim_{k\to\infty}\overline{\boldsymbol{A}_k}=\boldsymbol{A}\neq\boldsymbol{A}^*,$$
这是一个矛盾.由此,结论得到证明.

关于波尔查诺－魏尔斯特拉斯定理的注　在代数基本定理第二个证明的过程中,我们曾经证明了波尔查诺－魏尔斯特拉斯定理在 $n=1$ 的情形.今将证明在一般情况下它也是成立的:复数域上 n 维空间的任一无穷有界的向量序列必有一收敛子序列.

用数学归纳法来证明.假设在 $n-1$ 时结论成立.现在来考虑复数域上 n 维空间的无穷有界向量序列 $\{C_k\}=\{(c_{k1},c_{k2},\cdots,c_{kn})\}$,既然它是无穷序列,则它必有某一分量 $\{c_{ki}\}$ 构成复数域上的 1 维无限向量序列.不失一般性,设第一个分量 $\{c_{k1}\}$ 构成复数域上的 1 维无限序列.于是
$$\{(c_{k1},c_{k2},\cdots,c_{k(n-1)})\}$$
构成复数域上 $n-1$ 维空间的无穷有界的向量序列,依假设,它必有一收敛的子序列,今设子序列
$$\{(c_{k_1 1},c_{k_2 2},\cdots,c_{k_{(n-1)}(n-1)})\}$$
收敛为
$$\{(\overline{c_1},\overline{c_2},\cdots,\overline{c_{(n-1)}})\}.$$

对于 $\{(c_{k_1 1},c_{k_2 1},\cdots,c_{k_{(n-1)}(n-1)})\}$,必有复数 $c_{k_n n}$ 使得序列
$$\{(c_{k_1 1},c_{k_2 2},\cdots,c_{k_{(n-1)}(n-1)},c_{k_n n})\}$$
是
$$\{C_k\}=\{(c_{k1},c_{k2},\cdots,c_{kn})\}$$
的子序列.

既然 $n=1$ 时结论是成立的,如此 $\{c_{k_n n}\}$ 将有子序列收敛,设其为
$$\{c_{k_n n}^{(i)}\}$$
而收敛于 $\overline{c_n}$.

由此,我们就找到了 $\{C_k\}$ 的一个收敛子序列
$$\{(c_{k_1 n}^{(i)},c_{k_2 n}^{(i)},\cdots,c_{k_{(n-1)}(n-1)}^{(i)},c_{k_n n}^{(i)})\}$$
它收敛于 $\{(\overline{c_1},\overline{c_2},\cdots,\overline{c_{(n-1)}},\overline{c_n})\}$.

3.3　病态方程式

前文的定理 3.2.2 虽然保证了根对系数的连续依赖性,但可能发生这样的情况:当把方程式的系数作微小的变化,就引起它的根的很大变化,人们就把这

种方程式叫作病态方程式.

在方程式有重根或有两个根的比值接近于 1 的时候就常常发生这种情形,例如,多项式 x^2 有一个二重根 $x=0$ 而多项式 $x^2-\varepsilon$(扰动大小 ε) 有根 $\pm\sqrt{\varepsilon}$,这是远远大于 ε 的,当 ε 很小的时候.

我们来举出一个病态方程式的简单例子. 两个对应系数很相近的二次方程式

$$x^2-4.898\,9x+6=0 \tag{1}$$

与

$$x^2-4.899\,0x+6=0. \tag{2}$$

方程式(1)的两个根,记作 x_1,x_2,它们是

$$x_{1,2}=2.449\,5\pm0.0139\,5i,$$

然而方程(2)的两个根,记作 x'_1,x'_2,它们是

$$x'_1=2.456\,6, x'_2=2.442\,4.$$

这两个方程(1)和(2)的两组根,远不是数值上的差异,而是根的性质上的不同:前者是一对共轭复根,后者是不相等,但比值很近于 1 的两个实根.

发生这个现象的原因又在哪里呢? 如果再写下一个二次方程

$$x^2-2\sqrt{6}x+6=0 \tag{3}$$

同时提醒读者注意

$$\sqrt{6}\approx2.449\,489\,743, 2\sqrt{6}\approx4.898\,979\,485,$$

以及三个方程的一次项系数有下面的关系:

$$4.898\,9<\sqrt{6}<4.899\,0,$$

就该明白问题的症结所在了. 方程(3)有两个相等的实根 —— $\sqrt{6}$. 方程(3)的判别式 $\Delta=0$,而方程(1)与(2)的判别式 Δ 分别是小于 0 与大于 0.

然而,病态问题也可能发生在其他情形. 威尔金森[①]用他的多项式 $w(x)$ 说明了这一点:

$$w(x)=\prod_{i=1}^{20}(x-i)=(x-1)(x-2)\cdots(x-19)(x-20).$$

方程式 $w(x)=0$ 的 20 个根正好就是最初的 20 个正整数 $1,2,\cdots,20$,并且这些单根相距甚远. 展开后,这方程式将写作

---

① 威尔金森(James Hardy Wilkinson;1919—1986)英国数学家,数值分析和数值计算的开拓者和奠基人,第五位图灵奖获得者.

$$x^{20} - 210x^{19} + 20\ 615x^{18} - 1\ 256\ 850x^{17} + 53\ 327\ 946x^{16} - 1\ 672\ 280\ 820x^{15} +$$
$$40\ 171\ 771\ 630x^{14} - 756\ 111\ 184\ 500x^{13} + 1\ 131\ 027\ 699\ 538x^{12} -$$
$$135\ 585\ 182\ 899\ 530x^{11} + 1\ 307\ 535\ 010\ 540\ 395x^{10} - 10\ 142\ 299\ 865\ 511\ 450x^{9} +$$
$$63\ 030\ 812\ 099\ 294\ 896x^{8} - 311\ 333\ 643\ 161\ 390\ 640x^{7} +$$
$$1\ 206\ 647\ 803\ 780\ 373\ 360x^{6} - 3\ 599\ 979\ 517\ 947\ 607\ 200x^{5} +$$
$$8\ 037\ 811\ 822\ 645\ 051\ 776x^{4} - 12\ 870\ 931\ 245\ 150\ 988\ 800x^{3} +$$
$$13\ 803\ 759\ 753\ 640\ 704\ 000x^{2} - 8\ 752\ 948\ 036\ 761\ 600\ 000x +$$
$$2\ 432\ 902\ 008\ 176\ 640\ 000 = 0 \qquad\qquad (4)$$

现在把 x 的 19 次项的系数 -210 减小 2^{-23}：$-(210 + 2^{-23})$ 即 $-210.000\ 000\ 119\ 2$，其余系数不变，我们得到

$$x^{20} - 210.000\ 000\ 119\ 2x^{19} + 20615x^{18} - \cdots + 20! = 0 \qquad (5)$$

式(4)和式(5)这两个方程式的系数非常相近，然而方程(5)的 20 个根（保留五位小数）如下[①]

$$1.000\ 00, 2.000\ 00, 3.000\ 00, 4.000\ 00, 5.000\ 00, 6.000\ 01, 6.999\ 70,$$
$$8.007\ 27, 8.917\ 25, 10.095\ 27 \pm 0.643\ 50i, 11.793\ 63 \pm 1.652\ 33i,$$
$$13.992\ 36 \pm 2.518\ 83i, 16.730\ 74 \pm 2.812\ 62i, 19.502\ 44 \pm 1.940\ 33i, 20.846\ 91.$$

这里，前 5 个根，即 $1,2,3,4,5$，在小数五位的精度内没有发生影响. 但在第 10 个到第 20 个发生了激烈的变化. 其中第 10 个到第 19 个都变成了复数根. 例如，第 $14,15$ 个根是 $13.992\ 36 \pm 2.518\ 83i$；第 $16,17$ 个根是 $16.730\ 74 \pm 2.812\ 62i$.

利用数学分析的方法可以对多项式的稳定性作出分析. 假设给出多项式 $p(x)$，然后给它添加一个小的多项式 $\varepsilon \cdot c(x)$，这里 ε 是一个很小的实数而 $c(x)$ 是任何一个多项式. 一般而言，多项式 $p(x) + \varepsilon \cdot c(x)$ 的根与 $p(x)$ 相比已经发生了变化，并且将依赖于 ε，换言之 $p(x) + \varepsilon \cdot c(x)$ 的根 β 是关于 ε 的函数. 我们来定量地指出 β 如何依赖于 ε，于是来求导数 $\dfrac{\mathrm{d}\beta}{\mathrm{d}\varepsilon}$. 既然

$$p(\beta) + \varepsilon \cdot c(\beta) = 0,$$

在 $c(\beta) \neq 0$ 时可写

$$\frac{p(\beta)}{c(\beta)} = -\varepsilon,$$

微分这个等式

$$\frac{p'(\beta)c(\beta) - p(\beta)c'(\beta)}{c^{2}(\beta)}\mathrm{d}\beta = -\mathrm{d}\varepsilon,$$

---

① 同时，多项式的值 $w(20)$ 将从 0 下降到 $-2^{-23} \cdot 20^{19} = -6.25 \times 10^{17}$.

于是

$$\frac{\mathrm{d}\beta}{\mathrm{d}\varepsilon} = \frac{c^2(\beta)}{p(\beta)c'(\beta) - p'(\beta)c(\beta)}.$$

现在如果 α 是 $p(x)$ 的根：$p(\alpha) = 0$，则

$$\frac{\mathrm{d}\beta}{\mathrm{d}\varepsilon}\bigg|_{\beta=\alpha} = -\frac{c(\alpha)}{p'(\alpha)}.$$

现在问题就比较明确了：当上面的关于 ε 的导数很大时，即使系数发生很小的波动也常常会引起根的很大变动，根是不稳定的；相反如果这导数很小，根就会稳定. 在特别情形，如果 α 是 $p(x)$ 的多重根，这时分母就等于零. 在这种情况下，函数 $\beta(\varepsilon)$ 在 α 处通常不可微（除非 $c(\alpha) = 0$），根就会非常不稳定.

在威尔金森的例子，$p(x) = w(x)$，$c(x) = x^{19}$，对于它的根 α_i 有

$$\frac{\mathrm{d}\beta}{\mathrm{d}\varepsilon}\bigg|_{\beta=\alpha_i} = -\frac{c(\alpha_i)}{w'(\alpha_i)} = -\frac{\alpha_i^{19}}{\prod_{j\neq i}(\alpha_j - \alpha_i)} = -\prod_{j\neq i}\frac{\alpha_i}{(\alpha_j - \alpha_i)},$$

这表明，根 α_i 在有很多其他根 α_j 接近于它的时候将是不稳定的，在这个意义上，距离 $|\alpha_i - \alpha_j|$ 远小于 $|\alpha_i|$.

含多个未知量的多项式

§1　含多个未知量的多项式

1.1　含多个未知量的多项式的基本概念

常常需要讨论不仅含有一个,而是含有两个、三个,一般地说,有许多个未知量的多项式.在第 1 章中,我们已经讨论了含有一个未知量的多项式,并且我们知道可以把多项式环 $R[x]$ 的未知量 x 解释为环 R 的超越元素.现在我们利用类似的观点来定义含有多个未知量的多项式.

设 R 是一个具有单位元素 $e \neq 0$ 的可交换环,并设 Ω 是环 R 的一个具有同一单位元素的可交换扩环,今由 Ω 中取 n 个元素 $x_1, x_2, \cdots, x_n$.假若对于 $x_1, x_2, \cdots, x_n$ 和环 R 的元素施以加法和乘法运算,我们就会得出含于 Ω 内形式如下的元素

$$A_1 x_1^{\alpha_1} x_2^{\alpha_2} \cdots x_n^{\alpha_n} + A_2 x_1^{\beta_1} x_2^{\beta_2} \cdots x_n^{\beta_n} + \cdots + A_k x_1^{\omega_1} x_2^{\omega_2} \cdots x_n^{\omega_n}.$$

$$(1)$$

式中的 $\alpha_i, \beta_i, \cdots, \omega_i$ 都代表非负整数,系数 $A_1, A_2, \cdots, A_k$ 代表 R 的元素.

我们不妨设式(1) 不含同类项,因为在相反情形下,可以把所有的同类项都集为一项,这样,式(1) 就不再含同类项了.

无论整数 $k, \alpha, \beta, \cdots, \omega$ 是什么,假若式(1) 仅限于所有的系数 $A_1, A_2, \cdots, A_k$ 都等于零的时候等于零,我们就把元素 x_1,

248

Algebra Course(Volume Ⅴ . Algebra Equation Theory)

$x_2,\cdots,x_n$ 叫作独立未知量(关于 R 的)或简称未知量①. 式(1)叫作未知量 x_1,$x_2,\cdots,x_n$ 在环 R 上的多项式,并用 $f(x_1,x_2,\cdots,x_n),g(x_1,x_2,\cdots,x_n)$ 等记号代表它. 我们先假设扩环 Ω 内至少含有 n 个独立未知量. 以下我们就会证明这样的扩环 Ω 总是存在的.

显然,零可以看作未知量 $x_1,x_2,\cdots,x_n$ 的多项式,不过这个多项式的所有系数都等于零而已. 假若在 R 上的多项式 $f(x_1,x_2,\cdots,x_n)$ 至少含有一个系数不是零,由独立未知量的定义可知这个多项式就不是零.

以后我们规定在环 R 上的每一个不为零的多项式 $f(x_1,x_2,\cdots,x_n)$ 所含的系数为零的项都可以略去不写,即,若

$$f(x_1,x_2,\cdots,x_n)=A_1 x_1^{\alpha_1}x_2^{\alpha_2}\cdots x_n^{\alpha_n}+A_2 x_1^{\beta_1}x_2^{\beta_2}\cdots x_n^{\beta_n}+\cdots+A_k x_1^{\omega_1}x_2^{\omega_2}\cdots x_n^{\omega_n}\neq 0,$$

我们就可以假设所有的 $A_1,A_2,\cdots,A_k$ 都不等于零.

现在我们可以证明下面的定理

定理 1.1.1 两个多项式 $f(x_1,x_2,\cdots,x_n),g(x_1,x_2,\cdots,x_n)$ 限于且仅限于满足下述条件时才相等:$f(x_1,x_2,\cdots,x_n)$ 的每一项都是 $g(x_1,x_2,\cdots,x_n)$ 的每一项,反之,$g(x_1,x_2,\cdots,x_n)$ 的每一项也是 $f(x_1,x_2,\cdots,x_n)$ 的每一项.

事实上,若 $f(x_1,x_2,\cdots,x_n)$ 和 $g(x_1,x_2,\cdots,x_n)$ 彼此没有不同的项,则有

$$f(x_1,x_2,\cdots,x_n)=g(x_1,x_2,\cdots,x_n),$$

因为这两个多项式都是环 Ω 内相同元素的和. 反之,若 $f(x_1,x_2,\cdots,x_n)=g(x_1,x_2,\cdots,x_n)$,我们就可以证明这两个多项式所含的项完全一样. 假若不然,设 $f(x_1,x_2,\cdots,x_n)$ 含有一项,而此项不含于 $g(x_1,x_2,\cdots,x_n)$,则这两个多项式的差 $f(x_1,x_2,\cdots,x_n)-g(x_1,x_2,\cdots,x_n)$ 就至少含有系数不等于零的一项,但同时这两个多项式的差必须等于零,所以

$$f(x_1,x_2,\cdots,x_n)-g(x_1,x_2,\cdots,x_n)$$
$$=C_1 x_1^{\mu_1}x_2^{\mu_2}\cdots x_n^{\mu_n}+\cdots+C_h x_1^{v_1}x_2^{v_2}\cdots x_n^{v_n}\neq 0 \quad (C_i\neq 0);$$

最后这个等式显然和 $x_1,x_2,\cdots,x_n$ 是独立未知量的假设相矛盾.

设 $R[x_1,x_2,\cdots,x_n]$ 代表在环 P 上一切含有未知量 $x_1,x_2,\cdots,x_n$ 的多项式的集合. 利用环 Ω 内的元素的加法和乘法运算的一般性质,不难证明 $R[x_1,$

---

① "独立未知量(关于 R 的)"一语含有下述含义:由独立未知量的定义知道等式

$$a_0 x^m+a_1 x^{m-1}+\cdots+a_n=0(i=1,2,\cdots,n;m \text{ 代表非负整数},a_i \text{ 代表环 } R \text{ 的元素})$$

只有在所有系数 a_i 等于零的时候才等于零,换句话说,$x_1,x_2,\cdots,x_n$ 是关于 R 的超越元素.不仅于此,它们还在这样的意义下是独立的(关于 R 的),就是说,它们之间并无任何关系存在而能使得在系数 A_j 不等于零的时候(1)式也可以等于零.

$x_2, \cdots, x_n]$ 内任意两个多项式 $f(x_1, x_2, \cdots, x_n), g(x_1, x_2, \cdots, x_n)$ 的和也同样是含于 $R[x_1, x_2, \cdots, x_n]$ 内的多项式,这个多项式的系数可由 $f(x_1, x_2, \cdots, x_n)$ 和 $g(x_1, x_2, \cdots, x_n)$ 的同类项的系数相加而得来.

要求乘积 $f(x_1, x_2, \cdots, x_n)g(x_1, x_2, \cdots, x_n)$,必须利用和与和相乘的规则

$$(a_1 + a_2 + \cdots + a_k)(b_1 + b_2 + \cdots + b_h)$$
$$= a_1 b_1 + a_1 b_2 + \cdots + a_1 b_h + a_2 b_1 + \cdots + a_2 b_h + \cdots + a_k b_h.$$

因为这个规则在每一个环内都成立,所以特别在 Ω 内也成立.利用这个规则必须先使多项式 $f(x_1, x_2, \cdots, x_n)$ 的每一项

$$A_i x_1^{v_1} x_2^{v_2} \cdots x_n^{v_n}$$

和多项式 $g(x_1, x_2, \cdots, x_n)$ 的每一项

$$B_j x_1^{\mu_1} x_2^{\mu_2} \cdots x_n^{\mu_n}$$

相乘,然后再应用环 Ω 内元素乘法的交换律和结合律把乘积

$$(A_i x_1^{v_1} x_2^{v_2} \cdots x_n^{v_n})(B_j x_1^{\mu_1} x_2^{\mu_2} \cdots x_n^{\mu_n})$$

变换成 $A_i B_j x_1^{v_1 + \mu_1} x_2^{v_2 + \mu_2} \cdots x_n^{v_n + \mu_n}$,经过这个运算后,再聚集同类项. 显然,由此所得的结果也是一个以 R 的元素为系数的多项式,换句话说,这个多项式也含于集合 $R[x_1, x_2, \cdots, x_n]$ 内.

因为 Ω 是一个可交换环,所以 $R[x_1, x_2, \cdots, x_n]$ 的多项式的加法和乘法也必须满足交换律、交换律和分配律.

不但如此,我们还可以看出在集合 $R[x_1, x_2, \cdots, x_n]$ 所含的多项式中,含有零多项式,因为 $R[x_1, x_2, \cdots, x_n]$ 是在环 R 上所有含 n 个未知量 $x_1, x_2, \cdots, x_n$ 的多项式的集合.

最后,我们不难证明 $R[x_1, x_2, \cdots, x_n]$ 的每一个多项式

$$f(x_1, x_2, \cdots, x_n) = A_1 x_1^{\alpha_1} x_2^{\alpha_2} \cdots x_n^{\alpha_n} + A_2 x_1^{\beta_1} x_2^{\beta_2} \cdots x_n^{\beta_n} + \cdots + A_k x_1^{\omega_1} x_2^{\omega_2} \cdots x_n^{\omega_n}$$

的逆元素

$$h(x_1, x_2, \cdots, x_n) = (-A_1) x_1^{\alpha_1} x_2^{\alpha_2} \cdots x_n^{\alpha_n} + (-A_2) x_1^{\beta_1} x_2^{\beta_2} \cdots x_n^{\beta_n} + \cdots +$$
$$(-A_k) x_1^{\omega_1} x_2^{\omega_2} \cdots x_n^{\omega_n}$$

也是含于 $P[x_1, x_2, \cdots, x_n]$ 的多项式.

综上所述,这就证明了下面的定理.

定理 1.1.2 集合 $R[x_1, x_2, \cdots, x_n]$ 构成一个可交换环.

不但如此,和含有一个未知量的多项式的情形同样,我们还可以证明

定理 1.1.3 除去——同构不计外,在环 R 上含有 n 个未知量的多项式环是唯一确定的.

证明 设除去 $x_1,x_2,\cdots,x_n$ 外,在 Ω 内或另外一个含有同一单位元素的可交换环 Ω' 内有另外一组 n 个独立(关于 R)未知量 $y_1,y_2,\cdots,y_n$. 令 $R[x_1,x_2,\cdots,x_n]$ 的每一个多项式依下述规则和 $R[y_1,y_2,\cdots,y_n]$ 的每一个多项式成对应

$$f(x_1,x_2,\cdots,x_n)=A_1 x_1^{a_1} x_2^{a_2}\cdots x_n^{a_n}+A_2 x_1^{\beta_1} x_2^{\beta_2}\cdots x_n^{\beta_n}+\cdots+$$
$$A_k x_1^{\omega_1} x_2^{\omega_2}\cdots x_n^{\omega_n}\to f(y_1,y_2,\cdots,y_n)$$
$$=A_1 y_1^{a_1} y_2^{a_2}\cdots y_n^{a_n}+A_2 y_1^{\beta_1} y_2^{\beta_2}\cdots y_n^{\beta_n}+\cdots+A_k y_1^{\omega_1} y_2^{\omega_2}\cdots y_n^{\omega_n}$$
$$(2)$$

对应式(2)是由把多项式 $f(x_1,x_2,\cdots,x_n)$ 所含的未知量 x_1 换成 y_1,x_2 换成 y_2,$\cdots$,x_n 换成 y_n 而构成的(但系数则保持不变). 我们让读者自己去证明,这个对应是环 $R[x_1,x_2,\cdots,x_n]$ 和环 $R[y_1,y_2,\cdots,y_n]$ 的一个一一同构.

环 R 的每一个元素 $a\neq 0$ 也可看作未知量 $x_1,x_2,\cdots,x_n$ 在 R 上的多项式,就是说,a 可取看作所有未知量的指数都等于零的多项式. 尤其是,当我们说在环 R 上含有 n 个多项式的时候,不必预先假设每一个未知量都一定要在这个多项式中出现,某一些未出现的未知量也可以假设它在这个多项式中的指数是零. 例如就多项式

$$2x_1^2 x_2+x_2^2+5$$

而论,它可取看作是在整数环 R 上含有两个未知量 x_1,x_2 的多项式,同时它也可以看作在同一环上含有三个未知量 x_1,x_2,x_3 的多项式,x_3 的指数不过等于零而已.

要研究含多个未知量的多项式的更进一步的性质,我们引入含有多个未知量的多项式的次数这一概念.

设 $R[x_1,x_2,\cdots,x_n]$ 的多项式 $f(x_1,x_2,\cdots,x_n)\neq 0$,关于未知量 x_i 的次数是指含于 $f(x_1,x_2,\cdots,x_n)$ 的项中 x_i 的最高指数. 例如就有理数域上的多项式

$$2x_1 x_3^3+2x_1^2 x_3^2+2x_1 x_2-5x_2^3$$

而言,这个多项式关于 x_1 的次数等于二,关于 x_2 的次数等于三.

假若 $R[x_1,x_2,\cdots,x_n]$ 的某一个多项式 $f(x_1,x_2,\cdots,x_n)$ 中,未知量 x_i 并未实际出现,这个时候,$f(x_1,x_2,\cdots,x_n)$ 关于 x_i 的次数显然等于零.

多项式 $f(x_1,x_2,\cdots,x_n)\neq 0$ 的某一项

$$Ax_1^{\nu_1} x_2^{\nu_2}\cdots x_n^{\nu_n}$$

所含的未知量的指数和 $\nu_1+\nu_2+\cdots+\nu_n$ 叫作这一项的次数. 由此,次数的最高的项的次数就叫作这个多项式(关于所有未知量)的次数. 例如多项式

$$x_1^3 x_2+2x_1 x_2 x_3-6x_1^2 x_3^3-8$$

251

的次数就等于五.

零是唯一没有次数的多项式,但环 R 内每一个非零元素都是 $x_1,x_2,\cdots,x_n$ 的零次多项式.就这方面来说,是和含有一个未知量的多项式的情形一样的,但是,也有和一个未知量不同的地方,就是我们在此不可能定义最高项,因为在 $R[x_1,x_2,\cdots,x_n]$ 的某一些多项式中,可能含有几个最高的项,并且在另外一些多项式中也可能每一项的次数都一样.例如多项式

$$x_1x_2x_3+2x_1^2x_2+8x_1^2-7x_2-5$$

的次数等于三,且有两项的次数都同等于三,在多项式

$$x_1^2+2x_2^2+x_3^2-6x_1x_2+x_2x_3$$

中,则每一项的次数都同等于二.

假若 $R[x_1,x_2,\cdots,x_n]$ 的多项式 $f(x_1,x_2,\cdots,x_n)$ 的每一项的次数都同等于 k,我们就把 $f(x_1,x_2,\cdots,x_n)$ 叫作 k 次齐次多项式或 k 次形式,或 k 次型.其中,一次的形式叫作线性形式,二次的形式叫作二次形式.显然,$R[x_1,x_2,\cdots,x_n]$ 的每一个多项式都可以唯一的分解成次数不同的形式的和.要得到这样的分解,必须把次数相同的项结合在一起,例如含有三个未知量的五次多项式

$$f(x_1,x_2,x_3)=x_1^5+x_2^2x_3^3+3x_1^2x_2^2x_3+x_1x_2^3+x_1+x_2+x_3+1,$$

就可以分解成次数不同的形式的和如下

$$f(x_1,x_2,x_3)=(x_1^5+3x_1^2x_2^2x_3)+(x_2^2x_3^3+x_1x_2^3)+(x_1+x_2+x_3)+(1),$$

即,$f(x_1,x_2,x_3)$ 是五次形式 $x_1^5+3x_1^2x_2^2x_3$ 四次形式 $x_2^2x_3^3+x_1x_2^3$,线性形式 $x_1+x_2+x_3$ 和零次形式 1 的和.

若 R 是没有零因子的环,则关于含有多个未知量的两个多项式的乘积的次数,和含一个未知量的多项式的情形类似,有下述定理成立

定理 1.1.4 设 R 是没有零因子的环,则 $R[x_1,x_2,\cdots,x_n]$ 中两个非零多项式的乘积的次数等于这两个多项式的次数的和.

证明 $n=1$ 的时候,这个定理已经证明.因此我们可以利用数学归纳法来证明这个结果.假设这个定理对于所有在 R 上含有 $n-1$ 个未知量的多项式已经证明,我们必须证明这个定理对于在 R 上含有 n 个未知量的所有多项式也成立.

我们先讨论所给的两个多项式都是形式,设 $h(x_1,x_2,\cdots,x_n)$ 是 μ 次形式,$k(x_1,x_2,\cdots,x_n)$ 是 ν 次形式.显然,h 的每一项和 k 的每一项的乘积的次数都等于 $\mu+\nu$,因此,只要结合同类项后而不是每一项都彼此消去,这个乘积 hk 是一个 $\mu+\nu$ 次形式.我们先证明所有的项都被消去这一结果是不会发生的.

设形式 h 关于 x_n 的次数等于 χ,形式 k 关于同一未知量 x_n 的次数等于 λ,

由此把 h 和 k 依照 x_n 的幂排列可得

$$h(x_1, x_2, \cdots, x_n) = a_0(x_1, x_2, \cdots, x_{n-1})x_n^\chi + \cdots + a_\chi(x_1, x_2, \cdots, x_{n-1})$$

$$k(x_1, x_2, \cdots, x_n) = b_0(x_1, x_2, \cdots, x_{n-1})x_n^\lambda + \cdots + a_\lambda(x_1, x_2, \cdots, x_{n-1}),$$

式中的 $a_i(x_1, x_2, \cdots, x_{n-1})$, $b_j(x_1, x_2, \cdots, x_{n-1})$ 都代表在环 R 上含有 $n-1$ 个未知量 $x_1, x_2, \cdots, x_{n-1}$ 的多项式,且 $a_0(x_1, x_2, \cdots, x_{n-1})$ 和 $b_0(x_1, x_2, \cdots, x_{n-1})$ 不等于零. a_0 和 b_0 既是次数不低于零的 $n-1$ 个未知量的多项式,所以根据归纳假设,乘积 $a_0 b_0$ 也不能是次数低于零的 $n-1$ 个未知量的多项式,换句话说, $a_0 b_0 \neq 0$. 先使 h 和 k 相乘,再依 x_n 的幂排列得

$$hk = a_0 b_0 x_n^{\chi+\lambda} + (a_0 b_1 + a_1 b_0)x_n^{\chi+\lambda-1} + \cdots + a_\chi a_\lambda,$$

且 $a_0 b_0 x_{n\chi+\lambda} \neq 0$.

乘积

$$a_0(x_1, x_2, \cdots, x_{n-1})b_0(x_1, x_2, \cdots, x_{n-1})x_n^{\chi+\lambda}, \tag{3}$$

所含的项显然不能和乘积

$$\begin{cases} [a_0(x_1, \cdots, x_{n-1})b_1(x_1, \cdots, x_{n-1}) + a_1(x_1, \cdots, x_{n-1})b_0(x_1, \cdots, x_{n-1})]x_n^{\chi+\lambda-1} \\ \quad\quad\quad \vdots \\ a_\chi(x_1, x_2, \cdots, x_{n-1})a_\lambda(x_1, x_2, \cdots, x_{n-1}), \end{cases} \tag{4}$$

所含的项相互消去,因为乘积(3)的项所含的 x_n 次数高于乘积(4)的项所含的 x_n 的次数.

次设 $f(x_1, x_2, \cdots, x_n)$ 和 $g(x_1, x_2, \cdots, x_n)$ 是 $R[x_1, x_2, \cdots, x_n]$ 的任意两个多项式,并设它们的次数依次等于 p 和 q,把每一个多项式写成形式的和可得

$$f(x_1, \cdots, x_{n-1}) = h_1(x_1, x_2, \cdots, x_n) + \cdots + k_s(x_1, x_2, \cdots, x_n), \tag{5}$$

$$g(x_1, \cdots, x_{n-1}) = k_1(x_1, x_2, \cdots, x_n) + \cdots + k_t(x_1, x_2, \cdots, x_n). \tag{6}$$

在式(5)中,第一个形式 $h_1(x_1, x_2, \cdots, x_n)$ 是最高次 p 的形式,在式(6)中第一个形式 $k_1(x_1, x_2, \cdots, x_n)$ 是最高次 q 形式. 式(5)和式(6)相乘得

$$fg = h_1 k_1 + h_1 k_2 + \cdots + h_1 k_t + h_2 k_1 + \cdots + h_2 k_t + \cdots + h_s k_t,$$

根据上面的结果, $h_1 k_1$ 是 $p+q$ 次形式,其余的形式 $h_1 k_2, \cdots, h_s k_t$ 都是低次的形式,即乘积 fg 的次数等于 $p+q$.

上面的定理虽然是关于含有多个未知量的两个多项式而证明的,但是,这个结果不难推广到任意多个因式的情形,同时由此定理我们立刻可以得到类似于一元多项式的定理

定理 1.1.5   如果环 R 没有零因子,则环 $R[x_1, x_2, \cdots, x_n]$ 亦不含零因子.

在环 R 上含有 n 个未知量的多项式,有时可以把它看作在对应环上只含有

一个未知量的多项式.关于这一点有下述结果成立

定理 1.1.6 每一个未知量 x_i 都是关于其余未知量的多项式环 $R[x_1,$ $x_2,\cdots,x_{i-1},x_{i+1},\cdots,x_n]$ 的超越元素.

假若这个事实不成立,设 x_i 不是关于多项式环 $R[x_1,x_2,\cdots,x_{i-1},x_{i+1},\cdots,$ $x_n]$ 的超越元素:由此对于某一个数 k 就有下述等式成立

$$a_0(x_1,\cdots,x_{i-1},x_{i+1},\cdots,x_n)x_i^k+\cdots+a_k(x_1,\cdots,x_{i-1},x_{i+1},\cdots,x_n)=0 \quad (7)$$

式中的系数 $a_0(x_1,\cdots,x_{i-1},x_{i+1},\cdots,x_n)\neq 0$,乘积

$$a_0(x_1,\cdots,x_{i-1},x_{i+1},\cdots,x_n)x_i^k \qquad\qquad (8)$$

和其余的乘积

$$a_1(x_1,\cdots,x_{i-1},x_{i+1},\cdots,x_n)x_i^{k-1},\cdots,a_k(x_1,\cdots,x_{i-1},x_{i+1},\cdots,x_n)$$

显然不能共含有同类项,因为在乘积(8)中每一项都是 x_i 的最高幂,由此,假若令

$$a_0(x_1,\cdots,x_{i-1},x_{i+1},\cdots,x_n)x_i^k$$
$$=A_1x_1^{\alpha_1}x_2^{\alpha_2}\cdots x_n^{\alpha_n}+A_2x_1^{\beta_1}x_2^{\beta_2}\cdots x_n^{\beta_n}+\cdots+A_sx_1^{\mu_1}x_2^{\mu_2}\cdots x_n^{\mu_n},$$

我们就可以把等式(7)写成

$$A_1x_1^{\alpha_1}x_2^{\alpha_2}\cdots x_n^{\alpha_n}+A_2x_1^{\beta_1}x_2^{\beta_2}\cdots x_n^{\beta_n}+\cdots+A_sx_1^{\mu_1}x_2^{\mu_2}\cdots x_n^{\mu_n}+Q=0, \quad (9)$$

式中的 Q 代表所有含 x_i 的低次幂的项的和.$x_1,x_2,\cdots,x_{i-1},x_i,x_{i+1},\cdots,x_n$ 既然是(关于 R 的)独立未知量,所以等式(9)的每一个系数必须等于零.特别 A_1,$A_2,\cdots,A_s$ 必须等于零.这个结果显然和 $a_0(x_1,x_2,\cdots,x_{i-1},x_{i+1},\cdots,x_n)\neq 0$ 的假设相矛盾.

根据上述,$R[x_1,x_2,\cdots,x_i,\cdots,x_n]$ 的每一个多项式都可以看作在多项式环 $R[x_1,x_2,\cdots,x_{i-1},x_{i+1},\cdots,x_n]$ 上只含一个未知量 x_i 的多项式.多项式环 $R[x_1,x_2,\cdots,x_{i-1},x_{i+1},\cdots,x_n]$ 满足所有必要的要求:如和 R 一样,它是一个具有单位元素的可交换环.

为了完成在理论上含有多个未知量的多项式的理论,我们还须讨论未知量的存在问题.关于这一点有下述定理成立

定理 1.1.7(未知量的存在定理) 对于每一个具有单位元素的可交换环 R,总有具有单位元素的可交换环 Ω 存在,在 R 的扩环 Ω 内含有任意数的独立(关于 R)未知量 $x_1,x_2,\cdots,x_n$.

证明 在已知的环 R 上,我们可以构造一个无限秩数的超复数系 A(关于它,我们已经在《数论原理》卷中讨论过了).我们已经知道,这个超复数系不仅是可交换的,同时还以 R 为它的子环.现在我们证明这个超复数系 A 就是所求

的扩环 Ω.

从超复数系 A 中任取 n 个基底元素

$$\varepsilon_{p_1}, \varepsilon_{p_2}, \cdots, \varepsilon_{p_n}$$

这些元素的 $p_1, p_2, \cdots, p_n$ 都代表互不相同的质数. 我们不难证明这些基底元素就是(关于 R 的)独立求知量. 为了更明确起见, 可设

$$\varepsilon_{p_1} = x_1, \varepsilon_{p_2} = x_2, \cdots, \varepsilon_{p_n} = x_n.$$

假若对于 R 的非零元素 $A_1, A_2, \cdots, A_k$ 和非负整数 $k, \alpha, \cdots, \omega$, 有下述等式成立:

$$A_1 x_1^{\alpha_1} x_2^{\alpha_2} \cdots x_n^{\alpha_n} + \cdots + A_k x_1^{\omega_1} x_2^{\omega_2} \cdots x_n^{\omega_n} = 0, \tag{10}$$

由超复数系 A 的基底元素的乘法规则 $\varepsilon_i \varepsilon_i = \varepsilon_{ij}$, 我们就可以把等式(10)写成

$$A_1 \varepsilon_{n_1} + A_2 \varepsilon_{n_2} + \cdots + A_k \varepsilon_{n_k} = 0, \tag{11}$$

式中的 $n_1, n_2, \cdots, n_k$ 依次代表

$$n_1 = p_1^{\alpha_1} p_2^{\alpha_2} \cdots p_n^{\alpha_n}, \cdots, n_k = p_1^{\omega_1} p_2^{\omega_2} \cdots p_n^{\omega_n}.$$

因为式(10)不含同类项, 所以整数 n_i 是彼此互异的. 我们不妨假设

$$n_1 < n_2 < \cdots < n_k.$$

等式(11)的左端代表一个最后坐标为 $A_k \neq 0$ 的 n_k 维向量, 换言之, 式(11)左端是一个非零向量. 由此等式(10)不能成立, 从而等式(10)也不能成立.

综合上述, 我们证明了 $x_1, x_2, \cdots, x_n$ 代表一组 n 个独立(关于 R)未知量. n 既然是一个任意数, 这就完全证明了所要的定理.

1.2 多元多项式各项的字典排法

对于一个未知量多项式我们有两种很自然的项的排法 —— 按照未知量的升幂和降幂来排出. 对于有许多未知量的多项式, 这样的方法不能再用: 如果给出三个未知量的五次多项式

$$f(x_1, x_2, x_3) = x_1 x_2^2 x_3^2 + x_1^4 x_3 + x_2^2 x_3^3 + x_1^2 x_2 x_3^2,$$

那么它亦可以写作下面的形状

$$f(x_1, x_2, x_3) = x_1^4 x_3 + x_1^2 x_2 x_3^2 + x_1 x_2^2 x_3^2 + x_2^2 x_3^3,$$

现在我们要指出这样的方法, 利用它可以完全确定多元多项式中项的排法, 它是和未知量序数的选择有关系的. 当这种到一个未知量的多项式时, 它就化为照未知量降幂排出的排列法, 叫作字典排法, 是平常在字典中字的排列法: 把符号排成次序看作字母一样, 有点像我们确定字典中两个给出的字的相对位置, 先由它的第一个符号来决定, 如果这一符号相同, 那么由第二个符号来决定, 依此类推.

假设已经给出环 $R[x_1,x_2,\cdots,x_n]$ 中多项式 $f(x_1,x_2,\cdots,x_n)$. 它有两个不同的项

$$x_1^{k_1}x_2^{k_2}\cdots x_n^{k_n}, \tag{1}$$

$$x_1^{h_1}x_2^{h_2}\cdots x_n^{h_n}, \tag{2}$$

它们的系数是 R 中任何不为零的元素. 因项(1)和(2)不同,故在未知量的方次的差

$$k_i - h_i, i=1,2,\cdots,n$$

中,至少有一个不为零. 项(1)将作为前于项(2)(项(2)后于项(1)),如果这些差数中第一个不等于零的是一个正数,也就是如果有这样的 $i, 1 \leqslant i \leqslant n$ 存在,使得

$$k_1 = h_1, k_2 = h_2, \cdots, k_{i-1} = h_{i-1}, \text{但 } k_i > h_i.$$

换句话说,项(1)将前于(2),如果项(1)中 x_1 的方次大于项(2)中 x_1 的方次,或者这两个方次相等,但是项(1)中 x_2 的方次大于(2)中 x_2 的方次,以此类推. 由此易知,项(1)前于项(2),并不是对于全部未知量来就前者的次数大于后者的次数:例如项

$$x_1^3 x_2 x_3, x_1 x_2^5 x_3^2,$$

中,第一个在前,虽然它有较小的次数.

很明显的,对于多项式 $f(x_1,x_2,\cdots,x_n)$ 的任何两个不同的项,一定有一个前于它的另一个. 容易验证,如果项(1)前于项(2),而项(2)顺次前于项

$$x_1^{m_1}x_2^{m_2}\cdots x_n^{m_n}, \tag{3}$$

也就是有这样的 $j, 1 \leqslant j \leqslant n$,存在,使得

$$h_1 = m_1, h_2 = m_2, \cdots, h_{j-1} = m_{j-1}, \text{但 } h_j > m_j,$$

那么和 i 的大于,等于或小于 j 无关,项(1)将前于项(3). 这样一来,按照上面所说的对于两项的前后排法可以完全确定多项式 $f(x_1,x_2,\cdots,x_n)$ 的项的次序,这就是所说的字典排法.

例如,多项式

$$f(x_1,x_2,x_3,x_4) = x_1^4 + 3x_1^2 x_2^3 x_3 - x_1^2 x_2^3 x_4^2 + 5x_1 x_3 x_4^2 + 2x_2 + x_3^3 x_4 - 4$$

是一个字典排法.

照字典排法写出多项式 $f(x_1,x_2,\cdots,x_n)$,它里面有一项位于第一个位置,也就是前于所有其他的项,这一项叫作多项式的首项;在上例中首项为 x^4.

现在我们证明下面的关于首项的一个定理,这将用来证明第三节的基本定理.

定理 1.2.1 两个 n 元多项式的乘积的首项,是这两个因式的首项的乘积.

事实上,设用多项式 $f(x_1,x_2,\cdots,x_n)$ 和 $g(x_1,x_2,\cdots,x_n)$ 相乘. 如果

$$ax_1^{k_1}ax_2^{k_2}\cdots ax_n^{k_n} \tag{4}$$

为多项式 $f(x_1,x_2,\cdots,x_n)$ 的首项,而

$$a'x_1^{s_1}x_2^{s_2}\cdots x_n^{s_n} \tag{5}$$

为这个多项式的其他任何一个项,那么有这样的 $i,1 \leqslant i \leqslant n$,存在,使得

$$k_1=s_1,k_2=s_2,\cdots,k_{i-1}=s_{i-1},\text{但 }k_i>s_i.$$

如果

$$bx_1^{h_1}bx_2^{h_2}\cdots bx_n^{h_n} \tag{6}$$

$$b'x_1^{t_1}x_2^{t_2}\cdots x_n^{t_n} \tag{7}$$

各为多项式 $g(x_1,x_2,\cdots,x_n)$ 的首项和其他任何一个项,那么有这样的 $j,1 \leqslant j \leqslant n$,存在,使得

$$h_1=t_1,h_1=t_1,\cdots,h_{j-1}=t_{j-1},h_j>t_j.$$

乘出项(4)和项(6),再乘出项(5)和项(7),我们得出

$$abx_1^{k_1+h_1}x_2^{k_2+h_2}\cdots x_n^{k_n+h_n}, \tag{8}$$

$$a'b'x_1^{s_1+t_1}x_2^{s_2+t_2}\cdots x_n^{s_n+t_n}, \tag{9}$$

易知项(8)前于项(9);如果 $i \leqslant j$,那么

$$k_1+h_1=s_1+t_1,\cdots,k_{i-1}+h_{i-1}=s_{i-1}+t_{i-1},\text{但 }k_i+h_i>s_i+t_i.$$

因为 $k_i>s_i,h_i>t_i$. 同样的可验证项(8)前于项(4)和(7)的乘积,亦前于项(5)和项(6)的乘积. 这样一来,项(8)——多项式 f 和 g 的首项的乘积——就前于多项式 f 和 g 逐项相乘所得出的结果中所有其他的项,所以这一个项在合并同类项时是不会被消去的,也就是它是乘积 fg 的首项.

1.3　多个未知量的多项式的值

多个未知量的多项式的值的概念,和一个未知量的多项式的情形是一样的. 设 $f(x_1,x_2,\cdots,x_n)$ 是 $R[x_1,x_2,\cdots,x_n]$ 的任意一个多项式. 今以含于 R 的某些元素 $c_1,c_2,\cdots,c_n$ 依次代未知量 $x_1,x_2,\cdots,x_n$,我们就得出含于 R 的某一个元素 d,这元素就叫作多项式在 $f(x_1,x_2,\cdots,x_n)$ 在 $x_1=c_1,x_2=c_2,\cdots,x_n=c_n$ 的值,并用 $f(c_1,c_2,\cdots,c_n)$ 代表.

显然,假若 $R[x_1,x_2,\cdots,x_n]$ 的两个多项式相等,无论未知量取什么值,它们的对应值也必然相等. 反之则不一定成立. 因为对于即使是只含一个未知量的多项式,这个结果已经不成立. 但在环 R 是无限的并且没有零因子时情形就不同了. 我们首先来证明下面的定理

定理 1.3.1　　如果环 R 是无限的并且没有零因子,则 R 上多项式 $f(x_1, x_2, \cdots, x_n)$ 等于零的必要充分条件是要它在未知量取任何值时都等于零.

证明　　如果多项式 $f(x_1, x_2, \cdots, x_n)$ 等于零,则它的所有系数应等于零,故该多项式在未知量取任何值时都等于零.

反之,设多项式 $f(x_1, x_2, \cdots, x_n)$ 在未知量取任何值时都等于零.对一个未知量的场合(即在 $n=1$ 时)这个定理已经在第一章 §4(定理 4.1.3 的推论)中证明了.所以我们采用数学归纳法:设该定理对 $n-1$ 个未知量已经正确,而我们来证明这个定理对 n 个未知量的场合也成立.

多项式 $f(x_1, x_2, \cdots, x_n)$ 可以写为

$$f(x_1, x_2, \cdots, x_n) = a_0(x_1, x_2, \cdots, x_{n-1}) + a_1(x_1, x_2, \cdots, x_{n-1})x_n + \cdots + a_m(x_1, x_2, \cdots, x_{n-1})x_n^m,$$

这里 $a_i(x_1, x_2, \cdots, x_{n-1})$ 是 $n-1$ 个未知量 $x_1, x_2, \cdots, x_{n-1}$ 的多项式.我们给 $x_1, x_2, \cdots, x_{n-1}$ 诸未知量以任意的值 $b_1, b_2, \cdots, b_{n-1}$.于是我们得到一个环 R 上的一元多项式

$$a_0(b_1, b_2, \cdots, b_{n-1}) + a_1(b_1, b_2, \cdots, b_{n-1})x_n + \cdots + a_m(b_1, b_2, \cdots, b_{n-1})x_n^m,$$

(14)

既然 $f(x_1, x_2, \cdots, x_n)$ 在未知量的任何值下都等于零,则多项式(14)将在未知量 x_n 的任何值下都等于零.因为这个定理对一元多项式成立,我们得

$$a_0(b_1, b_2, \cdots, b_{n-1}) = 0, a_1(b_1, b_2, \cdots, b_{n-1}) = 0, \cdots, a_m(b_1, b_2, \cdots, b_{n-1}) = 0$$

(15)

因为 $b_1, b_2, \cdots, b_{n-1}$ 是任意的,等式(15)证实 R 上 $n-1$ 个未知量 $x_1, x_2, \cdots, x_{n-1}$ 的多项式 $a_i(b_1, b_2, \cdots, b_{n-1})$ 在未知量取任何值时都等于零.但按假设这个定理对 $n-1$ 个未知量的多项式是成立的.所以

$$a_0(x_1, x_2, \cdots, x_{n-1}) = 0, a_1(x_1, x_2, \cdots, x_{n-1}) = 0, \cdots, a_m(x_1, x_2, \cdots, x_{n-1}) = 0,$$
因此 $f(x_1, x_2, \cdots, x_n)$ 亦等于零.

由刚才所证明的定理,我们有

定理 1.3.2　　如果环 R 是无限的并且没有零因子,则 $R[x_1, x_2, \cdots, x_n]$ 的两个多项式相等的必要充分条件是要它们的值在诸未知量取任何值时恒相等.

证明　　如果多项式 $f(x_1, x_2, \cdots, x_n)$ 与 $g(x_1, x_2, \cdots, x_n)$ 相等,则如我们上面所指出,无论 R 是否没有零因子的无限环其值恒相等.所以我们来考虑它的反面:设 $f(x_1, x_2, \cdots, x_n)$ 与 $g(x_1, x_2, \cdots, x_n)$ 在未知量取任何值时恒相等.于是

258

$$f(x_1,x_2,\cdots,x_n)-g(x_1,x_2,\cdots,x_n)$$

这个差将在其未知量取任何值时恒取零值,所以根据定理 1.3.1 这个差所表示的多项式等于零

$$f(x_1,x_2,\cdots,x_n)-g(x_1,x_2,\cdots,x_n)=0,$$

由此 $f(x_1,x_2,\cdots,x_n)=g(x_1,x_2,\cdots,x_n)$.

在这一节结尾我们指出下面这一点:由大致与一元多项式场合同样的想法不难证明:如果

$$f(x_1,x_2,\cdots,x_n)+g(x_1,x_2,\cdots,x_n)=h(x_1,x_2,\cdots,x_n),$$

$$f(x_1,x_2,\cdots,x_n)g(x_1,x_2,\cdots,x_n)=k(x_1,x_2,\cdots,x_n),$$

则在诸未知量取任意值 $x_1=c_1,x_2=c_2,\cdots,x_n=c_n$ 时

$$\begin{cases} f(c_1,c_2,\cdots,c_n)+g(c_1,c_2,\cdots,c_n)=h(c_1,c_2,\cdots,c_n), \\ f(c_1,c_2,\cdots,c_n)g(c_1,c_2,\cdots,c_n)=k(c_1,c_2,\cdots,c_n), \end{cases} \quad (16)$$

然后利用关系式(16)及定理 1.3.2 可以证明,没有零因子的无限环而言多元多项式的代数的观点与函数观点是等价的.论证本质上与对一元多项式的场合一样.

§2　含多个未知量的多项式的可除性理论

2.1　多个未知量的多项式的可除性理论

在特别情形下,假若 P 是一个域,和一个未知量的情形同样,我们可以讨论多个未知量的多项式的整除理论.

首先,下面简单的例子将说明,对于多元多项式而言,除法剩余定理是不成立的.

我们取 $f(x,y)=x,g(x,y)=y$,假若有 $q(x,y),r(x,y)$ 存在,使得

$$f(x,y)=g(x,y)q(x,y)+r(x,y),$$

即

$$x=y\cdot q(x,y)+r(x,y),$$

成立,并且 $r(x,y)=0$ 或者 $r(x,y)$ 的次数小于 $g(x,y)$ 的次数.但 $g(x,y)$ 的次数等于 1,故 $r(x,y)$ 的次数只能等于零,即 $r(x,y)$ 是一个常数,设为 c_1.这样,$q(x,y)$ 的次数应该等于 $f(x,y)$ 的次数与 $g(x,y)$ 的次数的差,而等于 0,即 $q(x,y)$ 亦是常数,设为 c_2.这样我们得到

$$x = y \cdot c_2 + c_1,$$

可是这显然是不能成立的.

可是,对于多元多项式,却成立下面的定理.

定理 2.1.1 设 $f(x_1, x_2, \cdots, x_n)$ 与 $g(x_1, x_2, \cdots, x_n) \neq 0$ 是 $P[x_1, x_2, \cdots, x_n]$ 中的任何两个多项式,那么在 $P[x_1, x_2, \cdots, x_n]$ 存在这样的多项式 $q(x_1, x_2, \cdots, x_n), r(x_1, x_2, \cdots, x_n)$ 与 $c(x_1, x_2, \cdots, x_{n-1}) \neq 0$,使得

$$c(x_1, x_2, \cdots, x_{n-1}) f(x_1, x_2, \cdots, x_n)$$
$$= g(x_1, x_2, \cdots, x_n) q(x_1, x_2, \cdots, x_n) + r(x_1, x_2, \cdots, x_n),$$

且在 $r(x_1, x_2, \cdots, x_n) \neq 0$ 时 $r(x_1, x_2, \cdots, x_n)$ 关于的 x_n 次数小于 $g(x_1, x_2, \cdots, x_{n-1})$ 的次数.

证明 在 §1,我们曾指出(定理 1.1.6),每一个未知量 x_i 都是关于其余未知量的多项式环 $R[x_1, x_2, \cdots, x_{i-1}, x_{i+1}, \cdots, x_n]$ 的超越元素,这样一来,我们可将 P 上的 n 元多项式 $f(x_1, x_2, \cdots, x_n)$ 看作是环 $P[x_1, x_2, \cdots, x_{n-1}]$ 上关于未知量 x_n 的一元多项式. 如此,我们可将 $f(x_1, x_2, \cdots, x_n)$ 按未知量 x_n 的降幂写成

$$f(x_1, x_2, \cdots, x_n) = a_0 x_n^k + a_1 x_n^{k-1} + \cdots + a_k,$$

其中 $a_i = a_i(x_1, x_2, \cdots, x_{n-1})$ 是环 $P[x_1, x_2, \cdots, x_{n-1}]$ 的元素即关于 $x_1, x_2, \cdots, x_{n-1}$ 的 $n-1$ 元多项式.

现在取分式域[①]

$$P(x_1, \cdots, x_{n-1}) = \left\{ \frac{f_1(x_1, \cdots, x_{n-1})}{g_1(x_1, \cdots, x_{n-1})} \, \middle| \, \text{其中} f(x_1, \cdots, x_{n-1}), g(x_1, \cdots, x_{n-1}) \right.$$

$$\left. \in P[x_1, \cdots, x_{n-1}] \right\}, \text{那么} f(x_1, x_2, \cdots, x_n) \text{可看作域} P(x_1, x_2, \cdots, x_{n-1}) \text{上关}$$

于未知量 x_n 的一元多项式环 $P(x_1, x_2, \cdots, x_{n-1})[x_n]$ 中的多项式. 这样,根据一元多项式的除法剩余定理(第一章 §2 定理 2.1.1),在 $P(x_1, x_2, \cdots, x_{n-1})[x_n]$ 存在这样的两个多项式 $q(x_n)$ 与 $r(x_n)$,使得

$$f(x_1, x_2, \cdots, x_n) = g(x_1, x_2, \cdots, x_n) q_1(x_n) + r_1(x_n),$$

其中 $q_1(x_n)$ 和 $r_1(x_n)$ 的系数均为 $P(x_1, x_2, \cdots, x_{n-1})$ 的元素,即关于 $x_1, x_2, \cdots, x_{n-1}$ 的代数分式,并且在 $r_1(x_n) \neq 0$ 时 $r(x_n)$[②] 的次数小于 $g(x_n)$ 的次数.

---

① 由 §3 定理 3.1.2,我们知道它的存在性.
② 自然是关于未知量 x_n 的次数.

用适当的非零多项式 $c(x_1,x_2,\cdots,x_{n-1})$ 乘以上面那个等式的两端,以除去 $q_1(x_n)$ 和 $r_1(x_n)$ 中关于 x_n 的系数的分母,即得到定理的结论.

但是要注意的是,定理中的 $q(x_1,x_2,\cdots,x_n),r(x_1,x_2,\cdots,x_n)$ 以及 $c(x_1,x_2,\cdots,x_{n-1})$ 均不是唯一的.

类似于定理 2.1.1 的证明,我们可以得到推广的余数定理及其一些推论.

定理 2.1.2 若 $f(x_1,x_2,\cdots,x_n)$ 与 $g(x_1,x_2,\cdots,x_{n-1})$ 是 $P[x_1,x_2,\cdots,x_n]$ 中的任意两个多项式,则存在唯一的一对多项式 $q(x_1,x_2,\cdots,x_n)$ 与 $r(x_1,x_2,\cdots,x_{n-1})$ 使得

$$f(x_1,x_2,\cdots,x_n)=[x_n-g(x_1,x_2,\cdots,x_{n-1})]q(x_1,x_2,\cdots,x_n)+r(x_1,x_2,\cdots,x_{n-1}).$$

$r(x_1,x_2,\cdots,x_n)$ 与 $q(x_1,x_2,\cdots,x_n)$ 分别叫作 $x_n-g(x_1,x_2,\cdots,x_{n-1})$ 除 $f(x_1,x_2,\cdots,x_n)$ 所得的余式和商式.

推论 1 用 $x_n-g(x_1,x_2,\cdots,x_{n-1})$ 除 $f(x_1,x_2,\cdots,x_n)$ 所得的余式等于 $f(x_1,x_2,\cdots,x_{n-1},g(x_1,x_2,\cdots,x_{n-1}))$.

推论 2 $f(x_1,x_2,\cdots,x_{n-1},g(x_1,x_2,\cdots,x_{n-1}))=0$ 的充分必要条件是 $f(x_1,x_2,\cdots,x_n)$ 能被 $x_n-g(x_1,x_2,\cdots,x_{n-1})$ 整除.

现在引进一些多元多项式除法的基本概念.

定义 2.1.1 多项式 φ 叫作多项式 f 的因式,或 f 被 φ 所整除,如果在环 $P[x_1,x_2,\cdots,x_n]$ 中有这样的多项式 ψ 存在,使得 $f=\varphi\psi$.

易知第一章 §2 中关于可除性的一些性质(Ⅰ～Ⅶ),对于我们现在所讨论的一般情形仍然有效.

定义 2.1.2 k 次多项式 $f,k\geqslant1$,叫作域 P 上可约,如果它可以分解为环 $P[x_1,x_2,\cdots,x_n]$ 中次数小于 k 的多项式的乘积,否则叫作不可约.

对于次数大于零的多项式首先成立下面的结果.

定理 2.1.3 环 $P[x_1,x_2,\cdots,x_n]$ 中每一个次数大于零的多项式,都可以分解为不可多项式的乘积.除零次因式外,这一分解式是唯一的.

这一定理是第一章 §2 中关于一个未知量多项式的对应结果的推广.它的第一部分可逐字不改的重复所说的这一节中的推理来证明.它的第二部分的证明比较困难.在证明之前,我们注意从这一定理的第二个论断可推出这样的结论.

推论 如果环 $P[x_1,x_2,\cdots,x_n]$ 中任何两个多项式 f 和 g 的乘积被不可约多项式 p 所整除,那么这两个多项式至少有一个能被 p 所整除.

这是因为,在相反情况下,我们得出乘积 fg 对不可约因式的两个分解式,

其中一个不含 p 而另一个含有 p.

我们现在采用归纳法来证明第二部分. 设此定理对于 n 个未知量多项式已经证明, 我们要证明它对于 $n+1$ 个未知量 $x_1, x_2, \cdots, x_n, x_{n+1}$ 的多项式亦能成立. 写这一多项式为 $\varphi(x_{n+1})$ 的形状, 它的系数是 $x_1, x_2, \cdots, x_n$ 的多项式. 对于这些系数, 定理已经证明, 也就是它们的每一个都可唯一的分解为不可约因式的乘积.

为了证明定理对于 $n+1$ 个未知量多项式也成立, 我们先讨论一类特殊的多元多项式, 为此引进下面的概念.

定义 2.1.3 如果 $P[x_1, x_2, \cdots, x_n]$ 中 n 元多项式

$$f(x_1, x_2, \cdots, x_n) = a_0 x_n^k + a_1 x_n^{k-1} + \cdots + a_i x_n^{k-i} + \cdots + a_k,$$

关于 x_n 的各次项系数 $a_0 = a_0(x_1, x_2, \cdots, x_{n-1}), a_1 = a_1(x_1, x_2, \cdots, x_{n-1}), \cdots,$ $a_k = a_k(x_1, x_2, \cdots, x_{n-1})$ 互质, 那么我们就把多项式 $f(x_1, x_2, \cdots, x_n)$ 叫作环 $P[x_1, x_2, \cdots, x_n]$ 中关于未知量 x_n 的本原多项式.

一元本原多项式的重要性质 —— 高斯引理对我们现在的本原多项式来说也是成立的.

高斯引理 环 $P[x_1, x_2, \cdots, x_n, x_{n+1}]$ 中关于未知 x_{n+1} 两个本原多项式的乘积仍是(环 $P[x_1, x_2, \cdots, x_n]$ 中关于未知量 x_{n+1} 的)本原多项式.

证明 设已给出本原多项式

$$f(x_n) = a_0 x_{n+1}^k + a_1 x_{n+1}^{k-1} + \cdots + a_i x_{n+1}^{k-i} + \cdots + a_k,$$

$$g(x_n) = b_0 x_{n+1}^h + b_1 x_{n+1}^{h-1} + \cdots + b_j x_{n+1}^{h-j} + \cdots + b_h,$$

它的系数在环 $P[x_1, x_2, \cdots, x_n]$ 中, 且设

$$f(x_{n+1})g(x_{n+1}) = c_0 x_{n+1}^{k+h} + c_1 x_{n+1}^{k+h-1} + \cdots + c_{i+j} x_{n+1}^{k+h-(i+j)} + \cdots + c_{k+h}.$$

如果这一个乘积不是本原的, 那么系数 $c_0, c_1, \cdots, c_{k+h}$ 将有不可约公因式 $p = p(x_1, x_2, \cdots, x_n)$. 因为本原多项式 $f(x_{n+1})$ 的系数不能全被 p 所除尽, 故可设第一个不被 p 所除尽的系数为 a_i; 同理用 b_j 来记把多项式 $g(x_{n+1})$ 中第一个不被 p 所除尽的系数. 逐项乘出 $f(x_{n+1})$ 和 $g(x_{n+1})$ 且合并含有 $x_{n+1}^{k+h-(i+j)}$ 的这些项, 我们得出

$$c_{i+j} = a_i b_j + a_{i-1} b_{j+1} + a_{i-2} b_{j+2} + \cdots + a_{i+1} b_{j-1} + a_{i+2} b_{j-2} + \cdots$$

这一个等式的左边被不可约多项式 p 所除尽. 但是它的右边, 很明显的除第一项外亦都被 p 所除尽; 因为由选择 i 和 j 的条件, 所有系数 $a_{i-1}, a_{i-2}, \cdots,$ 和 $b_{j-1},$ $b_{j-2}, \cdots,$ 都被 p 所除尽. 故知乘积 $a_i b_j$ 亦被 p 所除尽, 而由上面的推论, 至少有一个多项式 a_i 或 b_j, 要被 p 所除尽, 但这是不可能的. 这样, 在对于 n 元多项式定理 2.1.3 已经成立的假设之下, 已证明了我们的高斯引理.

现在回到定理的证明上来. 我们已经知道,环 $P[x_1,x_2,\cdots,x_n]$ 含于有理分式域 $P(x_1,x_2,\cdots,x_n)$ 的里面,用 Q 来记这一个域

$$Q=P(x_1,x_2,\cdots,x_n).$$

讨论多项式环 $Q[x_{n+1}]$. 如果多项式 $\varphi(x_{n+1})$ 属于这一个环,那么它的每一个系数都可以表为环 $P[x_1,x_2,\cdots,x_n]$ 中两个多项式的商. 把这些商的公分母提到括号的外面而后把这些分子的公因式亦提出来,可以表 $\varphi(x_{n+1})$ 为下面的形式

$$\varphi(x_{n+1})=\frac{a}{b}f(x_{n+1}).$$

这里 a 和 b 是环 $P[x_1,x_2,\cdots,x_n]$ 中的多项式,而 $f(x_{n+1})$ 为系数在 $P[x_1,x_2,\cdots,x_n]$ 中的 x_{n+1} 的多项式,而且是(关于 x_{n+1} 的) 一个本原多项式,因为它的系数已经没有公共的因式.

这一方法使环 $Q[x_{n+1}]$ 中每一个多项式 $\varphi(x_{n+1})$ 都有一个对应的本原多项式 $f(x_{n+1})$. 对于已经给出的 $\varphi(x_{n+1})$,除域 P 中的非零因式外,多项式 $f(x_{n+1})$ 是唯一确定的. 事实上,设

$$\varphi(x_{n+1})=\frac{a}{b}f(x_{n+1})=\frac{c}{d}g(x_{n+1}),$$

其中 $g(x_{n+1})$ 仍是一个本原多项式. 那么

$$adf(x_{n+1})=bcg(x_{n+1}).$$

这样一来,ad 和 bc 是由环 $P[x_1,x_2,\cdots,x_n]$ 中同一多项式的系数所提出的公因式. 由于唯一分解因式定理在这一个环中是正确的(由归纳法的假设),故知 ad 和 bc 最多只有零次因式的差别. 故本原多项式 $f(x_{n+1})$ 和 $g(x_{n+1})$ 亦只有零次因式的差别.

环 $Q[x_{n+1}]$ 中两个多项式的乘积所对应的本原多项式,是它们的对应本原多项式的乘积. 事实上,如果

$$\varphi(x_{n+1})=\frac{a}{b}f(x_{n+1}),\psi(x_{n+1})=\frac{c}{d}g(x_{n+1}),$$

其中,$f(x_{n+1})$ 和 $g(x_{n+1})$ 为本原多项式,那么

$$\varphi(x_{n+1})\psi(x_{n+1})=\frac{ac}{bd}f(x_{n+1})g(x_{n+1}).$$

但是上面已经证明(高斯引理),乘积 $f(x_{n+1})g(x_{n+1})$ 是一个本原多项式.

还要注意,如果 $\varphi(x_{n+1})$ 为环 $Q[x_{n+1}]$ 中的多项式,在域 Q 中不可约,那么它所对应的本原多项式 $f(x_{n+1})$,即使看作 $x_1,x_2,\cdots,x_n,x_{n+1}$ 的多项式,亦是不可约的,反之亦然. 事实上,如果多项式 $f=f_1f_2$,那么两个因式都必须含有未知量 x_{n+1},否则多项式 f 将为非本原多项式. 故推得多项式在域 Q 中有分解

式

$$\varphi(x_{n+1}) = \frac{a}{b} f(x_{n+1}) = \left(\frac{a}{b} f_1(x_{n+1})\right) f_2(x_{n+1}).$$

反过来,如果多项式中 $\varphi(x_{n+1})$ 在 Q 上可约,$\varphi(x_{n+1}) = \varphi_1(x_{n+1})\varphi_2(x_{n+1})$,那么对应于多项式 $\varphi_1(x_{n+1})$ 和 $\varphi_2(x_{n+1})$ 的本原多项式 $f_1(x_{n+1})$ 和 $f_2(x_{n+1})$ 都含有 x_{n+1},而它们的乘积在上面已经证明是等于 $f(x_{n+1})$ 的(不算域 P 中的因式).

现在取本原多项式 $f(x_{n+1})$ 且对不可约因式分解为 $f = f_1 f_2 \cdots f_k$. 所有这些因式不仅都含有未知量 x_{n+1},而且都是本原多项式,因为否则多项式 f 将是非本原的. 本原多项式 f 的这一分解式,除 P 中因式外是唯一的. 事实上,由上面的讨论,可以把这一分解式看作 $f(x)$ 在域 Q 上对不可约因式的分解式,但是我们已经知道对于任何一个域上一个未知量的多项式有唯一的分解式;这个唯一性是不算 Q 中的因式的;而在我们的这一情形,由于所有因式 f_i 的本原性,它就只能有 P 中因式的差别.

在我们已经证明了 —— 本原多项式 f 对不可约因式的分解式,除 P 中因式外是唯一的 —— 这一结论的正确性之后,从归纳法的假设来证明我们的基本定理,已经没有什么困难. 事实上,环 $P[x_1, x_2, \cdots, x_n]$ 上每一个不可约多项式或者在环 $P[x_1, x_2, \cdots, x_n]$ 上不可约,或者是一个不可约本原多项式. 因此,如果给出了多项式 $\varphi(x_1, x_2, \cdots, x_n, x_{n+1})$ 对不可约因式的某一个分解式,那么合并因式后,我们可以表 φ 为下面的形状

$$\varphi(x_1, x_2, \cdots, x_n, x_{n+1}) = a(x_1, x_2, \cdots, x_n) f(x, x_1, x_2, \cdots, x_n, x_{n+1}),$$

其中 a 和未知量 x_{n+1} 无关,而 f 是一个本原多项式. 但是我们已经知道对于 φ 的这种分解式,除 P 中因式外是唯一的. 另一方面,因为由归纳法的假设,n 元多项式对不可约因式的分解式是唯一的,而对于本原多项式 f 高斯引理已经证明它的分解式亦是唯一的,所以对于有 $n+1$ 个未知量的这一情形,我们的定理亦已完全证明.

从以上所证明的这些还可推出一个有趣味的推论:如果系数在环 $P[x_1, x_2, \cdots, x_n]$ 中的多项式 $\varphi(x_{n+1})$ 在域 $Q = P(x_1, x_2, \cdots, x_n)$ 上可约,那么它可以分解为含有 x_{n+1} 的因式的乘积,它的系数都在环 $P[x_1, x_2, \cdots, x_n]$ 中. 事实上,如果多项式 $\varphi(x_{n+1})$ 的对应本原多项式为 $f(x_{n+1})$,也就是 $\varphi(x_{n+1}) = a f(x_{n+1})$,那么我们知道从 $\varphi(x_{n+1})$ 的分解性得出 $f(x_{n+1})$ 的分解性;但由后者的分解式即得出 $\varphi(x_{n+1})$ 在环 $P[x_1, x_2, \cdots, x_n]$ 上的分解式.

对于一个未知量多项式,在第四章 §2 中我们知道有一个基域的扩域存在,使得在这个域里面我们的多项式可以分解为线性因式的乘积,但是任何一

264

个域 P 上,都有一个任意多次绝对不可约的许多(两个或者更多个) 未知量的多项式存在,也就是这一个多项式在 P 的任何扩域上都不可约.

例如多项式 $f(x,y)=\varphi(x)+y$,其中 $\varphi(x)$ 为域 P 上任何一个未知量的多项式. 事实上,如果在域 P 的某一个扩域 $\overline{P}$ 中有分解式

$$f(x,y)=g(x,y)h(x,y),$$

存在,那么把 g 和 h 按照 y 的方次来写出,我们将得出,例如,

$$g(x,y)=a_0(x)y+a_1(x),h(x,y)=b_0(x),$$

也就是 h 和 y 无关,而后由 $a_0(x)b_0(x)=1$,知 $b_0(x)$ 的次数为 0,也就是 h 和 x 无关.

2.2 多项式的最大公因式

与一元多项式类似,对于多元多项式,也可以引进最大公因式的概念. 设 $f(x_1,x_2,\cdots,x_n)$ 与 $g(x_1,x_2,\cdots,x_n)$ 是 $P[x_1,x_2,\cdots,x_n]$ 中的两个多项式,如果在 $P[x_1,x_2,\cdots,x_n]$ 中存在多项式 $d(x_1,x_2,\cdots,x_n)$ 能同时整除 $f(x_1,x_2,\cdots,x_n)$ 与 $g(x_1,x_2,\cdots,x_n)$,则我们称 $d(x_1,x_2,\cdots,x_n)$ 为 $f(x_1,x_2,\cdots,x_n)$ 与 $g(x_1,x_2,\cdots,x_n)$ 的公因式.

定义 2.2.1 一个公因式 $D(x_1,x_2,\cdots,x_n)$,如果它能整除多项式 $f(x_1,x_2,\cdots,x_n)$ 与 $g(x_1,x_2,\cdots,x_n)$ 的任何公因式,则称为是最大公因式.

首先我们来建立最大公因式的存在性,为简明起见,以讨论二元多项式为限.

定理 2.2.1 对于 $P[x,y]$ 中的任意两个多项式 $f(x,y),g(x,y)$,在 $P[x,y]$ 中一定存在最大公因式.

引理 设 $f(x,y),g(x,y)$ 是 $P[x,y]$ 中的多项式,且 $f(x,y)$ 关于 x 是本原的. 如果在 $P[x,y]$ 中,$f(x,y)$ 整除 $c(y)g(x,y)$,这里 $c(y)$ 是非零多项式,那么在 $P[x,y]$ 中,$f(x,y)$ 一定整除 $g(x,y)$.

证明 由假设,存在 $q(x,y)$,使得

$$c(y)g(x,y)=q(x,y)f(x,y),$$

在等式两端同时以 $c(y)$ 除之,得到

$$g(x,y)=\frac{q(x,y)}{c(y)} \cdot f(x,y).$$

现在可以把 $\dfrac{q(x,y)}{c(y)}$ 看作是域 $P(y)$ 上关于 x 的多项式,而它的每一个系数都可以表为环 $P[y]$ 中两个多项式的商. 把这些商的公分母提到括号的外面而后把

这些分子的公因式亦提出来,可以表 $\dfrac{q(x,y)}{c(y)}$ 为下面的形式

$$\frac{q(x,y)}{c(y)}=\frac{a(y)}{b(y)}h(x,y),$$

其中 $h(x,y)$ 关于 x 是本原的. 类似地,把 $g(x,y)$ 中未知量 x 的系数的公因式亦提出来

$$g(x,y)=s(y)g_1(x,y),$$

其中 $g_1(x,y)$ 关于 x 是本原的. 于是有

$$s(y)g_1(x,y)=\frac{a(y)}{b(y)}h(x,y)\cdot f(x,y)$$

或

$$g_1(x,y)=\frac{a(y)}{s(y)b(y)}h(x,y)\cdot f(x,y)$$

但由高斯引理,$h(x,y)\cdot f(x,y)$ 也是关于 x 的本原多项式,故有 $\dfrac{a(y)}{s(y)b(y)}=r$,

而 r 是非零常数. 于是 $a(y)=r\cdot s(y)b(y)$ 是 y 的多项式,从而 $\dfrac{q(x,y)}{c(y)}$ 是 x,y 的多项式,于是引理得到证明.

现在回到本定理的证明上来. 不妨设 $g(x,y)\neq 0$. 根据定理 2.1.1,将有 $q_1(x,y),r_1(x,y)$,与 $c_1(y)$ 存在,使

$$c_1(y)f(x,y)=q_1(x,y)g(x,y)+r_1(x,y),$$

且在 $r_1(x,y)\neq 0$ 时,$r_1(x,y)$ 关于 x 的次数小于 $g(x,y)$ 关于 x 的次数.

由于同样的原因,将有 $q_2(x,y),r_2(x,y)$,与 $c_2(y)$ 存在,使

$$c_2(y)g(x,y)=q_2(x,y)g(x,y)+r_2(x,y),$$

且在 $r_2(x,y)\neq 0$ 时,$r_2(x,y)$ 关于 x 的次数小于 $f(x,y)$ 关于 x 的次数.

仿此辗转进行下去,由于

$$\partial_x g(x,y)>\partial_x r_1(x,y)>\partial_x r_2(x,y)>\cdots$$

但非负整数不能无止境地递减下去. 因此作有限次以后,必定有某个 $r_{j+1}(x,y)=0$. 于是我们得到等式组

$$\begin{cases}c_1(y)f(x,y)=q_1(x,y)g(x,y)+r_1(x,y),\partial_x r_1(x,y)<\partial_x g(x,y),\\ c_2(y)g(x,y)=q_2(x,y)r_1(x,y)+r_2(x,y),\partial_x r_2(x,y)<\partial_x r_1(x,y),\\ \ \ \vdots\\ c_j(y)r_{j-2}(x,y)=q_j(x,y)r_{j-1}(x,y)+r_j(x,y),\partial_x r_j(x,y)<\partial_x r_{j-1}(x,y),\\ c_{j+1}(y)r_{j-1}(x,y)=q_{j+1}(x,y)r_j(x,y).\end{cases}$$

$$\text{(1)}$$

设 $r_1(x,y)=e(y)p(x,y)$,其中 $p(x,y)$ 是本原多项式,那么 $p(x,y)$ 将整除 $r_j(x,y)$.于是由式(1)的倒数第1式可知,$p(x,y)$ 应该整除 $c_j(y)r_{j-1}(x,y)$.而根据引理有 $p(x,y)$ 整除 $r_{j-1}(x,y)$.由(1)的倒数第2式可知,$p(x,y)$ 将整除 $c_j(y)r_{j-2}(x,y)$.而根据引理,$p(x,y)$ 整除 $r_{j-1}(x,y)$.如此顺次往上推可知,$p(x,y)$ 是 $r_{j-3}(x,y),r_{j-2}(x,y),\cdots,r_1(x,y),g(x,y),f(x,y)$ 的因式,从而 $p(x,y)$ 是 $f(x,y),g(x,y)$ 的公因式.

再设 $f(x,y)=s(y)f_1(x,y),g(x,y)=s(y)g_1(x,y)$,这里 $s(y)$ 是 $f(x,y),g(x,y)$ 两多项式中关于 x 的各次项系数的最大公因式.由于 $p(x,y)$ 整除 $s(y)f_1(x,y)$,根据引理可知 $p(x,y)$ 整除 $f_1(x,y)$,从而 $s(y)p(x,y)$ 整除 $s(y)f_1(x,y)$,即 $s(y)p(x,y)$ 整除 $f(x,y)$.同理可知 $s(y)p(x,y)$ 整除 $g(x,y)$,因此,$d(x,y)$ 是 $f(x,y),g(x,y)$ 的公因式.

下面我们证明 $d(x,y)$ 是 $f(x,y),g(x,y)$ 的最大公因式.

设 $d_1(x,y)$ 是 $f(x,y),g(x,y)$ 的任意公因式.令 $d_1(x,y)=s_1(y)p_1(x,y)$,其中 $p_1(x,y)$ 是本原多项式,则 $p_1(x,y)$ 也是 $f(x,y),g(x,y)$ 的公因式.于是由式(1)从上往下推可知,$p_1(x,y)$ 整除 $r_j(x,y)$,从而根据引理有,$p_1(x,y)$ 整除 $p(x,y)$.

又由 $s_1(x)$ 整除 $f(x,y)$,将有 $f(x,y)=s_1(y)t(x,y)$.设
$$f(x,y)=a_0(y)x^k+a_1(y)x^{k-1}+\cdots+a_k(y),$$
$$t(x,y)=b_0(y)x^k+b_1(y)x^{k-1}+\cdots+b_k(y),$$
则得
$$a_0(y)x^k+a_1(y)x^{k-1}+\cdots+a_k(y)$$
$$=s_1(y)b_0(y)x^k+s_1(y)b_1(y)x^{k-1}+\cdots+s_1(y)b_k(y),$$
于是 $a_i(y)=s_1(y)b_i(y)$,而 $s_1(y)$ 整除 $a_i(y),i=0,1,\cdots,k$,即 $s_1(y)$ 是 $f(x,y)$ 中关于 x 的各次项系数的公因式.同理,$s_1(y)$ 是 $g(x,y)$ 中关于 x 的各次项系数的公因式.从而 $s_1(y)$ 整除 $s(y)$.

这样,由 $p_1(x,y)$ 整除 $p(x,y),s_1(y)$ 整除 $s(y)$,可得 $s_1(y)p_1(x,y)$ 整除 $s(y)p(x,y)$.即 $d_1(x,y)$ 整除 $d(x,y)$.因此,$d(x,y)$ 是 $f(x,y),g(x,y)$ 的一个最大公因式.

与一元多项式的情形一样,$f(x,y)$ 与 $g(x,y)$ 的最大公因式一般不是唯一的,但彼此之间只有非零常数因子的差别.

与一元的情形类似,我们有

定理 2.2.2 对于 $P[x,y]$ 中的任意两个多项式 $f(x,y),g(x,y)$,在 $P[x,y]$ 中存在多项式 $u_1(x,y),v_1(x,y)$ 及 $u_2(x,y),v_2(x,y)$,使得

$$u_1(x,y)f(x,y)+v_1(x,y)g(x,y)=c_1(x)d(x,y),$$

$$u_2(x,y)f(x,y)+v_2(x,y)g(x,y)=c_2(y)d(x,y),$$

其中 $c_1(x),c_2(y)$ 分别为 $P[x]$ 及 $P[y]$ 中的非零多项式.

证明　设 $d(x,y)$ 是 $f(x,y)$ 与 $g(x,y)$ 在 $P[x,y]$ 中的一个最大公因式. 再设 $d'(x,y)$ 是 $f(x,y)$ 与 $g(x,y)$ 在 $P(x)[y]$ 中的一个最大公因式. 由于 $P(x)$ 是一个域,由第一章定理 2.3.2,存在 $P(x)[y]$ 中的 $u(x,y),v(x,y)$,使得

$$u(x,y)f(x,y)+v(x,y)g(x,y)=d'(x,y). \tag{2}$$

另外,由于 $d'(x,y)$ 是 $f(x,y)$ 与 $g(x,y)$ 在 $P(x)[y]$ 中的公因式,所以存在 $P(x)[y]$ 中的 $f'(x,y),g'(x,y)$ 使得

$$f(x,y)=d'(x,y)f'(x,y),g(x,y)=d'(x,y)g'(x,y),$$

今设 $f'(x,y)=\dfrac{a(x)}{b(x)}f_1(x,y),g'(x,y)=\dfrac{c(x)}{d(x)}g_1(x,y),d'(x,y)=\dfrac{e(x)}{t(x)}d_1(x,y)$,其中 $a(x),b(x),c(x),d(x),e(x),t(x)$ 均为 $P[x]$ 中的多项式,而 $f_1(x,y),g_1(x,y),d_1(x,y)$ 为 $P[x,y]$ 中关于 y 的本原多项式. 于是

$$f(x,y)=\frac{e(x)a(x)}{t(x)b(x)}d_1(x,y)f_1(x,y),$$

$$g(x,y)=\frac{e(x)c(x)}{t(x)d(x)}d_1(x,y)g_1(x,y),$$

再设 $f(x,y)=h(x)f_2(x,y),g(x,y)=k(x)g_2(x,y)$,其中 $h(x),k(x)$ 均为 $P[x]$ 中的多项式,而 $f_2(x,y),g_2(x,y)$ 为 $P[x,y]$ 中关于 y 的本原多项式. 于是

$$h(x)f_2(x,y)=\frac{e(x)a(x)}{t(x)b(x)}d_1(x,y)f_1(x,y),$$

$$k(x)g_2(x,y)=\frac{e(x)c(x)}{t(x)d(x)}d_1(x,y)g_1(x,y).$$

由高斯引理,$d_1(x,y)f_1(x,y),d_1(x,y)g_1(x,y)$ 是 $P[x,y]$ 中关于 y 的本原多项式,所以 $\dfrac{e(x)a(x)}{t(x)b(x)}=\lambda_1 h(x)$ 是 $P[x]$ 中的多项式,$\dfrac{e(x)c(x)}{t(x)d(x)}=\lambda_2 k(x)$ 是 $P[x]$ 中的多项式,其中 λ_1,λ_2 是非零常数. 因此 $f(x,y)=d_1(x,y)(\lambda_1 h(x)f_1(x,y)),g(x,y)=d_1(x,y)(\lambda_2 k(x)g_1(x,y))$. 这样 $d_1(x,y)$ 是 $f(x,y)$ 与 $g(x,y)$ 在 $P[x,y]$ 内的一个最大公因式,所以存在 $P[x,y]$ 中的 $d_2(x,y)$ 使得 $d(x,y)=d_1(x,y)d_2(x,y)=\dfrac{e(x)}{t(x)}d_2(x,y)d'(x,y)$,即 $e(x)d(x,y)=$

268

$t(x)d_2(x,y)d'(x,y)$.

又设 $u(x,y)=\dfrac{p(x)}{q(x)}u_0(x,y),v(x,y)=\dfrac{r(x)}{s(x)}v_0(x,y)$,其中 $p(x),q(x)$, $r(x),s(x)$ 均为 $P[x]$ 中的多项式,而 $u_0(x,y),v_0(x,y)$ 为 $P[x,y]$ 中关于 y 的本原多项式.

现在式(2)两边同乘以 $q(x)s(x)t(x)d_2(x,y)$,并利用等式 $e(x)d(x,y)=t(x)d_2(x,y)d'(x,y)$,则有

$$q(x)s(x)d_2(x,y)u(x,y)f(x,y)+q(x)s(x)d_2(x,y)v(x,y)g(x,y)$$
$$=q(x)s(x)e(x)d(x,y),$$

取 $u_1(x,y)=q(x)s(x)d_2(x,y)u(x,y),v_1(x,y)=q(x)s(x)d_2(x,y)v(x,y)$,我们就得到了定理中的第一式.

类似地可证明第二式.

由这个定理,我们马上可得出两个多项式互素的条件.

定理 2.2.3 对于 $P[x,y]$ 中的两个多项式 $f(x,y),g(x,y)$,在 $P[x,y]$ 中互素的充分必要条件是存在多项式 $u_1(x,y),v_1(x,y)$ 及 $u_2(x,y),v_2(x,y)$,使得

$$u_1(x,y)f(x,y)+v_1(x,y)g(x,y)=c_1(x)$$
$$u_2(x,y)f(x,y)+v_2(x,y)g(x,y)=c_2(y)$$

其中 $c_1(x),c_2(y)$ 分别为 $P[x]$ 及 $P[y]$ 中的非零多项式.

利用这个定理我们可以得到一些推论,它们是一元多项式互素的性质在二元多项式环中的推广.

推论 设 $f(x,y),g(x,y),h(x,y)$ 是 $P[x,y]$ 中的多项式,那么

(1)若 $f(x,y),g(x,y)$ 都与 $h(x,y)$ 互素,则 $f(x,y)g(x,y)$ 与 $h(x,y)$ 互素;

(2)若 $h(x,y)$ 整除乘积 $f(x,y)g(x,y)$,且 $h(x,y)$ 与 $f(x,y)$ 互素,则 $h(x,y)$ 整除 $g(x,y)$;

(3)若 $g(x,y)$ 和 $h(x,y)$ 均能整除 $f(x,y)$,且 $g(x,y)$ 与 $h(x,y)$ 互素,则 $g(x,y)h(x,y)$ 整除 $f(x,y)$.

这个推论的证明,我们留给读者.

最后,我们指出在一般情形,即对于 n 元多项式,也有类似于定理 2.2.1 与定理 2.2.2 的结论.现叙述如下

定理 2.2.4 设 $f(x_1,x_2,\cdots,x_n),g(x_1,x_2,\cdots,x_n)$ 是 $P[x_1,x_2,\cdots,x_n]$ 中的两个多项式,那么

(1) $f(x_1,x_2,\cdots,x_n)$ 与 $g(x_1,x_2,\cdots,x_n)$ 在 $P[x_1,x_2,\cdots,x_n]$ 中一定存在最大公因式；

(2) 存在 $P[x_1,x_2,\cdots,x_n]$ 中的多项式 $u_i(x_1,x_2,\cdots,x_n),v_i(x_1,x_2,\cdots,x_n),i=1,2,\cdots,n$,使得

$$u_1f+v_1g=c_1(x_2,x_3,\cdots,x_n)d(x_1,x_2,\cdots,x_n),$$
$$u_2f+v_2g=c_2(x_1,x_3,\cdots,x_n)d(x_1,x_2,\cdots,x_n),$$
$$\vdots$$
$$u_nf+v_ng=c_n(x_1,x_2,\cdots,x_{n-1})d(x_1,x_2,\cdots,x_n),$$

其中 $c_i(x_1,\cdots,x_{i-1},x_{i+1},\cdots,x_n)$ 为 $P[x_1,\cdots,x_{i-1},x_{i+1},\cdots,x_n]$ 中的非零多项式.

(3) $f(x_1,x_2,\cdots,x_n),g(x_1,x_2,\cdots,x_n)$ 在 $P[x_1,x_2,\cdots,x_n]$ 中互素的充分必要条件是存在多项式 $u_i(x_1,x_2,\cdots,x_n),v_i(x_1,x_2,\cdots,x_n),i=1,2,\cdots,n$,使得

$$u_1f+v_1g=c_1(x_2,x_3,\cdots,x_n),$$
$$u_2f+v_2g=c_2(x_1,x_3,\cdots,x_n),$$
$$\vdots$$
$$u_nf+v_ng=c_n(x_1,x_2,\cdots,x_{n-1}),$$

其中 $c_i(x_1,\cdots,x_{i-1},x_{i+1},\cdots,x_n)$ 为 $P[x_1,\cdots,x_{i-1},x_{i+1},\cdots,x_n]$ 中的非零多项式.

2.3 多元多项式可约性的判定

首先,可以指出下面的这个类似于爱森斯坦判别法的定理.

定理 2.3.1 设
$$f(x,y)=a_k(y)x^k+a_{k-1}(y)x^{k-1}+\cdots+a_0(y),$$
是域 P 上的一个关于 x 的 k 次($k>0$)次多项式,如果有一个 $P[y]$ 中的不可约多项式 $p(y)$ 使得

(1) $p(y)$ 不整除 $a_k(y)$;

(2) $p(y)$ 整除 $a_{k-1}(y),a_{k-2}(y),\cdots,a_0(y)$;

(3) $p(y)$ 的平方 $p^2(y)$ 不整除 $a_0(y)$.

那么关于 x 的多项式 $f(x,y)$ 在整环 $P[y]$ 上不可约,从而在整环 $P[y]$ 的商域 $P(y)$ 上也不可约.

证明 假若关于 x 的多项式 $f(x,y)$ 在整环 $P[y]$ 上可约,即
$$f(x,y)=g(x,y)h(x,y),$$

这里 $g(x,y),h(x,y)$ 都是 $P[y]$ 上 x 的多项式,因此我们可写

$$g(x,y)=b_h(y)x^h+b_{h-1}(y)x^{h-1}+\cdots+b_0(y),$$

$$h(x,y)=c_s(y)x^s+c_{s-1}(y)x^{h-1}+\cdots+c_0(y),$$

并且 $h<k,s<k,h+s=k$,由此得到

$$a_k(y)=b_h(y)c_s(y),a_0(y)=b_0(y)c_0(y),$$

因为 $p(y)$ 整除 $a_0(y)$,而 $p(y)$ 是 $p[y]$ 上的不可约多项式,所以 $p(y)$ 能整除 $b_0(y)$ 或 $c_0(y)$,但 $p^2(y)$ 不整除 $a_0(y)$,故 $p(y)$ 不能同时整除 $b_0(y)$ 和 $c_0(y)$. 不妨设 $p(y)$ 整除 $b_0(y)$ 而不整除 $c_0(y)$,又 $p(y)$ 不整除 $a_k(y)$,所以 $p(y)$ 不能整除 $b_h(y)$. 设 $b_0(y),b_1(y),\cdots,b_h(y)$ 中第一个不能被 $p(y)$ 整除的是 $b_i(y)$,比较 $f(x,y)$ 的分解式中两边的 x^i 的系数,我们得到

$$a_i(y)=b_i(y)c_0(y)+b_{i-1}(y)c_1(y)+\cdots+b_0(y)c_s(y).$$

这个等式左边的 $a_i(y)$ 以及右边的 $b_{i-1}(y),\cdots,b_0(y)$ 都能被 $p(y)$ 整除,所以右边第一项 $b_i(y)c_0(y)$ 也必能被 $p(y)$ 整除. 但 $p(y)$ 是一个不可约多项式,这样 $b_i(y),c_0(y)$ 中至少有一个能被 $p(y)$ 整除,这是一个矛盾.

需要指出的是,满足定理 2.3.1 条件的多项式只是在整环 $P[y]$ 上(作为 x 的多项式)不可约,这并不能保证二元多项式 $f(x,y)$ 在环 $P[x,y]$ 中不可约. 例如,对于 $P[x,y]$ 中的多项式

$$f(x,y)=x^2y+x^2+y^2+y=(y+1)x^2+y(y+1),$$

如果取 $P[y]$ 中的不可约多项式 $p(y)=y$,则 $p(y)$ 满足定理 2.3.1 中的三个条件,但这二元多项式在 $P[x,y]$ 中是可约的,因为

$$f(x,y)=(y+1)(x^2+y).$$

但是如果二元多项式 $f(x,y)$ 关于某个未知量是本原的,那么情形就有所不同了.

定理 2.3.2 如果域 P 上的二元多项式 $f(x,y)$ 满足

(1) 关于未知量 x 是本原的;

(2) 在 $P[y]$ 上是不可约的,

那么它在 $P[x,y]$ 中是不可约的.

这是因为,假如

$$f(x,y)=g(x,y)h(x,y),$$

且 $g(x,y)$ 与 $h(x,y)$ 的次数均小于 $f(x,y)$ 的次数. 其次,$g(x,y)$ 与 $h(x,y)$ 中不可能只含未知量 y 而不含 x,否则 $f(x,y)$ 关于 x 将不是本原的. 既然 $g(x,y)$ 与 $h(x,y)$ 中都含有 x,我们就有

$$\partial_x f(x,y)=\partial_x g(x,y)+\partial_x h(x,y),$$

且 $\partial_x g(x,y) < \partial_x f(x,y), \partial_x h(x,y) < \partial_x f(x,y)$，而这与 $f(x,y)$ 在 $P[y]$ 不可约相矛盾.

结合上面这两个定理，我们立刻得到下面的判别方法.

定理 2.3.3 如果域 P 上的二元多项式 $f(x,y)$ 关于未知量 x 是本原的；并且存在一个 $P[y]$ 中的不可约多项式 $p(y)$ 使得

(1) $p(y)$ 不整除 $a_k(y)$；

(2) $p(y)$ 整除 $a_{k-1}(y), a_{k-2}(y), \cdots, a_0(y)$；

(3) $p(y)$ 的平方 $p^2(y)$ 不整除 $a_0(y)$，

那么 $f(x,y)$ 在域 P 上不可约.

我们举出两个例子.

例 1 设域 P 上的多项式

$$f(x,y) = x^m + y \quad (m > 0).$$

首先它关于 x 本原. 取 $P[y]$ 中的不可约多项式 $p(y) = y$，容易验证 $p(y)$ 满足定理 2.3.1 的三个条件，于是，这关于 x 的多项式在 $P[y]$ 上不可约. 所以，这个二元多项式在 $P[x,y]$ 中不可约. 另一方面，也可把 $f(x,y)$ 看成是关于 y 的本原多项式，所以这关于 y 的多项式在 $P[x]$ 中不可约. 由此，同样可以推出这个二元多项式在 $P[x,y]$ 中不可约.

例 2 设复数域 C 的多项式

$$f(x,y) = x^2 + y^2 + 1 = x^2 + (y+i)(y-i),$$

它关于 x 是本原的. 我们可以在 $C[y]$ 中找到满足定理 2.3.1 条件的不可约多项式 $p(y) = y + i$，如此按照定理 2.3.3 这个多项式在 $C[x,y]$ 中不可约. 再看复数域 C 上的多项式

$$f(x,y,z) = x^2 + y^2 + z^2 + 1.$$

它关于 x 是本原的. 由上面的讨论我们知道，$p(x,y) = y^2 + z^2 + 1$ 在 $C[y,z]$ 中不可约. 现 $p(y,z)$ 不整除 $a_2(y,z) = 1$，但整除 $a_1(y,z) = 0$ 以及 $a_0(y,z) = y^2 + z^2 + 1$，且有 $p^2(y,z)$ 不整除 $a_0(y,z)$. 由此，这个关于 x 的多项式在 $C[y,z]$ 上不可约. 根据定理 2.3.2，这三元多项式在 $C[x,y,z]$ 中不可约. 继续类似的讨论，我们可得到复数域 C 上的多项式

$$f(x_1, x_2, \cdots, x_m) = x_1^2 + x_2^2 + \cdots + x_m^2 + 1 \quad (m > 1)$$

在 $C[x_1, x_2, \cdots, x_m]$ 中不可约，它说明了与一元情形不同，对于任意 $m > 1$，在复数域 C 上存在不可约的 m 元二次多项式.

再来讲一个判定多元多项式可约的法则. 可是必须先引进所谓偏导数的概念.

设 P 是一个域. $P[x_1,x_2,\cdots,x_n]$ 内任一多项式

$$F(x_1,x_2,\cdots,x_n)$$

均可看作环 $P[x_1,x_2,\cdots,x_{i-1},x_{i+1},\cdots,x_n]$ 上关于未知量 x_i 的一元多项式. 如此,我们可将 $F(x_1,x_2,\cdots,x_n)$ 写成

$$F(x)=a_0 x_i^n + a_1 x_i^{n-1} + \cdots + a_n.$$

这里 $a_j=a_j(x_1,x_2,\cdots,x_{i-1},x_{i+1},\cdots,x_n)$,于是多项式 $F(x_1,x_2,\cdots,x_n)$ 关于未知量 x_i 的偏导数,我们定义为

$$F'_{x_i}(x_1,x_2,\cdots,x_n)=na_0 x_i^{n-1}+(n-1)a_1 x_i^{n-2}+\cdots+a_{n-1}.$$

依这定义,若 $F(x_1,x_2,\cdots,x_n)$ 中不含 x_i 的项,对 x_i 求偏导数后,均为零.

现在,我们用记号

$$\int F'_{x_i}(x_1,x_2,\cdots,x_n)\mathrm{d}x_i$$

表示这样的多项式:它对 x_i 的偏导数等于 F'_{x_i}. 显然这样的多项式有无限多个,并且彼此间差一个不含 x_i 的 $n-1$ 元多项式. 为了能还原出 $F(x_1,x_2,\cdots,x_n)$,引进如下记号

$$\int_a^b F'_{x_i}(x_1,x_2,\cdots,x_n)\mathrm{d}x_i$$

它表示(任一)多项式 $\int F'_{x_i}(x_1,x_2,\cdots,x_n)\mathrm{d}x_i$ 在 $x_i=b$ 与 $x_i=a$ 的值的差. 于是我们得到

$$F(x_1,x_2,\cdots,x_n)=\int^{x_i} F'_{x_i}(x_1,x_2,\cdots,x_n)\mathrm{d}x_i + F(x_1,x_2,\cdots,x_{i-1},0,x_{i+1},\cdots,x_n).$$

现在可以将一个判别法叙述如下.

定理 2.3.4 设 $F(x_1,x_2,\cdots,x_n)$ 为域 P 上的 n 元多项式,若存在某个未知量 x_i,使得 $F'_{x_i}(x_1,x_2,\cdots,x_n)$ 与多项式 $F(x_1,x_2,\cdots,x_{i-1},0,x_{i+1},\cdots,x_n)$ 有公因式,则 $F(x_1,x_2,\cdots,x_n)$ 在域 P 中可约,并且含有一个 $n-1$ 元多项式作为因式(不含未知量 x_i 的).

证明 由于多项式 $F(x_1,x_2,\cdots,x_{i-1},0,x_{i+1},\cdots,x_n)$ 中不含未知量 x_i,于是多项式 $F'_{x_i}(x_1,x_2,\cdots,x_n)$ 与 $F(x_1,x_2,\cdots,x_{i-1},0,x_{i+1},\cdots,x_n)$ 的公因式亦将不含 x_i,设其公因式为 $d(x_1,x_2,\cdots,x_{i-1},0,x_{i+1},\cdots,x_n)$

$$F'_{x_i}(x_1,x_2,\cdots,x_n)=d(x_1,\cdots,x_{i-1},0,x_{i+1},\cdots,x_n)f(x_1,x_2,\cdots,x_n),\quad (1)$$

$$F(x_1,\cdots,x_{i-1},0,x_{i+1},\cdots,x_n)=d(x_1,\cdots,x_{i-1},0,x_{i+1},\cdots,x_n)\cdot$$
$$g(x_1,\cdots,x_{i-1},0,x_{i+1},\cdots,x_n),\qquad (2)$$

这里 $f(x_1,x_2,\cdots,x_n),g(x_1,\cdots,x_{i-1},0,x_{i+1},\cdots,x_n)$ 均是域 P 上的 n 元多项

式.

将式(1) 代入 $\int_0^{x_i} F'_{x_i}(x_1,x_2,\cdots,x_n)\mathrm{d}x_i$

$$\int_0^{x_i} d(x_1,\cdots,x_{i-1},0,x_{i+1},\cdots,x_n)f(x_1,\cdots,x_n)\mathrm{d}x_i$$
$$= d(x_1,\cdots,x_{i-1},0,x_{i+1},\cdots,x_n)\int_0^{x_i} f(x_1,\cdots,x_n)\mathrm{d}x_i^{①}, \tag{3}$$

即 $\int_0^{x_i} F'_{x_i}(x_1,x_2,\cdots,x_n)\mathrm{d}x_i$ 含有因式 $d(x_1,\cdots,x_{i-1},0,x_{i+1},\cdots,x_n)$. 又

$$F(x_1,x_2,\cdots,x_n) = \int_0^{x_i} F'_{x_i}(x_1,x_2,\cdots,x_n)\mathrm{d}x_i +$$
$$F(x_1,x_2,\cdots,x_{i-1},0,x_{i+1},\cdots,x_n),$$

将(2),(3) 代入这个等式

$$F(x_1,x_2,\cdots,x_n) = d(x_1,\cdots,x_{i-1},0,\cdots,x_{i+1},\cdots,x_n)\int_0^{x_i} f(x_1,\cdots,x_n)\mathrm{d}x_i +$$
$$d(x_1,\cdots,x_{i-1},0,x_{i+1},\cdots,x_n) \cdot$$
$$g(x_1,\cdots,x_{i-1},0,x_{i+1},\cdots,x_n),$$

提出公因式我们得到

$$F(x_1,\cdots,x_n) = d(x_1,\cdots,x_{i-1},0,x_{i+1},\cdots,x_n) \cdot$$
$$\Big[\int_0^{x_i} f(x_1,\cdots,x_n)\mathrm{d}x_i + g(x_1,\cdots,x_{i-1},0,x_{i+1},\cdots,x_n)\Big]$$

于是 $F(x_1,x_2,\cdots,x_n)$ 在域 P 中可约,并且含有因式 $d(x_1,\cdots,x_{i-1},0,x_{i+1},\cdots,x_n)$.

我们举出一个例子.

判断实数域上的二元多项式

$$F(x,y) = x^2y^2 + x^2y - x^2 - y^2 - y + 1$$

是否可约.

我们求得 $F(x,y)$ 关于 x 的偏导数如下.

$$F'_x(x,y) = (y^2+y+1)x,$$

而

$$F(0,y) = -(y^2+y+1),$$

---

① 依偏导数的定义,
$(d(x_1,\cdots,x_{i-1},0,x_{i+1},\cdots,x_n) \cdot f(x_1,\cdots,x_n))'_{x_i} = d(x_1,\cdots,x_{i-1},0,x_{i+1},\cdots,x_n) \cdot f'_{x_i}(x_1,\cdots,x_n),$
于是等式(3) 成立.

$F'_x(x,y)$ 与 $F(0,y)$ 含有公因式，于是按定理 2.3.4，$F(x,y)$ 可约，并且含因式 y^2+y+1. 事实上，我们将 $F(x,y)$ 分解为不可约多项式的乘积的形式. 由于

$$F(x,y)=\int_0^x F'_x(x,y)\mathrm{d}x+F(0,y),$$

故

$$F(x,y)=\int_0^x (y^2+y+1)x\mathrm{d}x-(y^2+y+1)=(y^2+y+1)(x^2-1).$$

最后

$$F(x,y)=(y^2+y+1)(x+1)(x-1).$$

要注意的是，定理 2.3.4 只是 $F(x_1,x_2,\cdots,x_n)$ 可约的充分条件但不是必要的. 例如二元多项式

$$x^2+4y^2-4xy-7x-14y+12$$

不满足定理的条件，但它可约. 事实上，

$$x^2+4y^2-4xy-7x-14y+12=(x-2y+3)(x-2y+4).$$

§3 商 域^①

3.1 多项式环的商域

设 P 是一个任意的域，在上一节我们已经知道，$x_1,x_2,\cdots,x_n$ 诸元的多项式的集合 $P[x_1,x_2,\cdots,x_n]$ 关于多项式的加法和乘法运算构成一个不含零因子的可交换环，但不是一个域，因为一个多项式未必可被另一多项式除尽. 例如，x_1^2+a（这里 $a\neq 0$ 是 P 中的元素）不能以 x_1^3+a 除尽，这是由于被除式的次数小于除式的次数.

现在我们假设，存在这样一个域 Σ，其中环 $P[x_1,x_2,\cdots,x_n]$ 是它的一个子环. 由此对于 $P[x_1,x_2,\cdots,x_n]$ 中任两个多项式 $f(x_1,x_2,\cdots,x_n)$ 和 $g(x_1,x_2,\cdots,x_n)\neq 0$，方程式

$$g(x_1,x_2,\cdots,x_n)z=f(x_1,x_2,\cdots,x_n) \tag{1}$$

就有唯一解 $z=\alpha$ 含于 Σ 内. 这个唯一解常用记号

$$\frac{f(x_1,x_2,\cdots,x_n)}{g(x_1,x_2,\cdots,x_n)}$$

---

① 亦称有理分式域.

来表示,并叫作多项式 $f(x_1,x_2,\cdots,x_n)$ 和 $g(x_1,x_2,\cdots,x_n)$ 的商. 根据一般的性质,不难证明 $\dfrac{f(x_1,x_2,\cdots,x_n)}{g(x_1,x_2,\cdots,x_n)}$ 所满足的运算和普通分数的运算是一样的,即,有下述规则成立.

I. $\dfrac{f_1(x_1,x_2,\cdots,x_n)}{g_1(x_1,x_2,\cdots,x_n)}=\dfrac{f_2(x_1,x_2,\cdots,x_n)}{g_2(x_1,x_2,\cdots,x_n)}$ 当且仅当 $f_1(x_1,x_2,\cdots,$ $x_n)g_2(x_1,x_2,\cdots,x_n)=f_2(x_1,x_2,\cdots,x_n)g_1(x_1,x_2,\cdots,x_n)(g_1(x_1,x_2,\cdots,x_n)\neq 0,g_2(x_1,x_2,\cdots,x_n)\neq 0)$.

II. $\dfrac{f_1(x_1,x_2,\cdots,x_n)}{g_1(x_1,x_2,\cdots,x_n)}+\dfrac{f_2(x_1,x_2,\cdots,x_n)}{g_2(x_1,x_2,\cdots,x_n)}=$
$\dfrac{f_1(x_1,x_2,\cdots,x_n)g_2(x_1,x_2,\cdots,x_n)+f_2(x_1,x_2,\cdots,x_n)g_1(x_1,x_2,\cdots,x_n)}{g_1(x_1,x_2,\cdots,x_n)g_2(x_1,x_2,\cdots,x_n)}$.
$(g_1(x_1,x_2,\cdots,x_n)\neq 0,g_2(x_1,x_2,\cdots,x_n)\neq 0)$.

III. $\dfrac{f_1(x_1,x_2,\cdots,x_n)}{g_1(x_1,x_2,\cdots,x_n)}\cdot\dfrac{f_2(x_1,x_2,\cdots,x_n)}{g_2(x_1,x_2,\cdots,x_n)}=$
$\dfrac{f_1(x_1,x_2,\cdots,x_n)f_2(x_1,x_2,\cdots,x_n)}{g_1(x_1,x_2,\cdots,x_n)g_2(x_1,x_2,\cdots,x_n)}(g_1(x_1,x_2,\cdots,x_n)\neq 0,g_2(x_1,x_2,\cdots,x_n)\neq 0)$.

IV. $\dfrac{f_1(x_1,x_2,\cdots,x_n)}{g_1(x_1,x_2,\cdots,x_n)}\div\dfrac{f_2(x_1,x_2,\cdots,x_n)}{g_2(x_1,x_2,\cdots,x_n)}=$
$\dfrac{f_1(x_1,x_2,\cdots,x_n)g_2(x_1,x_2,\cdots,x_n)}{g_1(x_1,x_2,\cdots,x_n)f_2(x_1,x_2,\cdots,x_n)}(g_1(x_1,x_2,\cdots,x_n)\neq 0,g_2(x_1,x_2,\cdots,$ $x_n)\neq 0,g_2(x_1,x_2,\cdots,x_n)\neq 0)$.

我们只来推证性质 I,在此为书写方便起见多项式 $f(x_1,x_2,\cdots,x_n)$, $g(x_1,x_2,\cdots,x_n)$,$\cdots$ 我们即以一个字母 $f,g,\cdots$ 表示.

如果
$$\frac{f_1}{g_1}=\frac{f_2}{g_2}=\alpha,$$
则按商的定义,
$$g_1\alpha=f_1,\quad g_2\alpha=f_2.$$

我们以 g_2 乘第一个等式,以 g_1 乘第二个等式. 如此得:
$$g_1g_2\alpha=f_1g_2,\quad g_1g_2\alpha=f_2g_1.$$
由此有 $f_1g_2=f_2g_1$.

反之,设 $f_1g_2=f_2g_1$ 并且 $g_1\alpha=f_1$. 我们来证明这 α 亦将是方程式 $g_2z=f_2$ 的解.

将等式 $g_1\alpha = f_1$ 两边以 g_2 乘之. 得

$$g_1 g_2 \alpha = f_1 g_2.$$

但 $f_1 g_2 = f_2 g_1$, 所以, 在等式右边把 $f_1 g_2$ 以 $f_2 g_1$ 这个式子替代之, 得

$$g_1 g_2 \alpha = f_2 g_1.$$

既然 $g_1 \neq 0$, 这等式可以以 g_1 约简之, 结果得 $g_2 \alpha = f_2$. 由此有

$$\alpha = \frac{f_2}{g_2}, \text{即} \frac{f_1}{g_1} = \frac{f_2}{g_2}.$$

由性质 Ⅰ~Ⅳ 立刻知道, $P[x_1, x_2, \cdots, x_n]$ 内所有多项式的商的集合构成域 Σ 的一个子域. 这个子域我们用 $\triangle$ 代表, 并把它叫作环 $P[x]$ 在 Σ 内的商域.

到现在为止, 我们仅仅把 $P[x_1, x_2, \cdots, x_n]$ 看作某一个域的子环, 但是 $P[x_1, x_2, \cdots, x_n]$ 也可能是另外一个域 Σ' 的子环. 今问环 $P[x_1, x_2, \cdots, x_n]$ 在 Σ' 内的商域是什么? 现在我们证明这个商域(除去一一同构不计)和在 Σ 内的商域是一样的, 换句话说, 有下述定理成立.

定理 3.1.1 假若多项式环 $P[x_1, x_2, \cdots, x_n]$ 的商域存在[①], 这个商域是唯一的(一一同构的商域看作相同).

证明 设多项式环 $P[x_1, x_2, \cdots, x_n]$ 既是域 Σ 的子环, 同时又是域 Σ' 的子环. 令 $\triangle$ 代表 $P[x]$ 在 Σ 内的商域, $\triangle'$ 代表 $P[x]$ 在 Σ' 内的商域.

今在 $P[x_1, x_2, \cdots, x_n]$ 中任意取出两个多项式 $f(x_1, x_2, \cdots, x_n)$ 和 $g(x_1, x_2, \cdots, x_n) \neq 0$, 并设这两个多项式在 Σ 内的商是 α, 在 Σ' 内的商是 α'. 这样, α 就是方程式(1)在 Σ 内的解, α' 就是方程式(1)在 Σ' 内的解. α 是商域 $\triangle$ 的元素, α' 则为商域 $\triangle'$ 的元素.

令元素 α 和元素 α' 成对应, 我们不难证明这个对应是一个一一应

$$\alpha \leftrightarrow \alpha' \tag{2}$$

事实上, 设方程式

$$g_1 z = f_1, \quad g_1 \neq 0, \tag{3}$$

在域 Σ 内的解 β 也对应同一的 α', 这就是说, 方程式(3)在域 Σ' 内的解是 α', 由此在 Σ' 内商

$$\frac{f}{g} \text{和} \frac{f_1}{g_1}$$

必须相等. 根据商的性质 Ⅰ, 这四个多项必须满足等式

---

① 我们仅仅是说"假若存在", 因为到现在为止, 我们还不知道是否有一个域 Σ 存在而以 $P[x_1, x_2, \cdots, x_n]$ 为它的子环.

$$fg_1 = f_1g. \qquad (4)$$

假若这个等式成立,再由商的性质 I ,$\dfrac{f}{g}$ 和 $\dfrac{f_1}{g_1}$ 在域 Σ 内必须相等,即,$\beta = \alpha$.

显然,对于 $\triangle'$ 内的每一个 α',都可以在 $\triangle$ 内求出一个元素 α 和它对应.综合起来,这就证明了式(2)是商域 $\triangle$ 和商域 $\triangle'$ 的一个一一对应.

我们还要进一步证明对应式(2)是 $\triangle$ 和 $\triangle'$ 的一个一一同构.设 α,β 是 $\triangle$ 的任意两个元素,并设 α 和 β 依次是方程式

$$g_1z = f_1,\ g_1 \neq 0. \qquad (5)$$

和

$$g_2z = f_2,\ g_2 \neq 0. \qquad (6)$$

在 Σ 内的根.次设方程式(5)在 Σ' 内的根是 α',方程式(6)在 Σ' 内的根是 β'.由对应关系(2)有

$$\alpha \leftrightarrow \alpha',\ \beta \leftrightarrow \beta'.$$

根据商的性质 II ,$\alpha + \beta$ 就是方程式

$$g_1g_2z = f_1g_2 + f_2g_1 \qquad (7)$$

在 Σ 内的根.令方程式(7)在 Σ' 内的根等于 γ',由此有

$$\alpha + \beta \leftrightarrow \gamma'$$

再由商的性质 II ,$\alpha' + \beta'$ 必须是同一方程式(7)在 Σ' 内的根.由于方程式(7)的解的唯一性即有 $\gamma' = \alpha' + \beta'$.换句话说,上面的对应可以写成

$$\alpha + \beta \leftrightarrow \alpha' + \beta'.$$

同理,利用商的性质 III ,我们可以证明

$$\alpha\beta \leftrightarrow \alpha'\beta'.$$

综上所述,这就证明了 $\triangle$ 和 $\triangle'$ 是一一同构的.

我们指出,在这个一一同构的对应中,$P[x_1,x_2,\cdots,x_n]$ 的每一个多项式 $f(x_1,x_2,\cdots,x_n)$ 都是和它自身成对应:$f \leftrightarrow f$.事实上,$f(x_1,x_2,\cdots,x_n)$ 可以看作域 P 的单位元素 e 和 $f(x_1,x_2,\cdots,x_n)$ 的商 $\dfrac{f}{e}$,即,可以看作方程式

$$ez = f(x_1,x_2,\cdots,x_n)$$

的根.但是这个方程式无论在域 Σ 内或域 Σ' 内都具有同一的解,即 $f(x_1, x_2,\cdots,x_n)$.

我们已经证明了,假若环 $P[x_1,x_2,\cdots,x_n]$ 的商域存在,它是唯一的.现在我们证明这个商域的确存在.

定理 3.1.2(商域的存在定理)   每一个多项式环 $P[x_1,x_2,\cdots,x_n]$ 的商域

都存在.

  证明 我们来考虑,由 $P[x_1,x_2,\cdots,x_n]$ 的多项式 $f(x_1,x_2,\cdots,x_n)$,
$g(x_1,x_2,\cdots,x_n)\neq 0$ 作一切序对 $\langle f,g\rangle$ 的集合 M. 由性质 Ⅰ 的指示,我们可以
把集合 M 分成部分集合,每个部分集合叫作一类[①]. 就是说,在集合 M 内可任取
某一个序对 $\langle f,g\rangle$,而把满足条件

$$f\varphi=\psi g \tag{8}$$

的一切序对 $\langle\varphi,\psi\rangle$ 归入同一类 K. 由于类 K 被序对 $\langle f,g\rangle$ 完全确定. 因此我们
可把这个序对 $\langle f,g\rangle$ 叫作类 K 的代表元素,而 K 的自身则用记号 $\dfrac{f}{g}$ 代表. 由此
集合 M 每一个序对 $\langle f,g\rangle$ 都唯一确定一个类 $\dfrac{f}{g}$.

  根据类的定义不难证明下述事实. 第一,在 $\dfrac{f}{g}$ 中含有它的代表元素 $\langle f,g\rangle$.
因为令 $\varphi=f,\psi=g$,等式(8)自然是成立的.

  第二,含于类 $\dfrac{f}{g}$ 的每一个序对 $\langle\varphi,\psi\rangle$ 都可以取作这个类的代表元素,换句
话说,我们可以证明

$$\frac{\varphi}{\psi}=\frac{f}{g}.$$

  事实上,若 $\langle\varphi,\psi\rangle$ 属于类 $\dfrac{f}{g}$,则有

$$f\psi=\varphi g \tag{9}$$

今在类 $\dfrac{f}{g}$ 中任取一个序对 $\langle h,k\rangle$. 这个序对显然满足等式

$$fk=hg \tag{10}$$

以 ψ 乘等式(10)的两端得

$$fk\psi=h\psi g$$

根据等式(9),最后这个等式左端的 $f\psi$ 可代以 φg,经过这个代换后的

$$\varphi kg=h\psi g,$$

两端除以 g 后(因为 $g\neq 0$,这个步骤是完全合理的)则有

$$\varphi k=h\psi.$$

由最后这个等式我们就证明了序对 $\langle h,k\rangle$ 含于类 $\dfrac{\varphi}{\psi}$. 换句话说,类 $\dfrac{f}{g}$ 的每一个

---

  ① 这个类实际上就是集合 M 的一个等价类.

序对都含于类 $\dfrac{\varphi}{\psi}$.

同理可以证明类 $\dfrac{\varphi}{\psi}$ 的每一个序对都含于类 $\dfrac{f}{g}$. 结果, 类 $\dfrac{f}{g}$ 和 $\dfrac{\varphi}{\psi}$ 必须一致, 即

$$\frac{f}{g} = \frac{\varphi}{\psi}.$$

由这个等式就证明了所要的结果.

第三, 假若由集合 M 内取出一个序对 $\langle f_1, g_1 \rangle$ 而不含类 $\dfrac{f}{g}$; $\dfrac{f}{g}$ 和 $\dfrac{f_1}{g_1}$ 就代表不同的类, 不仅如此, 而且这两个类没有一个公共序对. 若不然, 设这个类共含有一个序对 $\langle \varphi, \psi \rangle$, 这个序对必须满足下面的两个等式

$$f\psi = \varphi g \tag{11}$$
$$f_1\psi = \varphi g_1 \tag{12}$$

以 f_1 乘等式 (11) 的两边得

$$f f_1 \psi = f_1 g \varphi.$$

由等式 (12), 我们可以用 φg_1 代 $f_1 \psi$

$$f g_1 \varphi = f_1 g \varphi.$$

两端除以 φ 得

$$f g_1 = f_1 g.$$

由最后这个等式可以断定序对 $\langle f_1, g_1 \rangle$ 必须含于类 $\dfrac{f}{g}$, 这显然和所设的假设相矛盾. 由此 $\dfrac{f}{g} = \dfrac{f_1}{g_1}$ 当且仅当 $f g_1 = f_1 g$ 时才成立.

根据上述, 我们证明了集合 M 可以分解成两两互不相同且互不相交的类 $\dfrac{f}{g}$. 设 $\triangle$ 是所有这些类 $\dfrac{f}{g}$ 的集合. 现在试在集合 $\triangle$ 内定义加法和乘法的运算而使它关于这些运算构成一个域.

根据商的公式 Ⅱ 和 Ⅲ, 我们可以定义类的加法和乘法运算如下

$$\frac{f_1}{g_1} + \frac{f_2}{g_2} = \frac{f_1 g_2 + f_2 g_1}{g_1 g_2} \tag{13}$$

$$\frac{f_1}{g_1} \cdot \frac{f_2}{g_2} = \frac{f_1 f_2}{g_1 g_2} \tag{14}$$

我们先证明这些定义是合法的. 第一, 因为 $g_1 \neq 0, g_2 \neq 0$, 所以 $g_1 g_2 \neq 0$ (因为集合 M 的每一个序对 $\langle f, g \rangle$) 的第二个元素都假设是 $g \neq 0$). 由此等式

(13) 和(14) 右端的记号都有意义.

第二,等式(13) 和(14) 的右端,不随代表元素的选取而受到变化.事实上,假若在类 $\dfrac{f_1}{g_1}$ 内另外选取一个序对 $\langle\varphi,\psi\rangle$ 代替 $\langle f_1,g_1\rangle$,则有

$$f_1\psi = \varphi g_1. \tag{15}$$

以 g_2 乘等式(15) 的两端得

$$f_1 g_2\psi = \varphi g_1 g_2.$$

再以 $f_2 g_1\psi$ 加于最后这个等式的两端则有

$$f_1 g_2\psi + f_2 g_1\psi = \varphi g_1 g_2 + f_2 g_1\psi,$$

或

$$[f_1 g_2 + f_2 g_1]\psi = [\varphi g_2 + f_2\psi]g_1.$$

最后,再以 g_2 乘最后这个等式的两端

$$[f_1 g_2 + f_2 g_1]\psi g_2 = [\varphi g_2 + f_2\psi]g_1 g_2. \tag{16}$$

由等式(16) 就证明了

$$\frac{f_1 g_2 + f_2 g_1}{g_1 g_2} = \frac{\varphi g_2 + f_2\psi}{\psi g_2}.$$

同理,以 $f_2 g_2$ 乘等式(15) 的两端得

$$f_1 f_2\psi g_2 = \varphi f_2 g_1 g_2,$$

由此

$$\frac{f_1 f_2}{g_1 g_2} = \frac{\varphi f_2}{\psi g_2}.$$

同理,假若在另外一个类中选取另一代表元素代替 $\langle f_2,g_2\rangle$,我们同样可以证明等式(13) 和(14) 的右端不受影响.

现在我们证明关于这样的定义的加法和乘法运算,类的集合 $\triangle$ 构成一个域.显然,要证明这一事实,必须证明 $\triangle$ 满足域的所有条件.我们仅证明加法结合律.因为

$$\frac{f_1}{g_1} + \left(\frac{f_2}{g_2} + \frac{f_3}{g_3}\right) = \frac{f_1}{g_1} + \frac{f_2 g_3 + f_3 g_2}{g_2 g_3} = \frac{f_1 g_2 g_3 + f_2 g_1 g_3 + f_3 g_1 g_2}{g_1 g_2 g_3};$$

$$\left(\frac{f_1}{g_1} + \frac{f_2}{g_2}\right) + \frac{f_3}{g_3} = \frac{f_1 g_2 + f_2 g_1}{g_1 g_2} + \frac{f_3}{g_3} = \frac{f_1 g_2 g_3 + f_2 g_1 g_3 + f_3 g_1 g_2}{g_1 g_2 g_3};$$

上面两个等式的右端相同,所以左端也相等

$$\frac{f_1}{g_1} + \left(\frac{f_2}{g_2} + \frac{f_3}{g_3}\right) = \left(\frac{f_1}{g_1} + \frac{f_2}{g_2}\right) + \frac{f_3}{g_3}.$$

同理可以证明 $\triangle$ 满足域的其他条件.

最后,我们在证明依照上述方法所构造的域 $\triangle$ 就是环 $P[x_1, x_2, \cdots, x_n]$ 的商域. 要证明这个结果,只要能证明 $\triangle$ 含有一个子环和 $P[x_1, x_2, \cdots, x_n]$ 是一一同构即可.

为了这个目的,试考察含于 $\triangle$ 内形式如 $\frac{f}{e}$ 的类的集合,e 代表域 P 的单位元素. 使 $P[x_1, x_2, \cdots, x_n]$ 的每一个多项式 f 和类 $\frac{f}{e}$ 成对应

$$f \leftrightarrow \frac{f}{e}, \tag{17}$$

这个对应是环 $P[x_1, x_2, \cdots, x_n]$ 和形式如 $\frac{f}{e}$ 的类的一个一一对应. 事实上,$P[x_1, x_2, \cdots, x_n]$ 内不同的多项式 f_1 和 f_2 应常对应不同的类

$$\frac{f_1}{e} \neq \frac{f_2}{e}$$

假若这两个类重合,由两个类的相等条件有

$$f_1 e = f_2 e$$

或 $f_1 = f_2$. 这显然和假设相矛盾.

不仅如此,对应每一个类 $\frac{f}{e}$ 总可在 $P[x_1, x_2, \cdots, x_n]$ 中求出一个多项式 f 和它成对应. 即,这个对应是一个一一对应.

现在我们证明一一对应(17)是环 $P[x_1, x_2, \cdots, x_n]$ 和形式如 $\frac{f}{e}$ 的类的集合之间的一个一一同构. 设

$$f_1 \leftrightarrow \frac{f_1}{e}, f_2 \leftrightarrow \frac{f_2}{e},$$

则有

$$f_1 + f_2 \leftrightarrow \frac{f_1 + f_2}{e} = \frac{f_1 e + f_2 e}{ee} = \frac{f_1}{e} + \frac{f_2}{e}, f_1 f_2 \leftrightarrow \frac{f_1 f_2}{e} = \frac{f_1 f_2}{ee} = \frac{f_1}{e} \cdot \frac{f_2}{e}.$$

由此,形式如 $\frac{f}{e}$ 的类所组成的部分集合,构成域 $\triangle$ 的一个子环,它和环 $P[x]$ 是一一同构的. 这两个集合既然一一同构,因此我们对于类 $\frac{f}{e}$ 和与它对应的多项式 f 就不再加以区别,甚至就可以用 f 代表它.

不但如此,由于类 $\frac{e}{g}$ 是关于类 $\frac{g}{e}$ 的逆元素,所以由等式

$$\frac{f}{e} \cdot \frac{e}{g} = \frac{f}{g},$$

我们就可以把任意一个类 $\dfrac{f}{g}$，即是，就是域 $\triangle$ 的任意一个元素（关于在 $\triangle$ 内定义的运算），看作环 $P[x_1,x_2,\cdots,x_n]$ 内两个多项式 f 和 $g\neq0$ 的商. 这样，我们就证明了 $\triangle$ 是环 $P[x]$ 的商域.

商域的存在已如上证明. 以后我们常用记号 $P(x_1,x_2,\cdots,x_n)$ 代表环 $P[x_1,x_2,\cdots,x_n]$ 的商域（把 $x_1,x_2,\cdots,x_n$ 写在圆括号内而不写在方括号内）.

3.2 商作为函数

为简便起见，我们来考虑一元多项式的商的情形.

在数学分析学中，$g(x)\neq0$ 的时候，多项式的商 $\dfrac{f(x)}{g(x)}$ 是看作变量 x 的函数，并把它叫作 x 的有理函数. 有时我们也用"有理函数"这一术语代表多项式的商，但是不应将此术语了解为函数论上的意义. 因为我们知道不能把在任意域上的多项式看作变数 x 的函数，所以在域 P 是任意的情形下，在域 P 上的有理函数 $\dfrac{f(x)}{g(x)}(g(x)\neq0)$ 就是指的商域 $P(x)$ 的元素.

设

$$r(x)=\frac{f(x)}{g(x)} \tag{1}$$

是 $P(x)$ 中的某一个商. 我们来引入商 $r(x)$ 的值的概念.

我们预先指明，商(1)的分子与分母总可以假设是互不可通约的. 如若不然，则多项式 $f(x)$ 与 $g(x)$ 有一次数高于零的最大公因式 $D(x)$，则

$$f(x)=f_1(x)D(x),g(x)=g_1(x)D(x),$$

$f_1(x)$ 与 $g_1(x)$ 将是互不可通约的，而根据商的相等的条件我们可以写

$$r(x)=\frac{f(x)}{g(x)}=\frac{f_1(x)}{g_1(x)}.$$

如此，我们将假设 $f(x)$ 与 $g(x)$ 是互不可通约的. 现在我们取域 P 中某一个元素 c. 如果 $g(c)\neq0$，那么所谓 $r(x)$ 在 $x-c$ 时的值将理解为多项式 $f(x)$ 与 $g(x)$ 在 $x=c$ 时的值的比，并且以 $r(c)$ 表之. 显然，商 $r(x)$ 的值 $r(c)$ 是域 P 的某一个元素.

由这个定义推知，如果两个商相等：$r_1(x)=r_2(x)$，则它们的值在未知量 x 取任何值时都相等，这里商 $r_1(x)=r_2(x)$ 的分母都是不等于零的.

事实上，如果

$$r_1(x)=\frac{f_1(x)}{g_1(x)},r_2(x)=\frac{f_2(x)}{g_2(x)}$$

并且 $r_1(x) = r_2(x)$，则由商的相等条件有

$$f_1(x)g_2(x) = f_2(x)g_1(x).$$

设 c 是 P 中的某一个元素而 $g_1(c) \neq 0$ 并且 $g_2(c) \neq 0$. 令 $x = c$，我们有

$$f_1(c)g_2(c) = f_2(c)g_1(c),$$

由此，利用域 P 中商的相等条件，我们得

$$\frac{f_1(c)}{g_1(c)} = \frac{f_2(c)}{g_2(c)}.$$

我们来证明，在无限域 P 的场合则，其逆定理亦成立.

定理 3.2.1 如果商式 $r_1(x)$ 与 $r_2(x)$ 的值在未知元 x 取任何值时都相等，而商的分母不等于零，则商 $r_1(x)$ 与 $r_2(x)$ 相等.

证明 设

$$\frac{f_1(c)}{g_1(c)} = \frac{f_2(c)}{g_2(c)}.$$

这里 c 是 P 中的一个任意的元素而 $g_1(c)$ 与 $g_2(c)$ 不等于零. 于是有

$$f_1(c)g_2(c) = f_2(c)g_1(c), \tag{2}$$

由等式（2）可见，乘积 $f_1(x)g_2(x)$ 与 $f_2(x)g_1(x)$ 的值在 x 的无限多个值之下相等，因为域 P 是无限的，而多项式 $g_1(x) \neq 0$ 与 $g_2(x) \neq 0$ 在 P 上只有有限个根. 所以，多项式 $f_1(x)g_2(x)$ 与 $f_2(x)g_1(x)$ 应该是相等的

$$f_1(x)g_2(x) = f_2(x)g_1(x).$$

由此根据商的相等条件得

$$\frac{f_1(x)}{g_1(x)} = \frac{f_2(x)}{g_2(x)},$$

而我们这命题就证明了.

我们在 $P(x)$ 中一个任意的商 $r(x) = \dfrac{f(x)}{g(x)}$ 里将其未知量 x 以 P 中某一元素 c 替代之，而分母 $g(x)$ 不等于零. 于是我们将得到 P 中一个完全确定的元素 $r(c)$. 如此，$P(x)$ 中每个商 $r(x)$ 将与一个单变元 ξ 的函数成对应，这时函数在 x 的所有值上都有定义，只除去使分母 $g(x)$ 的值为零的例外

$$r(x) \rightarrow r(\xi). \tag{3}$$

我们在此以 $r(\xi)$ 表示与商 $r(x)$ 成对应的函数. 我们将称 $r(\xi)$ 为域 P 上的有理函数.

在对应式（3）的引导之下，我们现在来引入有理函数的加法与乘法这两种运算. 即，如果

$$r_1(x) = \frac{f_1(x)}{g_1(x)}, r_2(x) = \frac{f_2(x)}{g_2(x)}$$

是域 P 中任何两个商,那么 $r_1(\xi) + r_2(\xi)$ 我们将理解为与 $r_1(x) + r_2(x)$ 这商和对应的有理函数,而 $r_1(\xi) r_2(\xi)$ 将理解为与 $r_1(x) r_2(x)$ 这商乘积对应的有理函数.

我们这加法与乘法的定义有些与寻常的函数运算不一致的地方. 例如,在我们的意义之下

$$(\xi - 1)^2 \frac{1}{\xi - 1} = \xi - 1 (1 \text{ 是域 } P \text{ 的单位}), \tag{4}$$

而在寻常的意义下,$(\xi - 1)^2 \frac{1}{\xi - 1}$ 不能认为是等于 $\xi - 1$,因为等式(4)的右边对 ξ 的所有值都有定义,而在左边 $\frac{1}{\xi - 1}$ 在 $\xi = 1$ 时没有定义.

这样,我们已给域 P 上有理函数的加法与乘法下了适当的定义. 现在我们来证明无限域 P 的场合商的代数观点与函数的观点某种意义上重合. 说明确些,我们来证明下面这定理成立.

定理 3.2.2   如果域 P 是无限的,则 P 上有理函数 $r(\xi)$ 的集合形成一域,与 $P(x)$ 的商域同构.

证明   设两个商

$$r_1(x) = \frac{f_1(x)}{g_1(x)} \text{ 与 } r_2(x) = \frac{f_2(x)}{g_2(x)}$$

有 P 上同一个有理函数 $r(\xi)$ 与之对应

$$r_1(x) \rightarrow r(\xi), r_2(x) \rightarrow r(\xi).$$

于是域 P 中任何 c 恒有 $r_1(c) = r_2(c)$,而商 $r_1(x)$ 与 $r_2(x)$ 的分母 $g_1(c)$ 与 $g_2(c)$ 不等于零. 但上面我们已经证明,在无限域 P 的场合这样的商应该相等. 所以,$r_1(x) = r_2(x)$,并且我们知道对应关系(3)不但是单值的,而且是相互单值的.

其次,按有理函数的和与积的定义本身有

$$r_1(x) + r_2(x) \rightarrow r_1(\xi) + r_2(\xi), r_1(x) r_2(x) \rightarrow r_1(\xi) r_2(\xi).$$

如此,对应关系(3)是域 $P(x)$ 与 P 上有理函数 $r(\xi)$ 的集合之间的同构. 因此,这函数集合形成一个域,与 $P(x)$ 同构,而这定理证明了.

刚才所证明的定理使我们有理由在无限域 P 的场合对商与有理函数不加区别[①],并且在这个场合自变元 ξ 与未知元 x 我们可以用同一个字母来表示.

---

① 对代数运算而言不加区别.

以函数论观点来看代数分式的这种理论大致也同样可以施于多元多项式场合,但我们不细讲了.

3.3 分解有理分式为简分式

在函数的积分理论中,在把真分式分解成简分式的和有很大的作用.可以在任何数学分析教程中找到对应的结果.但是我们在这里是立刻在任意基域上来讨论的.

首先,我们引出一些必要的定义.

定义 3.3.1 有理分式叫作不可约的,如果它的分子和分母是互不可通约的.

每一个有理分式都等于某一个不可约分式,如果不算它的分子和分母的零次公因式,它是唯一确定的.

事实上,每一个有理分式都可以在约去它的分子和分母的最大公因式后,得出一个同它相等的不可约分式. 还有,如果有两个彼此相等的不可约分式 $\dfrac{f(x)}{g(x)}$ 和 $\dfrac{\varphi(x)}{\psi(x)}$,就有

$$f(x)\psi(x)=g(x)\varphi(x),\tag{1}$$

那么由 $f(x)$ 和 $g(x)$ 的互不可通约性,知道由第一章 §2 的性质,$\varphi(x)$ 被 $f(x)$ 所整除,而由 $\varphi(x)$ 和 $\psi(x)$ 的互不可通约性,知道 $f(x)$ 被 $\varphi(x)$ 所整除.这样一来,$f(x)=c\varphi(x)$ 而由(1)得出 $g(x)=c\psi(x)$.

定义 3.3.2 有理分式的分子的次数如果小于它的分母的次数时,叫作真分式.

如 $\dfrac{3x+1}{x^2-1}$,$\dfrac{2x^2-x+1}{x^2+x+2}$ 就是真分式.

如果规定把多项式 0 算作真分式,那么下面的定理是正确的.

定理 3.3.1 每一个有理分式都可以表为,而且是唯一地表为一个多项式和一个真分式的和的形状.

事实上,如果已经给出了一个有理分式 $\dfrac{f(x)}{g(x)}$ 且如用它的分母乘除它的分子,得出等式

$$f(x)=g(x)q(x)+r(x),$$

其中 $r(x)$ 为零或为一个次数小于 $g(x)$ 的次数的多项式,那么,很容易验证,

$$\frac{f(x)}{g(x)}=q(x)+\frac{r(x)}{g(x)},$$

如果又有等式

$$\frac{f(x)}{g(x)} = q_1(x) + \frac{\varphi(x)}{\psi(x)},$$

其中 $\varphi(x)$ 如果有次数,它的次数就小于 $\psi(x)$ 的次数,那么我们得出等式

$$q(x) - q_1(x) = \frac{\varphi(x)}{\psi(x)} - \frac{r(x)}{g(x)} = \frac{\varphi(x)g(x) - \psi(x)r(x)}{\psi(x)g(x)}.$$

因为左边是一个多项式,而右边,易知它是一个真分式,所以我们得出 $q(x) -$ $q_1(x) = 0$ 和

$$\frac{\varphi(x)}{\psi(x)} - \frac{r(x)}{g(x)} = 0.$$

由定理 3.3.1,任一有理分式都可以唯一地表为一个多项式和一个真分式之和,这个真分式,我们还可以再进一步分解为若干根简单的分式 —— 简分式 —— 之和.

定义 3.3.3 把真分式 $\frac{f(x)}{g(x)}$ 叫作简分式,如果它的分母 $g(x)$ 是域 P 上不可约多项式 $p(x)$ 的方幂,

$$g(x) = p^k(x) \quad (k \geqslant 1)$$

而且它的分子 $f(x)$ 的次数小于 $p(x)$ 的次数.

由这个定义,由于不可约多项式 $p(x)$ 不能整除分子 $f(x)$,所以 $p(x)$ 与 $f(x)$ 互不可通约,因而简分式总是既约真分式.其次,简分式不包括零分式.

形如 $\frac{c}{(x-a)^k}$ 的分式(a,c 是域 P 的元素)是任意域 P 上的简分式.形式如

$\frac{cx+d}{(x^2+px+q)^k}$($c,d,p,q$ 是实数,并且 $p^2 - 4q < 0$)的分式是实数域上的简分式,但不是复数域上的简分式,因为 $x^2 + px + q$ 不是复数域上的不可约多项式.

一个分式是否是简分式,与所论及的域有关,这是因为不可约多项式是一个相对于域的概念.例如 $\frac{2x}{(x^2-2)^2}$ 是有理数域上的简分式,但不是实数域上的简分式,因为 $x^2 - 2$ 在有理数域上不可约,但在实数域上可约:$x^2 - 2 = (x + \sqrt{2})(x - \sqrt{2})$.

我们来证明下面的基本定理.

定理 3.3.2 每一个真分式都可以分解成简分式的和.

证明 首先讨论真分式 $\frac{f(x)}{g(x)h(x)}$,其中多项式 $g(x)$ 和 $h(x)$ 互不可通

约，

$$(g(x), h(x)) = 1,$$

从第一章 §2,知道有这样的多项式 $\varphi(x)$ 和 $\psi(x)$ 存在,使得

$$g(x)\varphi(x) + g(x)\psi(x) = 1.$$

所以

$$g(x)[\varphi(x)f(x)] + h(x)[\psi(x)f(x)] = f(x) \qquad (2)$$

用 $h(x)$ 来除乘积 $\varphi(x)f(x)$,假设我们得出余式 $\varphi'(x)$,它的次数小于 $h(x)$ 的次数. 那么等式(2)可以写作下面的形状

$$g(x)\varphi'(x) + h(x)\psi'(x) = 1, \qquad (3)$$

其中多项式 $\psi'(x)$ 的表示式是很容易写出来的. 因为乘积 $g(x)\varphi'(x)$ 的次数小于乘积 $g(x)h(x)$ 的次数，又从已知条件,$f(x)$ 的次数也小于多项式 $g(x)h(x)$ 的次数,所以乘积 $h(x)\psi'(x)$ 的次数小于 $g(x)h(x)$ 的次数,这就得出 $\psi'(x)$ 的次数小于 $g(x)$ 的次数. 现在从式(3)推出等式

$$\frac{f(x)}{g(x)h(x)} = \frac{\psi'(x)}{g(x)} + \frac{\varphi'(x)}{h(x)},$$

出现在右边的是两个真分式的和.

如果分母 $g(x), h(x)$ 中,至少有一个能再分解为互不可通约因式的乘积,那么可以把这个分式来继续裂分. 继续这样做下去,我们得出,每一个真分式都可以分解成这样的一些真分式的和,在它们每一个的分母中,都是不可约多项式的方幂. 说得明显一些,如果给出了真分式 $\dfrac{f(x)}{g(x)}$,它的分母在域 P 上有下面的对不可约因式的分解式

$$g(x) = p_1^{k_1}(x) p_2^{k_2}(x) \cdots p_t^{k_t}(x),$$

(很明显的,常常可以使有理分式的首项系数等于 1),而且在 $i \neq j$,对有 $p_i(x) \neq p_j(x)$,那么

$$\frac{f(x)}{g(x)} = \frac{\psi_1(x)}{p_1^{k_1}(x)} + \frac{\psi_2(x)}{p_2^{k_2}(x)} + \cdots + \frac{\psi_t(x)}{p_t^{k_t}(x)};$$

在这个等式的右边中,各项都是真分式.

现在我们只要讨论这样的真分式 $\dfrac{\varphi'(x)}{p^k(x)}$,其中 $p(x)$ 是一个不可约多项式. 应用带余除法,把 $p^{k-1}(x)$ 来除 $\varphi'(x)$,再把 $p^{k-2}(x)$ 来除所得出的余式,诸如此类.

我们得出下面的这些等式

$$\varphi'(x) = p^{k-1}(x)s_1(x) + \varphi_1(x),$$

288

$$\varphi_1(x) = p^{k-2}(x)s_2(x) + \varphi_2(x),$$
$$\vdots$$
$$\varphi_{k-2}(x) = p(x)s_{k-1}(x) + \varphi_{k-1}(x),$$

在这里,因为已知条件,$\varphi'(x)$ 的次数小于 $p^k(x)$ 的次数,而且每一个余式 $\varphi_i(x), i=1,2,\cdots,k-1$ 的次数都小于对应的除式 $p^{k-i}(x)$ 的次数,所以所有因式 $s_1(x),s_2(x),\cdots,s_{k-1}(x)$ 的次数都小于多项式 $p(x)$ 的次数. 最后的余式 $\varphi_{k-1}(x)$ 的次数也小于 $p(x)$ 的次数. 从所得出的等式我们得到

$$\varphi'(x) = p^{k-1}(x)s_1(x) + p^{k-2}(x)s_2(x) + \cdots + p(x)s_{k-1}(x) + \varphi_{k-1}(x).$$

这样,我们就得到所要找出的,表有理分式 $\dfrac{\varphi'(x)}{p^k(x)}$ 为简分式的和的表示式

$$\frac{\varphi'(x)}{p^k(x)} = \frac{\varphi_{k-1}(x)}{p^k(x)} + \frac{s_{k-1}(x)}{p^{k-1}(x)} + \cdots + \frac{s_2(x)}{p^2(x)} + \frac{s_1(x)}{p(x)}.$$

基本定理已经证明. 我们还可以加上下面的唯一性定理.

定理 3.3.3 把每一个有理真分式分解成简分式的和,它的分解法是唯一的.

事实上,设有一个真分式可以有两种表示法来表为真分式的和. 从这两个表示式中的某一个减去另一个后合并同类项,我们得到一个简分式的和恒等于零. 假设在这个和里面的简分式的分母是某些不同的不可约多项式 $p_1(x)$, $p_2(x),\cdots,p_s(x)$ 的方幂,且设多项式 $p_i(x), i=1,2,\cdots,s$,在这些分母中出现的最高幂次是 $p_i^{k_i}(x)$. 用乘积 $p_1^{k_1-1}(x)p_2^{k_2}(x)\cdots p_s^{k_s}(x)$ 来乘所说的等式的两边. 在这个和的所有项中,除开一个项以外,就都化成了多项式. 至于项 $\dfrac{\varphi'(x)}{p_1^{k_1}(x)}$, 变成了这样的一个分式,它的分母是 $p_1(x)$,而它的分子是乘积 $\varphi'(x)p_2^{k_2}(x)\cdots p_s^{k_s}(x)$. 因为多项式 $p_1(x)$ 是不可约的,而且分子中所有的因式都和它互不可通约,所以分母不能整除分子. 应用带余除法,我们就得出这样的结果,一个多项式和不等于零的真分式的和等于零. 但是定理 3.3.1 已经证明了这是不可能的.

讨论一个在实数域上关于有理分式的例子.

例 分解实真分式 $\dfrac{f(x)}{g(x)}$ 为简分式的和,其中

$$f(x) = 2x^4 - 10x^3 + 7x^2 + 4x + 3, g(x) = x^5 - 2x^3 + 2x^2 - 3x + 2.$$

容易验证,

$$g(x) = (x+2)(x-1)^2(x^2+1),$$

而且每一个多项式 $x+2, x-1, x^2+1$ 都是在实数域上不可约的. 从上面所说

的理论,推知所求的分解式一定有下面的形状

$$\frac{f(x)}{g(x)} = \frac{A}{x+2} + \frac{B}{(x-1)^2} + \frac{C}{x-1} + \frac{Dx+E}{x^2+1}, \tag{4}$$

其中 A,B,C,D,E 是所要求出的数.

从式(4) 得出等式

$$f(x) = A(x-1)^2(x^2+1) + B(x+2)(x^2+1) + C(x+2)(x-1)(x^2+1) +$$
$$D(x+2)(x-1)^2 + E(x+2)(x-1)^2. \tag{5}$$

没问题,此处表示 D 乘以多项式

$$x(x+2)(x-1)^2$$

使等式(5) 两边中对未知量 x 同方次的系数相等,我们得出含有五个未知量 A,B,C,D,E 和五个方程的线性方程组,而且从上面的证明推知这组方程有唯一的解,但是我们用另一方法来进行.

在等式(5) 可取 $x=-2$,我们得到等式 $45A=135$,所以

$$A = 3. \tag{6}$$

再在式(5) 中取 $x=1$,我们得出 $6B=6$,也就是就

$$B = 1. \tag{7}$$

其次,在等式(5) 中顺次取 $x=0,x=-1$.应用式(6) 和(7),我们得出方程

$$\left.\begin{aligned}-2C+2E&=-2\\-4C-4D+4E&=-8\end{aligned}\right\} \tag{8}$$

所以有

$$D = 1. \tag{9}$$

最后,在等式(5) 中取 $x=2$.应用式(6),(7) 和(9),我们得出方程式

$$20C + 4E = -52.$$

这个方程连同式(8) 的第一个方程给出

$$C = -2, E = -3.$$

这样一来,

$$\frac{f(x)}{g(x)} = \frac{3}{x+2} + \frac{1}{(x-1)^2} - \frac{2}{x-1} + \frac{x-3}{x^2+1}.$$

290

§4 对称多项式

4.1 对称多项式

在有许多未知量的多项式中,我们对其中的特别的一类很感兴趣,在这些多项式中,所有未知量的出现是完全成对称形状的,所以把这些多项式叫作对称多项式.最简单的例子是:未知量的和 $x_1 + x_2 + \cdots + x_n$,未知量的乘积 $x_1 x_2 \cdots x_n$ 等等.

现在我们给出对称多项式的精确定义如下

无论对多项式

$$F(x_1,x_2,\cdots,x_n)$$

的未知量 $x_1,x_2,\cdots,x_n$ 施以怎样的置换,$F(x_1,x_2,\cdots,x_n)$ 都保持不变,我们就把 $F(x_1,x_2,\cdots,x_n)$ 叫作未知量 $x_1,x_2,\cdots,x_n$ 的对称多项式.

由于每一个置换都可表示成对换的乘积(参考《代数方程式论》卷),在证明某一个多项式有对称性时,只要证明它对于每两个未知量的对换都没有变动,就已足够.

这一节的目的就是讨论任意一个具有单位元素的没有零因子的可交换环 R 的元素为系数的对称多项式.

由上述的定义,下面的每一个多项式

$$\sigma_1 = x_1 + x_2 + \cdots + x_n,$$
$$\sigma_2 = x_1 x_2 + x_1 x_3 + \cdots + x_{n-1} x_n,$$
$$\sigma_3 = x_1 x_2 x_3 + x_1 x_2 x_4 + \cdots + x_{n-2} x_{n-1} x_n,$$
$$\vdots$$
$$\sigma_{n-1} = x_1 x_2 \cdots x_{n-1} + x_1 x_2 \cdots x_{n-2} x_n + \cdots + x_2 x_3 \cdots x_n,$$
$$\sigma_n = x_1 x_2 \cdots x_n.$$

都是对称多项式.我们把这些对称多项式叫作未知量 $x_1,x_2,\cdots,x_n$ 的基本对称多项式[①].它们很像韦达公式(参考第一章 §4),故可指出如果不算符号,首项系数为 1 的一个未知量多项式的系数是它的根的基本对称多项式.基本对称多

[①] 亦称为初等对称多项式.

项式和韦达公式的这一关系,在应用对称多项式来研究一个未知量的多项式理论时,是非常重要的,因此我们现在就来研究它们.

利用字典顺序排列法,首先可以证明

定理 4.1.1 和未知量 $x_1, x_2, \cdots, x_n$ 一样,基本对称多项式 $\sigma_1, \sigma_2, \cdots, \sigma_n$ 也构成一组关于环 R 的独立未知量.

证明 假若不然,设有

$$A_1 \sigma_1^{\alpha_1} \sigma_2^{\beta_1} \cdots \sigma_n^{\nu_1} + A_2 \sigma_1^{\alpha_2} \sigma_2^{\beta_2} \cdots \sigma_n^{\nu_2} + \cdots + A_k \sigma_1^{\alpha_k} \sigma_2^{\beta_k} \cdots \sigma_n^{\nu_k} = 0. \tag{1}$$

式中的系数 $A_1, A_2, \cdots, A_k$ 代表环 R 内的非零元素[①].

每一个乘积

$$A_i \sigma_1^{\alpha_i} \sigma_2^{\beta_i} \cdots \sigma_n^{\nu_i} \quad (i = 1, 2, \cdots, k) \tag{2}$$

都代表 $x_1, x_2, \cdots, x_n$ 的某一个多项式

$$A_i \sigma_1^{\alpha_i} \sigma_2^{\beta_i} \cdots \sigma_n^{\nu_i} = A_i (x_1 + \cdots + x_n)^{\alpha_i} (x_1 x_2 + \cdots + x_{n-1} x_n)^{\beta_i} \cdots (x_1 x_2 \cdots x_n)^{\nu_i}.$$

现在来求乘积(2)的最高指数项. 因为 $\sigma_1, \sigma_2, \cdots, \sigma_n$ 的最高指数项依次是

$$x_1, x_1 x_2, \cdots, x_1 x_2 \cdots x_n,$$

所以根据上面证明的预备定理,乘积(2)的最高指数项等于

$$A_i x_1^{\alpha_i} (x_1 x_2)^{\beta_i} (x_1 x_2 x_3)^{\gamma_i} \cdots (x_1 x_2 \cdots x_n)^{\nu_i} = A_i x_1^{\alpha_i + \beta_i + \gamma_i + \cdots + \nu_i} x_2^{\beta_i + \gamma_i + \cdots + \nu_i} \cdots x_n^{\nu_i}$$

$$\tag{3}$$

我们容易证明,在形式如(3)的项中不含同类项. 假若不然,设

$$A_i x_1^{\alpha_i + \beta_i + \gamma_i + \cdots + \nu_i} x_2^{\beta_i + \gamma_i + \cdots + \nu_i} \cdots x_n^{\nu_i}$$

和

$$A_j x_1^{\alpha_j + \beta_j + \gamma_j + \cdots + \nu_j} x_2^{\beta_j + \gamma_j + \cdots + \nu_j} \cdots x_n^{\nu_j} \quad (i \neq j)$$

是同类项,同一 x_h 的指数就必须相等

$$\alpha_i + \beta_i + \cdots + \nu_i = \alpha_j + \beta_j + \cdots + \nu_j, \beta_i + \cdots + \nu_i = \beta_j + \cdots + \nu_j, \cdots, \nu_i = \nu_j.$$

由这一组等式可得 $\alpha_i = \alpha_j, \beta_i = \beta_j, \cdots, \nu_i = \nu_j$,这显然是一个矛盾的结果,因为式(1)左端的每一项至少有某一个 σ_h 的指数 λ_i 和其余的项不同.

次设在形式如式(3)的项中

$$A x_1^{\alpha_1 + \beta_1 + \gamma_1 + \cdots + \nu_1} x_2^{\beta_1 + \gamma_1 + \cdots + \nu_1} \cdots x_n^{\nu_1}$$

是最高指数项,把式(1)左端看成 $x_1, x_2, \cdots, x_n$ 的多项式,这个最高指数项也是式(1)所有项中的最高指数项. 因此,把以 $\sigma_1, \sigma_2, \cdots, \sigma_n$ 代之以关于 x_1,

---

[①] 不消说,我们可以假设这个等式不含同类项,也就是说,等式(1)左端的每一项至少有某一个 σ_h 的指数 λ_i 和其余的项不同.

$x_2, \cdots, x_n$ 的表达式,式(1) 就可以写成

$$A_1 x_1^{\alpha_1+\beta_1+\gamma_1+\cdots+v_1} x_2^{\beta_1+\gamma_1+\cdots+v_1} \cdots x_n^{v_1} + Q = 0,$$

式中的 Q 代表所有次高指数项的和(假如这些次高指数项存在).

因为 $A_1 \neq 0$,这个结果和 $x_1, x_2, \cdots, x_n$ 是独立未知量的假设相矛盾.

除去基本对称多项式外,自然还有很多另外的对称多项式.例如

$$F(x_1, x_2) = x_1^2 x_2 + x_1 x_2^2$$

就是一个对称多项式,因为令 x_1 和 x_2 互换后所得结果

$$x_2^2 x_1 + x_2 x_1^2,$$

仍然等于 $F(x_1, x_2)$.

不仅如此,我们还可以把环 R 的每一个元素看作未知量 $x_1, x_2, \cdots, x_n$ 的对称多项式.

由对称多项式的定义可知,假若对称多项式 $F(x_1, x_2, \cdots, x_n)$ 含有形式如

$$A x_1^{h_1} x_2^{h_2} \cdots x_n^{h_n}$$

的一项,则必含有形式如

$$A x_1^{h_{s_1}} A x_2^{h_{s_2}} \cdots A x_n^{h_{s_n}}$$

的所有项,其中指数 $h_{s_1}, h_{s_2}, \cdots, h_{s_n}$ 是有已知的指数 $h_1, h_2, \cdots, h_n$ 施以任意的置换而得来的.而且对于每一个未知量来说,次数都是相同的:如果对称多项式 $F(x_1, x_2, \cdots, x_n)$ 有一项中含未知量 x_i 的 k 次方,那么它亦含有从这一项经未知量 x_i 和 x_j 对换后所得出的项,也就是含有未知量 x_j 的 k 次方.

我们不难证明任意两个对称多项式和、差与积仍然是对称的,因此 n 个未知量 $x_1, x_2, \cdots, x_n$ 的所有对称多项式构成多项式环 $R[x_1, x_2, \cdots, x_n]$ 的一个子环.这个子环叫作环 R 上 n 个未知量 $x_1, x_2, \cdots, x_n$ 的对称多项式环.但对称多项式的因式不一定是对称的,例如整数环中的对称多项式 $(x_1 - x_2)^2$ 就是这样的例子.然而,容易证明下面的结论.

设环 R 上的对称多项式 $F(x_1, x_2, \cdots, x_n)$ 可分解(在 R 上)

$$F(x_1, x_2, \cdots, x_n) = G(x_1, x_2, \cdots, x_n) H(x_1, x_2, \cdots, x_n),$$

如果 G 是对称多项式,那么 H 也是对称多项式.

因为环 R 上 n 个未知量 $x_1, x_2, \cdots, x_n$ 的对称多项式构成一个环,很明显的有下面的论断:任何一个基本对称多项式的每一个正整数次幂,这些幂次的乘积取 R 中任何一个元素做系数,以及所说的这些乘积的和都是对称多项式.换句话说,系数在 R 中的基本对称多项式 $\sigma_1, \sigma_2, \cdots, \sigma_n$ 的每一个多项式,看作未知量 $x_1, x_2, \cdots, x_n$ 的多项式,都是对称的.例如当 $n=3$ 时取多项式 $\sigma_1 \sigma_1 + 2\sigma_3$.代

σ_1, σ_2 和 σ_3 以它的表示式,我们得出

$$\sigma_1\sigma_1 + 2\sigma_3 = x_1^2 x_2 + x_1^2 x_3 + x_1 x_2^2 + x_2^2 x_3 + x_1 x_3^2 + x_2 x_3^2 + 5x_1 x_2 x_3;$$

它的右边很明显的是 x_1, x_2, x_3 的对称多项式.

这一结果的逆定理是下面的对称多项式的基本定理.

定理 4.1.2 环 R 上未知量 $x_1, x_2, \cdots, x_n$ 的每一个对称多项式,都是系数仍在 R 中的基本对称多项式 $\sigma_1, \sigma_2, \cdots, \sigma_n$ 的多项式.

证明 设已给出对称多项式

$$f(x_1, x_2, \cdots, x_n)$$

且设它按照字典排法写出的首项为

$$a_0 x_1^{k_1} x_2^{k_2} \cdots x_n^{k_n}. \tag{4}$$

这一项中未知量的幂次必须适合不等式

$$k_1 \geqslant k_2 \geqslant \cdots \geqslant k_n. \tag{5}$$

事实上,假若相反的对于某一个 i 有 $k_i < k_{i+1}$,但多项式 $f(x_1, x_2, \cdots, x_n)$ 是对称的,故必须含有由项(4)经未知量 x_i 和 x_{i+1} 的对换后,所得出的项

$$a_0 x_1^{k_1} x_2^{k_2} \cdots x_i^{k_{i+1}} x_{i+1}^{k_i} \cdots x_n^{k_n}, \tag{6}$$

这就得出一个矛盾的结果,因为按照字典排法项(6)将先于项(4):$x_1, x_2, \cdots,$ x_{i-1} 的次数在两项中是一样的,但 x_i 在项(6)中的次数大于它在项(4)中的次数.

现在取下面的基本对称多项式的乘积(由不等式(5)所有幂次都是非负的)

$$\varphi_1 = a_0 \sigma_1^{k_1 - k_2} \sigma_2^{k_2 - k_3} \cdots \sigma_{n-1}^{k_{n-1} - k_n} \sigma_n^{k_n}. \tag{7}$$

这是未知量 $x_1, x_2, \cdots, x_n$ 的对称多项式,而且它的首项等于项(4).事实上,多项式 $\sigma_1, \sigma_2, \cdots, \sigma_n$ 的首项各为 $x_1, x_1 x_2, x_1 x_2 x_3, \cdots, x_1 x_2 \cdots x_n$,而且在第一节中已经证明乘积的首项等于它的各个因式的首项的乘积,所以多项式 φ_1 的首项为

$$a_0 x_1^{k_1 - k_2} (x_1 x_2)^{k_2 - k_3} (x_1 x_2 x_3)^{k_3 - k_4} \cdots (x_1 x_2 \cdots x_{n-1})^{k_{n-1} - k_n} (x_1 x_2 \cdots x_n)^{k_n}$$
$$= a_0 x_1^{k_1} x_2^{k_2} \cdots x_n^{k_n}.$$

因此,从 f 减去 φ_1,这些首项互相消去,也就是对称多项式 $f - \varphi_1 = f_1$ 的首项后于多项式 f 的首项(4).对于系数很明显的仍在环 R 中的多项式 f_1,重复这一方法,我们得出等式

$$f_1 = \varphi_2 + f_2,$$

其中 φ_2 为系数在环 R 中的基本对称多项式的幂次的乘积,而 f_2 为一个对称多

项式,它的首项后于 f_1 的首项. 故有等式

$$f = \varphi_1 + \varphi_2 + f_2,$$

继续这样进行,对于某一个 s 我们得到 $f_s = 0$,故可表 f 为系数在 R 中的 σ_1, $\sigma_2, \cdots, \sigma_n$ 的多项式

$$f(x_1, x_2, \cdots, x_n) = \varphi_1 + \varphi_2 + \cdots + \varphi_s = \varphi(\sigma_1, \sigma_2, \cdots, \sigma_n).$$

事实上,如果这一方法不能在有限次停止[①],那么我们就得出一个对称多项式的无穷序列

$$f_1, f_2, \cdots, f_s, \cdots, \tag{8}$$

其中每一个 f 的首项都后于它的前面的多项式的首项,而且所有的首项都后于式(4). 但是如果

$$bx_1^{h_1} x_2^{h_2} \cdots x_n^{h_n} \tag{9}$$

是多项式 f_s 的首项,那么由于这一个多项式的对称性,得出类似不等式(5)的不等式

$$h_1 \geqslant h_2 \geqslant \cdots \geqslant h_n. \tag{10}$$

另一方面,因项(4)先于项(9),故有

$$k_1 \geqslant h_1. \tag{11}$$

然而对于适合不等式(10)和(11)的这组非负整数 $h_1, h_2, \cdots, h_n$,易知它们只有有限种取法. 事实上,如果从条件(10),只假设所有的 $h_i, i = 1, 2, \cdots, n$,都不大于 k_1,那么所有数 h_i 的选择只可能有 $(k_1 + 1)^n$ 种方法. 因此,多项式序列(8)不能有无限多个,定理即已证明.

从上面已经提到的基本对称多项式和韦达公式的关系,可由对称多项式的基本定理,推出下面的重要的推论.

推论 设

$$f(x) = x^n - p_1 x^{n-1} + \cdots + (-1)^n p_n$$

是某一个在域 P 上只含一个未知量且首项系数为一的多项式,并设 $\alpha_1, \alpha_2, \cdots,$ α_n 是这个多项式在它的某一个分解域内的根. 由此任一个在域 P 上的对称多项式 $F(x_1, x_2, \cdots, x_n)$ 在 $x_1 = \alpha_1, x_2 = \alpha_2, \cdots, x_n = \alpha_n$ 的值均属于域 P.

由基本定理,对称多项式 $F(x_1, x_2, \cdots, x_n)$ 可用基本对称多项式 $\sigma_1, \sigma_2, \cdots,$ σ_n 在同域上的多项式表示. 设 $x_1 = \alpha_1, x_2 = \alpha_2, \cdots, x_n = \alpha_n$. 由韦达公式,基本对

---

① 要考虑到多项式 φ_s,一般地说,含有不在多项式 f_{s-1} 中的项,故从 f_{s-1} 化到 $f_s = f_{s-1} - \varphi_s$ 的时候,虽消去 f_{s-1} 中的首项,但亦可能增出新项,此处的 $s = 1, 2, \cdots$.

称多项式 $\sigma_1, \sigma_2, \cdots, \sigma_n$ 的值依次等于 $p_1, p_2, \cdots, p_n$. 这样，对称多项式 $F(x_1,$ $x_2, \cdots, x_n)$ 的值 $\varphi(p_1, p_2, \cdots, p_n)$ 必须属于域 P，因为 $f(x)$ 和 $\varphi(p_1, p_2, \cdots, p_n)$ 的系数都属于 P.

上述基本定理的证明同时给出了实际把对称多项式经基本对称多项式表出的方法. 事先引入下面的符号：如果

$$ax_1^{k_1} x_2^{k_2} \cdots x_n^{k_n}. \tag{12}$$

是未知量 $x_1, x_2, \cdots, x_n$ 的方次的乘积（其中某些方次可能等于零），那么用

$$S(ax_1^{k_1} x_2^{k_2} \cdots x_n^{k_n}) \tag{13}$$

来表示由项(12)经未知量所有可能的置换所得出的诸项的和. 很明显的，这是一个对称多项式，而且是齐次的，每一个 n 未知量对称多项式如果含有项(12)，那么必须含有多项式(13)中所有其余的项. 例如，$S(x_1) = \sigma_1$，$S(x_1 x_2) = \sigma_2$，$S(x_1^2)$ 是所有未知量的平方和，依此类推.

例 1 用初等对称多项式表出 n 未知量对称多项式 $f = S(x_1^2 x_2)$.

这里首项为 $x_1^2 x_2$，故 $\varphi_1 = \sigma_1^{2-1} \sigma_2 = \sigma_1 \sigma_2$，也就是

$$\varphi_1 = (x_1 + x_2 + \cdots + x_n)(x_1 x_2 + x_1 x_3 + \cdots + x_{n-1} x_n) = S(x_1^2 x_2) + 3S(x_1 x_2 x_3),$$

因此

$$f_1 = f - \varphi_1 = -3S(x_1 x_2 x_3) = -3\sigma_3,$$

我们得出，$f = \varphi_1 + f_1 = \sigma_1 \sigma_2 - 3\sigma_3$.

对于更复杂的例子，较方便的是先建立这些项，它们是在把一个已经给出的对称多项式经初等对称多项式表出时，可能在它的表示式中出现的那些项，而后用不定系数的方法来求出这些项的系数.

例 2 求出对称多项式 $f = S(x_1^2 x_2^2)$ 的表示式.

我们知道（见基本定理的证明），所求多项式 $\varphi(\sigma_1, \sigma_2, \cdots, \sigma_n)$ 的项为对称多项式 $f_1, f_2, \cdots$ 的这些首项所确定，而这些首项都后于所给出的多项式 f 的首项，也就是后于 $x_1^2 x_2^2$. 求出所有适合下面这些条件的乘积 $x_1^{h_1} x_2^{h_2} \cdots x_n^{h_n}$：(1)后于 $x_1^2 x_2^2$，(2)它们可以为对称多项式的首项，也就是适合不等式 $h_1 \geqslant h_2 \geqslant \cdots \geqslant h_n$，(3)对于全部未知量它们的次数都等于4（因为我们知道所有多项式 $f_1, f_2, \cdots$ 的次数，都等于齐次多项式的次数）. 写出适合上面所说的这些条件的幂次，而后得出 σ 幂次幂次的乘积，我们有下面的表式

$$22\,000\cdots \sigma_1^{2-2} \sigma_2^{2-0} = \sigma_2^2,$$
$$21\,100\cdots \sigma_1^{2-1} \sigma_2^{1-1} \sigma_3^{1-0} = \sigma_1 \sigma_3,$$
$$11\,110\cdots \sigma_1^{1-1} \sigma_2^{1-1} \sigma_3^{1-0} \sigma_4^{1-0} = \sigma_4.$$

这样一来,多项式 f 有下面的形状

$$f = \sigma_2^2 + A\sigma_1\sigma_3 + B\sigma_4.$$

σ_2^2 的系数必须等于1,因为这一项是由多项式 f 的首项所确定的,而从基本定理的证明,我们知道它们的系数相等.用下面的方法求出系数 A 和 B.

取 $x_1 = x_2 = x_3 = 1, x_4 = \cdots = x_n = 0$. 易知对于未知量的这些值,多项式 f 有值 3,而多项式 $\sigma_1, \sigma_2, \sigma_3$ 和 σ_4 各有值 3,3,1 和 0. 所以

$$3 = 9 + A \cdot 3 \cdot 1 + B \cdot 0,$$

故 $A = -2$. 现在取 $x_1 = x_2 = x_3 = \cdots = x_n = 0$. 多项式 $f, \sigma_1, \sigma_2, \sigma_3$ 和 σ_4 的值各等于 6,4,6,4,1. 所以

$$6 = 36 - 2 \cdot 4 \cdot 4 + B \cdot 1,$$

故 $B = 2$. 这样,对于 f 的所求的表示式是

$$f = \sigma_2^2 - 2\sigma_1\sigma_3 + 2\sigma_4.$$

例 3 求出多项式

$$f = x^4 + x^3 + 2x^2 + x + 1$$

的这些根的立方和.

为了解出这一个问题,把对称多项式 $S(x_1^3)$ 经初等对称多项式求出.应用上例所用的方法,我们得出

$$3\,000 \cdots \sigma_1^3,$$
$$2\,100 \cdots \sigma_1\sigma_2,$$
$$1\,110 \cdots \sigma_3,$$

所以

$$S(x_1^3) = \sigma_1^3 + A\sigma_1\sigma_2 + B\sigma_3.$$

先取 $x_1 = x_2 = 1, x_3 = \cdots = x_n = 0$,再取 $x_1 = x_2 = x_3 = 1, x_4 = \cdots = x_n = 0$. 我们得出 $A = -3, B = 3$,也就是

$$S(x_1^3) = \sigma_1^3 - 3\sigma_1\sigma_2 + 3\sigma_3. \tag{14}$$

为了求出所给的多项式 $f(x)$ 的根的立方和,应用韦达公式,在上面所求出的表示式中,代 σ_1 以变号后的 x^3 的系数,也就是用 -1 来代它,代 σ_2 以 x^2 的系数,也就是用 2 来代它,最后代 σ_3 以变号后的 x 的系数,也就是用 -1 来代它.这样一来,我们所要求出的根的立方和等于

$$(-1)^3 - 3 \cdot (-1) \cdot 2 + 3 \cdot (-1) = 2.$$

读者可以利用 $f(x)$ 的四个根 $i, -i, -\dfrac{1}{2} + \dfrac{\sqrt{3}}{2}i$ 和 $-\dfrac{1}{2} - \dfrac{\sqrt{3}}{2}i$ 来验证这一结果.

很明显的,式(14) 和所给出的多项式 $f(x)$ 无关,可取用来求出任何一个多项

式的根的立方和.

用基本定理的证明方法把对称多项式 f 经初等对称多项式来表出,得到一个完全确定的 $\sigma_1,\sigma_2,\cdots,\sigma_n$ 的多项式. 我们要指出,没有别的方法可以对 f 得出另外一个 $\sigma_1,\sigma_2,\cdots,\sigma_n$ 的表示式. 这就是下面的唯一性定理:

定理 4.1.3 每一个对称多项式,表为基本对称多项式的多项式时,它的表示式是唯一的.

我们来证明这一个定理. 如果环 R 上对称多项式 $f(x_1,x_2,\cdots,x_n)$ 有两个经 $\sigma_1,\sigma_2,\cdots,\sigma_n$ 所表出的表示式

$$f(x_1,x_2,\cdots,x_n)=\varphi(x_1,x_2,\cdots,x_n)=\psi(x_1,x_2,\cdots,x_n),$$

那么差

$$\chi(x_1,x_2,\cdots,x_n)=\varphi(x_1,x_2,\cdots,x_n)-\psi(x_1,x_2,\cdots,x_n),$$

将为 $\sigma_1,\sigma_2,\cdots,\sigma_n$ 的非零多项式,也就是它的系数不全为零. 但在另一方面,这个差 $\chi(x_1,x_2,\cdots,x_n)$ 又应该等于零,因为 $\sigma_1,\sigma_2,\cdots,\sigma_n$ 是环 R 上的独立未知量(定理 1.2.1),所以由这个矛盾,就证明了所要的结果.

4.2 对称多项式的补充注解

在上一小节中所得出的关于对称多项式基本定理的证明,对于定理的说法可以做一些主要的注解,这就是下面所要讨论的. 首先,我们有如下结论.

定理 4.2.1 基本对称多项式所表出的对称多项式 $f(x_1,x_2,\cdots,x_n)$ 的表示式 $\varphi(\sigma_1,\sigma_2,\cdots,\sigma_n)$ 里面的这些系数不仅属于环 R,同时亦可由多项式 f 的系数经加法和减法来表出,亦就是在多项式 f 的系数所产生的环 R 中的子环 L 里面.

事实上,多项式 φ_1(见前文式(7)),对于未知量 $x_1,x_2,\cdots,x_n$ 来说,易知它所有的系数都是多项式 f 的首项系数 a_0 的整数倍教,故在环 L 里面. 假设已经证明,多项式 $\varphi_1,\varphi_2,\cdots,\varphi_s$ 的所有系数(对 $x_1,x_2,\cdots,x_n$ 来说)都在环 L 里面. 那么多项式 $f_1=f-\varphi_1-\varphi_2-\cdots-\varphi_s$ 的系数亦必都在 L 里面,所以对 $x_1,x_2,\cdots,x_n$ 来说,多项式 φ_{s+1} 的所有系数仍在 L 里面.

另一方面,对于全部 $\sigma_1,\sigma_2,\cdots,\sigma_n$ 来说,多项式 $\varphi(\sigma_1,\sigma_2,\cdots,\sigma_n)$ 的次数,等于多项式 $f(x_1,x_2,\cdots,x_n)$ 对于每一个未知量 x_i 的次数. 事实上,因为前文的式(4)是多项式 f 的首项,所以 k_1 是 f 对于未知量 x_1 的次数,由它的对称性,知道对于任何一个其他来知量 x_i 来说仍为 k_1 次. 但对全部 σ 来说,由前文的式(8),知 φ_1 的次数为

$$(k_1-k_2)+(k_2-k_3)+\cdots+(k_{n-1}-k_n)+k_n=k_1.$$

再因多项式 f_1 的首项后于多项式 f 的首项,所以 f_1 对于没一个 x_i 的次数不能超过 f 对于每一个未知量的次数. 但是多项式 φ_2 对于 f_1 的作用和 φ_1 对于 f 的作用相同,所以 φ_2 对于全部 σ 的次数等于 f_1 对于每一个 x_i 的次数,亦就是它不能大于 k_1,依此类推. 这样一来,$\varphi(\sigma_1,\sigma_2,\cdots,\sigma_n)$ 的次数不大于 k_1. 因为当 $i>1$ 时,φ_i 对于全部 $\sigma_1,\sigma_2,\cdots,\sigma_n$ 的次数小于 σ_1 的次数,所以,$\varphi(\sigma_1,\sigma_2,\cdots,\sigma_n)$ 的次数确实等于 k_1. 我们的论断就已证明.

最后,设 $a\sigma_1^{h_1}\sigma_2^{h_2}\cdots\sigma_n^{h_n}$ 是多项式 $\varphi(\sigma_1,\sigma_2,\cdots,\sigma_n)$ 的一个项. 把数

$$h_1+2h_2+\cdots+nh_n$$

叫作这一个项的权,这就是 σ_i 的足数和它的方次的乘积的和. 换句话说,这就是所取的项对于全部未知量 $x_1,x_2,\cdots,x_n$ 的次数,可以由 §1 中所证明的关于多项式乘积的次数定理来推出. 现在可以得出下面的结论.

定理 4.2.2   如果齐次多项式 $f(x_1,x_2,\cdots,x_n)$ 对于全部未知量来说有次数 s,那么它经 σ 表出的表示式 $\varphi(\sigma_1,\sigma_2,\cdots,\sigma_n)$ 中,所有这些项的权都等于 s.

事实上,如果前文的式(4)是齐次多项式 f 的首项,那么

$$s=k_1+k_2+\cdots+k_n.$$

但由前文的式(7),项 φ_1 的权等于

$$(k_1-k_2)+2(k_2-k_3)+\cdots+(n-1)(k_{n-1}-k_n)+nk_n=k_1+k_2+\cdots+k_n,$$

亦等于 s. 再者,两个 s 次齐次多项式的差,如果有次数时仍旧是一个 s 次齐次式,故多项式 $f_1=f-\varphi_1$,因而多项式 f_1 的项 φ_2 的权仍等于 s,依此类推.

4.3　对称有理分式

对称多项式的基本定理可以推广到有理分式的情形. 把 n 未知量 $x_1,x_2,\cdots,x_n$ 的有理分式 $\dfrac{f}{g}$ 叫作对称的,如果经未知量的任何一个置换后所得出的分式都和它相等. 易证,这一定义和所取分式 $\dfrac{f}{g}$ 或是它的相等的分式 $\dfrac{f_0}{g_0}$ 是没有关系的. 事实上,如果 ω 是未知量的某一个置换,而 φ 为这些未知量的任何一个多项式,那么约定用 φ^ω 来表示多项式 φ 经置换 ω 所得出的多项式. 由假设,对任何一个 φ 都有

$$\frac{f}{g}=\frac{f^\omega}{g^\omega},$$

也就是 $fg^\omega=gf^\omega$. 另一方面,由

$$\frac{f}{g}=\frac{f_0}{g_0}$$

得出，$fg_0 = gf_0$，故 $f^\omega g_0^\omega = g^\omega f_0^\omega$. 用 f 来乘后一个等式的两边，我们得出

$$ff^\omega g_0^\omega = fg^\omega f_0^\omega = gf^\omega f_0^\omega,$$

故在约去 f^ω 后有：$fg_0^\omega = gf_0^\omega$，也就是

$$\frac{f_0^\omega}{g_0^\omega} = \frac{f}{g} = \frac{f_0}{g_0}.$$

下面的定理是正确的.

定理 4.3.1　每一个系数在域 P 中未知量 $x_1, x_2, \cdots, x_n$ 的对称有理分式，可以表为系数仍在域 P 中初等对称多项式 $\sigma_1, \sigma_2, \cdots, \sigma_n$ 的有理分式.

事实上，设已给出对称有理分式

$$\frac{f(x_1, x_2, \cdots, x_n)}{g(x_1, x_2, \cdots, x_n)}.$$

假定它是既约的，我们可以证明，f 和 g 都是对称多项式. 但是下面的方法更为简单. 如果多项式 g 不是对称的，那么同乘分子分母以由 g 经单位置换以外的所有置换所得出的 $(n! - 1)$ 个多项式的乘积. 易知现在的分母是一个对称多项式. 从分式的对称性知道它的新分子亦必是对称的，所以分子分母都可以经初等对称多项式求表出，定理就已证明.

4.4　等次的和·牛顿公式

在应用时常常遇到对称多项式

$$s_k = x_1^k + x_2^k + \cdots + x_n^k \quad (k = 1, 2, \cdots)$$

也就是未知量 $x_1, x_2, \cdots, x_n$ 的 k 次方的和. 这些多项式，叫作等次的和，由基本定理知道它一定可以经初等对称多项式表出. 但对于较大的 k，求出这些表示式是很困难的，所以我们注意到多项式 $s_1, s_2, \cdots$ 和 $\sigma_1, \sigma_2, \cdots, \sigma_n$ 之间的关系，这就是现在要来建立的.

首先有 $s_1 = \sigma_1$. 还有，如果 $k \leqslant n$，那就容易验证下面这些等式的正确性

$$
\begin{cases}
s_{k-1}\sigma_1 = s_k + S(x_1^{k-1} x_2)^{①}, \\
s_{k-2}\sigma_2 = S(x^{k-1} x_2) + S(x^{k-2} x_2 x_3), \\
\qquad\vdots \\
s_{k-i}\sigma_i = S(x_1^{k-i+1} x_2 \cdots x_i) + S(x_1^{k-i} x_2 \cdots x_i x_{i+1}) \quad (2 \leqslant i \leqslant k-2) \\
\qquad\vdots \\
s_1 \sigma_{k-1} = S(x_1^2 x_2 \cdots x_{k-1}) + k\sigma_k.
\end{cases}
\tag{1}
$$

---

① 参考 4.1 的式(13).

依次乘各式以 $-1,+1,-1,+1,\cdots$，全部相加后把所有的项移到一边，我们得出下面的公式

$$s_k - s_{k-1}\sigma_1 + s_{k-2}\sigma_2 - \cdots + (-1)^{k-1}s_1\sigma_{k-1} + (-1)^k k\sigma_k = 0 \quad (k \leqslant n). \quad (2)$$

如果 $k > n$，那么等式组(1)有下面的形状

$$s_{k-1}\sigma_1 = s_k + S(x_1^{k-1}x_2),$$

$$s_{k-2}\sigma_2 = S(x_1^{k-1}x_2) + S(x_1^{k-2}x_2x_3),$$

$$\vdots$$

$$s_{k-i}\sigma_i = S(x_1^{k-i+1}x_2\cdots x_i) + S(x_1^{k-i}x_2\cdots x_ix_{i+1}) \quad (2 \leqslant i \leqslant n-1)$$

$$\vdots$$

$$s_{k-n}\sigma_n = S(x_1^{k-n+1}x_2\cdots x_n),$$

故推得公式

$$s_k - s_{k-1}\sigma_1 + s_{k-2}\sigma_2 - \cdots + (-1)^n s_{k-n}\sigma_n = 0 \quad (k > n). \quad (3)$$

公式(2)和(3)叫作牛顿公式.它们结合着等次的和与初等对称多项式且可用来依次求出 $s_1,s_2,\cdots$ 经 $\sigma_1,\sigma_2,\cdots,\sigma_n$ 所表出的表示式.例如我们已经知道的 $s_1 = \sigma_1$ 可从公式(2)推出.再如 $k = 2 \leqslant n$，那么由式(2)，$s_2 - s_1\sigma_1 + 2\sigma_2 = 0$，故

$$s_2 = \sigma_1^2 - 2\sigma_2.$$

再在 $k = 3 \leqslant n$ 时有 $s_3 - s_2\sigma_1 + s_1\sigma_2 - 3\sigma_3 = 0$，利用已经求出的对于 s_1 和 s_2 的表示式,得出

$$s_3 = \sigma_1^3 - 3\sigma_1\sigma_2 + 3\sigma_3,$$

这是我们已经知道的(参考前文的式(14)).如果 $k = 3$ 而 $n = 2$，那么由式(3)，$s_3 - s_2\sigma_1 + s_1\sigma_2 = 0$，故 $s_3 = \sigma_1^3 - 3\sigma_1\sigma_2$.

应用牛顿公式可以求出表 s_k 为 $\sigma_1,\sigma_2,\cdots,\sigma_n$ 的多项式的普遍公式[①]

$$s_k = \sum_{j_1+2j_2+\cdots+nk_n=k} (-1)^{k+j_1+j_2+\cdots+j_n} \frac{k(j_1+j_2+\cdots+j_n-1)!}{j_1!\ j_2!\ \cdots j_n!}(\sigma_1)^{j_1}(\sigma_2)^{j_2}\cdots(\sigma_n)^{j_n}.$$

$$(4)$$

这里等式的右边是对所有满足 $j_1 + 2j_2 + \cdots + nj_n = k$ 的非负整数 $j_1,j_2,\cdots,j_n$ 求和.

我们来证明这一公式.根据对称多项式基本定理,可以写

$$s_k = \sum_{j_1+2j_2+\cdots+nj_n=k} a_{j_1,j_2,\cdots,j_n}(\sigma_1)^{j_1}(\sigma_2)^{j_2}\cdots(\sigma_n)^{j_n}.$$

---

① 被称为华林(Edward Waring;1736—1798,英国数学家)公式,系华林于 1762 年首先公布.

因此现在只需证明这个等式右边的系数与式(4)右边的系数相等即可

$$a_{j_1,j_2,\cdots,j_n} = (-1)^{k+j_1+j_2+\cdots+j_n} \frac{k(j_1+j_2+\cdots+j_n-1)!}{j_1!\ j_2!\ \cdots j_n!}. \textcircled{1} \qquad (5)$$

对 k 用归纳法来证明我们要得到的等式(5).

当 $k=1$ 时,满足 $j_1+2j_2+\cdots+nj_n=1$ 的非负整数只有 $j_1=1,j_2=\cdots=j_n=0$,按照系数的递推公式,s_1 的展开式只有一项,此项系数

$$a_{1,1,\cdots,0} = (-1)^{1+1+0+\cdots+0} \frac{1(1+0+\cdots+0-1)!}{1!\ 0!\ \cdots 0!} = 1.$$

即 $s_1 = \sigma_1$,我们已经知道这结果是成立的. 故 $k=1$ 时等式(5)成立.

假设对 $m<k$ 而言,s_m 的系数均可由等式(5)表出. 现在来计算 $m=k$ 时 s_m 中各项的系数.

在 $k \leqslant n$ 的时候,牛顿公式的形式为

$$s_k = s_{k-1}\sigma_1 - s_{k-2}\sigma_2 + \cdots + (-1)^{k-2}s_1\sigma_{k-1} + (-1)^{k-1}k\sigma_k$$

依照归纳假设,这等式的右边项 $(\sigma_1)^{j_1}(\sigma_2)^{j_2}\cdots(\sigma_n)^{j_n}$ 的系数为:

$$\sum_{i=1}^{k-1} (-1)^{i-1}(-1)^{(k-i)+j_1+\cdots+(j_i-1)+\cdots+j_n} \frac{(k-i)(j_1+\cdots+(j_i-1)+\cdots+j_n-1)!}{j_1!\ \cdots(j_1-1)!\ \cdots j_n!}$$

这里连加号后面的项

$$(-1)^{i-1}(-1)^{(k-i)+j_1+\cdots+(j_i-1)+\cdots+j_n} \cdot \frac{(k-i)((j_1+\cdots+(j_i-1)+\cdots+j_n-1))!}{j_1!\ \cdots(j_1-1)!\ \cdots j_n!}$$

$$(i=1,2,\cdots,k-1)$$

分别是 $s_{k-i}\sigma_i(i=1,2,\cdots,k-1)$ 中 $(\sigma_1)^{j_1}(\sigma_2)^{j_2}\cdots(\sigma_n)^{j_n}$ 的系数. 依多项式的相等,s_k 中各项的系数应该等于右边相应项的系数,于是

$$a_{j_1,j_2,\cdots,j_n} = \sum_{i=1}^{k-1} (-1)^{i-1}(-1)^{(k-i)+j_1+\cdots+(j_i-1)+\cdots+j_n} \cdot$$

$$\frac{(k-i)(j_1+\cdots+(j_i-1)+\cdots+j_n-1)!}{j_1!\ \cdots(j_1-1)!\ \cdots j_n!}$$

这里连加号后面的项的符号 $(-1)^{i-1}(-1)^{(k-i)+j_1+\cdots+(j_i-1)+\cdots+j_n}$ 可以简化成

---

① 在 $k \leqslant n$ 时,我们还可以把(5)写成行列式的形式:

$$s_k = \begin{vmatrix} \sigma_1 & 1 & & & & \\ 2\sigma_2 & \sigma_1 & \ddots & & & \\ 3\sigma_3 & \sigma_2 & \ddots & \ddots & & \\ 4\sigma_4 & \sigma_3 & \ddots & \ddots & \ddots & \\ \vdots & \vdots & \ddots & \ddots & \ddots & 1 \\ k\sigma_k & \sigma_{k-1} & \cdots & \sigma_3 & \sigma_2 & \sigma_1 \end{vmatrix}_{k\times k}.$$

302

$$(-1)^{k+j_1+j_2+\cdots+j_n}$$

而与 i 无关，于是可将其提到连加号的前面

$$(-1)^{k+j_1+j_2+\cdots+j_n}\sum_{i=1}^{k-1}\frac{(k-i)(j_1+\cdots+(j_i-1)+\cdots+j_n-1)!}{j_1!\cdots(j_1-1)!\cdots j_n!}.$$

又

$$\frac{(k-i)(j_1+\cdots+(j_i-1)+\cdots+j_n-1)!}{j_1!\cdots(j_1-1)!\cdots j_n!}$$
$$=\frac{j_1(k-i)(j_1+\cdots+j_i+\cdots+j_n-2)!}{j_1!\cdots j_i!\cdots j_n!},$$

继续将与 i 无关的部分 $\dfrac{(j_1+\cdots+j_i+\cdots+j_n-2)!}{j_1!\cdots j_i!\cdots j_n!}$ 提到连加号的前面

$$(-1)^{k+j_1+j_2+\cdots+j_n}\frac{(j_1+\cdots+j_i+\cdots+j_n-2)!}{j_1!\cdots j_i!\cdots j_n!}\sum_{i=1}^{k-1}j_i(k-i)$$

同时注意到 $j_1+2j_2+\cdots+nj_n=n$，我们又可将 $\displaystyle\sum_{i=1}^{k-1}j_i(k-i)$ 写成

$$k(\sum_{i=1}^{k-1}j_i-1),$$

或

$$k(j_1+j_2+\cdots+j_n-1),$$

最后，我们得到

$$a_{j_1,j_2,\cdots,j_n}=(-1)^{k+j_1+j_2+\cdots+j_n}\frac{k(j_1+j_2+\cdots+j_n-1)}{j_1!\cdots j_i!\cdots j_n!}.$$

在 $k>n$ 的时候，我们可用类似的方式得到 $a_{j_1,j_2,\cdots,j_n}$ 的表达式并且知道它符合式(5).

如果基域 P 的示性数为 0，因而用任何一个自然数 n 来除都有意义[1]，那么由式(2)可以依次表初等对称多项式 $\sigma_1,\sigma_2,\cdots,\sigma_n$ 为前 n 个等次和 $s_1,s_2,\cdots,s_n$ 的多项式. 例如 $\sigma_1=s_1$. 因而

$$\sigma_2=\frac{1}{2}(s_1\sigma_1-s_2)=\frac{1}{2}(s_1^2-s_2),$$

$$\sigma_3=\frac{1}{3}(s_3-s_2\sigma_1+s_1\sigma_2)=\frac{1}{6}(s_1^2-3s_1s_2+2s_3),$$

等等. 因此，由基本定理推得下面的结果.

---

[1] 在示性数为 p 的域中，当 $a\neq0$，表示式 $\dfrac{a}{p}$ 没有意义，因为在这个域里面对于任何一个 x 都有 $px=0$.

设域 P 的示性数为零. P 上 n 未知量 $x_1, x_2, \cdots, x_n$ 的每一个对称多项式,都可以表为等次和 $s_1, s_2, \cdots, s_n$ 的多项式. 它的系数仍在域 P 中.

4.5   对两组未知量对称的多项式

在 §5 中,将用到一种广义的对称多项式概念. 设给出两组未知量 $x_1, x_2, \cdots, x_n$ 和 $y_1, y_2, \cdots, y_r$. 而且合并起来的全部未知量

$$x_1, x_2, \cdots, x_n, y_1, y_2, \cdots, y_r \tag{1}$$

在环 R 是独立的. 环 R 上这些未知量的多项式 $f(x_1, x_2, \cdots, x_n, y_1, y_2, \cdots, y_r)$ 叫作对两组未知量对称,如果对于未知量 $x_1, x_2, \cdots, x_n$ 对它们自己的任何一个置换和未知量 $y_1, y_2, \cdots, y_r$ 对它们自己的任何一个置换,它都是不变的. 如果对于 $x_1, x_2, \cdots, x_n$ 的基本对称多项式我们仍旧用符号 $\sigma_1, \sigma_2, \cdots, \sigma_n$ 来表示,而用 $\tau_1, \tau_2, \cdots, \tau_r$ 来表 $y_1, y_2, \cdots, y_r$ 的基本对称多项式,那么基本定理可推广为下面的说法.

定理4.5.1   环 R 上对两组求知量 $x_1, x_2, \cdots, x_n$ 和 $y_1, y_2, \cdots, y_r$ 对称的每一个多项式 $f(x_1, x_2, \cdots, x_n, y_1, y_2, \cdots, y_r)$,都可以表为这两组未知量的基本对称多项式的多项式(系数仍在 R 中)

$$f(x_1, x_2, \cdots, x_n, y_1, y_2, \cdots, y_r) = \varphi(\sigma_1, \sigma_2, \cdots, \sigma_n, \tau_1, \tau_2, \cdots, \tau_r).$$

证明   多项式 f 可以看作用 $x_1, x_2, \cdots, x_n$ 的多项式来做系数的多项式 $\overline{f}(y_1, y_2, \cdots, y_r)$. 因为 f 对于未知量 $x_1, x_2, \cdots, x_n$ 的置换不变,所以多项式 $\overline{f}$ 的系数是 $x_1, x_2, \cdots, x_n$ 的对称多项式,因而由基本定理可以表为 $\sigma_1, \sigma_2, \cdots, \sigma_n$ 的多项式(系数在 R 中). 另一方面,$\overline{f}(y_1, y_2, \cdots, y_r)$ 可看作环 $R[x_1, x_2, \cdots, x_n]$ 上 $y_1, y_2, \cdots, y_r$ 的对称多项式,故可表为 $\overline{\varphi}(\tau_1, \tau_2, \cdots, \tau_r)$ 形的多项式. 定理 4.2.1 已经指出,多项式 $\overline{\varphi}$ 的系数可以由多项式 $\overline{f}$ 的系数经加法和减法来得出,所以它们是 $\sigma_1, \sigma_2, \cdots, \sigma_n$ 的多项式. 很明显的,这就指出了所求的经 $\sigma_1, \sigma_2, \cdots, \sigma_n, \tau_1, \tau_2, \cdots, \tau_r$ 来表出的 f 的表示式.

例1   多项式

$$\begin{aligned} f(x_1, x_2, x_3, y_1, y_2) = &x_1 x_2 x_3 - x_1 x_2 y_1 - x_1 x_2 y_2 - x_1 x_3 y_1 - x_1 x_3 y_2 - \\ & x_2 x_3 y_1 - x_2 x_3 y_2 + x_1 y_1 y_2 + x_2 y_1 y_2 + x_3 y_1 y_2 \end{aligned}$$

对于未知量 x_1, x_2, x_3 是对称的,同时对于未知量 y_1, y_2 亦是对称的,但对于全部未知量来说并不对称,例如未知量 x_1 和 y_1 对换将变动 f 的形状. 多项式 f 可以这样的来表为 $\sigma_1, \sigma_2, \sigma_3, \tau_1, \tau_2$ 的多项式

$$f(x_1, x_2, x_3, y_1, y_2) = x_1 x_2 x_3 - (x_1 x_2 + x_1 x_3 + x_2 x_3) y_1 -$$

$$(x_1 x_2 + x_1 x_3 + x_2 x_3)y_2 + (x_1 + x_2 + x_3)y_1 y_2$$
$$=\sigma_3 - \sigma_2 y_1 - \sigma_2 y_2 + \sigma_1 y_1 y_2$$
$$=\sigma_3 - \sigma_2 \tau_1 - \sigma_1 \tau_2.$$

刚才证明的定理当然可以推广到有三组或更多组未知量的情形.

对于对两组未知量对称的多项式经基本对称多项式表出的唯一性定理仍然成立. 为此我们先证明与定理 4.1.1 平行的一个定理.

定理 4.5.2 已经给出的未知量组 $x_1, x_2, \cdots, x_n$ 和 $y_1, y_2, \cdots, y_r$ 的基本对称多项式

$$\sigma_1, \sigma_2, \cdots, \sigma_n, \tau_1, \tau_2, \cdots, \tau_r$$

是环 R 是独立的未知量.

证明 假设有 R 上多项式

$$\varphi(\sigma_1, \sigma_2, \cdots, \sigma_n, \tau_1, \tau_2, \cdots, \tau_r)$$

存在,它的系数不全为零而能等于零. 这一个多项式可以看作多项式 $\psi(\tau_1, \tau_2, \cdots, \tau_r)$,它的系数是 $\sigma_1, \sigma_2, \cdots, \sigma_n$ 的多项式. 故可把 ψ 看作环 $R[x_1, x_2, \cdots, x_n]$ 上 $\tau_1, \tau_2, \cdots, \tau_r$ 的多项式. 未知量组 $y_1, y_2, \cdots, y_r$ 在环 $R[x_1, x_2, \cdots, x_n]$ 上是独立的:如果对于这一组未知量有系数在 $R[x_1, x_2, \cdots, x_n]$ 中的不独立性,我们将得出组(1)的不独立性就和假设矛盾. 由前文定理 4.1.1,我们现在得出,组 $\tau_1, \tau_2, \cdots, \tau_r$ 亦必是环 $R[x_1, x_2, \cdots, x_n]$ 上的独立未知量,故多项式 ψ 的系数全等于零. 但是这些系数是 $\sigma_1, \sigma_2, \cdots, \sigma_n$ 的多项式,故仍由对于一组未知量(此处是组 $x_1, x_2, \cdots, x_n$)这一情形的定理 4.1.1,知道这些多项式的系数必全为零. 这就证明了多项式 φ 的所有系数都等于零,和假设矛盾.

有了这个定理,对于对两组未知量对称的多项式经基本对称多项式表出的唯一性的证明就可以逐字重复定理 4.1.3 的证明而获得.

4.6 对称多项式在初等代数中的应用

在初等代数中已经遇到必须消除分母无理式的问题. 这里我们就数域的场合来详细讨论这个问题.

设

$$\frac{f(x)}{g(x)} \quad (g(x) \neq 0)$$

是数域 P 上 x 的一个代数分式,$\varphi(x)$ 是域 P 上的一个 n 次多项式而 $\theta_1, \theta_2, \cdots, \theta_n$ 是多项式 $\varphi(x)$ 的复根,并且设 $\theta_1, \theta_2, \cdots, \theta_n$ 不是 $g(x)$ 的根. 消除分母中的无理式的问题无非就是这样:要把有理分式

$$\frac{f(\theta_1)}{g(\theta_1)} \tag{1}$$

加以变形,使它等于一个含 θ_1 的有理整式而其系数同属于域 P

$$\frac{f(\theta_1)}{g(\theta_1)} = h(\theta_1),$$

这里 $h(x)$ 是 P 上的一个多项式.

我们请读者注意这个问题的两个解

(1) 把分式(1)的分子以分母以 $g(\theta_2) \cdots g(\theta_n)$ 乘之. 得

$$\frac{f(\theta_1)}{g(\theta_1)} = \frac{f(\theta_1)g(\theta_2) \cdots g(\theta_n)}{g(\theta_1)g(\theta_2) \cdots g(\theta_n)}.$$

我们看出,这样得到了一个 $\theta_1, \theta_2, \cdots, \theta_n$ 的对称多项式 $F(\theta_1, \theta_2, \cdots, \theta_n) = g(\theta_1)g(\theta_2) \cdots g(\theta_n)$ 作分母.所以,按对称多项式理论的基本定理 $F(\theta_1, \theta_2, \cdots, \theta_n)$ 可以表示为 P 上的基本对称多项式的多项式的形状.由此借助于韦达公式 $F(\theta_1, \theta_2, \cdots, \theta_n)$ 将亦可由多项式 $\varphi(x)$ 的系数表示出来,即如果

$$\varphi(x) = x^n + a_1 x^{n-1} + \cdots + a_n,$$

则 $F(\theta_1, \theta_2, \cdots, \theta_n) = H(a_1, a_2, \cdots, a_n)$,这里 $H(a_1, a_2, \cdots, a_n)$ 是域 P 上 a_1, $a_2, \cdots, a_n$ 的一个多项式.但 $a_1, a_2, \cdots, a_n$ 是域 P 中的数. 这意思是说,$F(\theta_1, \theta_2, \cdots, \theta_n) = H(a_1, a_2, \cdots, a_n)$ 亦是 P 中某一个数 b. 这样,

$$\frac{f(\theta_1)}{g(\theta_1)} = \frac{1}{b} f(\theta_1)g(\theta_2) \cdots g(\theta_n).$$

剩下只要把 $f(\theta_1)g(\theta_2) \cdots g(\theta_n)$ 以 θ_1 表出之. 因此我们来考虑:$g(\theta_2)g(\theta_3) \cdots g(\theta_n).$ 乘积

$$g(\theta_2) \cdots g(\theta_n) \tag{2}$$

显然是 $\theta_2, \cdots, \theta_n$ 的对称多项式.所以,乘积(2)可以用下面这些 $\theta_2, \cdots, \theta_n$ 的基本对称多项式表示出来

$$\bar{\sigma}_1 = \theta_2 + \theta_3 + \cdots + \theta_n,$$
$$\bar{\sigma}_2 = \theta_2\theta_3 + \theta_3\theta_4 + \cdots + \theta_{n-1}\theta_n,$$
$$\vdots$$
$$\bar{\sigma}_{n-1} = \theta_2\theta_3 \cdots \theta_{n-1}\theta_n.$$

而 $\bar{\sigma}_1, \bar{\sigma}_2, \cdots, \bar{\sigma}_{n-1}$ 又可以用 θ_1 及 $\theta_1, \theta_2, \cdots, \theta_n$ 的基本对称多项式 $\sigma_1, \sigma_2, \cdots, \sigma_n$ 表示如下

$$\bar{\sigma}_1 = \sigma_1 - \theta_1,$$
$$\bar{\sigma}_2 = \sigma_2 - \theta_1\bar{\sigma}_1 = \sigma_2 - \theta_1(\sigma_1 - \theta_1) = \sigma_2 - \sigma_1\theta_1 + \theta_1^2,$$

$$\overline{\sigma_3} = \sigma_3 - \theta_1\overline{\sigma_2} = \sigma_2 - \theta_1(\sigma_2 - \sigma_1\theta_1 - \theta_1^2) = \sigma_3 - \sigma_2\theta_1 + \sigma_1\theta_1^2 - \theta_1^3,$$

如此类推. 但按韦达公式,

$$\sigma_1 = -a_1, \sigma_2 = a_2, \cdots, \sigma_n = (-1)^n a_n.$$

所以, $\overline{\sigma_1} = -a_1 - \theta_1, \overline{\sigma_2} = a_2 + a_1\theta_1 + \theta_1^2, \overline{\sigma_3} = -a_3 - a_2\theta_1 - a_1\theta_1^2 - \theta_1^3$, 如此等等.

由此可见, $g(\theta_2)\cdots g(\theta_n)$ 可以用 θ_1 及多项式 $\varphi(x)$ 的系数 $a_1, a_2, \cdots, a_n$ 表示, 即

$$g(\theta_2)g(\theta_3)\cdots g(\theta_n) = k(\theta_1),$$

这里 $k(\theta_1)$ 是 P 上的 θ_1 的一个多项式. 这样就有

$$\frac{f(\theta_1)}{g(\theta_1)} = \frac{1}{b}f(\theta_1)k(\theta_1).$$

如此我们就消除了分母中的无理式.

我们来看几个例子.

例 1　给了一个分式

$$\frac{1}{1+\theta},$$

这里 θ 是方程式 $x^3 - 2x - 2 = 0$ 的根. 试消除其分母中的无理式.

我们以 $(1+\theta_2)(1+\theta_3)$ 乘这分式的分子及分母, 这里 θ_2 与 θ_3 是所考虑的方程式的其余两个根

$$\frac{1}{1+\theta} = \frac{(1+\theta_2)(1+\theta_3)}{(1+\theta_1)(1+\theta_2)(1+\theta_3)},$$

其中 $\theta_1 = \theta$.

我们来看对称多项式

$$F(\theta_1, \theta_2, \theta_3) = (1+\theta_1)(1+\theta_2)(1+\theta_3)$$
$$= \theta_1\theta_2\theta_3 + (\theta_1\theta_2 + \theta_1\theta_3 + \theta_2\theta_3) + (\theta_1 + \theta_2 + \theta_3) + 1$$

而以基本对称多项式表之. 我们有

$$\theta_1\theta_2\theta_3 - \sigma_3, \theta_1\theta_2 + \theta_1\theta_3 + \theta_2\theta_3 = \sigma_2, \theta_1 + \theta_2 + \theta_3 = \sigma_1,$$

由此得

$$F(\theta_1, \theta_2, \theta_3) = \sigma_3 + \sigma_2 + \sigma_1 + 1,$$

按韦达公式在当前这场合我们有 $\sigma_1 = 0, \sigma_1 = -2, \sigma_3 = -(-2) = 2$. 所以,

$$F(\theta_1, \theta_2, \theta_3) = 2 - 2 + 0 + 1 = 1.$$

如此,

$$\frac{1}{1+\theta} = (1+\theta_2)(1+\theta_3) = 1 + (\theta_2 + \theta_3) + \theta_2\theta_3.$$

剩下只要以 $\theta=\theta_1$ 表之. 我们写：

$$\theta_2+\theta_3=\sigma_1-\theta_1,$$

$\theta_2\theta_3=\sigma_2-\theta_1\theta_2-\theta_1\theta_3=\sigma_2-\theta_1(\theta_2+\theta_3)=\sigma_2-\theta_1(\sigma_1-\theta_1)=\sigma_2-\theta_1\sigma_1+\theta_1^2,$

或者，既然 $\sigma_1=0, \sigma_2=-2, \sigma_3=3$

$$\theta_2+\theta_3=-\theta, \theta_2\theta_3=-2+\theta_1^2,$$

由此最后得到

$$\frac{1}{1+\theta}=1-\theta_1-2+\theta_1^2=-1-\theta_1+\theta_1^2=-1-\theta+\theta^2.$$

例 2 试解除分式

$$\frac{2\sqrt[3]{5}-1}{\sqrt[3]{25}+4}{}^{①},$$

的分母中的无理式.

这里 $\theta_1=\sqrt[3]{5}$ 是方程式 $x^3-5=0$ 的根. 我们改写这分式如下

$$\frac{2\theta_1-1}{\theta_1^2+4}.$$

再，我们以 $(\theta_2^2+4)(\theta_3^2+4)$ 乘分子及分母：

$$\frac{2\theta_1-1}{\theta_1^2+4}=\frac{(2\theta_1-1)(\theta_2^2+4)(\theta_3^2+4)}{(\theta_1^2+4)(\theta_2^2+4)(\theta_3^2+4)}.$$

对称多项式

$$F(\theta_1,\theta_2,\theta_3)=(\theta_1^2+4)(\theta_2^2+4)(\theta_3^2+4)$$
$$=\theta_1^2\theta_2^2\theta_3^2+4(\theta_1^2\theta_2^2+\theta_1^2\theta_3^2+\theta_2^2\theta_3^2)+16(\theta_1^2+\theta_2^2+\theta_3^2)+64$$

可用基本对称多项式表示如下

$$F(\theta_1,\theta_2,\theta_3)=\sigma_3^2+4(\sigma_2^2-2\sigma_1\sigma_3)+16(\sigma_1^2-2\sigma_2)+64.$$

既然在当前这场合 $\sigma_1=0, \sigma_2=0, \sigma_3=5$，则

$$F(\theta_1,\theta_2,\theta_3)=25+64=89,$$

所以

$$\frac{2\theta_1-1}{\theta_1^2+4}=\frac{1}{89}(2\theta_1-1)(\theta_2^2+4)(\theta_3^2+4).$$

我们以 $\bar{\sigma}_1, \bar{\sigma}_2$ 来表出

$$(\theta_2^2+4)(\theta_3^2+4)=\theta_2^2\theta_3^2+4(\theta_2^2+\theta_3^2)+16.$$

---

① 这个例子只要以 $(\sqrt[3]{25})^2-4\sqrt[3]{25}+16$ 乘以分子及分母即容易解出，但我们要来表明上面所指示的一般方法.

既然

$$\theta_2^2\theta_3^2 = (\theta_2\theta_3)^2 = \bar{\sigma}_2^2, \theta_2^2 + \theta_3^2 = (\theta_2 + \theta_3)^2 - 2\theta_2\theta_3 = \bar{\sigma}_1^2 - 2\bar{\sigma}_2,$$

则

$$(\theta_2^2 + 4)(\theta_3^2 + 4) = \bar{\sigma}_2^2 + 4(\bar{\sigma}_1^2 - 2\bar{\sigma}_2) + 16.$$

最后,注意

$$\bar{\sigma}_1 = -a_1 - \theta_1 = -\theta_1, \bar{\sigma}_2 = a_2 + a_1\theta_1 + \theta_1^2 = \theta_1^2,$$

我们乃找到

$$(\theta_2^2 + 4)(\theta_3^2 + 4) = \theta_1^4 + 4(\theta_1^2 - 2\theta_1^2) + 16 = \theta_1^4 - 4\theta_1^2 + 16 = 5\theta_1 - 4\theta_1^2 + 16,$$

但 $\theta_1^3 = 5$. 如此,

$$\frac{2\theta_1 - 1}{\theta_1^2 + 4} = \frac{1}{89}(2\theta_1 - 1)(5\theta_1 - 4\theta_1^2 + 16) = \frac{1}{89}(-8\theta_1^3 + 14\theta_1^2 + 27\theta_1 - 16)$$

$$= \frac{-40 + 14\theta_1^2 + 27\theta_1 - 16}{89} = \frac{14\theta_1^2 + 27\theta_1 - 56}{89}.$$

或

$$\frac{2\sqrt[3]{5} - 1}{\sqrt[3]{25} + 4} = \frac{1}{89}(14\sqrt[3]{25} + 27\sqrt[3]{5} - 56).$$

(2) 消除分母中无理式问题的第二个解法建立在欧几里得展转相除法上,解法如下.

既然 θ_1 是域 P 上多项式 $\phi(x)$ 的根,则 θ_1 对于 P 而言是代数数. 但在《代数方程式论》中我们已经证明了在这样的 θ_1 的场合分式

$$\frac{f(\theta_1)}{g(\theta_1)}, (其中 f(\theta_1) 与 g(\theta_1) \neq 0 是 P 上 \theta_1 的任意多项式)$$

可以化为 θ_1 的多项式,其系数属于 P

$$\frac{f(\theta_1)}{g(\theta_1)} = h(\theta_1),$$

这里 $h(\theta_1)$ 是 P 上 θ_1 的一个多项式. 同时《代数方程式论》卷中指示了方法来找多项式 $h(\theta_1)$. 我们指出,在这方法中重要的是要多项式 $\phi(x)$ 在域 P 上不可约.

例3 试解除分式

$$\frac{\theta_1}{\theta_1 + 1}$$

的分母中的无理式,其中 θ_1 是方程式 $\phi(x) = x^5 - 2x - 2 = 0$ 的根. 这里 $g(x) = x + 1$ 及多项式 $\phi(x)$ 在有理数域上不可约.

多项式 $\phi(x) = x^5 - 2x - 2$ 以 $g(x) = x + 1$ 除时的商是 $q(x) = x^4 - x^3 + x^2 - x - 1$,而剩余是 $r(x) = -1$,如此,

$$\phi(x) = g(x)q(x) - 1.$$

由此有

$$g(x)q(x) - \phi(x) = 1.$$

我们在这等式中令 $x = \theta_1$

$$g(\theta_1)q(\theta_1) = 1,$$

所以，$q(\theta_1) = \dfrac{1}{g(\theta_1)}$，因此

$$\frac{\theta_1}{\theta_1 + 1} = \theta_1 q(\theta_1) = \theta_1(\theta_1^4 - \theta_1^3 + \theta_1^2 - \theta_1 - 1) = \theta_1^5 - \theta_1^4 + \theta_1^3 - \theta_1^2 - \theta_1.$$

既然 θ_1 是方程式 $x^5 - 2x - 2 = 0$ 的根，则 $\theta_1^5 = 2\theta_1 + 2$，因此有

$$\frac{\theta_1}{\theta_1 + 1} = 2\theta_1 + 2 - \theta_1^4 + \theta_1^3 - \theta_1^2 - \theta_1 = -\theta_1^4 + \theta_1^3 - \theta_1^2 + \theta_1 + 2.$$

对称多项式在解代数方程式时亦有用处.

设

$$\phi(x) = x^n + a_1 x^{n-1} + \cdots + a_n = 0 \qquad (3)$$

是一个带复系数的 n 次方程式而 $\theta_1, \theta_2, \cdots, \theta_n$ 是这方程式的根. 我们来考虑有理函数域上一个 $\theta_1, \theta_2, \cdots, \theta_n$ 的多项式

$$u = f(\theta_1, \theta_2, \cdots, \theta_n).$$

我们来做 $\theta_1, \theta_2, \cdots, \theta_n$ 诸根的所有可能的置换，在 $\theta_1, \theta_2, \cdots, \theta_n$ 的某些置换之下 u 可以不变，而在 $\theta_1, \theta_2, \cdots, \theta_n$ 的另外一些置换下 u 可以变. 设在这些置换之下 u 取 m 个不同的值：$u_1 = u, u_2, \cdots, u_n$. 显然 $1 \leqslant m \leqslant n!$. 我们做出下面这个多项式

$$g(x) = (x - u_1)(x - u_2) \cdots (x - u_m) = x^m - g_1 x^{m-1} + g_2 x^{m-2} - \cdots + (-1)^m a_m$$

其中

$$g_1 = u_1 + u_2 + \cdots + u_m,$$

$$g_2 = u_1 u_2 + u_1 u_3 + \cdots + u_{m-1} u_m,$$

$$\vdots$$

$$g_{m-1} = u_1 u_2 \cdots u_{m-1} + u_1 u_2 \cdots u_{m-2} u_m + \cdots + u_2 u_3 \cdots u_m,$$

$$g_m = u_1 u_2 \cdots u_m.$$

在 $\theta_1, \theta_2, \cdots, \theta_n$ 的置换之下多项式 $g(x)$ 不能变，只能发生各一次因子间的调换. 由此可以知道多项式 $g(x)$ 的系数 g_i 是 $u_1, u_2, \cdots, u_m$ 诸根的对称多项式. 所以系数 g_i 可以用所给方程式 (3) 的系数表示出来

$$g_i = h_i(a_1, a_2, \cdots, a_n),$$

这里 $h_i(a_1, a_2, \cdots, a_n)$ 是在有理数域上 $a_1, a_2, \cdots, a_n$ 的多项式. 方程式

$$g(x) = (x - u_1)(x - u_2) \cdots (x - u_m) = x^m - g_1 x^{m-1} + g_2 x^{m-2} - \cdots + (-1)^m a_m = 0$$

叫作方程式(3)的预解方程式.

在某些场合可以借助相应预解方程式把所给方程式(3)的解法化为较低次方程式的解法. 我们举出一个例子来做说明.

例 4 我们来看四次方程

$$x^4 + a_1 x^3 + a_2 x^2 + a_3 x + a_4 = 0 \tag{4}$$

而以 $\theta_1, \theta_2, \theta_3, \theta_4$ 表示它的各根. 这里的 u 取

$$u = \theta_1 \theta_2 + \theta_3 \theta_4.$$

容易看出,在 $\theta_1, \theta_2, \theta_3, \theta_4$ 诸根的所有可能的置换下 u 只取三个不同的值

$$u_1 = \theta_1 \theta_2 + \theta_3 \theta_4, u_2 = \theta_1 \theta_3 + \theta_2 \theta_4, u_3 = \theta_1 \theta_4 + \theta_2 \theta_3.$$

如此,方程式(4)的预解方程式 $g(x)$ 将是三次的. 我们来找它的系数 $g_1, g_2,$ g_3. 由简单的计算我们求出

$$g_1 = u_1 + u_2 + u_3 = a_2,$$
$$g_2 = u_1 u_2 + u_1 u_3 + u_2 u_3 = a_1 a_3 - 4a_4,$$
$$g_3 = u_1 u_2 u_3 = a_3{}^2 + a_1{}^2 a_4 - 4a_2 a_4.$$

所以,预解方程式是

$$g(x) = x^3 - a_2 x^2 + (a_1 a_3 - 4a_4)x - (a_3{}^2 + a_1{}^2 a_4 - 4a_2 a_4) = 0^①$$

现在只要来找预解方程式的根 u_1, u_2, u_3,并且我们容易决定所给方程式(4)的根. 事实上,对 u,我们有

$$\theta_1 \theta_2 + \theta_3 \theta_4 = u_1, \theta_1 \theta_2 \cdot \theta_3 \theta_4 = a_4,$$

由此可见 $\theta_1 \theta_2$ 与 $\theta_3 \theta_4$ 是二次方程式

$$x^2 - u_1 x + a_4 = 0 \tag{5}$$

的根. 再能根据韦达公式

$$\theta_1 \theta_2 \theta_3 + \theta_1 \theta_2 \theta_4 + \theta_1 \theta_3 \theta_4 + \theta_2 \theta_3 \theta_4 = -a_3,$$

或

$$\theta_1 \theta_2 (\theta_3 + \theta_4) + \theta_3 \theta_4 (\theta_1 + \theta_2) - -a_3.$$

由此,以 α 与 β 分别表示方程式(5)的根 $\theta_1 \theta_2$ 与 $\theta_3 \theta_4$,则得下面这两个 $\theta_1 + \theta_2$ 与 $\theta_3 + \theta_4$ 的关系

$$(\theta_1 + \theta_2) + (\theta_3 + \theta_4) = -a_1, \beta(\theta_1 + \theta_2) + \alpha(\theta_3 + \theta_4) = -a_3,$$

由这些关系不难找出

---

① 这方程式若令 $x = 2y$,则与(3)的按费拉里方法作成的预解方程式相合(参阅《代数方程式论》卷).

$$\theta_1 + \theta_2 = \frac{a_2 - \alpha a_1}{\alpha - \beta}, \theta_3 + \theta_4 = \frac{\beta a_1 - \alpha a_3}{\alpha - \beta},$$

所以 θ_1 与 θ_2 是二次方程式

$$x^2 - \frac{a_2 - \alpha a_1}{\alpha - \beta} x + \alpha = 0$$

的根,而 θ_3 与 θ_4 是二次方程式

$$x^2 - \frac{\beta a_1 - \alpha a_3}{\alpha - \beta} x + \beta = 0$$

的根.

§5　消去法理论

5.1　结式

如果给出了环 $P[x_1, x_2, \cdots, x_n]$ 中的多项式 $f(x_1, x_2, \cdots, x_n)$,那么它的解是指在域 P 或是它的扩域 P' 中所取的对于未知量这样的一组值

$$x_1 = \alpha_1, x_2 = \alpha_2, \cdots, x_n = \alpha_n,$$

使多项式 $f(x_1, x_2, \cdots, x_n)$ 成为零

$$f(\alpha_1, \alpha_2, \cdots, \alpha_n) = 0.$$

每一个次数大于零的多项式 $f(x_1, x_2, \cdots, x_n)$ 都能有解:如果未知量 x_1 在这个多项式中出现,那么作为 $\alpha_2, \cdots, \alpha_n$ 可以取域 P 或是它的扩域 P' 中基本上是任意的元素,只要能使得多项式 $f(x_1, x_2, \cdots, x_n)$(关于 x_1 的) 有正的次数,而后利用根的存在定理(第四章 §2) 取域 P 的扩域 P'_1,使得只含有一个未知量 x_1 的多项式 $f(x_1, \alpha_2, \cdots, \alpha_n)$ 在它里面有根 α_1. 同时我们看到,一个未知量 n 次多项式在每一个域中根的个数不能超过 n 这一性质,对于有许多未知量的多项式不再成立.

如果给出许多个有 n 个未知量的多项式,那么就有求出所有这些多项式的公共解的兴趣,也就是求出使所给出的全部多项式都变为零所得出的这组方程的解. 这一问题的一个特殊情形,就是线性方程组的情形. 但是对于相反的特殊情形,有任意次数的含一个未知量的一个方程,到现在为止除开知道它在基域的某一个扩域中有根存在之外,还不知道求出它的根的方法. 研究和求出有许多未知量的任何一个非线性方程组的解,当然是很复杂的工作,这是另一数学

部门——代数几何的对象.此处我们只限于有两个未知量两个任意次方程的方程组的情形,证明这一情形可以化为有一个未知量一个方程的情形.

首先研究仅含一个未知量的两个多项式的公共根存在问题.设已给出域 P 上多项式

$$f(x) = a_0 x^n + a_1 x^{n-1} + \cdots + a_n, g(x) = b_0 x^m + b_1 x^{m-1} + \cdots + b_m,$$

而且 $a_0 \neq 0, b_0 \neq 0$. 由第一章的结果不难推知,多项式 $f(x)$ 和 $g(x)$ 在 P 的某一个扩域中有公共根的充分必要条件为它们不是互质的.这样一来,关于已经给出的多项式的公共根存在问题可以立即应用欧几里得除法来解决.

在这一节我们将指出另一方法来得出这一问题的答案.为了这个目的先定义结式这一重要概念.

定义 5.1.1   设想 Σ 是 P 的这样一个扩域,使它就是乘积 $f(x)g(x)$ 的分解域.在域 Σ 内,多项式 $f(x)$ 显然有 n 个根 $\alpha_1, \alpha_2, \cdots, \alpha_n$, 而多项式 $g(x)$ 有 m 个根 $\beta_1, \beta_2, \cdots, \beta_m$. 域 Σ 中的元素

$$R(f,g) = a_0^m b_0^n (\alpha_1 - \beta_1)(\alpha_1 - \beta_2) \cdots (\alpha_n - \beta_m) = a_0^m b_0^n \prod_{i=1}^{n} \prod_{j=1}^{m} (\alpha_i - \beta_i) \quad (1)$$

叫作多项式 $f(x)$ 和 $g(x)$ 的结式.

很明显的,$f(x)$ 和 $g(x)$ 在 Σ 内有公共根的充分必要条件是它们的结式 $R(f,g)$ 等于零.

因为

$$g(x) = b_0 \prod_{j=1}^{m} (x - \beta_j),$$

所以

$$g(\alpha_i) = b_0 \prod_{j=1}^{m} (\alpha_i - \beta_j),$$

因此,结式 $R(f,g)$ 还可以写成下面的形式

$$R(f,g) = a_0^m \prod_{i=1}^{n} g(\alpha_i). \quad (2)$$

在定出结式 $R(f,g)$ 时对所用的多项式 $f(x)$ 和 $g(x)$ 来说并不是对称的.事实上,假若使 $f(x)$ 和 $g(x)$ 互相交换,根据结式的定义应有

$$R(g,f) = b_0^n a_0^m \prod_{j=1}^{m} \prod_{i=1}^{n} (\beta_i - \alpha_i) = (-1)^{mn} R(f,g).$$

于是和式(2)对应的,可以写 $R(g,f)$ 为下面的形状

$$R(g,f) = b_0^m \prod_{i=1}^{m} f(\beta_i). \quad (3)$$

根据定义,结式还有如下性质

Ⅰ. $R(f,g \cdot h) = R(f,gh) \cdot R(f,gh)$,这里 $h = h(x)$ 是域 P 上的第三个多项式.

Ⅱ. $R(f(-x),g(x)) = R(g(-x), f(x))$.

Ⅲ. 存在域 P 上的个多项式 $s(x),t(x)$,使得
$$s(x)f(x) + t(x)g(x) = R(f,g),$$
并且 $s(x)$ 的次数低于 $g(x)$ 的次数,$t(x)$ 的次数低于 $f(x)$ 的次数.

我们来证明其中的第三个. 以 $f(x),g(x)$ 的系数构造如下的 $n+m$ 个等式

$$
\begin{pmatrix}
a_0 & a_1 & a_2 & \cdots & \cdots & a_n & & & & \\
 & a_0 & a_1 & a_2 & \cdots & \cdots & a_n & & & \\
 & & \ddots & \ddots & \ddots & & & \ddots & & \\
 & & & a_0 & a_1 & a_2 & \cdots & \cdots & a_n \\
b_0 & b_1 & b_2 & \cdots & b_m & & & & \\
 & b_0 & b_1 & b_2 & & b_m & & & \\
 & & \ddots & \ddots & \ddots & & \ddots & & \\
 & & & \ddots & \ddots & \ddots & & \ddots & \\
 & & & & b_0 & b_1 & b_2 & \cdots & b_m
\end{pmatrix}_{(n+m) \times (n+m)}
\cdot
\begin{pmatrix}
x^{n+m-1} \\
x^{n+m-2} \\
\vdots \\
x^n \\
x^{n-1} \\
x^{n-2} \\
\vdots \\
x^0
\end{pmatrix}_{(n+m) \times 1}
$$

$$
=
\begin{pmatrix}
x^{m-1} f(x) \\
x^{m-2} f(x) \\
\vdots \\
x^0 f(x) \\
x^{n-1} g(x) \\
x^{n-2} g(x) \\
\vdots \\
x^0 g(x)
\end{pmatrix}_{(n+m) \times 1},
$$

把 $x^{n+m-1}, \cdots, x, x^0$ 看作 $n+m$ 个未知量,利用克莱姆法则可以将 $x^{n+m-1}, \cdots, x$ 消去而将 x^0 求出

$$x^0 = \begin{vmatrix}
a_0 & a_1 & \cdots & \cdots & a_{n-1} & a_n & & x^{m-1}f(x) \\
 & a_0 & a_1 & \cdots & \cdots & a_{n-1} & a_n & x^{m-2}f(x) \\
 & & a_0 & a_1 & & & \ddots & \vdots \\
 & & & a_0 & a_1 & \cdots & \cdots & a_{n-1} & f(x) \\
b_0 & b_1 & \cdots & b_{m-1} & b_m & & & x^{n-1}g(x) \\
 & b_0 & b_1 & \cdots & b_{m-1} & b_m & & x^{n-2}g(x) \\
 & \ddots & \ddots & & \ddots & \ddots & & \vdots \\
 & & \ddots & & \ddots & & \ddots & \vdots \\
 & & & b_0 & b_1 & \cdots & b_{m-1} & g(x)
\end{vmatrix} \div$$

$$\begin{vmatrix}
a_0 & a_1 & a_2 & \cdots & \cdots & a_n \\
 & a_0 & a_1 & a_2 & \cdots & \cdots & a_n \\
 & \ddots & \ddots & \ddots & & & \ddots \\
 & & a_0 & a_1 & a_2 & \cdots & \cdots & a_n \\
b_0 & b_1 & b_2 & \cdots & b_m \\
 & b_0 & b_1 & b_2 & & b_m \\
 & \ddots & \ddots & \ddots & & & \ddots \\
 & & \ddots & \ddots & \ddots & & & \ddots \\
 & & & b_0 & b_1 & b_2 & \cdots & b_m
\end{vmatrix}$$

既然 $x^0 = 1$,于是

$$\begin{vmatrix}
a_0 & a_1 & a_2 & \cdots & \cdots & a_n \\
 & a_0 & a_1 & a_2 & \cdots & \cdots & a_n \\
 & \ddots & \ddots & \ddots & & & \ddots \\
 & & a_0 & a_1 & a_2 & \cdots & \cdots & a_n \\
b_0 & b_1 & b_2 & \cdots & b_m \\
 & b_0 & b_1 & b_2 & & b_m \\
 & \ddots & \ddots & \ddots & & & \ddots \\
 & & \ddots & \ddots & \ddots & & & \ddots \\
 & & & b_0 & b_1 & b_2 & \cdots & b_m
\end{vmatrix}$$

$$= \begin{vmatrix} a_0 & a_1 & \cdots & \cdots & a_{n-1} & a_n & & & x^{m-1}f(x) \\ & a_0 & a_1 & \cdots & \cdots & a_{n-1} & a_n & & x^{m-2}f(x) \\ & & a_0 & a_1 & & & \ddots & \ddots & \vdots \\ & & & a_0 & a_1 & \cdots & \cdots & a_{n-1} & f(x) \\ b_0 & b_1 & \cdots & b_{m-1} & b_m & & & & x^{n-1}g(x) \\ & b_0 & b_1 & \cdots & b_{m-1} & b_m & & & x^{n-2}g(x) \\ & & \ddots & \ddots & & \ddots & \ddots & & \vdots \\ & & & \ddots & \ddots & & \ddots & \ddots & \vdots \\ & & & & b_0 & b_1 & \cdots & b_{m-1} & g(x) \end{vmatrix},$$

由后文我们知道,左边的行列式就是 $R(g,f)$,将右边的行列式按照最后一列展开即得到所需要的结论.

除了多项式 $f(x)$ 和 $g(x)$ 外,我们再讨论所谓未知量 x 的一般多项式

$$\varphi(x) = u_0(x-x_1)(x-x_2)\cdots(x-x_n) = u_0 x^n + u_1 x^{n-1} + \cdots + u_n,$$

$$\psi(x) = v_0(x-y_1)(x-y_2)\cdots(x-y_m) = v_0 x^m + v_1 x^{m-1} + \cdots + v_m,$$

式中的 $u_0, x_1, x_2, \cdots, x_n, v_0, y_1, y_2, \cdots, y_m$ 代表一组关于域 P 的独立未知量. 而 $u_1 = -u_0\sigma_1, u_2 = u_0\sigma_2, \cdots, u_n = (-1)^n u_0\sigma_n; v_1 = -v_0\sigma'_1, v_2 = v_0\sigma'_2, \cdots, v_m = (-1)^m v_0\sigma_m', \sigma_1, \sigma_2, \cdots, \sigma_n$ 代表 $x_1, x_2, \cdots, x_n$ 的基本对称多项式, $\sigma'_1, \sigma'_2, \cdots, \sigma_m'$ 代表 $y_1, y_2, \cdots, y_m$ 的基本对称多项式.

假若令这些未知量依次取如下的值 $u_0 = a_0, x_1 = \alpha_1, x_2 = \alpha_2, \cdots, x_n = \alpha_n, v_0 = b_0, y_1 = \beta_1, y_2 = \beta_2, \cdots, y_m = \beta_m$,一般多项式 $\varphi(x)$ 就变成 $f(x)$,$\psi(x)$ 则变为 $g(x)$.

和上面的定义同样,一般多项式 $\varphi(x)$ 和 $\psi(x)$ 的结式可以定义为如下的乘积

$$R(\varphi, \psi) = u_0^m v_0^n \prod (x_i - y_j). \tag{4}$$

用同样方法可以证明

$$R(\varphi, \psi) = u_0^m \psi(x_1)\psi(x_2)\cdots\psi(x_n) \tag{5}$$

和

$$R(\varphi, \psi) = (-1)^{mn} R(\psi, \varphi). \tag{6}$$

由等式(4)不难看出结式 $R(\varphi, \psi)$ 是未知量 $x_1, x_2, \cdots, x_n, y_1, y_2, \cdots, y_m$ 的 mn 次齐次多项式. 事实上,乘积

$$\prod (x_i - y_i)$$

一共含有 mn 个一次因式,所以 $R(\varphi, \psi)$ 是 mn 次齐次多项式.

我们还可以证明 $R(\varphi,\psi)$ 是以一般多项式 $\varphi(x)$ 和 $\psi(x)$ 的系数 u_i 和 v_j 为独立未知量在域 P 上的多项式.

证明 因为乘积 $\psi(x_1)\psi(x_2)\cdots\psi(x_n)$ 是未知量 $x_1,x_2,\cdots,x_n$ 在环 $P[v_0,v_1,\cdots,v_m]$ 上的对称多项式,所以根据对称多项式的基本定理,乘积 $\psi(x_1)\psi(x_2)\cdots\psi(x_n)$ 可表为 $\sigma_1,\sigma_2,\cdots,\sigma_n$ 在环 $P[v_0,v_1,\cdots,v_m]$ 上的多项式 $F(\sigma_1,\sigma_2,\cdots,\sigma_n)$ 的形式

$$\psi(x_1)\psi(x_2)\cdots\psi(x_n)=F(\sigma_1,\sigma_2,\cdots,\sigma_n)$$
$$=\sum H(v_0,v_1,\cdots,v_m)\sigma_1^{\mu_1},\cdots,\sigma_n^{\mu_n},$$

式中的 $H(v_0,v_1,\cdots,v_m)$ 代表环 $P[v_0,v_1,\cdots,v_m]$ 的某一些多项式.

现在我们试求 $F(\sigma_1,\sigma_2,\cdots,\sigma_n)$ 的次数.为了这个目的先看对称多项式

$$\psi(x_1)\psi(x_2)\cdots\psi(x_n) \tag{7}$$

的最高指数项是什么.因为 $\psi(x_i)=v_0x_i^m+v_1x_i^{m-1}+\cdots+v_m$ 的最高指数是 $v_0x_i^m$,所以根据定理 1.2.1(§1),式(7)的最高指数项是

$$v_0^n x_1^m x_2^m\cdots x_n^m. \tag{8}$$

在另一方面,还是由于这个定理,我们知道 $H(v_0,v_1,\cdots,v_m)\sigma_1^{\mu_1},\sigma_2^{\mu_2},\cdots,\sigma_n^{\mu_n}$ 的最高指数项是

$$H(v_0,v_1,\cdots,v_m)x_1^{\mu_1+\mu_2+\cdots+\mu_n}x_2^{\mu_2+\cdots+\mu_n}\cdots x_n^{\mu_n}. \tag{9}$$

但项(9)不能高于项(8),所取 $m\geqslant\mu_1+\mu_2+\cdots+\mu_n$,换句话说 $F(\sigma_1,\sigma_2,\cdots,\sigma_n)$ 的次数小于或等于 m(关于 $\sigma_1,\sigma_2,\cdots,\sigma_n$).

由此

$$R(\varphi,\psi)=u_0^m\psi(x_1)\psi(x_2)\cdots\psi(x_n)=u_0^m F(\sigma_1,\sigma_2,\cdots,\sigma_n)$$
$$=u_0^m\Sigma H(v_0,v_1,\cdots,v_m)\sigma_1^{\mu_1},\sigma_2^{\mu_2},\cdots,\sigma_n^{\mu_n}$$
$$=\Sigma H(v_0,v_1,\cdots,v_m)u_0^{m-\mu_1-\cdots-\mu_n}(u_0\sigma_1)^{\mu_1}\cdots(u_0\sigma_n)^{\mu_n}.$$

因为 $u_0\sigma_1=-u_1,\cdots,u_0\sigma_n=(-1)^n u_n$,所以

$$R(\varphi,\psi)=\Sigma H(v_0,v_1,\cdots,v_m)u_0^{m-\mu_1-\cdots-\mu_n}(-u_1)^{\mu_1}\cdots((-1)^n u_n)^{\mu_n}.$$

换句话说,结式 $R(\varphi,\psi)$ 是 $u_0,u_1,\cdots,u_n$ 在环 $P[v_0,v_1,\cdots,v_m]$ 上的多项式.由此我们也就证明了 $R(\varphi,\psi)$ 是 $u_0,u_1,\cdots,u_n,v_0,v_1,\cdots,v_m$ 在域 P 上的多项式

$$R(\varphi,\psi)=\Phi(u_0,u_1,\cdots,u_n,v_0,v_1,\cdots,v_m), \tag{10}$$

式中的 $\Phi(u_0,u_1,\cdots,u_n,v_0,v_1,\cdots,v_m)$ 代表 $u_0,u_1,\cdots,u_n,v_0,v_1,\cdots,v_m$ 在域 P 上的某一多项式.

假若令未知量 $u_0,x_1,x_2,\cdots,x_n,v_0,y_1,y_2,\cdots,y_m$ 依次取如下的数值:$u_0=a_0,x_1=\alpha_1,x_2=\alpha_2,\cdots,x_n=\alpha_n,v_0=b_0,y_1=\beta_1,y_2=\beta_2,\cdots,y_m=\beta_m$,等式(10)

就化为

$$R(f,g) = \Phi(a_0, a_1, \cdots, a_n, b_0, b_1, \cdots, b_m).$$

多项式 $f(x)$ 和 $g(x)$ 的系数 a_i 和 b_i 既然属于域 P，所以我们证明了结式 $R(f, g)$ 是域 P 的元素.

其次不难证明一般多项式的结式 $R(\varphi, \psi)$ 是 $v_0, v_1, \cdots, v_m$ 在域 P 上的 n 次齐次多项式，同时又是 $u_0, u_1, \cdots, u_n$ 在域 P 上的 m 次齐次多项式.

事实上，每一个因子

$$\psi(x_i) = v_0 x_i{}^m + v_1 x_i{}^{m-1} + \cdots + v_m,$$

都是 $v_0, v_1, \cdots, v_m$ 的一个一次形式，所以 n 个因子的乘积 $\psi(x_1)\psi(x_2)\cdots\psi(x_n)$ 必然是关于 $v_0, v_1, \cdots, v_m$ 的一个 n 次齐次多项式.同理，乘积 $\varphi(y_1)\varphi(y_2)\cdots\varphi(y_m)$ 是关于 $u_0, u_1, \cdots, u_n$ 的 m 次齐次多项式.由等式(6)就得出了我们所要证明的结果.

在结束这节之前，我们还要介绍结式的权这一概念.这个概念以后要用到.

试再讨论一般多项式 $\varphi(x)$ 和 $\psi(x)$.在上面我们曾经证明它们的结式是关于 $\varphi(x)$ 的系数的 m 次齐次多项式同时又是关于 $\psi(x)$ 的系数的 n 次齐次多项式，这就是说

$$R(\varphi, \psi) = \Sigma A u_0^{\mu_0} u_1^{\mu_1} \cdots u_n^{\mu_n} v_0^{\nu_0} v_1^{\nu_1} \cdots v_m^{\nu_m} \tag{11}$$

式中的 A 代表域 P 的元素，并有

$$\mu_1 + \mu_2 + \cdots + \mu_n = m, \nu_1 + \nu_2 + \cdots + \nu_m = n.$$

在另一方面，$R(\varphi, \psi)$ 又是关于 $x_1, x_2, \cdots, x_n, y_1, y_2, \cdots, y_m$ 的 mn 次齐次多项式.不仅如此，式(11)的每一项

$$A u_0^{\mu_0} u_1^{\mu_1} \cdots u_n^{\mu_n} v_0^{\nu_0} v_1^{\nu_1} \cdots v_m^{\nu_m} \tag{12}$$

都是关于 $x_1, x_2, \cdots, x_n, y_1, y_2, \cdots, y_m$ 的齐次多项式，因为 $u_0, u_1, \cdots, u_n$ 是 $x_1, x_2, \cdots, x_n$ 的齐次多项式，$v_0, v_1, \cdots, v_m$ 是 $y_1, y_2, \cdots, y_m$ 的齐次多项式.由此，再结合上面所述的事实：式(11)是关于 $x_1, x_2, \cdots, x_n, y_1, y_2, \cdots, y_m$ 的 mn 次齐次多项式，所以它的每一项(12)关于 $x_1, x_2, \cdots, x_n, y_1, y_2, \cdots, y_m$ 的次数必须等于 mn.但是，式(12)的次数可用另外的方法计算，事实上由等式

$$u_1 = -u_0 \sigma_1 = -u_0 (x_1 + x_2 + \cdots + x_n),$$

$$u_2 = u_0 \sigma_2 = u_0 (x_1 x_2 + x_2 x_3 + \cdots + x_{n-1} x_n),$$

$$\vdots$$

$$u_n = (-1)^n u_0 \sigma_n = (-1)^n u_0 x_1 x_2 \cdots x_n,$$

$$v_1 = -v_0 \sigma'_1 = -v_0 (y_1 + y_2 + \cdots + y_n),$$

$$v_2 = v_0 \sigma'_2 = v_0 (y_1 y_2 + y_2 y_3 + \cdots + y_{n-1} y_n),$$

$$\vdots$$

$$v_n = (-1)^m v_0 \sigma'_m = (-1)^m v_0 y_1 y_2 \cdots y_m,$$

立刻知道系数 u_k 关于 $x_1,x_2,\cdots,x_n$ 的次数等于它的足数 k. 同理系数 v_k 关于 $y_1,y_2,\cdots,y_m$ 的次数等于它的足数 k, 由此式(11)的每一项(12)关于 $x_1,x_2,\cdots,x_n,y_1,y_2,\cdots,y_m$ 的次数应等于

$$\mu_1 + 2\mu_2 + \cdots + n\mu_n + \nu_1 + 2\nu_2 + \cdots + m\nu_m. \tag{13}$$

式(13)的数叫作结式 $R(\varphi,\psi)$ 的权. 根据上述我们证明了结式 $R(\varphi,\psi)$ 的权等于一般多项式 $\varphi(x)$ 和 $\psi(x)$ 的次数的乘积 mn.

令 $u_0=a_0, x_1=a_1, x_2=a_2, \cdots, x_n=a_n, v_0=b_0, y_1=b_1, y_2=b_2, \cdots, y_m=b_m$, 由等式(11)我们可用多项式 $f(x)$ 和 $g(x)$ 的系数同样的表示它们的结式 $R(f,g)$

$$R(\varphi,\psi) = \Sigma A a_0^{\mu_0} a_1^{\mu_1} \cdots a_n^{\mu_n} b_0^{\nu_0} b_1^{\nu_1} \cdots b_m^{\nu_m},$$

同时我们也同样称式(13)为结式 $R(f,g)$ 的权. 因为 $\varphi(x)$ 的次数等于 $f(x)$ 的次数, $\psi(x)$ 的次数等于 $g(x)$ 的次数, 所以在这里也同样可以说结式 $R(f,g)$ 的权等于多项式 $f(x)$ 和 $g(x)$ 的次数的乘积 mn.

5.2 结式的行列式表现法与结式的基本定理

对于前文中的结式的表示式(1), 需要知道多项式 $f(x)$ 和 $g(x)$ 的根, 所以在解决这两个多项式有无公共根的问题上, 是没有实用价值的.

但是我们即将证明, 结式 $R(f,g)$ 可表为已给出的多项式 $f(x)$ 和 $g(x)$ 的系数 $a_1,a_2,\cdots,a_n,b_1,b_2,\cdots,b_m$ 的多项式.

这种表示的可能性很容易从上节的结果推出. 事实上, 式 $R(f,g)$ 既然是两组未知量 —— $\alpha_1,\alpha_2,\cdots,\alpha_n; \beta_1,\beta_2,\cdots,\beta_m$ —— 的对称多项式. 故由上节末尾的证明, 它可表为这两组未知量的基本对称多项式的多项式. 也就是说, 从韦达公式, 可以表为商 $\frac{a_i}{a_0}, i=1,2,\cdots,n$ 和 $\frac{b_j}{b_0}, j=1,2,\cdots,m$ 的多项式, 而在式(1)中的因子 $a_0^m b_0^n$ 乘进去后, 可以消去所得出的表示式中那些分母里面的 a_0 和 b_0.

但是应用上节证明中的方法实际上求出用系数乘表出结式的表示式是很困难的, 我们要应用另外的方法. 为了这个目的, 除了讨论方程式

$$f(x) = a_0 x^n + a_1 x^{n-1} + \cdots + a_n, g(x) = b_0 x^m + b_1 x^{m-1} + \cdots + b_m$$

以外, 我们还要讨论多项式 $xg(x), x^2 g(x), \cdots, x^{n-1} g(x)$. 设用 $\alpha_1,\alpha_2,\cdots,\alpha_n$ 代表多项式 $f(x)$ 的根, 我们不难证明每一个代数式 $\alpha_i^k g(\alpha_i)(k=0,1,\cdots,n-1)$ 都可表为一个关于 α 的次数不高于 $(n-1)$ 次的多项式.

事实上,先以 $f(x)$ 除 $x^k g(x)$. 设所得的商是 $q(x)$,余式是

$$a_{k,0} + a_{k,1}x + \cdots + a_{k,n-1}x^{n-1},$$

由此有

$$x^k g(x) = f(x)q(x) + (a_{k,0} + a_{k,1}x + \cdots + a_{k,n-1}x^{n-1}),$$

以 $x = \alpha_i$ 代入最后这个等式得

$$\alpha_i{}^k g(\alpha_i) = a_{k,0} + a_{k,1}\alpha_i + \cdots + a_{k,n-1}\alpha_i{}^{n-1}, \quad (k=0,1,\cdots,n-1) \tag{1}$$

现在我们证明

$$R(f,g) = a_0^m \begin{vmatrix} a_{0,0} & a_{0,1} & \cdots & a_{0,n-1} \\ a_{1,0} & a_{1,1} & \cdots & a_{1,n-1} \\ \vdots & \vdots & & \vdots \\ a_{n-1,0} & a_{n-1,1} & \cdots & a_{n-1,n-1} \end{vmatrix}.$$

证明 我们用 $\varphi(x)$ 代替 $f(x)$ 来讨论

$$\varphi(x) = a_0(x-x_1)(x-x_2)\cdots(x-x_n) = a_0 x^n + u_1 x^{n-1} + \cdots + u_n,$$

$\varphi(x)$ 的系数 a_0 和 $f(x)$ 的一样,它的根 $x_1,x_2,\cdots,x_n$ 是关于域 P 的独立未知量. $\varphi(x)$ 的系数 u_i 既然是环 $P[x_1,x_2,\cdots,x_n]$ 内的多项式. 因为商域 $P(x_1, x_2,\cdots,x_n)$ 是环 $P[x_1,x_2,\cdots,x_n]$ 的扩张,所以也是域 P 的扩张. 这样我们就可以把 $\varphi(x)$ 和 $g(x)$ 看作 x 在域 $P(x_1,x_2,\cdots,x_n)$ 上的多项式.

以 $\varphi(x)$ 除 $x^k g(x)$,设由此所得的商是 $k(x)$ 余式是

$$w_{k,0} + w_{k,1}x + \cdots + w_{k,n-1}x^{n-1},$$

因为多项式 $\varphi(x)$ 的最高系数 a_0 含于域 P,所以由含有余式的除法定则我们可以断定 w_{ki} 必须是环 $P[x_1,x_2,\cdots,x_n]$ 内的某一个多项式. 再令被除式等于余式乘商加余式得

$$x^k g(x) = k(x)\varphi(x) + (w_{k,0} + w_{k,1}x + \cdots + w_{k,n-1}x^{n-1}).$$

因为 x_i 是多项式 $\varphi(x)$ 的根,所以令 x 等于 x_i,则得

$$x_i{}^k g(x_i) = w_{k,0} + w_{k,1}x_i + \cdots + w_{k,n-1}x_i{}^{n-1} \quad (i=1,2,\cdots,n),$$

或

$$w_{k,0} + w_{k,1}x_i + \cdots + [w_{k,k} - g(x_i)]x_i{}^k + \cdots + w_{k,n-1}x_i{}^{n-1} = 0 \quad (k=0,1,\cdots,n-1)$$

由此我们可以知道含有 n 个未知量和 n 个方程式的齐次方程组

$$w_{k,0}z_0 + w_{k,1}z_1 + \cdots + [w_{k,k} - g(x_i)]z_k + \cdots + w_{k,n-1}z_{n-1} = 0 \quad (k=0,1,\cdots,n-1)$$

具有非零解 $z_0 = e, z_1 = x_i, \cdots, z_{n-1} = x_i{}^{n-1}$($e \neq 0$,因为域 P 的单位元素异于零).

这就是说,这个方程组的行列式 D 必须等于零.

320

$$D = \begin{vmatrix} w_{0,0} - g(x_i) & w_{0,1} & \cdots & w_{0,n-1} \\ w_{1,0} & w_{1,1} - g(x_i) & \cdots & w_{1,n-1} \\ \vdots & \vdots & & \vdots \\ w_{n-1,0} & w_{n-1,1} & \cdots & w_{n-1,n-1} - g(x_i) \end{vmatrix} = 0. \quad (2)$$

现在我们再讨论另外一个辅助行列式

$$F(x) = (-1)^n \begin{vmatrix} w_{0,0} - x & w_{0,1} & \cdots & w_{0,n-1} \\ w_{1,0} & w_{1,1} - x & \cdots & w_{1,n-1} \\ \vdots & \vdots & & \vdots \\ w_{n-1,0} & w_{n-1,1} & \cdots & w_{n-1,n-1} - x \end{vmatrix}.$$

行列式 $F(x)$ 显然是未知量 x 在域 $P(x_1, x_2, \cdots, x_n)$ 上的 n 次多项式,同时以单位元素为它的最高系数[①]. 由等式(2)可以推知 $g(x_1), g(x_2), \cdots, g(x_n)$ 都是 $F(x)$ 的根. 不仅如此,$g(x_i)$ 都是彼此不等的. 假若不然,例如有 $g(x_1) = g(x_2)$,x_1 和 x_2 就不再是关于域 P 的独立未知量了. 由此我们已经证明了 $g(x_1), g(x_2), \cdots, g(x_n)$ 取尽多项式 $F(x)$ 所有的 n 个根,而且这 n 个根彼此互异. 在另一方面,我们知道最高系数等于一的 n 次多项式的常数项等于它诸根的乘积再乘以符号 $(-1)^n$. $F(x)$ 的常数项既然等于 $F(0)$,所以

$$F(0) = (-1)^n \begin{vmatrix} w_{0,0} & w_{0,1} & \cdots & w_{0,n-1} \\ w_{1,0} & w_{1,1} & \cdots & w_{1,n-1} \\ \vdots & \vdots & & \vdots \\ w_{n-1,0} & w_{n-1,1} & \cdots & w_{n-1,n-1} \end{vmatrix}$$

$$= (-1)^n g(x_1) g(x_2) \cdots g(x_n).$$

由此

$$a_0^m \begin{vmatrix} w_{0,0} & w_{0,1} & \cdots & w_{0,n-1} \\ w_{1,0} & w_{1,1} & \cdots & w_{1,n-1} \\ \vdots & \vdots & & \vdots \\ w_{n-1,0} & w_{n-1,1} & \cdots & w_{n-1,n-1} \end{vmatrix} = a_0^m g(x_1) g(x_2) \cdots g(x_n). \quad (3)$$

现在令 $x_1, x_2, \cdots, x_n$ 依次取以下的值:$x_1 = \alpha_1, x_2 = \alpha_2, \cdots, x_n = \alpha_n$,等式 (3) 变成下式

---

① 多项式 $F(x)$ 不仅是域 $P(x_1, x_2, \cdots, x_n)$ 上的多项式,并且是环 $P[x_1, x_2, \cdots, x_n]$ 上的多项式,因为 $w_{k,i}$ 是环 $P[x_1, x_2, \cdots, x_n]$ 上的多项式.

$$a_0^m \begin{vmatrix} w_{0,0} & w_{0,1} & \cdots & w_{0,n-1} \\ w_{1,0} & w_{1,1} & \cdots & w_{1,n-1} \\ \vdots & \vdots & & \vdots \\ w_{n-1,0} & w_{n-1,1} & \cdots & w_{n-1,n-1} \end{vmatrix} = a_0^m g(x_1) g(x_2) \cdots g(x_n) = R(f,g),$$

这就是我们所要证明的结果.

例 1 求多项式
$$f(x) = x^2 - x + 1, \quad g(x) = x^4 - 2x^2 + 3,$$
的结式. 为了这个目的以 $f(x)$ 除 $g(x)$ 和 $x g(x)$. 依次令所得的余式为 $r_1(x)$ 和 $r_2(x)$, 则有
$$r_1(x) = 5 - 3x, \quad r_2(x) = 3 + 2x.$$
由此所求的结式等于
$$R(f,g) = \begin{vmatrix} 5 & -3 \\ 3 & 2 \end{vmatrix} = 19.$$

例 2 试求
$$f(x) = x^2 + a_1 x + a_2, \quad g(x) = x^2 + b_1 x + b_2,$$
的结式. 我们不难证明以 $f(x)$ 除 $g(x)$ 和 $xg(x)$ 所得的余式依次是
$$r_1(x) = (b_2 - a_2) + (b_1 - a_1)x,$$
$$r_2(x) = -a_2(b_1 - a_1) + [(b_2 - a_2) - a_1(b_1 - a_1)]x$$
由此
$$R(f,g) = \begin{vmatrix} b_2 - a_2 & b_1 - a_1 \\ -a_2(b_1 - a_1) & (b_2 - a_2) - a_1(b_1 - a_1) \end{vmatrix}$$
$$= (b_2 - a_2)^2 - (a_1 b_2 - a_2 b_1)(b_1 - a_1).$$

利用同一多项式 $\varphi(x)$, 我们可以把结式表示为另外一种行列式的形式. 事实上, 假若令 $x = x_i$, 再注意到 x_i 是 $\varphi(x)$ 的根 $\varphi(x_i) = 0$, 我们就可以得出以下的一组等式

$$a_0 x_i^{m+n-1} + u_1 x_i^{m+n-2} + \cdots + u_n x_i^{m-1} = x_i^{m-1} \varphi(x_i) = 0,$$
$$a_0 x_i^{m+n-2} + u_1 x_i^{m+n-3} + \cdots + u_n x_i^{m-2} = x_i^{m-2} \varphi(x_i) = 0,$$
$$\vdots$$
$$a_0 x_i^n + u_1 x_i^{n-1} + \cdots + u_n = \varphi(x_i) = 0,$$
$$b_0 x_i^{m+n-1} + b_1 x_i^{m+n-2} + \cdots + b_m x_i^{n-1} = x_i^{n-1} g(x_i),$$
$$b_0 x_i^{m+n-2} + b_1 x_i^{m+n-3} + \cdots + b_m x_i^{n-2} = x_i^{n-2} g(x_i),$$
$$\vdots$$
$$b_0 x_i^m + b_1 x_i^{m-1} + \cdots + b_m = g(x_i),$$

由上面这一组等式不难知道含有 $m + n$ 个方程式和 $m + n$ 个未知量 z_0, $z_1, \cdots, z_{m+n-1}$ 的齐次线性方程组

$$a_0 z_0 + u_1 z_1 + u_2 z_2 + \cdots + u_n z_n = 0,$$
$$a_0 z_1 + u_1 z_2 + u_2 z_2 + \cdots + u_{n-1} z_n + u_n z_{n+1} = 0,$$
$$\vdots$$
$$a_0 z_{m-1} + u_1 z_m + \cdots + u_n z_{n+m-1} = 0,$$
$$b_0 z_0 + b_1 z_1 + b_2 z_2 + \cdots + (b_m - g(x_i)) z_m = 0,$$
$$b_0 z_1 + b_1 z_2 + \cdots + (b_m - g(x_i)) z_{m+1} = 0,$$
$$\vdots$$
$$b_0 z_{n-1} + b_1 z_n + \cdots + (b_m - g(x_i)) z_{m+n-1} = 0$$

具有非零解 $z_0 = x_i^{m+n-1}, \cdots, z_{m+n-1} = e \neq 0.$ 由此这个方程组的行列式必需等于零(没有书写的地方都是零)

$$
D = \begin{vmatrix}
a_0 & u_1 & u_2 & \cdots & & \cdots & & u_n & \\
& a_0 & u_1 & u_2 & & \cdots & & & u_n \\
& & \ddots & \ddots & \ddots & & & & & \ddots \\
& & & a_0 & & u_1 & & u_2 & \cdots & u_n \\
b_0 & b_1 & b_2 & \cdots & b_m - g(x_i) & & & & \\
& b_0 & b_1 & b_2 & \cdots & & b_m - g(x_i) & & \\
& & \ddots & \ddots & & \ddots & & \ddots & \\
& & & \ddots & & & \ddots & & \ddots \\
& & & & b_0 & & b_1 & & b_2 & \cdots & b_m - g(x_i)
\end{vmatrix}
\left.\begin{matrix}\\ \\ \\ \\ \end{matrix}\right\}m\ \text{行}
\left.\begin{matrix}\\ \\ \\ \\ \end{matrix}\right\}n\ \text{行}
= 0.
$$

其次我们再讨论把 D 中的 $g(x_i)$ 换成未知量 x 的行列式 $F(x).$ $F(x)$ 是未知量 x 在环 $P[x_1, x_2, \cdots, x_n]$ 上的 n 次多项式,并且它的最高系数等于 $(-1)^n a_0^m.$ $F(x)$ 的根显然是 $g(x_1), \cdots, g(x_n)$,所以

$$(-1)^n a_0^m (-1)^n g(x_1) \cdots g(x_n) = F(0),$$

或

$$
a_0^m g(x_1) \cdots g(x_n) = \begin{vmatrix}
a_0 & u_1 & u_2 & \cdots & \cdots & u_n & & & \\
& a_0 & u_1 & u_2 & \cdots & & u_n & & \\
& & \ddots & \ddots & & \ddots & & \ddots & \\
& & & a_0 & u_1 & u_2 & \cdots & \cdots & u_n \\
b_0 & b_1 & b_2 & \cdots & b_m & & & & \\
& b_0 & b_1 & b_2 & \cdots & b_m & & & \\
& & \ddots & \ddots & \ddots & & \ddots & & \\
& & & \ddots & & & & \ddots & \\
& & & & b_0 & b_1 & b_2 & \cdots & b_m
\end{vmatrix}; \quad (4)
$$

再令 $x_1 = \alpha_1, x_2 = \alpha_2, \cdots, x_n = \alpha_n$ 则得:$u_1 = a_1, u_2 = a_2, \cdots, u_n = a_n$,同时等式(4)变成

$$\begin{vmatrix} a_0 & u_1 & u_2 & \cdots & \cdots & u_n & & & & \\ & a_0 & u_1 & u_2 & \cdots & \cdots & u_n & & & \\ & & \ddots & \ddots & \ddots & & & \ddots & & \\ & & & a_0 & u_1 & u_2 & \cdots & \cdots & u_n & \\ b_0 & b_1 & b_2 & \cdots & b_m & & & & & \\ & b_0 & b_1 & b_2 & \cdots & b_m & & & & \\ & & \ddots & \ddots & \ddots & & \ddots & & & \\ & & & \ddots & \ddots & \ddots & & \ddots & & \\ & & & & b_0 & b_1 & b_2 & \cdots & b_m & \end{vmatrix} = a_0^m g(\alpha_1) \cdots g(\alpha_n) = R(f, g).$$

最后这个代数式是把结式表为西尔维斯特行列式(在空白的地方都是零). 这个行列式的结构是非常明显的,我们只指出一点,就是在它的主对角线上的元素,是先有 n 个系数 a_0,而后接连着有 m 个系数 b_m.

西尔维斯特行列式的价值是在另外的一方面. 结式的概念的导入只是对最高系数不为零的多项式而言. 但是,现在我们可对于另一些多项式介绍结式的概念. 设所给的两个多项式是

$$\left. \begin{aligned} f(x) &= a_0 x^n + a_1 x^{n-1} + \cdots + a_n, \\ g(x) &= b_0 x^m + b_1 x^{m-1} + \cdots + b_m, \end{aligned} \right\} \tag{5}$$

并设它们的最高系数可以等于零,换句话说,多项式 $f(x)$ 的次数可以小于 n,多项式 $g(x)$ 的次数可以小于 m. 我们把这两个多项式的西尔维斯特行列式叫作这两个多项式的结式 $R(f, g)$

$$R(f, g) = \begin{vmatrix} a_0 & a_1 & a_2 & \cdots & \cdots & a_n & & & & \\ & a_0 & a_1 & a_2 & \cdots & \cdots & a_n & & & \\ & & \ddots & \ddots & \ddots & & & \ddots & & \\ & & & a_0 & a_1 & a_2 & \cdots & \cdots & a_n & \\ b_0 & b_1 & b_2 & \cdots & b_m & & & & & \\ & b_0 & b_1 & b_2 & & b_m & & & & \\ & & \ddots & \ddots & \ddots & & & \ddots & & \\ & & & \ddots & \ddots & \ddots & & & \ddots & \\ & & & & b_0 & b_1 & b_2 & \cdots & b_m & \end{vmatrix}. \tag{6}$$

在 $a_0 \neq 0$ 和 $b_0 \neq 0$ 的情形下,结式的这个定义显然和前一小节所导入的定义一致.

我们不难证明,依照结式的定义,关系式

324

$$R(f,g)=(-1)^{mn}R(f,g)$$

仍然成立,而与多项式(5)的最高系数是否为零无关.

事实上,假若比较行列式 $R(f,g)$ 和 $R(g,f)$,不难看出 $R(g,f)$ 可由 $R(f,g)$ 经过行的某一些置换而得来(前 m 个行必须换在最后,后 n 个行必须换在前面),所以 $R(g,f)$ 和 $R(f,g)$ 仅差一个符号.我们让读者自己去证明,$R(f,g)$ 和 $R(g,f)$ 的符号差是 $(-1)^{mn}$.

其次我们不难证明在 $a_0 \neq 0$ 和 b_0 等于零或不等于零的情形下有

$$R(f,g)=a_0^m g(\alpha_1)\cdots g(\alpha_n) \quad (\alpha_i \text{ 代表 } f(x) \text{ 的根}).$$

事实上,上面关于等式(4)的结论在 $b_0 = 0$ 的情形下仍然成立.

由于下述的定理,对于最高系数是任意的多项式,结式的这个定义在消去法的理论中占据非常重要的位置.

结式的基本定理 假若具有任意最高系数的多项式(5)的结式(6)等于零,则多项式(5)有公共根或两者的最高系数都等于零.反之,若多项式(5)有公共根,或两者的最高系数都等于零,则结式(6)等于零.

证明 设结式(6)等于零.假若 $a_0 \neq 0$,由等式

$$R(f,g)=a_0^m g(\alpha_1)\cdots g(\alpha_n)=0$$

立刻知道在 $g(\alpha_1),\cdots,g(\alpha_n)$ 中至少有一个因子等于零.我们不妨假设 $g(\alpha_1)=0$,由此多项式 $f(x)$ 和 $g(x)$ 有公共根 α_1.

假若 $a_0 = 0$ 但 $b_0 \neq 0$,由等式

$$R(g,f)=b_0^n f(\beta_1)\cdots f(\beta_m)=(-1)^{mn}R(f,g)=0. \ (\beta_i \text{ 代表 } g(x) \text{ 的根})$$

我们同样可以证明多项式 $f(x)$ 和 $g(x)$ 必须具有公共根.

反之,设多项式(5)具有公共根 α.由此不难看出齐次方程组

$$
\begin{cases}
a_0 z_0 + a_1 z_1 + u_2 z_2 + \cdots + a_n z_n = 0, \\
a_0 z_1 + a_1 z_2 + u_2 z_2 + \cdots + a_n z_{n+1} = 0, \\
\quad\quad \vdots \\
a_0 z_{m-1} + a_1 z_m + \cdots + a_n z_{n+m-1} = 0, \\
b_0 z_0 + b_1 z_1 + b_2 z_2 + \cdots + b_m z_m = 0, \\
b_0 z_1 + b_1 z_2 + \cdots + b_m z_{m+1} = 0, \\
\quad\quad \vdots \\
b_0 z_{n-1} + b_1 z_n + \cdots + b_m z_{m+n-1} = 0,
\end{cases}
$$

具有非零解 $z_0=\alpha^{m+n-1},z_1=\alpha^{m+n-2},\cdots,z_{m+n-1}=e$.因此这个方程组的行列式 D 必须等于零.行列式 D 所代表的正是西尔维斯特行列式,即,我们证明了 $R(f,g)=0$.

最后,假若 a_0 和 b_0 都等于零,结式(6)的第一列的元素就全部等于零,由

325

此也有 $R(f,g)=0$.

5.3 未知量的消去法

现在我们再讨论消去法理论的主要问题 —— 解含有多个未知量的高次方程式. 我们仅限于两个方程式和两个未知量的情形

$$f(x,y)=0, g(x,y)=0, \tag{1}$$

式中的 $f(x,y)$ 和 $g(x,y)$ 分别代表 x,y 在域 P 上的多项式. 设第一个方程式关于 x,y 的次数是 n, 第二个方程式关于 x,y 的次数是 m. 把 $f(x,y)$ 和 $g(x,y)$ 依照 x 的幂排列可得

$$F(x)=f(x,y)=a_0(y)x^k+a_1(y)x^{k-1}+\cdots+a_k(y) \quad (a_0(y)\neq 0)$$

$$G(x)=g(x,y)=b_0(y)x^h+b_1(y)x^{h-1}+\cdots+b_h(y) \quad (b_0(y)\neq 0)$$

我们必须注意系数 $a_i(y)$ 和 $b_i(y)$ 都是环 $P[y]$ 内的某一些多项式, 同时 $f(x,y)$ 和 $g(x,y)$ 也可以看作只含一个未知量 x 在域 $P(y)$ 上的多项式. 由此我们可用 $F(x)$ 代表 $f(x,y)$, 用 $G(x)$ 代表 $g(x,y)$.

现在试求结式 $R(F,G)$. $R(F,G)$ 显然是只含有一个未知量 y 在域 P 上的多项式: $R(F,G)=\Phi(y)$.

设 P 的某一个扩域的值 $x=\alpha, y=\beta$ 满足方程组 (1). 它实际代表的意义是多项式

$$\overline{f}(x)=a_0(\beta)x^k+a_1(\beta)x^{k-1}+\cdots+a_k(\beta),$$

$$\overline{g}(x)=b_0(\beta)x^h+b_1(\beta)x^{h-1}+\cdots+b_h(\beta),$$

有公共根 α.

我们证明: 假若多项式 $\overline{f}(x)$ 和 $\overline{g}(x)$ 有公共根, 无论最高系数 $a_0(\beta)$ 和 $b_0(\beta)$ 是异于零或等于零, 常有 $\Phi(\beta)=0$.

为了这个目的把结式 $R(F,G)=\Phi$ 写成西尔维斯特行列式

$$\Phi(y)=\begin{vmatrix} a_0(y) & a_1(y) & a_2(y) & \cdots & \cdots & a_k(y) & & \\ & a_0(y) & a_1(y) & a_2(y) & \cdots & \cdots & a_k(y) & \\ & & \ddots & \ddots & \ddots & \cdots & \cdots & \ddots \\ & & & a_0(y) & a_1(y) & a_2(y) & \cdots & \cdots & a_k(y) \\ b_0(y) & b_1(y) & b_2(y) & \cdots & b_h(y) & & & \\ & b_0(y) & b_1(y) & b_2(y) & \cdots & b_h(y) & & \\ & & \ddots & \ddots & \ddots & \cdots & \ddots & \\ & & & \ddots & \ddots & \ddots & \cdots & \ddots \\ & & & & b_0(y) & b_1(y) & b_2(y) & \cdots & b_h(y) \end{vmatrix} \tag{2}$$

326

（未书写的地方都假设是零）.

在行列式（2）中令 $y=\beta$ 显然得出多项式 $\overline{f}(x)$ 和 $\overline{g}(x)$ 的结式 $R(\overline{f},\overline{g})$，因此

$$R(\overline{f},\overline{g})=\Phi(\beta).$$

假若多项式 $\overline{f}(x)$ 和 $\overline{g}(x)$ 有公共根 $x=\alpha$，由结式的基本定理有 $R(\overline{f},\overline{g})=0$，换句话说，就是 $\Phi(\beta)=0$. 这就是我们所要证明的.

反之，设 β 是 $\Phi(y)$ 的任意一个根，则有 $\Phi(\beta)=R(\overline{f},\overline{g})=0$. 再由结式的基本定理可以推知：多项式 $\overline{f}(x)$ 和 $\overline{g}(x)$ 有公共根或两者的最高系数 $a_0(\beta)$ 和 $b_0(\beta)$ 都等于零.

由此，解含有两个方程式和两个未知量的方程组（1）可以还原成求只含有一个未知量 y 的方程式

$$\Phi(y)=0 \tag{3}$$

的解，或者我们常说由方程组（1）消去未知量 x.

最后，我们还要问方程式（3）的次数等于什么. 为了这个目的，试讨论一般多项式

$$\varphi(x)=u_0(x-x_1)(x-x_2)\cdots(x-x_k)=u_0x^k+u_1x^{k-1}+\cdots+u_k,$$

$$\psi(x)=v_0(x-y_1)(x-y_2)\cdots(x-y_h)=v_0x^h+v_1x^{h-1}+\cdots+v_h,$$

的结式 $R(\varphi,\psi)$. 这两个多项式可以看作 x 在环 $P[u_0,x_1,x_2,\cdots,x_k,v_0,y_1,y_2,\cdots,y_h]$ 上的多项式. 我们已经知道结式 $R(\varphi,\psi)$ 是关于 $\varphi(x)$ 的系数的 h 次齐次多项式和关于 $\psi(x)$ 的系数的 k 次齐次多项式

$$R(\varphi,\psi)=\Sigma A u_0^{\mu_0}u_1^{\mu_1}\cdots u_k^{\mu_k}v_0^{\nu_0}v_1^{\nu_1}\cdots v_h^{\nu_h} \tag{4}$$

式中的 A 代表域 P 的元素，且有

$$\mu_1+\mu_2+\cdots+\mu_k=h,\nu_1+\nu_2+\cdots+\nu_h=k.$$

设 $u_0=a_0(y),x_1=\alpha_1,x_2=\alpha_2,\cdots,x_k=\alpha_k,v_0=b_0(y),y_1=\beta_1,y_2=\beta_2,\cdots,y_h=\beta_h$，式中的 $\alpha_1,\alpha_2,\cdots,\alpha_k$ 和 $\beta_1,\beta_2,\cdots,\beta_h$ 代表多项式 $F(x)$ 与 $G(x)$ 在 $P(y)$ 的某一个扩域内的根. 由等式（4）可把结式 $R(F,G)=\Phi(y)$ 写成如下的形式

$$\Phi(y)=\Sigma A a_0^{\mu_0}(y)a_1^{\mu_1}(y)\cdots a_k^{\mu_k}(y)b_0^{\nu_0}(y)b_1^{\nu_1}(y)\cdots b_h^{\nu_h}(y), \tag{5}$$

因为多项式 $f(x,y)$ 关于 x,y 的次数等于 n，所以它的项 $a_i(y)x^{k-i}(i=0,1,\cdots,k)$ 的次数不能超过 n. 由此，若用 p 代表系数 $a_i(y)$ 关于 y 的次数则有

$$p+(k-i)\leqslant n,$$

或

$$p\leqslant(n-k)+i.$$

同理可以断定多项式 $g(x,y)$ 的系数 $b_i(y)$ 关于 y 的次数不能超过 $(m-h)+i$.

由上述的结果,代表多项式 $\Phi(y)$ 的代数式(5)的每一项

$$Aa_0^{\mu_0}(y)a_1^{\mu_1}(y)\cdots a_k^{\mu_k}(y)b_0^{\nu_0}(y)b_1^{\nu_1}(y)\cdots b_h^{\nu_h}(y) \tag{6}$$

的次数(关于 y 的)不能超过

$$\mu_0(n-k)+\mu_1(n-k+1)+\cdots+\mu_k(n-k+k)+\nu_0(m-h)+$$
$$\nu_1(m-h+1)+\cdots+\nu_h(m-h+h)$$
$$=(n-k)(\mu_0+\mu_1+\cdots+\mu_k)+(m-h)(\nu_0+\nu_1+\cdots+\nu_h)+$$
$$(\mu_1+2\mu_2+\cdots+k\mu_k+\nu_1+2\nu_2+\cdots+h\nu_h).$$

但是 $\mu_1+\mu_2+\cdots+\mu_k=h, \nu_1+\nu_2+\cdots+\nu_h=k. \mu_1+2\mu_2+\cdots+k\mu_k+\nu_1+$ $2\nu_2+\cdots+h\nu_h$ 等于结式的权. 我们已经证明结式的权等于多项式 $F(x)$ 和 $G(x)$ 的次数的乘积 kh,所以式(6)的次数不能超过

$$kh+(n-k)h+(m-h)k=mn-(n-k)(m-h)\leqslant mn.$$

由此,方程式(3)的次数不能超过所给方程式的次数的乘积 mn.

例 由方程组

$$f(x,y)=2x^2-3xy+y^2+4x-5=0,$$
$$g(x,y)=-x^2+y^2-2x-3y-1=0,$$

消去未知量 y.

把所给的方程式按照 y 的幂排列得

$$f(x,y)=y^2-3xy+(2x^2+4x-5)=0,$$
$$g(x,y)=y^2-3y-(x^2+2x+1)=0,$$

在此有 $a_0=1, a_1=-3x, a_2=2x^2+4x-5, b_0=1, b_1=-3, b_2=-(x^2+2x+1)$,由前文的例 2 我们已经知道这个多项式

$$f(x)=x^2+a_1x+a_2, g(x)=x^2+b_1x+b_2,$$

的结式等于式

$$R(f,g)=(b_2-a_2)^2-(a_1b_2-a_2b_1)(b_1-a_1).$$

把系数的值代入最后这个等式,再经过一些代数的简化得出如下的方程式

$$9x^3+3x^2+24x-29=0,$$

这个方程式的次数,正如我们所期望的结果是小于 $2 \cdot 2=4$.

5.4 判别式

类似于引进结式概念的问题,可以建立这样的问题,关于环 $P[x]$ 中 n 次多项式 $f(x)$ 有重根的条件是怎样的. 设

$$f(x)=a_0x^n+a_1x^{n-1}+\cdots+a_n \quad (a_0\neq0)$$

且设在某一个 P 的扩域中这一多项式有根 $\alpha_1,\alpha_2,\cdots,\alpha_n$. 很明显的,在这些根里

面有等根的充分必要条件,是乘积

$$\Delta = (\alpha_2 - \alpha_1)(\alpha_3 - \alpha_1)\cdots(\alpha_n - \alpha_1) \cdot (\alpha_3 - \alpha_2)\cdots(\alpha_n - \alpha_2)\cdots(\alpha_n - \alpha_{n-1})$$

$$= \prod_{1 \leqslant i < j \leqslant n}(\alpha_i - \alpha_j)^2$$

等于零或者是乘积

$$D = a_0^{2n-2} \cdot \prod_{1 \leqslant i < j \leqslant n}(\alpha_i - \alpha_j)$$

等于零,我们把 D 叫作多项式 $f(x)$ 的判别式.

经过根的置换后,乘积 Δ 可能变号,但判别式 D 仍然不变,因此 D 是 α_1, $\alpha_2, \cdots, \alpha_n$ 的对称多项式,故可以用多项式 $f(x)$ 的系数来表出. 在域 P 的特征为零的假设下,为了求出这一个表示式,可以利用多项式 $f(x)$ 的判别式和这一个多项式和它的导数的结式之间所存在的关系. 这种关系的存在是想像得到的: 我们从第一章 §3 已经知道多项式有重根的充分必要条件是它和它的导数 $f'(x)$ 有公共根存在,因而 $D = 0$ 的充分必要条件为 $R(f, f') = 0$.

由结式的定义有

$$R(f, f') = a_0^{n-1} f'(\alpha_1) f'(\alpha_2) \cdots f'(\alpha_n) = a_0^{n-1} \prod f'(\alpha_i).$$

为了计算 $f'(\alpha_i)$,可先求

$$f(x) = a_0(x - \alpha_1)(x - \alpha_2)\cdots(x - \alpha_n)$$

的导数

$$f'(x) = a_0(x - \alpha_2)(x - \alpha_3)\cdots(x - \alpha_n) +$$

$$a_0(x - \alpha_1)(x - \alpha_3)\cdots(x - \alpha_n) + \cdots + a_0(x - \alpha_2)(x - \alpha_3)\cdots(x - \alpha_{n-1}).$$

假若 α_i 代 x,在 $f'(x)$ 的乘积中,凡含有因式 $x - \alpha_i$ 的项都等于零. 由此

$$f'(\alpha_i) = a_0(\alpha_i - \alpha_1)(\alpha_i - \alpha_2)\cdots(\alpha_i - \alpha_{i-1})(\alpha_i - \alpha_{i+1})\cdots(\alpha_i - \alpha_n),$$

$$R(f, f') = a_0^{n-1} a_0^n (\alpha_1 - \alpha_2)(\alpha_1 - \alpha_3)\cdots(\alpha_1 - \alpha_n) \cdot$$

$$(\alpha_2 - \alpha_1)(\alpha_2 - \alpha_3)\cdots(\alpha_2 - \alpha_n) \cdot$$

$$(\alpha_3 - \alpha_1)(\alpha_3 - \alpha_2)\cdots(\alpha_3 - \alpha_n) \cdot \cdots \cdot$$

$$(\alpha_n - \alpha_1)(\alpha_n - \alpha_2)\cdots(\alpha_n - \alpha_{n-1}).$$

在最后这个等式的右端,每一个因子 $(\alpha_i - \alpha_j)(i < j)$ 都出现两次,一次是正号一次是负号. 例如 $\alpha_1 - \alpha_2$ 就出现两次,一次是 $\alpha_1 - \alpha_2$,一次是 $\alpha_2 - \alpha_1 = -(\alpha_1 - \alpha_2)$. 因为 $(\alpha_i - \alpha_j)(i < j)$ 的个数等于 $C_n^2 = \dfrac{n(n-1)}{2}$,所以我们得出

$$R(f, f') = (-1)^{\frac{n(n-1)}{2}} a_0^{2n-1} \prod_{i < j}(\alpha_i - \alpha_j)^2 = (-1)^{\frac{n(n-1)}{2}} a_0 D.$$

例 1　试求二次三项式 $f(x) = x^2 + px + q$ 的判别式.

329

这个多项式 $f(x)$ 的导数等于 $f'(x) = 2x + p$. 由此

$$R(f, f') = f'_1(\alpha_1)f'_2(\alpha_2) = (2\alpha_1 + p)(2\alpha_2 + p),$$

或

$$R(f, f') = 4\alpha_1\alpha_2 + 2p(\alpha_1 + \alpha_2) + p^2,$$

因为 $\alpha_1\alpha_2 = q, \alpha_1 + \alpha_2 = -p$, 所以把 $\alpha_1\alpha_2$ 和 $\alpha_1 + \alpha_2$ 的值代入上式后可得

$$R(f, f') = 4q - 2p^2 + p^2 = 4q - p^2.$$

最后

$$D(f) = (-1)^{\frac{2(2-1)}{2}}(4q - p^2) = p^2 - 4q.$$

这和平常初等代数中所说的二次方程式的判别式一致.

另一个求判别式的方法是下面的这种说法:建立根 $\alpha_1, \alpha_2, \cdots, \alpha_n$ 的方幂的范德蒙行列式. 在第三章 §2 的注中已经证明

$$\begin{vmatrix} 1 & 1 & 1 & \cdots & 1 \\ a_1 & a_2 & a_3 & \cdots & a_n \\ a_1^2 & a_2^2 & a_3^2 & \cdots & a_n^2 \\ \vdots & \vdots & \vdots & & \vdots \\ a_1^{n-1} & a_2^{n-1} & a_3^{n-1} & \cdots & a_n^{n-1} \end{vmatrix} = \prod_{1 \leqslant i < j \leqslant n}(\alpha_i - \alpha_j) = \Delta.$$

所以判别式等于 a_0^{2n-2} 和这一个行列式的平方的乘积. 用矩阵的乘法规则乘出这一个行列式和它的转置行列式且用上节中等次的和的定义,我们得出:

$$D = a_0^{2n-2}\begin{vmatrix} n & s_1 & s_2 & \cdots & s_{n-1} \\ s_1 & s_2 & s_3 & \cdots & s_n \\ s_2 & s_3 & s_4 & \cdots & s_{n+1} \\ \vdots & \vdots & \vdots & & \vdots \\ s_{n-1} & s_n & s_{n+1} & \cdots & s_{2n-2} \end{vmatrix}, \tag{18}$$

其中 s_k 为根 $\alpha_1, \alpha_2, \cdots, \alpha_n$ 的 k 次方的和.

例 2　求出三次多项式 $f(x) = x^3 + ax^2 + bx + c$ 的判别式.

由式(1)

$$D = \begin{vmatrix} 3 & s_1 & s_2 \\ s_1 & s_2 & s_3 \\ s_2 & s_3 & s_4 \end{vmatrix}.$$

由上节我们知道

$$s_1 = \sigma_1 = -a,$$

$$s_2 = \sigma_1^2 - 2\sigma_2 = a^2 - 2b,$$

330

$$s_3 = \sigma_1^3 - 3\sigma_1\sigma_2 + 3\sigma_3 = -a^3 + 3ab - 3c.$$

应用牛顿公式，由 $\sigma_4 = 0$ 我们求出

$$s_4 = \sigma_1^4 - 4\sigma_1^2\sigma_2 + 4\sigma_1\sigma_3 + 2\sigma_2^2 = a^4 - 4a^2b + 4ac + 2b^2.$$

故

$$D = 3s_2s_4 + 2s_1s_2s_3 - s_2^3 - s_1^2s_4 - 3s_3^2 = a^2b^2 - 4b^3 - 4a^3c + 18abc - 27c^2.$$

注　任一 n 次实数系数的多项式 $f(x)$ 都可以唯一地分解为 $m(\leqslant n)$ 个对应于实根 $\alpha_1, \alpha_2, \cdots, \alpha_m$ 的线性因子 $(x - \alpha_i)$ 以及 $\dfrac{n-m}{2}$ 个对应于复共轭根对的二次既约多项式的乘积，由此，我们有

$$D(f) = (-1)^{\frac{n(n-m)}{2}} \mid D(f) \mid,$$

这表明，判别式的符号由复共轭根对的数目决定，这个等式可以直接从判别式的定义得到.

5.5　子结式与公因式

设 $f(x)$ 和 $g(x)$ 是数域 P 上的多项式，那么如第二章 §2 所证明，存在同域上的它们的最大公因式，并且除一常数因子外是唯一的. 这样，两个多项式的最大公因式的系数应该是原多项式诸系数的函数（除一常数因子外还是单值的）. 欧几里得算法也表明了这一点，并且还说明这种函数只涉及变量的加、减、乘、除四种算术运算.

虽然对于数值系数的多项式来说，应用欧几里得算法（来求最大公因式）是非常有效的；但如果系数是字母的话，欧几里得算法就失效了. 因此，我们希望找出所提那些函数的具体形式. 20 世纪初，为了解决类似的问题，潘顿提出了结式的概念，在结式的基础上又提出了子结式的概念，这使得求最大公因式有了一个更系统的算法.

设

$$f(x) = a_n x^n + a_{n-1} x^{n-1} + \cdots + a_0, g(x) = b_m x^m + b_{m-1} x^{m-1} + \cdots + b_0$$

是域 P 上的两个非零多项式（为确定起见，设 $m \leqslant n$）. 对于自然数 $i(i \leqslant m)$，由它们的系数构成的 $(m+n-2i) \times (m+n-i)$ 维矩阵

$$\begin{pmatrix} a_n & a_{n-1} & a_{n-2} & \cdots & \cdots & a_0 & & & & \\ & a_n & a_{n-1} & a_{n-2} & \cdots & \cdots & a_0 & & & \\ & & \ddots & \ddots & \ddots & & & \ddots & & \\ & & & a_n & a_{n-1} & a_{n-2} & \cdots & \cdots & a_0 \\ b_m & b_{m-1} & b_{m-2} & \cdots & b_0 & & & & \\ & b_m & b_{m-1} & b_{m-2} & & b_0 & & & \\ & & \ddots & \ddots & \ddots & & & \ddots & \\ & & & \ddots & \ddots & & & & \ddots \\ & & & & b_m & b_{m-1} & b_{m-2} & \cdots & b_0 \end{pmatrix} \left. \begin{array}{c} \\ \\ \\ \end{array} \right\} m-i\,\text{行} \quad \left. \begin{array}{c} \\ \\ \\ \end{array} \right\} n-i\,\text{行}$$

$$\underbrace{}_{m+n-i\text{列}} \quad {}_{(n+m)\times(n+m)}$$

称为 $f(x),g(x)$ 的第 i 个西尔维斯特矩阵, 记作 $\boldsymbol{S}_i(f(x),g(x))$.

在 $i=0$ 时, $\boldsymbol{S}_0(f(x),g(x))$ 通常简单地称为 $f(x),g(x)$ 的西尔维斯特矩阵. 这样, $\boldsymbol{S}_i(f(x),g(x))$ 可以看作西尔维斯特矩阵的子矩阵. 它是通过去掉 $\boldsymbol{S}_0(f(x),g(x))$ 中, 对应 $f(x)$ 部分的前 i 个行, 对应 $g(x)$ 部分的前 i 个行, 对应 $g(x)$ 部分的前 i 个行, 再去掉 (整个矩阵) 的前 i 个列而得到的 $(m+n-2i)\times(m+n-i)$ 维矩阵.

现在可以引进 $f(x),g(x)$ 的子结式的概念. 为了方便起见, $\boldsymbol{S}_i(f(x),g(x))$ 的前 $m+n-2i-1$ 列和第 $m+n-2i-j(j\leqslant i)$ 列组成的方阵记为 $\boldsymbol{S}_i^{(j)}$. 对于 $0\leqslant i<\min(m,n)$, 称多项式

$$\sum_{j=0}^{i} |\,S_i^{(j)}\,|\,x^j = |\,S_i^{(i)}\,|\,x^i + |\,S_i^{(i-1)}\,|\,x^{i-1} + \cdots + |\,S_i^{(1)}\,|\,x + |\,S_i^{(0)}\,| \tag{1}$$

为 $f(x)$ 与 $g(x)$ 的第 i 个子结式, 记为 $\mathrm{sre}\,s_i(f(x),g(x))$. 并把首系列 $|\,S_i^{(i)}\,|$ 称为第 i 个子结式的主系数.

容易看出, 当 $i=0$ 时, $|\,S_0^{(0)}\,|$ 即为多项式 $f(x),g(x)$ 的结式.

可以把 $\mathrm{sre}\,s_i(f(x),g(x))$ 表示为行列式的形式

$$\mathrm{sre}\,s_i(f(x),g(x)) = \begin{vmatrix} a_n & a_{n-1} & \cdots & \cdots & a_0 & & & & x^{n+1}f(x) \\ & a_n & a_{n-1} & \cdots & \cdots & a_0 & & & x^{n+2}f(x) \\ & & \ddots & \ddots & \cdots & \cdots & \ddots & & \vdots \\ & & & a_n & a_{n-1} & \cdots & \cdots & a_{i-1} & f(x) \\ b_m & b_{m-1} & \cdots & b_0 & & & & & x^{n+1}g(x) \\ & b_m & b_{m-1} & \cdots & b_0 & & & & x^{n+2}g(x) \\ & & \ddots & \ddots & \cdots & \ddots & & & \vdots \\ & & & b_m & b_{m-1} & \cdots & b_{n-1} & \cdots & g(x) \end{vmatrix}$$

332

$$(2)$$

等式右边的行列式是由 $S_i(f(x),g(x))$ 前 $m+n-2i-1$ 列和列 $(x^{m-i-1}f(x),$
$x^{m+2}f(x),\cdots,f(x),x^{n-i-1}g(x),x^{n+2}g(x),\cdots,g(x))^{\mathrm{T}}$ 所组成.

结合行列式的性质,可得到子结式的如下性质.

Ⅰ. sre $s_i(g(x),f(x))=(-1)^{(m-i)(n-i)}$ sre $s_i(f(x),g(x))$;

Ⅱ. 存在 $P[x]$ 中的多项式 $u_i(x),v_i(x)$,使得

$$\text{sre } s_i(g(x),f(x))=u_i(x)f(x)+v_i(x)g(x)),$$

并且 $u_i(x)$ 的次数低于 $n-i,v_i(x)$ 的次数低于 $m-i$.

事实上,将行列式(2)按照最后一列展开,又将 $f(x)$ 和 $g(x)$ 的项分别合并,并注意到其中 x 的幂次即得 Ⅱ.

定理 5.5.1   多项式 $f(x),g(x)$ 的 i 阶子结式的主系数等于零的充要条件是存在不全为零的多项式 $u_i(x),v_i(x),c_i(x)$,使得

$$u_i(x)f(x)+v_i(x)g(x))=c_i(x),\tag{3}$$

并且 $u_i(x)$ 的次数低于 $m-i,v_i(x)$ 的次数低于 $n-i,c_i(x)$ 的次数低于 i.

证明   条件的必要性可由主系数的定义以及子结式的性质 Ⅱ 直接得出.

现在来证明充分性. 既然 $u_i(x)$ 的次数低于 $m-i,v_i(x)$ 的次数低于 $n-i$,
$c_i(x)$ 的次数低于 i. 于是我们可设

$$u_i(x)=u_{m-i-1}x^{m-i-1}+u_{m-i-2}x^{m-i-2}+\cdots+u_1x+u_0,$$
$$v_i(x)=v_{n-i-1}x^{n-i-1}+v_{n-i-2}x^{n-i-2}+\cdots+v_1x+v_0,$$
$$c_i(x)=c_{i-1}x^{i-1}+c_{i-2}x^{i-2}+\cdots+c_1x+c_0,$$

代入式(3)得到系数关系式

$$\begin{cases} a_nu_{m-i-1}+b_mv_{n-i-1}=0 \\ a_nu_{m-i-2}+a_{n-1}u_{m-i-1}+b_mv_{n-i-2}+b_{m-1}v_{n-i-1}=0 \\ \qquad\qquad\vdots \\ a_0u_{i+1}+\cdots+a_{i+1}u_0+b_0u_{i+1}+\cdots+b_{i+1}v_0=0 \\ a_0u_i+\cdots+a_iu_0+b_0u_i+\cdots+b_iv_0=0 \\ a_0u_{i-1}+\cdots+a_{i-1}u_0+b_0u_{i-1}+\cdots+b_{i-1}v_0-c_{i-1}=0 \\ a_0u_1+\cdots+a_1u_0+b_0u_1+b_1v_0-c_1=0 \\ a_0u_0+b_0u_0-c_0=0 \end{cases}\tag{4}$$

将式(4)看作关于 $u_{m-i-1},\cdots,u_0,v_{n-i-1},\cdots,v_0,c_{i-1},\cdots,c_0$ 的齐次线性方程组,其系数矩阵的转置为

$$\boldsymbol{M} = \left.\begin{pmatrix} a_n & a_{n-1} & \cdots & a_{i-1} & \cdots & a_0 & & & \\ & a_n & a_{n-1} & \cdots & a_{i-1} & \cdots & a_0 & & \\ & & \ddots & \ddots & \cdots & \ddots & \cdots & \ddots & \\ & & & a_n & a_{n-1} & \cdots & a_{i-1} & \cdots & a_0 \\ b_m & b_{m-1} & \cdots & b_{i-1} & \cdots & b_0 & & & \\ & b_m & b_{m-1} & \cdots & b_{i-1} & \cdots & b_0 & & \\ & & \ddots & \ddots & \cdots & \ddots & \cdots & \ddots & \\ & & & b_m & b_{m-1} & \cdots & b_{i-1} & \cdots & b_0 \\ & & & & -1 & & & & \\ & & & & & -1 & & & \\ & & & & & & \ddots & & \\ & & & & & & & -1 & \end{pmatrix}\right\} \begin{matrix} m-i\ \text{行} \\ \\ \\ \\ n-i\ \text{行} \\ \\ \\ \\ i\ \text{行} \\ \\ \\ \end{matrix}$$

它的左上角即是 i 阶子结式的主系数矩阵, $\boldsymbol{M}$ 的行列式为 $(-1)^i \mid s_i^{(i)} \mid$, 因为上面的齐次线性方程组有非零解

$$(u_{m-i-1}, \cdots, u_0, v_{n-i-1}, \cdots, v_0, c_{i-1}, \cdots, c_0),$$

所以系数行列式应该等于零, 得 $\mid s_i^{(i)} \mid = 0$.

定理 5.5.2 下列断言是等价的.

(1) $f(x), g(x)$ 有一个次数大于 i 的公因式;

(2) 对于任一 $j \leqslant i$, 有 sre $s_j(f(x), g(x)) = 0$;

(3) 对于任一 $j \leqslant i$, 有 $\mid s_j^{(j)} \mid = 0$.

证明 (1)$\Rightarrow$(2) 设 $d(x)$ 是 $f(x), g(x)$ 的一个次数大于 i 的公因式

$$f(x) = d(x)f_1(x), \quad g(x) = d(x)g_1(x)$$

而 $f_1(x)$ 的次数低于 $n-i$, $g_1(x)$ 的次数低于 $m-i$. 于是可写等式

$$u(x)f(x) + v(x)g(x) = 0 \tag{5}$$

这里 $u(x) = g_1(x)$, $v(x) = -f_1(x)$, 今设

$$u(x) = u_{m-i-1}x^{m-i-1} + u_{m-i-2}x^{m-i-2} + \cdots + u_1 x + u_0,$$

$$v(x) = v_{n-i-1}x^{n-i-1} + v_{n-i-2}x^{n-i-2} + \cdots + v_1 x + v_0,$$

类似于定理 5.5.1 的证明, 将其代入式(5)可得到未知量个数为 $m+n-2i$, 方程个数为 $m+n-i$ 的齐次线性方程组, 其系数矩阵的转置为

$$
\boldsymbol{M}_i = \left[
\begin{array}{ccccccccc}
a_n & a_{n-1} & \cdots & a_{i-1} & \cdots & a_0 & & & \\
 & a_n & a_{n-1} & \cdots & a_{i-1} & \cdots & a_0 & & \\
 & & \ddots & \ddots & \cdots & \ddots & \cdots & \ddots & \\
 & & & a_n & a_{n-1} & \cdots & a_{i-1} & \cdots & a_0 \\
b_m & b_{m-1} & \cdots & b_{i-1} & \cdots & b_0 & & & \\
 & b_m & b_{m-1} & \cdots & b_{i-1} & \cdots & b_0 & & \\
 & & \ddots & \ddots & \cdots & \ddots & \cdots & & \\
 & & & b_m & b_{m-1} & \cdots & b_{i-1} & \cdots & b_0 \\
\end{array}
\right]
\begin{array}{l}
\left.\rule{0pt}{22pt}\right\} m-i\ 行 \\
\left.\rule{0pt}{22pt}\right\} n-i\ 行
\end{array}
$$

正如读者所看到的,它恰好就是矩阵 $\boldsymbol{S}_i(f(x),g(x))$. 因为方程组有非零解,所以系数矩阵的秩小于 $m+n-2i$,所以 $\boldsymbol{M}_i{}'$ 的 $m+n-2i$ 阶子式全为零,由子式的表达式(1),我们知道 sre $s_j(f(x),g(x))=0$.

对于 $j=i-1$,矩阵 $\boldsymbol{S}_{i-1}(f(x),g(x))$ 是矩阵 $\boldsymbol{M}_i$ 的扩充

$$
\boldsymbol{S}_{i-1}(f(x),g(x)) = \left[
\begin{array}{cccccccc}
a_n & a_{n-1} & \cdots & a_{i-1} & \cdots & a_0 & & \\
 & a_n & a_{n-1} & \cdots & a_{i-1} & \cdots & a_0 & \\
 & & \ddots & \ddots & \cdots & \ddots & \cdots & \\
 & & & a_n & a_{n-1} & \cdots & a_{i-1} & \cdots & a_0 \\
b_m & b_{m-1} & \cdots & b_{i-1} & \cdots & b_0 & & \\
 & b_m & b_{m-1} & \cdots & b_{i-1} & \cdots & b_0 & \\
 & & \ddots & \ddots & \cdots & \ddots & \cdots & \\
 & & & b_m & b_{m-1} & \cdots & b_{i-1} & \cdots & b_0 \\
\end{array}
\right]
\begin{array}{l}
\left.\rule{0pt}{22pt}\right\} m-i-1\ 行 \\
\left.\rule{0pt}{22pt}\right\} n-i-1\ 行
\end{array}
$$

两个虚框中的内容拼凑起来即是 $\boldsymbol{M}_i$. $\boldsymbol{S}_{i-1}(f(x),g(x))$ 的每个 $m+n-2(i-1)$ 阶子式都可以按第1和第 $m-i+2$ 行展开(拉普拉斯展开),因而可以表示成 $\boldsymbol{M}_i$ 的 $m+n-2i$ 阶子式的线性组合,由此知 $\boldsymbol{S}_{i-1}(f(x),g(x))$ 的每个 $m+n-2(i-1)$ 阶子式都为零. 于是 sre $s_{i-1}(f(x),g(x))=0$. 依照类似的步骤,可以得到,有 sre $s_j(f(x),g(x))=0(0\leqslant j<i)$;

(2)⇒(3) 由定义即得;

(3)⇒(1) 用数学归纳法:首先,sre $s_0(f(x),g(x))=|\,s_0^{(0)}\,|=0$,根据结式的性质,$f(x),g(x)$ 有次数大于零的公因式. 假如对于 $i-1$,结论成立,往回证明 i 时结论成立$(0<i<m)$. 根据归纳假设,$f(x),g(x)$ 有次数不小于 i 的公因式,设为 $d(x)$. 又因为 $|\,s_i^{(i)}\,|=0$,所以由子结式的表示式(1),sre $s_i(f(x),g(x))$ 是一个次数不高于 $i-1$ 的多项式,而且存在多项式 $u_i(x),v_i(x)$: $\partial(u_i(x))<m-i,\partial(v_i(x))<n-i$,使得

$$\text{sre } s_i(f(x),g(x))=u_i(x)f(x)+v_i(x)g(x)),$$

因而 $d(x)$ 整除 sre $s_i(f(x),g(x))$,这只有在 sre $s_i(f(x),g(x))=0$ 始为可能. 于是

$$u_i(x)f(x) = [-v_i(x)]g(x).$$

既然 $\partial(v_i(x)) < n-i = \partial(f(x)) < n-i$，于是 $f(x)$ 应该有一个次数大于 i 的因式能够整除 $g(x)$，这说明 $f(x),g(x)$ 有一个次数大于 i 的公因式. 根据归纳法原理，(3)$\Rightarrow$(1) 得到证明.

推论 多项式 $f(x),g(x)$ 的最大公因式的次数等于第一个使得 $|s_j^{(j)}| \neq 0$ 的 j.

现在我们来讨论两个多项式的最大公因式的算法问题.

定理 5.5.3 设 $f(x),g(x)$ 是系数在域 P 上的非零多项式，如果只允许使用行变换将 $f(x),g(x)$ 的西尔维斯特矩阵化为行阶梯形，那么最后一个非零行即为 $f(x),g(x)$ 的最大公因式的系数构成的向量.

证明 记 $S = S_0(f(x),g(x))$，则 $R(f(x),g(x)) = |S|$.

如果 $R(f(x),g(x)) \neq 0$，由结式基本定理 $f(x),g(x)$ 的最大公因式是 P 中的非零元素；另一方面，矩阵 S 可逆，经初等行变换化成的行阶梯形是一个上三角矩阵，最后一行只有最后一个元素非零，以这一行向量为系数的多项式也是一个非零元素，且该行只有最后一个元素非零，它对应的多项式只含常数项，结论成立.

如果 $R(f(x),g(x)) = 0$，则结式基本定理，$f(x),g(x)$ 的最大公因式 $D(x)$ 是一个具有正次数的多项式，这时存在多项式 $u(x),v(x)$ 满足 $\partial(u(x)) < \partial(g(x)), \partial(v(x)) < \partial(f(x))$，使得（参阅第一章定理 2.3.2 的脚注）

$$D(x) = f(x)u(x) + g(x)v(x). \tag{6}$$

现在假设化 S 为行阶梯形 $\bar{S}$ 的初等行变换所对应的初等矩阵为 Q

$$QS = \bar{S}.$$

在下面的 $n+m$ 个等式

$$
\begin{pmatrix}
a_0 & a_1 & a_2 & \cdots & \cdots & a_n & & & \\
 & a_0 & a_1 & a_2 & \cdots & \cdots & a_n & & \\
 & & \ddots & \ddots & \ddots & & & \ddots & \\
 & & & a_0 & a_1 & a_2 & \cdots & \cdots & a_n \\
b_0 & b_1 & b_2 & \cdots & b_m & & & & \\
 & b_0 & b_1 & b_2 & & b_m & & & \\
 & & \ddots & \ddots & \ddots & & \ddots & & \\
 & & & \ddots & \ddots & \ddots & & \ddots & \\
 & & & & b_0 & b_1 & b_2 & \cdots & b_m
\end{pmatrix}_{(n+m)\times(n+m)}
\cdot
\begin{pmatrix}
x^{n+m-1} \\
x^{n+m-2} \\
\vdots \\
x^n \\
x^{n-1} \\
x^{n-2} \\
\vdots \\
x^0
\end{pmatrix}_{(n+m)\times 1}
$$

$$= \begin{bmatrix} x^{m-1}f(x) \\ x^{m-2}f(x) \\ \vdots \\ x^0 f(x) \\ x^{n-1}g(x) \\ x^{n-2}g(x) \\ \vdots \\ x^0 g(x) \end{bmatrix}_{(n+m)\times 1},$$

两端左乘矩阵 Q 得

$$QS \cdot \begin{bmatrix} x^{n+m-1} \\ x^{n+m-2} \\ \vdots \\ x^n \\ x^{n-1} \\ x^{n-2} \\ \vdots \\ x^0 \end{bmatrix}_{(n+m)\times 1} = \bar{S} \cdot \begin{bmatrix} x^{n+m-1} \\ x^{n+m-2} \\ \vdots \\ x^n \\ x^{n-1} \\ x^{n-2} \\ \vdots \\ x^0 \end{bmatrix}_{(n+m)\times 1} = \begin{bmatrix} x^{m-1}f(x) \\ x^{m-2}f(x) \\ \vdots \\ x^0 f(x) \\ x^{n-1}g(x) \\ x^{n-2}g(x) \\ \vdots \\ x^0 g(x) \end{bmatrix}_{(n+m)\times 1}, \qquad (7)$$

若设以 $\bar{S}$ 最后一行非零向量构成的多项式为 $D'(x)$，则由等式(7)知道，存在多项式 $s(x),t(x)$ 使得

$$D'(x) = s(x)f(x) + t(x)g(x).$$

因为 $D(x)$ 同时整除 $f(x)$ 和 $g(x)$，于是 $D(x)$ 能整除它们的线性组合 $D'(x)$. 以下来证明 $\partial(D'(x)) = \partial(D(x))$. 若不然，则 $\partial(D'(x)) > \partial(D(x))$，将 $D(x)$ 的系数向量左端添加零分量构成一个 $m+n$ 维行向量 C. 将等式(6)中的多项式 $u(x),v(x)$ 分别写成 $m-1$ 次和 $n-1$ 次多项式，再按 $x^j f(x)$ 和 $x^i g(x)$ 整理，则有 $m+n$ 维行向量 T，使得

$$C \cdot \begin{bmatrix} x^{n+m-1} \\ x^{n+m-2} \\ \vdots \\ x^n \\ x^{n-1} \\ x^{n-2} \\ \vdots \\ x^0 \end{bmatrix}_{(n+m)\times 1} = D(x) = T \cdot \begin{bmatrix} x^{m-1}f(x) \\ x^{m-2}f(x) \\ \vdots \\ x^0 f(x) \\ x^{n-1}g(x) \\ x^{n-2}g(x) \\ \vdots \\ x^0 g(x) \end{bmatrix}_{(n+m)\times 1},$$

结合式(7)得

337

$$\begin{pmatrix} QS \\ C \end{pmatrix} \cdot \begin{pmatrix} x^{n+m-1} \\ x^{n+m-2} \\ \vdots \\ x^n \\ x^{n-1} \\ x^{n-2} \\ \vdots \\ x^0 \end{pmatrix}_{(n+m)\times 1} = \begin{pmatrix} Q \\ T \end{pmatrix} \cdot \begin{pmatrix} x^{m-1}f(x) \\ x^{m-2}f(x) \\ \vdots \\ x^0 f(x) \\ x^{n-1}g(x) \\ x^{n-2}g(x) \\ \vdots \\ x^0 g(x) \end{pmatrix}_{(n+m)\times 1} = \begin{pmatrix} Q \\ T \end{pmatrix} S \cdot \begin{pmatrix} x^{m-1}f(x) \\ x^{m-2}f(x) \\ \vdots \\ x^0 f(x) \\ x^{n-1}g(x) \\ x^{n-2}g(x) \\ \vdots \\ x^0 g(x) \end{pmatrix}_{(n+m)\times 1},$$

可见 $\begin{pmatrix} QS \\ C \end{pmatrix} = \begin{pmatrix} Q \\ T \end{pmatrix} S$,这是不可能的,因为由假设左端矩阵的秩为秩$(S)+1$,而右端矩阵的秩不超过 S 的秩. 这个矛盾说明,$D'(x)$ 和 $D(x)$ 只能差一常数倍,即 $D(x)$ 亦为 $f(x),g(x)$ 在 $P[x]$ 上的最大公因式.

进一步,多项式 $f(x),g(x)$ 的最大公因式也可以用它们的系数来明显地表示出来,它由西尔维斯特矩阵的子矩阵 S_i 完全决定.

定理 5.5.4　如果 $a_n \neq 0$ 或 $b_m \neq 0$,且 $f(x)$ 和 $g(x)$ 的前 $k-1$ 个子结式的主系数等于零

$$|S_0^{(0)}| = |S_1^{(1)}| = \cdots = |S_{k-1}^{(k-1)}| = 0,$$

而第 k 个子结式的主系数异于零

$$|S_k^{(k)}| \neq 0,$$

那么 $\mathrm{sre}\, s_k(f(x),g(x))$ 为 $f(x)$ 和 $g(x)$ 在 P 中的最大公因式.

证明　按照定理 5.5.1 以及定理 5.5.2 的推论,存在次数低于 $m-k$ 的多项式 $u_k(x)$ 以及数低于 $n-k$ 的 $v_k(x)$,使得(注意到 $|S_{k-1}^{(k-1)}| = 0$, $|S_k^{(k)}| \neq 0$)

$$u_k(x)f(x) + v_k(x)g(x) = c_k(x) \tag{8}$$

这里 $c_k(x)$ 是 $f(x)$ 和 $g(x)$ 的最大公因式并且 $c_k(x)$ 的次数等于 k. 于是可设

$$u_i(x) = u_{m-k-1}x^{m-k-1} + u_{m-i-2}x^{m-k-2} + \cdots + u_1 x + u_0,$$

$$v_k(x) = v_{n-k-1}x^{n-k-1} + v_{n-k-2}x^{n-k-2} + \cdots + v_1 x + v_0,$$

$$c_k(x) = x^k + c_{k-1}x^{k-1} + \cdots + c_1 x + c_0$$

同定理 5.5.1 的证明一样,这些表达式代入式(8)可以得到一个关于 $u_{m-k-1}, \cdots,$ $u_0, v_{n-k-1}, \cdots, v_0, c_{k-1}, \cdots, c_0$ 的齐次线性方程组,其矩阵形式为

$$
\begin{pmatrix}
a_n & a_{n-1} & \cdots & \cdots & a_{k-1} & \cdots & \cdots & a_0 \\
 & a_n & a_{n-1} & \cdots & \cdots & a_{k-1} & \cdots & \cdots & a_0 \\
 & & \ddots & \ddots & \cdots & \cdots & \ddots & & \ddots \\
 & & & a_n & a_{n-1} & \cdots & \cdots & a_{k-1} & \cdots & \cdots & a_0 \\
b_m & b_{m-1} & \cdots & b_{k-1} & \cdots & b_0 \\
 & b_m & b_{m-1} & b_{k-1} & \cdots & b_0 \\
 & & \ddots & \ddots & \cdots & \ddots & \cdots & \ddots \\
 & & & b_m & b_{m-1} & \cdots & b_{k-1} & \cdots & b_0 \\
 & & & & & & -1 \\
 & & & & & & & -1 \\
 & & & & & & & & \ddots \\
 & & & & & & & & & -1
\end{pmatrix}^{\mathrm{T}}
\begin{pmatrix}
u_{m-k-1} \\ u_{m-k-2} \\ \vdots \\ u_0 \\ v_{m-k-1} \\ v_{m-k-2} \\ \vdots \\ u_0 \\ c_{k-1} \\ c_{k-2} \\ \vdots \\ c_0
\end{pmatrix}
=
\begin{pmatrix}
0 \\ 0 \\ \vdots \\ \vdots \\ 0 \\ 0 \\ 1 \\ 0 \\ \vdots \\ 0
\end{pmatrix}
$$

按照克莱姆法则,可写 c_j 如下

$$c_j = \frac{\Delta_j}{\Delta}$$

其中 Δ 表示系数矩阵的行列式,而 Δ_j 表示系数矩阵的第 $m+n-2k+j$ 列用常数项构成的列代替后所得矩阵的行列式.因为转置不改变矩阵的行列式,所以

$$
\Delta =
\begin{vmatrix}
a_n & a_{n-1} & \cdots & \cdots & a_{k-1} & \cdots & \cdots & a_0 \\
 & a_n & a_{n-1} & \cdots & \cdots & a_{k-1} & \cdots & \cdots & a_0 \\
 & & \ddots & \ddots & \cdots & \cdots & \ddots & & \ddots \\
 & & & a_n & a_{n-1} & \cdots & \cdots & a_{k-1} & \cdots & \cdots & a_0 \\
b_m & b_{m-1} & \cdots & b_{k-1} & \cdots & b_0 \\
 & b_m & b_{m-1} & \cdots & b_{k-1} & \cdots & b_0 \\
 & & \ddots & \ddots & \cdots & \ddots & \cdots & \ddots \\
 & & & b_m & b_{m-1} & \cdots & b_{k-1} & \cdots & b_0 \\
 & & & & & & -1 \\
 & & & & & & & -1 \\
 & & & & & & & & \ddots \\
 & & & & & & & & & -1
\end{vmatrix}
$$

由于同样的原因,

$$\Delta_j = \begin{vmatrix} a_n & a_{n-1} & \cdots & & \cdots & a_{k-1} & \cdots & & & a_0 & & & \\ & a_n & a_{n-1} & \cdots & & \cdots & a_{k-1} & \cdots & & & a_0 & & \\ & & \ddots & \ddots & & \ddots & & \ddots & \cdots & \cdots & & \ddots & \\ & & & a_n & a_{n-1} & \cdots & & \cdots & & a_{k-1} & \cdots & & a_0 \\ b_m & b_{m-1} & \cdots & b_{k-1} & & b_0 & & & & & & & \\ & b_m & b_{m-1} & \cdots & b_{k-1} & \cdots & b_0 & & & & & & \\ & & \ddots & \ddots & & \ddots & & \ddots & \cdots & & \ddots & & \\ & & & b_m & b_{m-1} & \cdots & b_{k-1} & \cdots & & b_0 & & & \\ & & & & & -1 & & & & & & & \\ & & & & & & \ddots & & & & & & \\ & & & & & & & -1 & & & & & \\ 0 & \cdots & & 0 & 1 & 0 & \cdots & & \cdots & 0 & \cdots & \cdots & 0 \\ & & & & & & & & & & -1 & & \\ & & & & & & & & & & & \ddots & \\ & & & & & & & & & & & & -1 \end{vmatrix}$$ 第 $m+n-2k+j$ 行

第 $m+n-2k$ 列   第 $m+n-2k+j$ 列

定理 5.5.1 的证明中已经说明,行列式 Δ 的值为 $(-1)^k \mid S_k{}^{(k)} \mid$. 为了计算 Δ_j,将 Δ_j 的上述表达式中的第 $m+n-2k$ 列与第 $m+n-2k+j$ 列互换,我们得出 $\Delta_j = (-1)^{k+2} \mid S_k{}^{(j)} \mid = (-1)^k \mid S_k{}^{(j)} \mid$. 如此,我们得出

$$c_j = \frac{\Delta_j}{\Delta} = \frac{\mid S_k{}^{(j)} \mid}{\mid S_k{}^{(k)} \mid}$$

于是

$$c_k(x) = x^k + \frac{\mid S_k{}^{(k-1)} \mid}{\mid S_k{}^{(k)} \mid} x^{k-1} + \cdots + \frac{\mid S_k{}^{(1)} \mid}{\mid S_k{}^{(k)} \mid} x + \frac{\mid S_k{}^{(0)} \mid}{\mid S_k{}^{(k)} \mid}$$

或者说

$\text{sre } s_k(f(x), g(x)) = \mid S_k{}^{(k)} \mid x^k + \mid S_k{}^{(k-1)} \mid x^{k-1} + \cdots + \mid S_k{}^{(1)} \mid x + \mid S_k{}^{(0)} \mid$ 是 $f(x)$ 和 $g(x)$ 的最大公因式.

5.6　矩阵的行列式多项式

推广子结式的概念,可以提出一个有趣的概念 —— 矩阵的行列式多项式. 设 $A = (a_{ij})_{m \times n}$ 是域 P 上的一个 $m \times n$ 矩阵,如果 $n \geqslant m$,我们把多项式

$$\det p(\boldsymbol{A}) = \sum_{j=m}^{n} \begin{vmatrix} a_{11} & a_{12} & \cdots & a_{1,m-1} & a_{1,j} \\ a_{21} & a_{22} & \cdots & a_{2,m-1} & a_{2,j} \\ \vdots & \vdots & & \vdots & \vdots \\ a_{m1} & a_{m2} & \cdots & a_{m,m-1} & a_{m,j} \end{vmatrix} x^{n-j}; \qquad (1)$$

定义为它的行列式多项式,显然多项式的 $n-j(m \leqslant j \leqslant n)$ 次项的系数就是矩阵 $\boldsymbol{A}$ 的前 $m-1$ 列和第 j 列形成的子矩阵的行列式.

如果 $n < m$,则约定

$$\det p(\boldsymbol{A}) = 0.$$

如此,两个多项式的第 i 个子结式即是其第 i 个西尔维斯特矩阵 $\boldsymbol{S}_i(f(x)$, $g(x))$ 的行列式多项式.

注意到,在 $j < m$ 时, $\begin{vmatrix} a_{11} & a_{12} & \cdots & a_{1,m-1} & a_{1,j} \\ a_{21} & a_{22} & \cdots & a_{2,m-1} & a_{2,j} \\ \vdots & \vdots & & \vdots & \vdots \\ a_{m1} & a_{m2} & \cdots & a_{m,m-1} & a_{m,j} \end{vmatrix}$ 因两列(第 j 列以及最

后一列)是相同的而等于零,于是式(1)中连加号下面的番号 j 可以不从 m 而从 1 开始:

$$\det p(\boldsymbol{A}) = \sum_{j=1}^{n} \begin{vmatrix} a_{11} & a_{12} & \cdots & a_{1,m-1} & a_{1,j} \\ a_{21} & a_{22} & \cdots & a_{2,m-1} & a_{2,j} \\ \vdots & \vdots & & \vdots & \vdots \\ a_{m1} & a_{m2} & \cdots & a_{m,m-1} & a_{m,j} \end{vmatrix} x^{n-j}. \qquad (1')$$

我们还可以把式(1')写成如下形状

$$\det p(\boldsymbol{A}) = \sum_{j=1}^{n} \begin{vmatrix} \begin{pmatrix} a_{11} & a_{12} & \cdots & a_{1,m-1} \\ a_{21} & a_{22} & \cdots & a_{2,m-1} \\ \vdots & \vdots & & \vdots \\ a_{m1} & a_{m2} & \cdots & a_{m,m-1} \end{pmatrix} & \begin{pmatrix} a_{1,j} \\ a_{2,j} \\ \vdots \\ a_{m,j} \end{pmatrix} \end{vmatrix} x^{n-j},$$

这样,依大家熟知的行列式的性质,上面这个等式可写为

$$\det p(\boldsymbol{A}) = \begin{vmatrix} \begin{pmatrix} a_{11} & a_{12} & \cdots & a_{1,m-1} \\ a_{21} & a_{22} & \cdots & a_{2,m-1} \\ \vdots & \vdots & & \vdots \\ a_{m1} & a_{m2} & \cdots & a_{m,m-1} \end{pmatrix} & \sum_{j=1}^{n} \begin{pmatrix} a_{1,j} \\ a_{2,j} \\ \vdots \\ a_{m,j} \end{pmatrix} x^{n-j} \end{vmatrix}$$

$$= \begin{vmatrix} \begin{pmatrix} a_{11} & a_{12} & \cdots & a_{1,m-1} \\ a_{21} & a_{22} & \cdots & a_{2,m-1} \\ \vdots & \vdots & & \vdots \\ a_{m1} & a_{m2} & \cdots & a_{m,m-1} \end{pmatrix} & \sum_{j=1}^{n} \begin{pmatrix} a_{1,j} \\ a_{2,j} \\ \vdots \\ a_{m,j} \end{pmatrix} \cdot x^{n-j} \end{vmatrix},$$

如此我们得到

$$\det p(\mathbf{A}) = \begin{vmatrix} \begin{pmatrix} a_{11} & a_{12} & \cdots & a_{1,m-1} \\ a_{21} & a_{22} & \cdots & a_{2,m-1} \\ \vdots & \vdots & & \vdots \\ a_{m1} & a_{m2} & \cdots & a_{m,m-1} \end{pmatrix} & \begin{pmatrix} \displaystyle\sum_{j=1}^{n} a_{1j} x^{n-j} \\ \displaystyle\sum_{j=1}^{n} a_{2j} x^{n-j} \\ \vdots \\ \displaystyle\sum_{j=1}^{n} a_{mj} x^{n-j} \end{pmatrix} \end{vmatrix}$$

$$= \begin{vmatrix} \begin{pmatrix} a_{11} & a_{12} & \cdots & a_{1,m-1} \\ a_{21} & a_{22} & \cdots & a_{2,m-1} \\ \vdots & \vdots & & \vdots \\ a_{m1} & a_{m2} & \cdots & a_{m,m-1} \end{pmatrix} & \begin{pmatrix} \displaystyle\sum_{k=0}^{n-1} a_{1(n-k)} x^{k} \\ \displaystyle\sum_{k=0}^{n-1} a_{2(n-k)} x^{k} \\ \vdots \\ \displaystyle\sum_{k=0}^{n-1} a_{m(n-k)} x^{k} \end{pmatrix} \end{vmatrix}, \qquad (2)$$

将最后那个行列式依最后一列展开

$$\det p(\mathbf{A}) = \sum_{i=1}^{n} (-1)^{m-i} \cdot \begin{vmatrix} a_{11} & a_{12} & \cdots & a_{1,m-1} \\ \vdots & \vdots & & \vdots \\ a_{(i-1),1} & a_{(i-1),2} & \cdots & a_{(i-1),m-1} \\ a_{(i+1),1} & a_{(i+1),2} & \cdots & a_{(i+1),m-1} \\ \vdots & \vdots & & \vdots \\ a_{m1} & a_{m2} & \cdots & a_{m,m-1} \end{vmatrix} \cdot \sum_{k=0}^{n-1} a_{i(n-k)} x^{k},$$

由此,行列式多项式 $\det p(\mathbf{A})$ 确定了一个多项式组

$$f_1(x) = \sum_{k=0}^{n-1} a_{1(n-k)} x^{k}, f_2(x) = \sum_{k=0}^{n-1} a_{2(n-k)} x^{k}, \cdots, f_m(x) = \sum_{k=0}^{n-1} a_{m(n-k)} x^{k}.$$

反过来,这组多项式也唯一地确定了矩阵 $\mathbf{A}$

$$A = \begin{pmatrix} a_{11} & a_{12} & \cdots & a_{1n} \\ a_{21} & a_{22} & \cdots & a_{2n} \\ \vdots & \vdots & & \vdots \\ a_{m1} & a_{m2} & \cdots & a_{mn} \end{pmatrix},$$

因此，我们同时亦称 $\det p(A)$ 为多项式组 $f_1(x), f_2(x), \cdots, f_m(x)$ 的行列式多项式，并记作 $\det p(f_1(x), f_2(x), \cdots, f_m(x))$.

根据行列式多项式的定义以及行列式本身的性质，容易验证行列式多项式具有以下性质.

(1) $\det p(f(x)) = f(x)$;

(2) $\det p(f_1(x), f_2(x), \cdots, f_i(x), \cdots, f_j(x), \cdots, f_m(x)) = -\det p(f_1(x), f_2(x), \cdots, f_j(x), \cdots, f_i(x), \cdots, f_m(x))$;

(3) $\det p(f_1(x), f_2(x), \cdots, af_i(x), \cdots, f_m(x)) = a \cdot \det p(f_1(x), f_2(x), \cdots, f_i(x), \cdots, f_m(x))$;

(4) $\det p(f_1(x), f_2(x), \cdots, f_i(x) + f_j(x), \cdots, f_j(x), \cdots, f_m(x)) = \det p(f_1(x), f_2(x), \cdots, f_i(x), \cdots, f_j(x), \cdots, f_m(x))$.

定理 5.6.1 设 $f(x), g(x)$ 是 $P[x]$ 中的两个多项式

$f(x) = a_n x^n + a_{n-1} x^{n-1} + \cdots + a_0, g(x) = b_m x^m + b_{m-1} x^{m-1} + \cdots + b_0$,

并且 $b_m \neq 0, k$ 是一个整数，且 $k \geqslant n$，设 $d = \min\{k-m+1, 0\}$，则

(1) 当 $n < m$ 时，$\det p(x^{k-m} g(x), x^{k-m-1} g(x), \cdots, g(x), f(x)) = b_m^d f(x)$;

(2) 当 $n \geqslant m$ 时，$\det p(x^{k-m} g(x), x^{k-m-1} g(x), \cdots, g(x), f(x)) = b_m^{d-d'} f(x)$，其中 $d' = \max\{k-m+1, 0\}$.

证明 (1) 当 $n < m$ 时，分两种情况讨论：若 $k < m$，则

$\det p(x^{k-m} g(x), x^{k-m-1} g(x), \cdots, g(x), f(x)) = \det p(f(x)) = f(x)$,

而 $d = \min\{k-m+1, 0\} = 0$，结论成立；若 $k \geqslant m$，此时行列式多项式所对应的矩阵 A 是 $(k-m+2) \times (n+1)$ 维矩阵，若以记号 $\hat{A}$ 来表示矩阵 A 的前 $n-1$ 列所构成的子矩阵，则由于 $n < m, \hat{A}$ 的最后一行将全为零，由式(2),

$\det p(x^{k-m} g(x), x^{k-m-1} g(x), \cdots, g(x), f(x))$

$$= \begin{vmatrix} b_m & \cdots & * & x^{k-m} g(x) \\ & \ddots & \vdots & \vdots \\ 0 & \cdots & b_m & g(x) \\ 0 & \cdots & 0 & f(x) \end{vmatrix} = b_m^d f(x).$$

（2）当 $n \geq m$ 时，行列式多项式所对应的矩阵 $\mathbf{A}$ 的前 $k-m+1$ 列具有如下形式

$$\begin{pmatrix} b_m & & & & & \\ & \ddots & & & & \\ & & b_m & & & \\ & & & b_m & & \\ & & & & \ddots & \\ & & & & & b_m \\ & & & a_n & \cdots & a_m \end{pmatrix} \left.\begin{matrix} \\ \\ \\ \end{matrix}\right\} k-n \text{ 行} \quad \left.\begin{matrix} \\ \\ \\ \end{matrix}\right\} k-m+1 \text{ 行}$$

由式（2），

$$\det p(x^{k-m}g(x),\cdots,g(x),f(x)) = \begin{vmatrix} b_n & & \cdots & & * & x^{k-n}g(x) \\ \vdots & \ddots & & & \vdots & \vdots \\ 0 & \cdots & b_n & & & x^{m-n+1}g(x) \\ & & & b_n & * & x^{m-n}g(x) \\ \vdots & & & & \ddots & \vdots & \vdots \\ & & & & b_n & g(x) \\ 0 & \cdots & 0 & a_m & \cdots & a_n & f(x) \end{vmatrix}$$

$$= b_m^{k-n} \det p(x^{n-m}g(x),\cdots,g(x),f(x)),$$

注意到，$d-d'=k-n$，第二个结论得证.

由行列式多项式的性质，可以使带余除法转换成行列式计算.

定理 5.6.2 设 $f(x),g(x)$ 是域 P 上的两个多项式

$$f(x)=a_n x^n+a_{n-1}x^{n-1}+\cdots+a_0, \quad g(x)=b_m x^m+b_{m-1}x^{m-1}+\cdots+b_0,$$

并且 $b_m \neq 0$，设 $d=\max\{n-m+1,0\}$，则

$$\mathrm{rem}(f(x),g(x))=\det p(x^{n-m}g(x),\cdots,xg(x),g(x),f(x)),$$

这里 $\mathrm{rem}(f(x),g(x))$ 表示 $f(x)$ 除以 $g(x)$ 的余式.

证明 根据带余除法，可写

$$b_m^{\,d}f(x)=(q_{n-m}x^{n-m}+\cdots+q_0)g(x)+\mathrm{rem}(f(x),g(x)),$$

而 $\mathrm{rem}(f(x),g(x))=0$ 或者 $\mathrm{rem}(f(x),g(x))$ 的次数小于 m. 于是

$$b_m^{\,d}\det p(x^{m-m}g(x),\cdots,xg(x),g(x),f(x))$$

$$=\det p(x^{m-m}g(x),\cdots,xg(x),g(x),b_m^{\,d}f(x))$$

$$=\det p(x^{m-m}g(x),\cdots,xg(x),g(x),b_m^{\,d}f(x)).$$

$$=\det p(x^{m-m}g(x),\cdots,xg(x),g(x),(q_{n-m}x^{n-m}+\cdots+q_0)g(x)+\mathrm{rem}(f(x),g(x)))$$

$$= \det\, p(x^{m-m}g(x), \cdots, xg(x), g(x), \mathrm{rem}(f(x), g(x)))$$

$$= b_m{}^d \mathrm{rem}(f(x), g(x)),$$

最后一个等号用到了定理 5.6.1.

参考文献

[1] 奥库涅夫.高等代数(上、下)[M].杨从仁,译.北京:高等教育出版社, 1953.

[2] 乌兹科夫,奥库涅夫.苏俄教育科学院初等数学全书——代数[M].丁寿田,译.北京:商务印书馆,1954.

[3] 库洛什.高等代数教程[M].柯召,译.北京:高等教育出版社,1956.

[4] 柯召,孙琦.数论讲义(上册)[M].北京:高等教育出版社,2005.

[5] 蓝以中.高等代数简明教程(上下册)[M].2 版.北京:北京大学出版社, 2007.

[6] 北京大学数学系几何与代数教研室前代数小组.高等代数[M].3 版.北京: 高等教育出版社,2003.

[7] 克雷洛夫.近似计算讲义[M].吕茂烈,季文美,译.北京:高等教育出版社, 1958.

[8] 杨路,张景中,侯晓荣.非线性代数方程组与定理机器证明[M].上海:上海科技教育出版社,1996.

[9] 陈玉福.计算机代数讲义[M].北京:高等教育出版社出版,2010.

[10] 张顺燕.复数、复函数及其应用[M].长沙:湖南教育出版社出版,1993.

刘培杰数学工作室
已出版(即将出版)图书目录——初等数学

书　名	出版时间	定　价	编号
新编中学数学解题方法全书(高中版)上卷(第2版)	2018—08	58.00	951
新编中学数学解题方法全书(高中版)中卷(第2版)	2018—08	68.00	952
新编中学数学解题方法全书(高中版)下卷(一)(第2版)	2018—08	58.00	953
新编中学数学解题方法全书(高中版)下卷(二)(第2版)	2018—08	58.00	954
新编中学数学解题方法全书(高中版)下卷(三)(第2版)	2018—08	68.00	955
新编中学数学解题方法全书(初中版)上卷	2008—01	28.00	29
新编中学数学解题方法全书(初中版)中卷	2010—07	38.00	75
新编中学数学解题方法全书(高考复习卷)	2010—01	48.00	67
新编中学数学解题方法全书(高考真题卷)	2010—01	38.00	62
新编中学数学解题方法全书(高考精华卷)	2011—03	68.00	118
新编平面解析几何解题方法全书(专题讲座卷)	2010—01	18.00	61
新编中学数学解题方法全书(自主招生卷)	2013—08	88.00	261
数学奥林匹克与数学文化(第一辑)	2006—05	48.00	4
数学奥林匹克与数学文化(第二辑)(竞赛卷)	2008—01	48.00	19
数学奥林匹克与数学文化(第二辑)(文化卷)	2008—07	58.00	36'
数学奥林匹克与数学文化(第三辑)(竞赛卷)	2010—01	48.00	59
数学奥林匹克与数学文化(第四辑)(竞赛卷)	2011—08	58.00	87
数学奥林匹克与数学文化(第五辑)	2015—06	98.00	370
世界著名平面几何经典著作钩沉——几何作图专题卷(共3卷)	2022—01	198.00	1460
世界著名平面几何经典著作钩沉(民国平面几何老课本)	2011—03	38.00	113
世界著名平面几何经典著作钩沉(建国初期平面三角老课本)	2015—08	38.00	507
世界著名解析几何经典著作钩沉——平面解析几何卷	2014—01	38.00	264
世界著名数论经典著作钩沉(算术卷)	2012—01	28.00	125
世界著名数学经典著作钩沉——立体几何卷	2011—02	28.00	88
世界著名三角学经典著作钩沉(平面三角卷Ⅰ)	2010—06	28.00	69
世界著名三角学经典著作钩沉(平面三角卷Ⅱ)	2011—01	38.00	78
世界著名初等数论经典著作钩沉(理论和实用算术卷)	2011—07	38.00	126
世界著名几何经典著作钩沉(解析几何卷)	2022—10	68.00	1564
发展你的空间想象力(第3版)	2021—01	98.00	1464
空间想象力进阶	2019—05	68.00	1062
走向国际数学奥林匹克的平面几何试题诠释.第1卷	2019—07	88.00	1043
走向国际数学奥林匹克的平面几何试题诠释.第2卷	2019—09	78.00	1044
走向国际数学奥林匹克的平面几何试题诠释.第3卷	2019—03	78.00	1045
走向国际数学奥林匹克的平面几何试题诠释.第4卷	2019—09	98.00	1046
平面几何证明方法全书	2007—08	48.00	1
平面几何证明方法全书习题解答(第2版)	2006—12	18.00	10
平面几何天天练上卷·基础篇(直线型)	2013—01	58.00	208
平面几何天天练中卷·基础篇(涉及圆)	2013—01	28.00	234
平面几何天天练下卷·提高篇	2013—01	58.00	237
平面几何专题研究	2013—07	98.00	258
平面几何解题之道.第1卷	2022—05	38.00	1494
几何学习题集	2020—10	48.00	1217
通过解题学习代数几何	2021—04	88.00	1301
圆锥曲线的奥秘	2022—06	88.00	1541

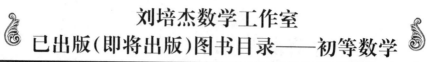

刘培杰数学工作室
已出版(即将出版)图书目录——初等数学

书　　名	出 版 时 间	定　价	编号
最新世界各国数学奥林匹克中的平面几何试题	2007—09	38.00	14
数学竞赛平面几何典型题及新颖解	2010—07	48.00	74
初等数学复习及研究(平面几何)	2008—09	68.00	38
初等数学复习及研究(立体几何)	2010—06	38.00	71
初等数学复习及研究(平面几何)习题解答	2009—01	58.00	42
几何学教程(平面几何卷)	2011—03	68.00	90
几何学教程(立体几何卷)	2011—07	68.00	130
几何变换与几何证题	2010—06	88.00	70
计算方法与几何证题	2011—06	28.00	129
立体几何技巧与方法(第2版)	2022—10	168.00	1572
几何瑰宝——平面几何500名题暨1500条定理(上、下)	2021—07	168.00	1358
三角形的解法与应用	2012—07	18.00	183
近代的三角形几何学	2012—07	48.00	184
一般折线几何学	2015—08	48.00	503
三角形的五心	2009—06	28.00	51
三角形的六心及其应用	2015—10	68.00	542
三角形趣谈	2012—08	28.00	212
解三角形	2014—01	28.00	265
探秘三角形:一次数学旅行	2021—10	68.00	1387
三角学专门教程	2014—09	28.00	387
图天下几何新题试卷.初中(第2版)	2017—11	58.00	855
圆锥曲线习题集(上册)	2013—06	68.00	255
圆锥曲线习题集(中册)	2015—01	78.00	434
圆锥曲线习题集(下册·第1卷)	2016—10	78.00	683
圆锥曲线习题集(下册·第2卷)	2018—01	98.00	853
圆锥曲线习题集(下册·第3卷)	2019—10	128.00	1113
圆锥曲线的思想方法	2021—08	48.00	1379
圆锥曲线的八个主要问题	2021—10	48.00	1415
论九点圆	2015—05	88.00	645
论圆的几何学	2024—06	48.00	1736
近代欧氏几何学	2012—03	48.00	162
罗巴切夫斯基几何学及几何基础概要	2012—07	28.00	188
罗巴切夫斯基几何学初步	2015—06	28.00	474
用三角、解析几何、复数、向量计算解数学竞赛几何题	2015—03	48.00	455
用解析法研究圆锥曲线的几何理论	2022—05	48.00	1495
美国中学几何教程	2015—04	88.00	458
三线坐标与三角形特征点	2015—04	98.00	460
坐标几何学基础.第1卷,笛卡儿坐标	2021—08	48.00	1398
坐标几何学基础.第2卷,三线坐标	2021—09	28.00	1399
平面解析几何方法与研究(第1卷)	2015—05	28.00	471
平面解析几何方法与研究(第2卷)	2015—06	38.00	472
平面解析几何方法与研究(第3卷)	2015—07	28.00	473
解析几何研究	2015—01	38.00	425
解析几何学教程.上	2016—01	38.00	574
解析几何学教程.下	2016—01	38.00	575
几何学基础	2016—01	58.00	581
初等几何研究	2015—02	58.00	444
十九和二十世纪欧氏几何学中的片段	2017—01	58.00	696
平面几何中考.高考.奥数一本通	2017—07	28.00	820
几何学简史	2017—08	28.00	833
四面体	2018—01	48.00	880
平面几何证明方法思路	2018—12	68.00	913
折纸中的几何练习	2022—09	48.00	1559
中学新几何学(英文)	2022—10	98.00	1562
线性代数与几何	2023—04	68.00	1633

刘培杰数学工作室
已出版(即将出版)图书目录——初等数学

书 名	出版时间	定 价	编号
四面体几何学引论	2023—06	68.00	1648
平面几何图形特性新析.上篇	2019—01	68.00	911
平面几何图形特性新析.下篇	2018—06	88.00	912
平面几何范例多解探究.上篇	2018—04	48.00	910
平面几何范例多解探究.下篇	2018—12	68.00	914
从分析解题过程学解题:竞赛中的几何问题研究	2018—07	68.00	946
从分析解题过程学解题:竞赛中的向量几何与不等式研究(全2册)	2019—06	138.00	1090
从分析解题过程学解题:竞赛中的不等式问题	2021—01	48.00	1249
二维、三维欧氏几何的对偶原理	2018—12	38.00	990
星形大观及闭折线论	2019—03	68.00	1020
立体几何的问题和方法	2019—11	58.00	1127
三角代换论	2021—05	58.00	1313
俄罗斯平面几何问题集	2009—08	88.00	55
俄罗斯立体几何问题集	2014—03	58.00	283
俄罗斯几何大师——沙雷金论数学及其他	2014—01	48.00	271
来自俄罗斯的5000道几何习题及解答	2011—03	58.00	89
俄罗斯初等数学问题集	2012—05	38.00	177
俄罗斯函数问题集	2011—03	38.00	103
俄罗斯组合分析问题集	2011—01	48.00	79
俄罗斯初等数学万题选——三角卷	2012—11	38.00	222
俄罗斯初等数学万题选——代数卷	2013—08	68.00	225
俄罗斯初等数学万题选——几何卷	2014—01	68.00	226
俄罗斯《量子》杂志数学征解问题100题选	2018—08	48.00	969
俄罗斯《量子》杂志数学征解问题又100题选	2018—08	48.00	970
俄罗斯《量子》杂志数学征解问题	2020—05	48.00	1138
463个俄罗斯几何老问题	2012—01	28.00	152
《量子》数学短文精粹	2018—09	38.00	972
用三角、解析几何等计算解来自俄罗斯的几何题	2019—11	88.00	1119
基谢廖夫平面几何	2022—01	48.00	1461
基谢廖夫立体几何	2023—04	48.00	1599
数学:代数、数学分析和几何(10—11年级)	2021—01	48.00	1250
直观几何学:5—6年级	2022—04	58.00	1508
几何学:第2版.7—9年级	2023—08	68.00	1684
平面几何:9—11年级	2022—10	48.00	1571
立体几何.10—11年级	2022—01	58.00	1472
几何快递	2024—05	48.00	1697
谈谈素数	2011—03	18.00	91
平方和	2011—03	18.00	92
整数论	2011—05	38.00	120
从整数谈起	2015—10	28.00	538
数与多项式	2016—01	38.00	558
谈谈不定方程	2011—05	28.00	119
质数漫谈	2022—07	68.00	1529
解析不等式新论	2009—06	68.00	48
建立不等式的方法	2011—03	98.00	104
数学奥林匹克不等式研究(第2版)	2020—07	68.00	1181
不等式研究(第三辑)	2023—08	198.00	1673
不等式的秘密(第一卷)(第2版)	2014—02	38.00	286
不等式的秘密(第二卷)	2014—01	38.00	268
初等不等式的证明方法	2010—06	38.00	123
初等不等式的证明方法(第二版)	2014—11	38.00	407
不等式·理论·方法(基础卷)	2015—07	38.00	496
不等式·理论·方法(经典不等式卷)	2015—07	38.00	497
不等式·理论·方法(特殊类型不等式卷)	2015—07	48.00	498
不等式探究	2016—03	38.00	582
不等式探秘	2017—01	88.00	689

刘培杰数学工作室
已出版(即将出版)图书目录——初等数学

书　名	出版时间	定　价	编号
四面体不等式	2017—01	68.00	715
数学奥林匹克中常见重要不等式	2017—09	38.00	845
三正弦不等式	2018—09	98.00	974
函数方程与不等式:解法与稳定性结果	2019—04	68.00	1058
数学不等式.第1卷,对称多项式不等式	2022—05	78.00	1455
数学不等式.第2卷,对称有理不等式与对称无理不等式	2022—05	88.00	1456
数学不等式.第3卷,循环不等式与非循环不等式	2022—05	88.00	1457
数学不等式.第4卷,Jensen不等式的扩展与加细	2022—05	88.00	1458
数学不等式.第5卷,创建不等式与解不等式的其他方法	2022—05	88.00	1459
不定方程及其应用.上	2018—12	58.00	992
不定方程及其应用.中	2019—01	78.00	993
不定方程及其应用.下	2019—02	98.00	994
Nesbitt不等式加强式的研究	2022—06	128.00	1527
最值定理与分析不等式	2023—02	78.00	1567
一类积分不等式	2023—02	88.00	1579
邦费罗尼不等式及概率应用	2023—05	58.00	1637
同余理论	2012—05	38.00	163
[x]与{x}	2015—04	48.00	476
极值与最值.上卷	2015—06	28.00	486
极值与最值.中卷	2015—06	38.00	487
极值与最值.下卷	2015—06	28.00	488
整数的性质	2012—11	38.00	192
完全平方数及其应用	2015—08	78.00	506
多项式理论	2015—10	88.00	541
奇数、偶数、奇偶分析法	2018—01	98.00	876
历届美国中学生数学竞赛试题及解答(第一卷)1950—1954	2014—07	18.00	277
历届美国中学生数学竞赛试题及解答(第二卷)1955—1959	2014—04	18.00	278
历届美国中学生数学竞赛试题及解答(第三卷)1960—1964	2014—06	18.00	279
历届美国中学生数学竞赛试题及解答(第四卷)1965—1969	2014—04	28.00	280
历届美国中学生数学竞赛试题及解答(第五卷)1970—1972	2014—06	18.00	281
历届美国中学生数学竞赛试题及解答(第六卷)1973—1980	2017—07	18.00	768
历届美国中学生数学竞赛试题及解答(第七卷)1981—1986	2015—01	18.00	424
历届美国中学生数学竞赛试题及解答(第八卷)1987—1990	2017—05	18.00	769
历届国际数学奥林匹克试题集	2023—09	158.00	1701
历届中国数学奥林匹克试题集(第3版)	2021—10	58.00	1440
历届加拿大数学奥林匹克试题集	2012—08	38.00	215
历届美国数学奥林匹克试题集	2023—08	98.00	1681
历届波兰数学竞赛试题集.第1卷,1949～1963	2015—03	18.00	453
历届波兰数学竞赛试题集.第2卷,1964～1976	2015—03	18.00	454
历届巴尔干数学奥林匹克试题集	2015—05	38.00	466
历届CGMO试题及解答	2024—03	48.00	1717
保加利亚数学奥林匹克	2014—10	38.00	393
圣彼得堡数学奥林匹克试题集	2015—01	38.00	429
匈牙利奥林匹克数学竞赛题解.第1卷	2016—05	28.00	593
匈牙利奥林匹克数学竞赛题解.第2卷	2016—05	28.00	594
历届美国数学邀请赛试题集(第2版)	2017—10	78.00	851
全美高中数学竞赛:纽约州数学竞赛(1989—1994)	2024—08	48.00	1740
普林斯顿大学数学竞赛	2016—06	38.00	669
亚太地区数学奥林匹克竞赛题	2015—07	18.00	492
日本历届(初级)广中杯数学竞赛试题及解答.第1卷(2000～2007)	2016—05	28.00	641
日本历届(初级)广中杯数学竞赛试题及解答.第2卷(2008～2015)	2016—05	38.00	642
越南数学奥林匹克题选:1962—2009	2021—07	48.00	1370
欧洲女子数学奥林匹克	2024—04	48.00	1723
360个数学竞赛问题	2016—08	58.00	677

刘培杰数学工作室
已出版(即将出版)图书目录——初等数学

书 名	出版时间	定 价	编号
奥数最佳实战题.上卷	2017—06	38.00	760
奥数最佳实战题.下卷	2017—05	58.00	761
解决问题的策略	2024—08	48.00	1742
哈尔滨市早期中学数学竞赛试题汇编	2016—07	28.00	672
全国高中数学联赛试题及解答:1981—2019(第4版)	2020—07	138.00	1176
2024年全国高中数学联合竞赛模拟题集	2024—01	38.00	1702
20世纪50年代全国部分城市数学竞赛试题汇编	2017—07	28.00	797
国内外数学竞赛题及精解:2018~2019	2020—08	45.00	1192
国内外数学竞赛题及精解:2019~2020	2021—11	58.00	1439
许康华竞赛优学精选集.第一辑	2018—08	68.00	949
天问叶班数学问题征解100题.Ⅰ,2016—2018	2019—05	88.00	1075
天问叶班数学问题征解100题.Ⅱ,2017—2019	2020—07	98.00	1177
美国初中数学竞赛:AMC8准备(共6卷)	2019—07	138.00	1089
美国高中数学竞赛:AMC10准备(共6卷)	2019—08	158.00	1105
王连笑教你怎样学数学:高考选择题解题策略与客观题实用训练	2014—01	48.00	262
王连笑教你怎样学数学:高考数学高层次讲座	2015—02	48.00	432
高考数学的理论与实践	2009—08	38.00	53
高考数学核心题型解题方法与技巧	2010—01	28.00	86
高考思维新平台	2014—03	38.00	259
高考数学压轴题解题诀窍(上)(第2版)	2018—01	58.00	874
高考数学压轴题解题诀窍(下)(第2版)	2018—01	48.00	875
突破高考数学新定义创新压轴题	2024—08	88.00	1741
北京市五区文科数学三年高考模拟题详解:2013~2015	2015—08	48.00	500
北京市五区理科数学三年高考模拟题详解:2013~2015	2015—09	68.00	505
向量法巧解数学高考题	2009—08	28.00	54
高中数学课堂教学的实践与反思	2021—11	48.00	791
数学高考参考	2016—01	78.00	589
新课程标准高考数学解答题各种题型解法指导	2020—08	78.00	1196
全国及各省市高考数学试题审题要津与解法研究	2015—02	48.00	450
高中数学章节起始课的教学研究与案例设计	2019—05	28.00	1064
新课标高考数学——五年试题分章详解(2007~2011)(上、下)	2011—10	78.00	140,141
全国中考数学压轴题审题要津与解法研究	2013—04	78.00	248
新编全国及各省市中考数学压轴题审题要津与解法研究	2014—05	58.00	342
全国及各省市5年中考数学压轴题审题要津与解法研究(2015版)	2015—04	58.00	462
中考数学专题总复习	2007—04	28.00	6
中考数学较难题常考题型解题方法与技巧	2016—09	48.00	681
中考数学难题常考题型解题方法与技巧	2016—09	48.00	682
中考数学中档题常考题型解题方法与技巧	2017—08	68.00	835
中考数学选择填空压轴好题妙解365	2024—01	80.00	1698
中考数学:三类重点考题的解法例析与习题	2020—04	48.00	1140
中小学数学的历史文化	2019—11	48.00	1124
小升初衔接数学	2024—06	68.00	1734
赢在小升初——数学	2024—08	78.00	1739
初中平面几何百题多思创新解	2020—01	58.00	1125
初中数学中考备考	2020—01	58.00	1126
高考数学之九章演义	2019—08	68.00	1044
高考数学之难题谈笑间	2022—06	68.00	1519
化学可以这样学:高中化学知识方法智慧感悟疑难辨析	2019—07	58.00	1103
如何成为学习高手	2019—09	58.00	1107
高考数学:经典真题分类解析	2020—04	78.00	1134
高考数学解答题破解策略	2020—11	58.00	1221
从分析解题过程学解题:高考压轴题与竞赛题之关系探究	2020—08	88.00	1179
从分析解题过程学解题:数学高考与竞赛的互联互通探究	2024—06	88.00	1735
教学新思考:单元整体视角下的初中数学教学设计	2021—03	58.00	1278
思维再拓展:2020年经典几何题的多解探究与思考	即将出版		1279
中考数学小压轴汇编初讲	2017—07	48.00	788
中考数学大压轴专题微言	2017—09	48.00	846

书 名	出版时间	定 价	编号
怎么解中考平面几何探索题	2019—06	48.00	1093
北京中考数学压轴题解题方法突破(第9版)	2024—01	78.00	1645
助你高考成功的数学解题智慧:知识是智慧的基础	2016—01	58.00	596
助你高考成功的数学解题智慧:错误是智慧的试金石	2016—04	58.00	643
助你高考成功的数学解题智慧:方法是智慧的推手	2016—04	68.00	657
高考数学奇思妙解	2016—04	38.00	610
高考数学解题策略	2016—05	48.00	670
数学解题泄天机(第2版)	2017—10	48.00	850
高中物理教学讲义	2018—01	48.00	871
高中物理教学讲义:全模块	2022—03	98.00	1492
高中物理答疑解惑65篇	2021—11	48.00	1462
中学物理基础问题解析	2020—08	48.00	1183
初中数学、高中数学脱节知识补缺教材	2017—06	48.00	766
高考数学客观题解题方法和技巧	2017—10	38.00	847
十年高考数学精品试题审题要津与解法研究	2021—10	98.00	1427
中国历届高考数学试题及解答.1949—1979	2018—01	38.00	877
历届中国高考数学试题及解答.第二卷,1980—1989	2018—10	28.00	975
历届中国高考数学试题及解答.第三卷,1990—1999	2018—10	48.00	976
跟我学解高中数学题	2018—07	58.00	926
中学数学研究的方法及案例	2018—05	58.00	869
高考数学抢分技能	2018—07	68.00	934
高一新生常用数学方法和重要数学思想提升教材	2018—06	38.00	921
高考数学全国卷六道解答题常考题型解题诀窍:理科(全2册)	2019—07	78.00	1101
高考数学全国卷16道选择、填空题常考题型解题诀窍.理科	2018—09	88.00	971
高考数学全国卷16道选择.填空题常考题型解题诀窍.文科	2020—01	88.00	1123
高中数学一题多解	2019—06	58.00	1087
历届中国高考数学试题及解答:1917—1999	2021—08	98.00	1371
2000~2003年全国及各省市高考数学试题及解答	2022—05	88.00	1499
2004年全国及各省市高考数学试题及解答	2023—08	78.00	1500
2005年全国及各省市高考数学试题及解答	2023—08	78.00	1501
2006年全国及各省市高考数学试题及解答	2023—08	88.00	1502
2007年全国及各省市高考数学试题及解答	2023—08	98.00	1503
2008年全国及各省市高考数学试题及解答	2023—08	88.00	1504
2009年全国及各省市高考数学试题及解答	2023—08	88.00	1505
2010年全国及各省市高考数学试题及解答	2023—08	98.00	1506
2011~2017年全国及各省市高考数学试题及解答	2024—01	78.00	1507
2018~2023年全国及各省市高考数学试题及解答	2024—03	78.00	1709
突破高原:高中数学解题思维探究	2021—08	48.00	1375
高考数学中的"取值范围"	2021—10	48.00	1429
新课程标准高中数学各种题型解法大全.必修一分册	2021—06	58.00	1315
新课程标准高中数学各种题型解法大全.必修二分册	2022—01	68.00	1471
高中数学各种题型解法大全.选择性必修一分册	2022—06	68.00	1525
高中数学各种题型解法大全.选择性必修二分册	2023—01	58.00	1600
高中数学各种题型解法大全.选择性必修三分册	2023—04	48.00	1643
高中数学专题研究	2024—05	88.00	1722
历届全国初中数学竞赛经典试题详解	2023—04	88.00	1624
孟祥礼高考数学精刷精解	2023—06	98.00	1663
新编640个世界著名数学智力趣题	2014—01	88.00	242
500个最新世界著名数学智力趣题	2008—06	48.00	3
400个最新世界著名数学最值问题	2008—09	48.00	36
500个世界著名数学征解问题	2009—06	48.00	52
400个中国最佳初等数学征解老问题	2010—01	48.00	60
500个俄罗斯数学经典老题	2011—01	28.00	81
1000个国外中学物理好题	2012—04	48.00	174
300个日本高考数学题	2012—05	38.00	142
700个早期日本高考数学试题	2017—02	88.00	752

刘培杰数学工作室
已出版(即将出版)图书目录——初等数学

书　名	出版时间	定　价	编号
500 个前苏联早期高考数学试题及解答	2012—05	28.00	185
546 个早期俄罗斯大学生数学竞赛题	2014—03	38.00	285
548 个来自美苏的数学好问题	2014—11	28.00	396
20 所苏联著名大学早期入学试题	2015—02	18.00	452
161 道德国工科大学生必做的微分方程习题	2015—05	28.00	469
500 个德国工科大学生必做的高数习题	2015—06	28.00	478
360 个数学竞赛问题	2016—08	58.00	677
200 个趣味数学故事	2018—02	48.00	857
470 个数学奥林匹克中的最值问题	2018—10	88.00	985
德国讲义日本考题.微积分卷	2015—04	48.00	456
德国讲义日本考题.微分方程卷	2015—04	38.00	457
二十世纪中叶中、英、美、日、法、俄高考数学试题精选	2017—06	38.00	783
中国初等数学研究　2009 卷(第 1 辑)	2009—05	20.00	45
中国初等数学研究　2010 卷(第 2 辑)	2010—05	30.00	68
中国初等数学研究　2011 卷(第 3 辑)	2011—07	60.00	127
中国初等数学研究　2012 卷(第 4 辑)	2012—07	48.00	190
中国初等数学研究　2014 卷(第 5 辑)	2014—02	48.00	288
中国初等数学研究　2015 卷(第 6 辑)	2015—06	68.00	493
中国初等数学研究　2016 卷(第 7 辑)	2016—04	68.00	609
中国初等数学研究　2017 卷(第 8 辑)	2017—01	98.00	712
初等数学研究在中国.第 1 辑	2019—03	158.00	1024
初等数学研究在中国.第 2 辑	2019—10	158.00	1116
初等数学研究在中国.第 3 辑	2021—05	158.00	1306
初等数学研究在中国.第 4 辑	2022—06	158.00	1520
初等数学研究在中国.第 5 辑	2023—07	158.00	1635
几何变换(Ⅰ)	2014—07	28.00	353
几何变换(Ⅱ)	2015—06	28.00	354
几何变换(Ⅲ)	2015—01	38.00	355
几何变换(Ⅳ)	2015—12	38.00	356
初等数论难题集(第一卷)	2009—05	68.00	44
初等数论难题集(第二卷)(上、下)	2011—02	128.00	82,83
数论概貌	2011—03	18.00	93
代数数论(第二版)	2013—08	58.00	94
代数多项式	2014—06	38.00	289
初等数论的知识与问题	2011—02	28.00	95
超越数论基础	2011—03	28.00	96
数论初等教程	2011—03	28.00	97
数论基础	2011—03	18.00	98
数论基础与维诺格拉多夫	2014—03	18.00	292
解析数论基础	2012—08	28.00	216
解析数论基础(第二版)	2014—01	48.00	287
解析数论问题集(第二版)(原版引进)	2014—05	88.00	343
解析数论问题集(第二版)(中译本)	2016—04	88.00	607
解析数论基础(潘承洞,潘承彪著)	2016—07	98.00	673
解析数论导引	2016—07	58.00	674
数论入门	2011—03	38.00	99
代数数论入门	2015—03	38.00	448

刘培杰数学工作室
已出版(即将出版)图书目录——初等数学

书　名	出版时间	定　价	编号
数论开篇	2012—07	28.00	194
解析数论引论	2011—03	48.00	100
Barban Davenport Halberstam 均值和	2009—01	40.00	33
基础数论	2011—03	28.00	101
初等数论100例	2011—05	18.00	122
初等数论经典例题	2012—07	18.00	204
最新世界各国数学奥林匹克中的初等数论试题(上、下)	2012—01	138.00	144,145
初等数论(Ⅰ)	2012—01	18.00	156
初等数论(Ⅱ)	2012—01	18.00	157
初等数论(Ⅲ)	2012—01	28.00	158
平面几何与数论中未解决的新老问题	2013—01	68.00	229
代数数论简史	2014—11	28.00	408
代数数论	2015—09	88.00	532
代数、数论及分析习题集	2016—11	98.00	695
数论导引提要及习题解答	2016—01	48.00	559
素数定理的初等证明.第2版	2016—09	48.00	686
数论中的模函数与狄利克雷级数(第二版)	2017—11	78.00	837
数论:数学导引	2018—01	68.00	849
范氏大代数	2019—02	98.00	1016
解析数学讲义.第一卷,导来式及微分、积分、级数	2019—04	88.00	1021
解析数学讲义.第二卷,关于几何的应用	2019—04	68.00	1022
解析数学讲义.第三卷,解析函数论	2019—04	78.00	1023
分析·组合·数论纵横谈	2019—04	58.00	1039
Hall 代数:民国时期的中学数学课本:英文	2019—08	88.00	1106
基谢廖夫初等代数	2022—07	38.00	1531
基谢廖夫算术	2024—05	48.00	1725
数学精神巡礼	2019—01	58.00	731
数学眼光透视(第2版)	2017—06	78.00	732
数学思想领悟(第2版)	2018—01	68.00	733
数学方法溯源(第2版)	2018—08	68.00	734
数学解题引论	2017—05	58.00	735
数学史话览胜(第2版)	2017—01	48.00	736
数学应用展观(第2版)	2017—08	68.00	737
数学建模尝试	2018—04	48.00	738
数学竞赛采风	2018—01	68.00	739
数学测评探营	2019—05	58.00	740
数学技能操握	2018—03	48.00	741
数学欣赏拾趣	2018—02	48.00	742
从毕达哥拉斯到怀尔斯	2007—10	48.00	9
从迪利克雷到维斯卡尔迪	2008—01	48.00	21
从哥德巴赫到陈景润	2008—05	98.00	35
从庞加莱到佩雷尔曼	2011—08	138.00	136
博弈论精粹	2008—03	58.00	30
博弈论精粹.第二版(精装)	2015—01	88.00	461
数学 我爱你	2008—01	28.00	20
精神的圣徒　别样的人生——60位中国数学家成长的历程	2008—09	48.00	39
数学史概论	2009—06	78.00	50

刘培杰数学工作室
已出版(即将出版)图书目录——初等数学

书　名	出版时间	定　价	编号
数学史概论(精装)	2013—03	158.00	272
数学史选讲	2016—01	48.00	544
斐波那契数列	2010—02	28.00	65
数学拼盘和斐波那契魔方	2010—07	38.00	72
斐波那契数列欣赏(第2版)	2018—08	58.00	948
Fibonacci 数列中的明珠	2018—06	58.00	928
数学的创造	2011—02	48.00	85
数学美与创造力	2016—01	48.00	595
数海拾贝	2016—01	48.00	590
数学中的美(第2版)	2019—04	68.00	1057
数论中的美学	2014—12	38.00	351
数学王者　科学巨人——高斯	2015—01	28.00	428
振兴祖国数学的圆梦之旅:中国初等数学研究史话	2015—06	98.00	490
二十世纪中国数学史料研究	2015—10	48.00	536
《九章算法比类大全》校注	2024—06	198.00	1695
数字谜、数阵图与棋盘覆盖	2016—01	58.00	298
数学概念的进化:一个初步的研究	2023—07	68.00	1683
数学发现的艺术:数学探索中的合情推理	2016—07	58.00	671
活跃在数学中的参数	2016—07	48.00	675
数海趣史	2021—05	98.00	1314
玩转幻中之幻	2023—08	88.00	1682
数学艺术品	2023—09	98.00	1685
数学博弈与游戏	2023—10	68.00	1692
数学解题——靠数学思想给力(上)	2011—07	38.00	131
数学解题——靠数学思想给力(中)	2011—07	48.00	132
数学解题——靠数学思想给力(下)	2011—07	38.00	133
我怎样解题	2013—01	48.00	227
数学解题中的物理方法	2011—06	28.00	114
数学解题的特殊方法	2011—06	48.00	115
中学数学计算技巧(第2版)	2020—10	48.00	1220
中学数学证明方法	2012—01	58.00	117
数学趣题巧解	2012—03	28.00	128
高中数学教学通鉴	2015—05	58.00	479
和高中生漫谈:数学与哲学的故事	2014—08	28.00	369
算术问题集	2017—03	38.00	789
张教授讲数学	2018—07	38.00	933
陈永明实话实说数学教学	2020—04	68.00	1132
中学数学学科知识与教学能力	2020—06	58.00	1155
怎样把课讲好:大罕数学教学随笔	2022—03	58.00	1484
中国高考评价体系下高考数学探秘	2022—03	48.00	1487
数苑漫步	2024—01	58.00	1670
自主招生考试中的参数方程问题	2015—01	28.00	435
自主招生考试中的极坐标问题	2015—04	28.00	463
近年全国重点大学自主招生数学试题全解及研究.华约卷	2015—02	38.00	441
近年全国重点大学自主招生数学试题全解及研究.北约卷	2016—05	38.00	619
自主招生数学解证宝典	2015—09	48.00	535
中国科学技术大学创新班数学真题解析	2022—03	48.00	1488
中国科学技术大学创新班物理真题解析	2022—03	58.00	1489
格点和面积	2012—07	18.00	191
射影几何趣谈	2012—04	28.00	175
斯潘纳尔引理——从一道加拿大数学奥林匹克试题谈起	2014—01	28.00	228
李普希兹条件——从几道近年高考数学试题谈起	2012—10	18.00	221
拉格朗日中值定理——从一道北京高考试题的解法谈起	2015—10	18.00	197

刘培杰数学工作室
已出版(即将出版)图书目录——初等数学

书 名	出版时间	定 价	编号
闵科夫斯基定理——从一道清华大学自主招生试题谈起	2014—01	28.00	198
哈尔测度——从一道冬令营试题的背景谈起	2012—08	28.00	202
切比雪夫逼近问题——从一道中国台北数学奥林匹克试题谈起	2013—04	38.00	238
伯恩斯坦多项式与贝齐尔曲面——从一道全国高中数学联赛试题谈起	2013—03	38.00	236
卡塔兰猜想——从一道普特南竞赛试题谈起	2013—06	18.00	256
麦卡锡函数和阿克曼函数——从一道前南斯拉夫数学奥林匹克试题谈起	2012—08	18.00	201
贝蒂定理与拉姆贝克莫斯尔定理——从一个拣石子游戏谈起	2012—08	18.00	217
皮亚诺曲线和豪斯道夫分球定理——从无限集谈起	2012—08	18.00	211
平面凸图形与凸多面体	2012—10	28.00	218
斯坦因豪斯问题——从一道二十五省市自治区中学数学竞赛试题谈起	2012—07	18.00	196
纽结理论中的亚历山大多项式与琼斯多项式——从一道北京市高一数学竞赛试题谈起	2012—07	28.00	195
原则与策略——从波利亚"解题表"谈起	2013—04	38.00	244
转化与化归——从三大尺规作图不能问题谈起	2012—08	28.00	214
代数几何中的贝祖定理(第一版)——从一道IMO试题的解法谈起	2013—08	18.00	193
成功连贯理论与约当块理论——从一道比利时数学竞赛试题谈起	2012—04	18.00	180
素数判定与大数分解	2014—08	18.00	199
置换多项式及其应用	2012—10	18.00	220
椭圆函数与模函数——从一道美国加州大学洛杉矶分校(UCLA)博士资格考题谈起	2012—10	28.00	219
差分方程的拉格朗日方法——从一道2011年全国高考理科试题的解法谈起	2012—08	28.00	200
力学在几何中的一些应用	2013—01	38.00	240
从根式解到伽罗华理论	2020—01	48.00	1121
康托洛维奇不等式——从一道全国高中联赛试题谈起	2013—03	28.00	337
西格尔引理——从一道第18届IMO试题的解法谈起	即将出版		
罗斯定理——从一道前苏联数学竞赛试题谈起	即将出版		
拉克斯定理和阿廷定理——从一道IMO试题的解法谈起	2014—01	58.00	246
毕卡大定理——从一道美国大学数学竞赛试题谈起	2014—07	18.00	350
贝齐尔曲线——从一道全国高中联赛试题谈起	即将出版		
拉格朗日乘子定理——从一道2005年全国高中联赛试题的高等数学解法谈起	2015—05	28.00	480
雅可比定理——从一道日本数学奥林匹克试题谈起	2013—04	48.00	249
李天岩—约克定理——从一道波兰数学竞赛试题谈起	2014—06	28.00	349
受控理论与初等不等式:从一道IMO试题的解法谈起	2023—03	48.00	1601
布劳维不动点定理——从一道前苏联数学奥林匹克试题谈起	2014—01	38.00	273
伯恩赛德定理——从一道英国数学奥林匹克试题谈起	即将出版		
布查特-莫斯特定理——从一道上海市初中竞赛试题谈起	即将出版		
数论中的同余数问题——从一道普特南竞赛试题谈起	即将出版		
范·德蒙行列式——从一道美国数学奥林匹克试题谈起	即将出版		
中国剩余定理:总数法构建中国历史年表	2015—01	28.00	430
牛顿程序与方程求根——从一道全国高考试题解法谈起	即将出版		
库默尔定理——从一道IMO预选试题谈起	即将出版		
卢丁定理——从一道冬令营试题的解法谈起	即将出版		
沃斯滕霍姆定理——从一道IMO预选试题谈起	即将出版		
卡尔松不等式——从一道莫斯科数学奥林匹克试题谈起	即将出版		
信息论中的香农熵——从一道近年高考压轴题谈起	即将出版		

刘培杰数学工作室
已出版(即将出版)图书目录——初等数学

书　名	出版时间	定价	编号
约当不等式——从一道希望杯竞赛试题谈起	即将出版		
拉比诺维奇定理	即将出版		
刘维尔定理——从一道《美国数学月刊》征解问题的解法谈起	即将出版		
卡塔兰恒等式与级数求和——从一道IMO试题的解法谈起	即将出版		
勒让德猜想与素数分布——从一道爱尔兰竞赛试题谈起	即将出版		
天平称重与信息论——从一道基辅市数学奥林匹克试题谈起	即将出版		
哈密尔顿-凯莱定理:从一道高中数学联赛试题的解法谈起	2014—09	18.00	376
艾思特曼定理——从一道CMO试题的解法谈起	即将出版		
阿贝尔恒等式与经典不等式及应用	2018—06	98.00	923
迪利克雷除数问题	2018—07	48.00	930
幻方、幻立方与拉丁方	2019—08	48.00	1092
帕斯卡三角形	2014—03	18.00	294
蒲丰投针问题——从2009年清华大学的一道自主招生试题谈起	2014—01	38.00	295
斯图姆定理——从一道"华约"自主招生试题的解法谈起	2014—01	18.00	296
许瓦兹引理——从一道加利福尼亚大学伯克利分校数学系博士生试题谈起	2014—08	18.00	297
拉姆塞定理——从王诗宬院士的一个问题谈起	2016—04	48.00	299
坐标法	2013—12	28.00	332
数论三角形	2014—04	38.00	341
毕克定理	2014—07	18.00	352
数林掠影	2014—09	48.00	389
我们周围的概率	2014—10	38.00	390
凸函数最值定理:从一道华约自主招生题的解法谈起	2014—10	28.00	391
易学与数学奥林匹克	2014—10	38.00	392
生物数学趣谈	2015—01	18.00	409
反演	2015—01	28.00	420
因式分解与圆锥曲线	2015—01	18.00	426
轨迹	2015—01	28.00	427
面积原理:从常庚哲命的一道CMO试题的积分解法谈起	2015—01	48.00	431
形形色色的不动点定理:从一道28届IMO试题谈起	2015—01	38.00	439
柯西函数方程:从一道上海交大自主招生的试题谈起	2015—02	28.00	440
三角恒等式	2015—02	28.00	442
无理性判定:从一道2014年"北约"自主招生试题谈起	2015—01	38.00	443
数学归纳法	2015—03	18.00	451
极端原理与解题	2015—04	28.00	464
法雷级数	2014—08	18.00	367
摆线族	2015—01	38.00	438
函数方程及其解法	2015—05	38.00	470
含参数的方程和不等式	2012—09	28.00	213
希尔伯特第十问题	2016—01	38.00	543
无穷小量的求和	2016—01	28.00	545
切比雪夫多项式:从一道清华大学金秋营试题谈起	2016—01	38.00	583
泽肯多夫定理	2016—03	38.00	599
代数等式证题法	2016—01	28.00	600
三角等式证题法	2016—01	28.00	601
吴大任教授藏书中的一个因式分解公式:从一道美国数学邀请赛试题的解法谈起	2016—06	28.00	656
易卦——类万物的数学模型	2017—08	68.00	838
"不可思议"的数与数系可持续发展	2018—01	38.00	878
最短线	2018—01	38.00	879
数学在天文、地理、光学、机械力学中的一些应用	2023—03	88.00	1576
从阿基米德三角形谈起	2023—01	28.00	1578

刘培杰数学工作室
已出版(即将出版)图书目录——初等数学

书　名	出版时间	定　价	编号
幻方和魔方(第一卷)	2012—05	68.00	173
尘封的经典——初等数学经典文献选读(第一卷)	2012—07	48.00	205
尘封的经典——初等数学经典文献选读(第二卷)	2012—07	38.00	206
初级方程式论	2011—03	28.00	106
初等数学研究(Ⅰ)	2008—09	68.00	37
初等数学研究(Ⅱ)(上、下)	2009—05	118.00	46,47
初等数学专题研究	2022—10	68.00	1568
趣味初等方程妙题集锦	2014—09	48.00	388
趣味初等数论选美与欣赏	2015—02	48.00	445
耕读笔记(上卷):一位农民数学爱好者的初数探索	2015—04	28.00	459
耕读笔记(中卷):一位农民数学爱好者的初数探索	2015—05	28.00	483
耕读笔记(下卷):一位农民数学爱好者的初数探索	2015—05	28.00	484
几何不等式研究与欣赏.上卷	2016—01	88.00	547
几何不等式研究与欣赏.下卷	2016—01	48.00	552
初等数列研究与欣赏·上	2016—01	48.00	570
初等数列研究与欣赏·下	2016—01	48.00	571
趣味初等函数研究与欣赏.上	2016—09	48.00	684
趣味初等函数研究与欣赏.下	2018—09	48.00	685
三角不等式研究与欣赏	2020—10	68.00	1197
新编平面解析几何解题方法研究与欣赏	2021—10	78.00	1426
火柴游戏(第2版)	2022—05	38.00	1493
智力解谜.第1卷	2017—07	38.00	613
智力解谜.第2卷	2017—07	38.00	614
故事智力	2016—07	48.00	615
名人们喜欢的智力问题	2020—01	48.00	616
数学大师的发现、创造与失误	2018—01	48.00	617
异曲同工	2018—09	48.00	618
数学的味道(第2版)	2023—10	68.00	1686
数学千字文	2018—10	68.00	977
数贝偶拾——高考数学题研究	2014—04	28.00	274
数贝偶拾——初等数学研究	2014—04	38.00	275
数贝偶拾——奥数题研究	2014—04	48.00	276
钱昌本教你快乐学数学(上)	2011—12	48.00	155
钱昌本教你快乐学数学(下)	2012—03	58.00	171
集合、函数与方程	2014—01	28.00	300
数列与不等式	2014—01	38.00	301
三角与平面向量	2014—01	28.00	302
平面解析几何	2014—01	38.00	303
立体几何与组合	2014—01	28.00	304
极限与导数、数学归纳法	2014—01	38.00	305
趣味数学	2014—03	28.00	306
教材教法	2014—04	68.00	307
自主招生	2014—05	58.00	308
高考压轴题(上)	2015—01	48.00	309
高考压轴题(下)	2014—10	68.00	310

刘培杰数学工作室
已出版(即将出版)图书目录——初等数学

书　名	出版时间	定　价	编号
从费马到怀尔斯——费马大定理的历史	2013—10	198.00	I
从庞加莱到佩雷尔曼——庞加莱猜想的历史	2013—10	298.00	II
从切比雪夫到爱尔特希(上)——素数定理的初等证明	2013—07	48.00	III
从切比雪夫到爱尔特希(下)——素数定理100年	2012—12	98.00	III
从高斯到盖尔方特——二次域的高斯猜想	2013—10	198.00	IV
从库默尔到朗兰兹——朗兰兹猜想的历史	2014—01	98.00	V
从比勃巴赫到德布朗斯——比勃巴赫猜想的历史	2014—02	298.00	VI
从麦比乌斯到陈省身——麦比乌斯变换与麦比乌斯带	2014—02	298.00	VII
从布尔到豪斯道夫——布尔方程与格论漫谈	2013—10	198.00	VIII
从开普勒到阿诺德——三体问题的历史	2014—05	298.00	IX
从华林到华罗庚——华林问题的历史	2013—10	298.00	X
美国高中数学竞赛五十讲.第1卷(英文)	2014—08	28.00	357
美国高中数学竞赛五十讲.第2卷(英文)	2014—08	28.00	358
美国高中数学竞赛五十讲.第3卷(英文)	2014—09	28.00	359
美国高中数学竞赛五十讲.第4卷(英文)	2014—09	28.00	360
美国高中数学竞赛五十讲.第5卷(英文)	2014—10	28.00	361
美国高中数学竞赛五十讲.第6卷(英文)	2014—11	28.00	362
美国高中数学竞赛五十讲.第7卷(英文)	2014—12	28.00	363
美国高中数学竞赛五十讲.第8卷(英文)	2015—01	28.00	364
美国高中数学竞赛五十讲.第9卷(英文)	2015—01	28.00	365
美国高中数学竞赛五十讲.第10卷(英文)	2015—02	38.00	366
三角函数(第2版)	2017—04	38.00	626
不等式	2014—01	38.00	312
数列	2014—01	38.00	313
方程(第2版)	2017—04	38.00	624
排列和组合	2014—01	28.00	315
极限与导数(第2版)	2016—04	38.00	635
向量(第2版)	2018—08	58.00	627
复数及其应用	2014—08	28.00	318
函数	2014—01	38.00	319
集合	2020—01	48.00	320
直线与平面	2014—01	28.00	321
立体几何(第2版)	2016—04	38.00	629
解三角形	即将出版		323
直线与圆(第2版)	2016—11	38.00	631
圆锥曲线(第2版)	2016—09	48.00	632
解题通法(一)	2014—07	38.00	326
解题通法(二)	2014—07	38.00	327
解题通法(三)	2014—05	38.00	328
概率与统计	2014—01	28.00	329
信息迁移与算法	即将出版		330

刘培杰数学工作室
已出版(即将出版)图书目录——初等数学

书　名	出版时间	定　价	编号
IMO 50 年.第 1 卷(1959—1963)	2014—11	28.00	377
IMO 50 年.第 2 卷(1964—1968)	2014—11	28.00	378
IMO 50 年.第 3 卷(1969—1973)	2014—09	28.00	379
IMO 50 年.第 4 卷(1974—1978)	2016—04	38.00	380
IMO 50 年.第 5 卷(1979—1984)	2015—04	38.00	381
IMO 50 年.第 6 卷(1985—1989)	2015—04	58.00	382
IMO 50 年.第 7 卷(1990—1994)	2016—01	48.00	383
IMO 50 年.第 8 卷(1995—1999)	2016—06	38.00	384
IMO 50 年.第 9 卷(2000—2004)	2015—04	58.00	385
IMO 50 年.第 10 卷(2005—2009)	2016—01	48.00	386
IMO 50 年.第 11 卷(2010—2015)	2017—03	48.00	646
数学反思(2006—2007)	2020—09	88.00	915
数学反思(2008—2009)	2019—01	68.00	917
数学反思(2010—2011)	2018—05	58.00	916
数学反思(2012—2013)	2019—01	58.00	918
数学反思(2014—2015)	2019—03	78.00	919
数学反思(2016—2017)	2021—03	58.00	1286
数学反思(2018—2019)	2023—01	88.00	1593
历届美国大学生数学竞赛试题集.第一卷(1938—1949)	2015—01	28.00	397
历届美国大学生数学竞赛试题集.第二卷(1950—1959)	2015—01	28.00	398
历届美国大学生数学竞赛试题集.第三卷(1960—1969)	2015—01	28.00	399
历届美国大学生数学竞赛试题集.第四卷(1970—1979)	2015—01	18.00	400
历届美国大学生数学竞赛试题集.第五卷(1980—1989)	2015—01	28.00	401
历届美国大学生数学竞赛试题集.第六卷(1990—1999)	2015—01	28.00	402
历届美国大学生数学竞赛试题集.第七卷(2000—2009)	2015—08	18.00	403
历届美国大学生数学竞赛试题集.第八卷(2010—2012)	2015—01	18.00	404
新课标高考数学创新题解题诀窍:总论	2014—09	28.00	372
新课标高考数学创新题解题诀窍:必修 1~5 分册	2014—08	38.00	373
新课标高考数学创新题解题诀窍:选修 2—1,2—2,1—1,1—2分册	2014—09	38.00	374
新课标高考数学创新题解题诀窍:选修 2—3,4—4,4—5分册	2014—09	18.00	375
全国重点大学自主招生英文数学试题全攻略:词汇卷	2015—07	48.00	410
全国重点大学自主招生英文数学试题全攻略:概念卷	2015—01	28.00	411
全国重点大学自主招生英文数学试题全攻略:文章选读卷(上)	2016—09	38.00	412
全国重点大学自主招生英文数学试题全攻略:文章选读卷(下)	2017—01	58.00	413
全国重点大学自主招生英文数学试题全攻略:试题卷	2015—07	38.00	414
全国重点大学自主招生英文数学试题全攻略:名著欣赏卷	2017—03	48.00	415
劳埃德数学趣题大全.题目卷.1:英文	2016—01	18.00	516
劳埃德数学趣题大全.题目卷.2:英文	2016—01	18.00	517
劳埃德数学趣题大全.题目卷.3:英文	2016—01	18.00	518
劳埃德数学趣题大全.题目卷.4:英文	2016—01	18.00	519
劳埃德数学趣题大全.题目卷.5:英文	2016—01	18.00	520
劳埃德数学趣题大全.答案卷:英文	2016—01	18.00	521

刘培杰数学工作室
已出版(即将出版)图书目录——初等数学

书　名	出版时间	定　价	编号
李成章教练奥数笔记.第1卷	2016—01	48.00	522
李成章教练奥数笔记.第2卷	2016—01	48.00	523
李成章教练奥数笔记.第3卷	2016—01	38.00	524
李成章教练奥数笔记.第4卷	2016—01	38.00	525
李成章教练奥数笔记.第5卷	2016—01	38.00	526
李成章教练奥数笔记.第6卷	2016—01	38.00	527
李成章教练奥数笔记.第7卷	2016—01	38.00	528
李成章教练奥数笔记.第8卷	2016—01	48.00	529
李成章教练奥数笔记.第9卷	2016—01	28.00	530
第19~23届"希望杯"全国数学邀请赛试题审题要津详细评注(初一版)	2014—03	28.00	333
第19~23届"希望杯"全国数学邀请赛试题审题要津详细评注(初二、初三版)	2014—03	38.00	334
第19~23届"希望杯"全国数学邀请赛试题审题要津详细评注(高一版)	2014—03	28.00	335
第19~23届"希望杯"全国数学邀请赛试题审题要津详细评注(高二版)	2014—03	38.00	336
第19~25届"希望杯"全国数学邀请赛试题审题要津详细评注(初一版)	2015—01	38.00	416
第19~25届"希望杯"全国数学邀请赛试题审题要津详细评注(初二、初三版)	2015—01	58.00	417
第19~25届"希望杯"全国数学邀请赛试题审题要津详细评注(高一版)	2015—01	48.00	418
第19~25届"希望杯"全国数学邀请赛试题审题要津详细评注(高二版)	2015—01	48.00	419
物理奥林匹克竞赛大题典——力学卷	2014—11	48.00	405
物理奥林匹克竞赛大题典——热学卷	2014—04	28.00	339
物理奥林匹克竞赛大题典——电磁学卷	2015—07	48.00	406
物理奥林匹克竞赛大题典——光学与近代物理卷	2014—06	28.00	345
历届中国东南地区数学奥林匹克试题及解答	2024—06	68.00	1724
历届中国西部地区数学奥林匹克试题集(2001~2012)	2014—07	18.00	347
历届中国女子数学奥林匹克试题集(2002~2012)	2014—08	18.00	348
数学奥林匹克在中国	2014—06	98.00	344
数学奥林匹克问题集	2014—01	38.00	267
数学奥林匹克不等式散论	2010—06	38.00	124
数学奥林匹克不等式欣赏	2011—09	38.00	138
数学奥林匹克超级题库(初中卷上)	2010—01	58.00	66
数学奥林匹克不等式证明方法和技巧(上、下)	2011—08	158.00	134,135
他们学什么:原民主德国中学数学课本	2016—09	38.00	658
他们学什么:英国中学数学课本	2016—09	38.00	659
他们学什么:法国中学数学课本.1	2016—09	38.00	660
他们学什么:法国中学数学课本.2	2016—09	28.00	661
他们学什么:法国中学数学课本.3	2016—09	38.00	662
他们学什么:苏联中学数学课本	2016—09	28.00	679

刘培杰数学工作室
已出版(即将出版)图书目录——初等数学

书　名	出版时间	定　价	编号
高中数学题典——集合与简易逻辑·函数	2016—07	48.00	647
高中数学题典——导数	2016—07	48.00	648
高中数学题典——三角函数·平面向量	2016—07	48.00	649
高中数学题典——数列	2016—07	58.00	650
高中数学题典——不等式·推理与证明	2016—07	38.00	651
高中数学题典——立体几何	2016—07	48.00	652
高中数学题典——平面解析几何	2016—07	78.00	653
高中数学题典——计数原理·统计·概率·复数	2016—07	48.00	654
高中数学题典——算法·平面几何·初等数论·组合数学·其他	2016—07	68.00	655
台湾地区奥林匹克数学竞赛试题.小学一年级	2017—03	38.00	722
台湾地区奥林匹克数学竞赛试题.小学二年级	2017—03	38.00	723
台湾地区奥林匹克数学竞赛试题.小学三年级	2017—03	38.00	724
台湾地区奥林匹克数学竞赛试题.小学四年级	2017—03	38.00	725
台湾地区奥林匹克数学竞赛试题.小学五年级	2017—03	38.00	726
台湾地区奥林匹克数学竞赛试题.小学六年级	2017—03	38.00	727
台湾地区奥林匹克数学竞赛试题.初中一年级	2017—03	38.00	728
台湾地区奥林匹克数学竞赛试题.初中二年级	2017—03	38.00	729
台湾地区奥林匹克数学竞赛试题.初中三年级	2017—03	28.00	730
不等式证题法	2017—04	28.00	747
平面几何培优教程	2019—08	88.00	748
奥数鼎级培优教程.高一分册	2018—09	88.00	749
奥数鼎级培优教程.高二分册.上	2018—04	68.00	750
奥数鼎级培优教程.高二分册.下	2018—04	68.00	751
高中数学竞赛冲刺宝典	2019—04	68.00	883
初中尖子生数学超级题典.实数	2017—07	58.00	792
初中尖子生数学超级题典.式、方程与不等式	2017—08	58.00	793
初中尖子生数学超级题典.圆、面积	2017—08	38.00	794
初中尖子生数学超级题典.函数、逻辑推理	2017—08	48.00	795
初中尖子生数学超级题典.角、线段、三角形与多边形	2017—07	58.00	796
数学王子——高斯	2018—01	48.00	858
坎坷奇星——阿贝尔	2018—01	48.00	859
闪烁奇星——伽罗瓦	2018—01	58.00	860
无穷统帅——康托尔	2018—01	48.00	861
科学公主——柯瓦列夫斯卡娅	2018—01	48.00	862
抽象代数之母——埃米·诺特	2018—01	48.00	863
电脑先驱——图灵	2018—01	58.00	864
昔日神童——维纳	2018—01	48.00	865
数坛怪侠——爱尔特希	2018—01	68.00	866
传奇数学家徐利治	2019—09	88.00	1110

刘培杰数学工作室
已出版(即将出版)图书目录——初等数学

书 名	出版时间	定 价	编号
当代世界中的数学.数学思想与数学基础	2019—01	38.00	892
当代世界中的数学.数学问题	2019—01	38.00	893
当代世界中的数学.应用数学与数学应用	2019—01	38.00	894
当代世界中的数学.数学王国的新疆域(一)	2019—01	38.00	895
当代世界中的数学.数学王国的新疆域(二)	2019—01	38.00	896
当代世界中的数学.数林撷英(一)	2019—01	38.00	897
当代世界中的数学.数林撷英(二)	2019—01	48.00	898
当代世界中的数学.数学之路	2019—01	38.00	899
105 个代数问题:来自 AwesomeMath 夏季课程	2019—02	58.00	956
106 个几何问题:来自 AwesomeMath 夏季课程	2020—07	58.00	957
107 个几何问题:来自 AwesomeMath 全年课程	2020—07	58.00	958
108 个代数问题:来自 AwesomeMath 全年课程	2019—01	68.00	959
109 个不等式:来自 AwesomeMath 夏季课程	2019—04	58.00	960
110 个几何问题:选自各国数学奥林匹克竞赛	2024—04	58.00	961
111 个代数和数论问题	2019—05	58.00	962
112 个组合问题:来自 AwesomeMath 夏季课程	2019—05	58.00	963
113 个几何不等式:来自 AwesomeMath 夏季课程	2020—08	58.00	964
114 个指数和对数问题:来自 AwesomeMath 夏季课程	2019—09	48.00	965
115 个三角问题:来自 AwesomeMath 夏季课程	2019—09	58.00	966
116 个代数不等式:来自 AwesomeMath 全年课程	2019—04	58.00	967
117 个多项式问题:来自 AwesomeMath 夏季课程	2021—09	58.00	1409
118 个数学竞赛不等式	2022—08	78.00	1526
119 个三角问题	2024—05	58.00	1726
紫色彗星国际数学竞赛试题	2019—02	58.00	999
数学竞赛中的数学:为数学爱好者、父母、教师和教练准备的丰富资源.第一部	2020—04	58.00	1141
数学竞赛中的数学:为数学爱好者、父母、教师和教练准备的丰富资源.第二部	2020—07	48.00	1142
和与积	2020—10	38.00	1219
数论:概念和问题	2020—12	68.00	1257
初等数学问题研究	2021—03	48.00	1270
数学奥林匹克中的欧几里得几何	2021—10	68.00	1413
数学奥林匹克题解新编	2022—01	58.00	1430
图论入门	2022—09	58.00	1554
新的、更新的、最新的不等式	2023—07	58.00	1650
几何不等式相关问题	2024—04	58.00	1721
数学归纳法——一种高效而简捷的证明方法	2024—06	48.00	1738
数学竞赛中奇妙的多项式	2024—01	78.00	1646
120 个奇妙的代数问题及 20 个奖励问题	2024—04	48.00	1647

书 名	出版时间	定 价	编号
澳大利亚中学数学竞赛试题及解答(初级卷)1978~1984	2019-02	28.00	1002
澳大利亚中学数学竞赛试题及解答(初级卷)1985~1991	2019-02	28.00	1003
澳大利亚中学数学竞赛试题及解答(初级卷)1992~1998	2019-02	28.00	1004
澳大利亚中学数学竞赛试题及解答(初级卷)1999~2005	2019-02	28.00	1005
澳大利亚中学数学竞赛试题及解答(中级卷)1978~1984	2019-03	28.00	1006
澳大利亚中学数学竞赛试题及解答(中级卷)1985~1991	2019-03	28.00	1007
澳大利亚中学数学竞赛试题及解答(中级卷)1992~1998	2019-03	28.00	1008
澳大利亚中学数学竞赛试题及解答(中级卷)1999~2005	2019-03	28.00	1009
澳大利亚中学数学竞赛试题及解答(高级卷)1978~1984	2019-05	28.00	1010
澳大利亚中学数学竞赛试题及解答(高级卷)1985~1991	2019-05	28.00	1011
澳大利亚中学数学竞赛试题及解答(高级卷)1992~1998	2019-05	28.00	1012
澳大利亚中学数学竞赛试题及解答(高级卷)1999~2005	2019-05	28.00	1013
天才中小学生智力测验题. 第一卷	2019-03	38.00	1026
天才中小学生智力测验题. 第二卷	2019-03	38.00	1027
天才中小学生智力测验题. 第三卷	2019-03	38.00	1028
天才中小学生智力测验题. 第四卷	2019-03	38.00	1029
天才中小学生智力测验题. 第五卷	2019-03	38.00	1030
天才中小学生智力测验题. 第六卷	2019-03	38.00	1031
天才中小学生智力测验题. 第七卷	2019-03	38.00	1032
天才中小学生智力测验题. 第八卷	2019-03	38.00	1033
天才中小学生智力测验题. 第九卷	2019-03	38.00	1034
天才中小学生智力测验题. 第十卷	2019-03	38.00	1035
天才中小学生智力测验题. 第十一卷	2019-03	38.00	1036
天才中小学生智力测验题. 第十二卷	2019-03	38.00	1037
天才中小学生智力测验题. 第十三卷	2019-03	38.00	1038
重点大学自主招生数学备考全书:函数	2020-05	48.00	1047
重点大学自主招生数学备考全书:导数	2020-08	48.00	1048
重点大学自主招生数学备考全书:数列与不等式	2019-10	78.00	1049
重点大学自主招生数学备考全书:三角函数与平面向量	2020-08	68.00	1050
重点大学自主招生数学备考全书:平面解析几何	2020-07	58.00	1051
重点大学自主招生数学备考全书:立体几何与平面几何	2019-08	48.00	1052
重点大学自主招生数学备考全书:排列组合·概率统计·复数	2019-09	48.00	1053
重点大学自主招生数学备考全书:初等数论与组合数学	2019-08	48.00	1054
重点大学自主招生数学备考全书:重点大学自主招生真题.上	2019-04	68.00	1055
重点大学自主招生数学备考全书:重点大学自主招生真题.下	2019-04	58.00	1056
高中数学竞赛培训教程:平面几何问题的求解方法与策略.上	2018-05	68.00	906
高中数学竞赛培训教程:平面几何问题的求解方法与策略.下	2018-06	78.00	907
高中数学竞赛培训教程:整除与同余以及不定方程	2018-01	88.00	908
高中数学竞赛培训教程:组合计数与组合极值	2018-04	48.00	909
高中数学竞赛培训教程:初等代数	2019-04	78.00	1042
高中数学讲座:数学竞赛基础教程(第一册)	2019-06	48.00	1094
高中数学讲座:数学竞赛基础教程(第二册)	即将出版		1095
高中数学讲座:数学竞赛基础教程(第三册)	即将出版		1096
高中数学讲座:数学竞赛基础教程(第四册)	即将出版		1097

刘培杰数学工作室
已出版(即将出版)图书目录——初等数学

书　　名	出版时间	定　价	编号
新编中学数学解题方法1000招丛书.实数(初中版)	2022—05	58.00	1291
新编中学数学解题方法1000招丛书.式(初中版)	2022—05	48.00	1292
新编中学数学解题方法1000招丛书.方程与不等式(初中版)	2021—04	58.00	1293
新编中学数学解题方法1000招丛书.函数(初中版)	2022—05	38.00	1294
新编中学数学解题方法1000招丛书.角(初中版)	2022—05	48.00	1295
新编中学数学解题方法1000招丛书.线段(初中版)	2022—05	48.00	1296
新编中学数学解题方法1000招丛书.三角形与多边形(初中版)	2021—04	48.00	1297
新编中学数学解题方法1000招丛书.圆(初中版)	2022—05	48.00	1298
新编中学数学解题方法1000招丛书.面积(初中版)	2021—07	28.00	1299
新编中学数学解题方法1000招丛书.逻辑推理(初中版)	2022—06	48.00	1300
高中数学题典精编.第一辑.函数	2022—01	58.00	1444
高中数学题典精编.第一辑.导数	2022—01	68.00	1445
高中数学题典精编.第一辑.三角函数·平面向量	2022—01	68.00	1446
高中数学题典精编.第一辑.数列	2022—01	58.00	1447
高中数学题典精编.第一辑.不等式·推理与证明	2022—01	58.00	1448
高中数学题典精编.第一辑.立体几何	2022—01	58.00	1449
高中数学题典精编.第一辑.平面解析几何	2022—01	68.00	1450
高中数学题典精编.第一辑.统计·概率·平面几何	2022—01	58.00	1451
高中数学题典精编.第一辑.初等数论·组合数学·数学文化·解题方法	2022—01	58.00	1452
历届全国初中数学竞赛试题分类解析.初等代数	2022—09	98.00	1555
历届全国初中数学竞赛试题分类解析.初等数论	2022—09	48.00	1556
历届全国初中数学竞赛试题分类解析.平面几何	2022—09	38.00	1557
历届全国初中数学竞赛试题分类解析.组合	2022—09	38.00	1558
从三道高三数学模拟题的背景谈起:兼谈傅里叶三角级数	2023—03	48.00	1651
从一道日本东京大学的入学试题谈起:兼谈 π 的方方面面	即将出版		1652
从两道2021年福建高三数学测试题谈起:兼谈球面几何学与球面三角学	即将出版		1653
从一道湖南高考数学试题谈起:兼谈有界变差数列	2024　01	48.00	1654
从一道高校自主招生试题谈起:兼谈詹森函数方程	即将出版		1655
从一道上海高考数学试题谈起:兼谈有界变差函数	即将出版		1656
从一道北京大学金秋营数学试题的解法谈起:兼谈伽罗瓦理论	即将出版		1657
从一道北京高考数学试题的解法谈起:兼谈毕克定理	即将出版		1658
从一道北京大学金秋营数学试题的解法谈起:兼谈帕塞瓦尔恒等式	即将出版		1659
从一道高三数学模拟测试题的背景谈起:兼谈等周问题与等周不等式	即将出版		1660
从一道2020年全国高考数学试题的解法谈起:兼谈斐波那契数列和纳卡穆拉定理及奥斯图达定理	即将出版		1661
从一道高考数学附加题谈起:兼谈广义斐波那契数列	即将出版		1662

刘培杰数学工作室
已出版(即将出版)图书目录——初等数学

书　名	出 版 时 间	定　价	编号
代数学教程.第一卷,集合论	2023－08	58.00	1664
代数学教程.第二卷,抽象代数基础	2023－08	68.00	1665
代数学教程.第三卷,数论原理	2023－08	58.00	1666
代数学教程.第四卷,代数方程式论	2023－08	48.00	1667
代数学教程.第五卷,多项式理论	2023－08	58.00	1668
代数学教程.第六卷,线性代数原理	2024－06	98.00	1669
中考数学培优教程——二次函数卷	2024－05	78.00	1718
中考数学培优教程——平面几何最值卷	2024－05	58.00	1719
中考数学培优教程——专题讲座卷	2024－05	58.00	1720

联系地址:哈尔滨市南岗区复华四道街 10 号　哈尔滨工业大学出版社刘培杰数学工作室
邮　　编:150006
联系电话:0451－86281378　　　13904613167
E-mail:lpj1378@163.com